Rainer Dohlus

Technische Optik

De Gruyter Studium

Weitere empfehlenswerte Titel

Lichtquellen
Rainer Dohlus, 2014
De Gruyter Studium
ISBN: 978-3-11-035131-6

Lasertechnik
Rainer Dohlus, 2015
De Gruyter Studium
ISBN: 978-3-11-035088-3

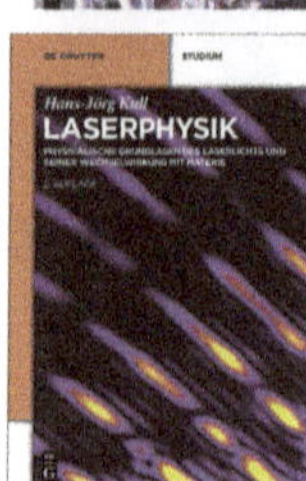

Laserphysik
Physikalische Grundlagen des Laserlichts und seiner Wechselwirkung mit Materie
Hans-Jörg Kull, 2. Aufl. 2014
ISBN: 978-3-486-77905-9

Optik
Lichtstrahlen – Wellen – Photonen
Wolfgang Zinth, Ursula Zinth, 4. Aufl. 2013
ISBN: 978-3-486-72136-2

Optik
Eugene Hecht, 6. Aufl. 2014
De Gruyter Studium
ISBN: 978-3-11-034796-8

Elektrizität und Magnetismus, Optik, Messungen und ihre Auswertung
Band 2
Ulrich Hahn, 2. Aufl. 2014
De Gruyter Studium
ISBN: 978-3-11-037722-4

Rainer Dohlus

Technische Optik

DE GRUYTER

Autor
Prof. Dr. Rainer Dohlus
Hochschule Coburg
Fakultät Angewandte Naturwissenschaften
Friedrich-Streib-Str. 2
96450 Coburg
E-Mail: Rainer.Dohlus@hs-coburg.de

ISBN 978-3-11-035130-9
e-ISBN (PDF) 978-3-11-035143-9
e-ISBN (EPUB) 978-3-11-039645-4

Library of Congress Cataloging-in-Publication Data
A CIP catalogue record for this book has been applied for at the Library of Congress.

Bibliografische Information der Deutschen Nationalbibliothek
Die Deutsche Nationalbibliothek verzeichnet diese Publikation in der Deutschen Nationalbibliografie; detaillierte bibliografische Daten sind im Internet über http://dnb.dnb.de abrufbar.

Coverabbildung: Chris Rogers/iStock/thinkstock
Satz: PTP-Berlin Protago-TEX-Production GmbH, Berlin
Druck und Bindung: CPI books GmbH, Leck
♾ Gedruckt auf säurefreiem Papier
Printed in Germany

www.degruyter.com

Für Brigitte

Vorwort

Dieses Buch wendet sich vor allem an Studierende der Ingenieurwissenschaften, aber auch an bereits im Beruf stehende Ingenieure mit Interesse an technischer Optik. Thematisch spannt es einen Bogen von der geometrischen Optik über die Wellenoptik bis hin zu den optischen Komponenten und Geräten. Es versteht sich als grundlegende Einführung in die Zusammenhänge, fundierten und lückenlosen Ableitungen wurde der Vorzug vor großer Stofffülle gegeben.

Nach einem einfachen Einstieg in die geometrische Optik wird der Matrixformalismus zur Beschreibung komplexerer optischer Systeme eingeführt. Anschließend werden die im Rahmen der paraxialen Näherung übergangenen Abbildungsfehler zusammen mit der chromatischen Aberration diskutiert.

Im wellenoptischen Teil des Buchs werden Phänomene wie Polarisation, Beugung und Interferenz ausführlich behandelt. Damit in Zusammenhang stehende physikalische Erscheinungen wie Doppelbrechung, optische Aktivität oder Lichtstreuung werden besprochen. Einen wichtigen Platz nehmen die Fresnelschen Gleichungen ein, sie beschreiben das Verhalten von elektromagnetischer Strahlung an Grenzschichten.

Ein großer Raum wurde den optischen Einzelkomponenten gegeben. Ein Überblick über die Funktionsweise der wichtigsten optischen Geräte sowie der Lichtdetektoren und Bildsensoren schließt das Buch ab.

Die mathematischen Voraussetzungen für das Verständnis der Formelableitungen beschränken sich auf Grundkenntnisse, wie sie in Ingenieurstudiengängen an anwendungsbezogenen Hochschulen gewöhnlich in den ersten drei bis vier Studiensemestern vermittelt werden.

An dieser Stelle danke ich den Firmen Schott und Zeiss für die Bereitstellung von Bildern und die Gewährung der Abdruckrechte.

Mein Dank gilt auch den Studierenden der Physikalischen Technik der Hochschule Coburg, die sich in den letzten Jahren für das Fach Technische Optik entschieden haben, so dass aus dieser Lehrveranstaltung das vorliegende Buch entstehen konnte.

Schließlich danke ich meiner Lektorin Frau Berber-Nerlinger, die dieses Buchkonzept unterstützt hat sowie Frau Hutt aus dem Projektmanagement und Herrn Jäger aus der Herstellung für die gute Zusammenarbeit.

Schottenstein, Sommer 2015 — Rainer Dohlus

Inhaltsverzeichnis

Vorwort **VII**

1 Geometrische Optik **1**

1.1 Die optische Abbildung ... 1
1.1.1 Lichtstrahlen ... 1
1.1.2 Fermatsches Prinzip und Snelliussches Brechungsgesetz ... 3
1.1.3 Das Reflexionsgesetz und der sphärische Hohlspiegel ... 6
1.1.4 Brechung an einer Kugeloberfläche ... 16
1.1.5 Helmholtz–Lagrange-Invariante ... 19
1.1.6 Brennweiten ... 21
1.1.7 Die dünne Linse ... 26
Aufgaben ... 30

1.2 Matrixformalismus der Strahlenoptik ... 39
1.2.1 Einführung der Transformationsmatrix ... 39
1.2.2 Die Reflexionsmatrix ... 40
1.2.3 Die Brechungsmatrix ... 41
1.2.4 Materialien mit Brechungsindexgradienten ... 43
1.2.5 Beschreibung einer Kombination mehrerer Oberflächen ... 47
1.2.6 Dicke und dünne Linsen ... 49
1.2.7 Abbildung durch ein optisches System ... 51
1.2.8 Hauptebenen ... 53
1.2.9 Blenden ... 60
1.2.10 Blendenzahl ... 62
Aufgaben ... 63

1.3 Grenzen der Abbildung: Linsenfehler ... 71
1.3.1 Ursache der Dispersion ... 71
1.3.2 Dispersionsformeln ... 76
1.3.3 Sphärische Aberration ... 78
1.3.4 Astigmatismus ... 82
1.3.5 Weitere Linsenfehler ... 83
1.3.6 Der Coddington-Formfaktor ... 85

2 Licht als elektromagnetische Welle **87**

2.1 Wellenoptik ... 87
2.1.1 Elektromagnetische Welle und Polarisation ... 87

2.1.2 Elliptisch polarisiertes Licht 89
2.1.3 Polarisationsbeschreibung durch Jones-Vektoren 90
2.1.4 Huygens–Fresnelsches Prinzip 96
2.1.5 Beugung 97
2.1.6 Beugung am Gitter 103
2.1.7 Interferenz 110
2.1.8 Interferenz an dünnen Schichten 113
2.1.9 Bragg-Reflexion 116
2.1.10 Doppelbrechung 117
2.1.11 Optische Aktivität 122
2.1.12 Dichroismus 124
2.1.13 Lichtstreuung 125
Aufgaben 128

2.2 Lichtreflexion an Grenzschichten 131
2.2.1 Die Fresnelschen Formeln 131
2.2.2 Übergang vom optisch dünneren ins dichtere Medium 140
2.2.3 Übergang vom optisch dichteren ins dünnere Medium 143
2.2.4 Reflexion an Metallen 148
Aufgaben 152

3 Optische Komponenten und Geräte 155

3.1 Einzelkomponenten 155
3.1.1 Werkstoffe für optische Komponenten 155
3.1.2 Spiegel und Prismen 165
3.1.3 Linsen 168
3.1.4 Achromate 171
3.1.5 Filter 173
3.1.6 Dielektrische Schichten 181
3.1.7 Polarisatoren 185
3.1.8 Lichtwellenleiter 187

3.2 Optische Geräte 191
3.2.1 Lupe 191
3.2.2 Mikroskop 192
3.2.3 Fernrohre 194
3.2.4 Kamera, Objektive 198
3.2.5 Projektionsgeräte 202
3.2.6 Gittermonochromatoren 205
Aufgaben 206

3.3 Lichtdetektoren und Bildsensoren 208
3.3.1 Äußerer und innerer Photoeffekt 208
3.3.2 Photowiderstand 210
3.3.3 Photodiode 211
3.3.4 CCD-Bildsensoren 215

3.3.5 CMOS-Bildsensoren 218
3.3.6 Vakuum-Photozellen und Photomultiplier 219

A Anhang 221

A.1 Lösungen zu den Aufgaben zu Kapitel 1 221

A.2 Lösungen zu den Aufgaben zu Kapitel 2 243

A.3 Lösungen zu den Aufgaben zu Kapitel 3 249

Lexikon 253

deutsch–englisch 253
englisch–deutsch 266

Literatur 279

Index 281

1 Geometrische Optik

So komplex wie sich das Phänomen Licht darstellt, so vielfältig sind auch seine verschiedenen physikalischen Beschreibungen. Bei bestimmten Experimenten verhält sich Licht wie eine elektromagnetische Welle und die entsprechende Beschreibung bedient sich dann auch der Maxwellschen Gleichungen. In anderen Experimenten verhält es sich wie ein Teilchen und es kommen physikalische Größen wie Impuls ins Spiel. Bei wieder anderen Erscheinungen genügt es, die geradlinige Ausbreitung des Lichtes in den Vordergrund zu stellen. Sie ist hinreichend, um viele Phänomene der geometrischen Optik zu beschreiben und hieraus optische Instrumente mit erstaunlichen Eigenschaften zu entwickeln. Allerdings gelangt man dann auch wieder an Grenzen, die eine wellenoptische Betrachtungsweise nötig machen. Mal ganz abgesehen davon, dass die geradlinige Ausbreitung des Lichtes auch im Vakuum nicht immer gewährleistet ist.

Am Ende dieses Buches wird also kein einfaches Bild stehen, wie man sich Licht in anschaulicher Weise vorstellen kann. Trotzdem wird versucht, die vielfältigen Beschreibungen der Eigenschaften von Strahlung anschaulich darzustellen. Begonnen werden soll mit dem aus dem Alltag bekannten Begriff des Lichtstrahls. Daraus soll die Strahlenoptik entwickelt werden.

1.1 Die optische Abbildung

Im Bereich des alltäglichen Umgangs mit Licht geht man von seiner geradlinigen Ausbreitung aus und nutzt diese Eigenschaft auch intensiv, z.B. in der Geodäsie, der Vermessungskunde. Sie gilt nur für die Ausbreitung in homogenen Medien, d.h. in Medien, in denen die Ausbreitungsgeschwindigkeit weder von der Richtung noch vom Ort abhängt. Insbesondere an Grenzschichten zwischen zwei Medien mit unterschiedlicher Phasengeschwindigkeit kommt es im Allgemeinen zu Richtungsablenkungen. Diese als **Lichtbrechung** bezeichnete Ablenkung bildet das Fundament der meisten heute verwendeten abbildenden optischen Systeme.

1.1.1 Lichtstrahlen

Eine Lichtquelle, etwa eine Glühlampe, wird Licht zunächst in alle Raumrichtungen emittieren. Eine Quelle, deren Glühfaden idealisiert so klein angenommen wird, dass man ihn als unendlich kleinen Punkt auffassen kann, wird **Punktquelle** genannt. Sie strahlt Licht isotrop in alle Raumrichtungen. Wird, wie in Abb. 1.1 angedeutet, durch eine Wand mit einem Loch des Durchmessers d ein Teil des Lichtes ausgeblendet, wird man auf einem Schirm in einer gewissen Entfernung einen kreisrunden Fleck beobachten. Der Lichtkegel bildet einen geraden Kreiskegel. Man erhält im Grenzfall eines unendlich kleinen Loches ($d \to 0$) einen **Lichtstrahl**. Dies ist in mehrfacher Hinsicht eine **Idealisierung**, denn praktisch durchführbar ist dieses Experiment nicht. Nach den Gesetzen der Photometrie würde ein solcher Lichtstrahl keine Leistung transportieren, denn die Bestrahlungsstärke wäre wegen der unendlich kleinen Fläche sonst unendlich hoch. Dazu würde noch ein weiteres Problem auftreten: die Unschärfe der Ränder, die grundsätzlich auftritt, verhindert ab einer gewissen Größe der Blende einen klaren Lichtfleck. Dieser Effekt wird **Beugung** genannt und lässt sich nur wellenoptisch erklären.

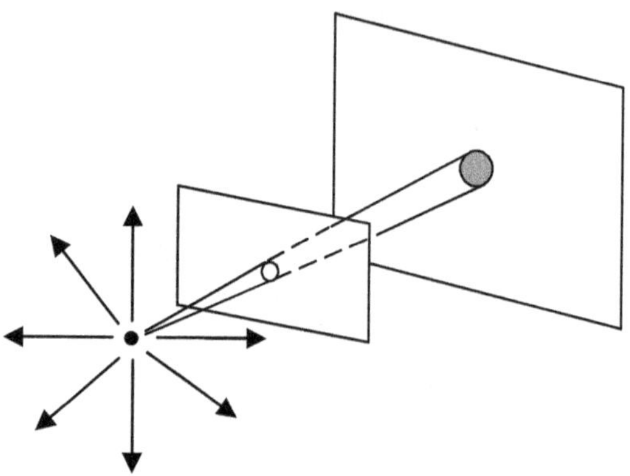

Abb. 1.1: Durch eine Lochblende ausgeblendetes Lichtbündel.

Der Lichtstrahl ist also eine Idealisierung; sie genügt aber, um die Abbildung durch Spiegel, Linsen und Linsensysteme richtig zu beschreiben. Lediglich wenn es um Grenzen des Auflösungsvermögens kleinster Strukturen geht, ist eine Beschreibung durch die Wellenoptik nötig. Grundsätzlich ist, wie Abb. 1.2 zeigt, eine Abbildung bereits durch die in Abb. 1.1 gezeigte Blende möglich. Jeder Punkt der Zahl „1" kann als kleine Lichtquelle aufgefasst werden, die auf dem Schirm einen entsprechenden Kreis ergibt. Die Kreise der unendlich vielen Punkte, aus denen die „1" aufgebaut ist, überschneiden sich und ergeben ein unscharfes Bild.

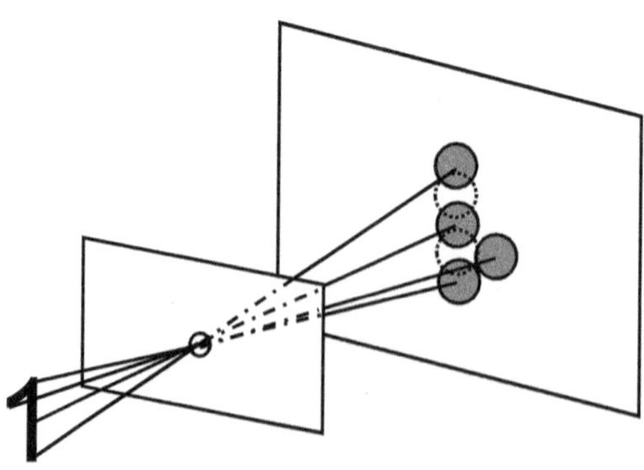

Abb. 1.2: Abbildung durch eine Lochkamera.

Die Schärfe wird umso besser, je kleiner die Blendenöffnung ist. Allerdings wird das Bild auch immer lichtschwächer. Selbst bei sehr heller Beleuchtung wird bei kleinster Blende das Bild – beugungsbedingt – immer unscharf bleiben. Trotzdem zeigt diese **Lochkamera**, dass auf die geradlinige Ausbreitung des Lichtes Verlass ist. Das Konzept der Lichtstrahlen soll also verwendet werden, um die **Reflexion** und **Brechung** des Lichtes zu untersuchen und zu verstehen.

1.1.2 Fermatsches Prinzip und Snelliussches Brechungsgesetz

Die geradlinige Ausbreitung des Lichtes bedingt, dass das Licht zwischen zwei Punkten im Raum zugleich auch den **schnellsten Weg** nimmt, denn die Gerade ist die kürzeste Verbindung zwischen zwei Punkten. Das setzt aber voraus, dass das Medium, in dem die Ausbreitung erfolgt, homogen ist. Was aber, wenn das Licht auf seinem Weg eine **Grenzfläche** durchläuft, die zwei Raumgebiete voneinander trennt, in denen das Licht unterschiedliche Ausbreitungsgeschwindigkeiten besitzt. Hier gilt das vom französischen Mathematiker Pierre de Fermat (1601–1665) aufgestellte und nach ihm benannte **Fermatsche Prinzip**:

Das Licht wählt zwischen zwei Punkten den schnellsten Weg. !

Breitet sich ein Lichtstrahl, wie in Abb. 1.3 angegeben, von einem Punkt A zu einem Punkt B aus und durchläuft dabei eine Mediumsgrenze, so kann man den Weg in zwei Teilstrecken der Länge w_1 und w_2 zerlegen. Die Ausbreitungsgeschwindigkeit des Lichtes in einem Medium kann man durch eine Zahl n spezifizieren, die **Brechzahl** oder auch **Brechungsindex** genannt wird: Die Brechzahl gibt an, um welchen Faktor sich das Licht in dem betreffenden Medium langsamer ausbreitet als im Vakuum. Die **Vakuumlichtgeschwindigkeit** ($c_0 = 299792458\,\text{m/s}$) ist somit die maximal mögliche Geschwindigkeit, die das Licht erreichen kann. Die angegebene Zahl ist übrigens exakt, denn die Vakuumlichtgeschwindigkeit wird verwendet, um Einheiten des SI-Systems zu definieren.

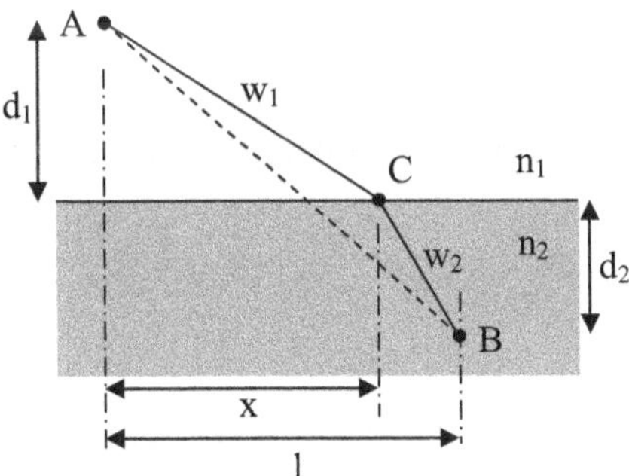

Abb. 1.3: Lichtbrechung an einer Grenzschicht.

Bei der Ausbreitung des Lichtes von Punkt A nach Punkt B soll für die Brechzahlen $n_1 < n_2$ angenommen werden; das bedeutet, dass sich das Licht in der oberen Hälfte des Raumes schneller ausbreitet als in der unteren. Für das Licht wird es also hinsichtlich der benötigten Zeit günstiger sein, einen etwas längeren Weg w_1 in der oberen Raumhälfte zurückzulegen und dafür einen etwas kürzeren in der unteren, in der die Ausbreitung langsamer erfolgt. Doch wo liegt der günstigste Punkt C, für den das Licht am schnellsten ist?

Die Variable x beschreibt die Lage des Punktes C auf der Oberfläche. Anstelle der Laufzeit kann man stellvertretend auch die **optische Weglänge** optimieren, das Produkt aus geometrischem Weg und Brechzahl. Licht, das in einem Medium mit der Brechzahl n in einer gegebenen Zeit den Weg w zurücklegt, würde im Vakuum in der gleichen Zeit den Weg nw schaffen. Anstatt in einem Medium die Zeit ins Spiel zu bringen, verlängert man einfach den Weg. Das Fermatsche Prinzip lässt sich also auch folgendermaßen formulieren:

Die Lichtausbreitung zwischen zwei Punkten erfolgt so, dass die optische Weglänge minimal ist.

Somit wäre also die optische Weglänge zwischen den Punkten A und B in Abb. 1.3 gegeben durch:

$$w_{\text{opt}} = n_1 w_1 + n_2 w_2 \tag{1.1}$$

Man beachte, dass w_{opt} keinerlei geometrische Entsprechung in Abb. 1.3 hat. Nach dem Fermatschen Prinzip wird der Weg so verlaufen, dass w_{opt} minimal ist. Gl. 1.1 kann unter Benutzung der Zusammenhänge

$$w_1^2 = d_1^2 + x^2 \quad \text{bzw.} \quad w_1 = \sqrt{d_1^2 + x^2} \tag{1.2}$$

bzw.

$$w_2^2 = (l-x)^2 + d_2^2 \quad \text{bzw.} \quad w_2 = \sqrt{d_2^2 + (l-x)^2} \tag{1.3}$$

umgeschrieben werden in:

$$w_{\text{opt}}(x) = n_1\sqrt{d_1^2 + x^2} + n_2\sqrt{d_2^2 + (l-x)^2} \tag{1.4}$$

Zur Bestimmung des Minimums von w_{opt} wird die Ableitung nach x gebildet:

$$\frac{dw_{\text{opt}}}{dx} = \frac{xn_1}{\sqrt{d_1^2 + x^2}} - \frac{n_2(l-x)}{\sqrt{d_2^2 + (l-x)^2}} \tag{1.5}$$

Es wäre nun möglich, durch Nullsetzen dieser Gleichung denjenigen x-Wert zu bestimmen, bei dem die vom Licht benötigte Zeit minimal wird. Es ist jedoch üblich, die in Abb. 1.4 eingezeichneten Winkel einzuführen. α wird **Einfallswinkel** genannt. Die Ebene, die vom einfallenden Strahl und der Flächennormale gebildet wird, wird **Einfallsebene** genannt. Im Falle der Abb. 1.4 ist dies die Zeichenebene. Für die Winkel α und β gilt:

$$\sin(\alpha) = \frac{x}{w_1} = \frac{x}{\sqrt{d_1^2 + x^2}} \quad \text{und} \quad \sin(\beta) = \frac{l-x}{w_2} = \frac{1-x}{\sqrt{d_2^2 + (l-x)^2}} \tag{1.6}$$

Führt man diese Zusammenhänge in Gl. 1.5 ein und setzt Null, erhält man über

$$\frac{dw_{opt}}{dx} = n_1 \sin(\alpha) - n_2 \sin(\beta) = 0 \qquad 1.7$$

direkt das **Snelliussche Brechungsgesetz**:

$$\boxed{\frac{\sin(\alpha)}{\sin(\beta)} = \frac{n_2}{n_1}} \qquad 1.8$$

!

Dieses Gesetz wurde vom niederländischen Mathematiker und Physiker Willebrord Snel van Rojen (Snellius, 1580–1626) ca. 1620 entdeckt.

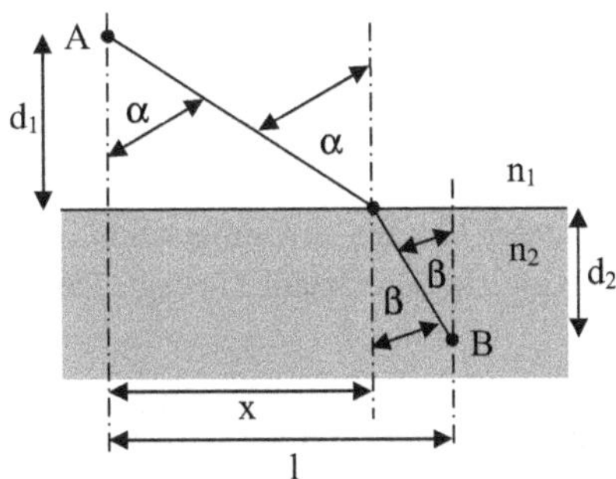

Abb. 1.4: Der Winkel α, den der einfallende Strahl mit der Flächennormale bildet, wird Einfallswinkel genannt. Die Einfallsebene ist hier die Papierebene, sie beinhaltet die Flächennormale und den einfallenden Strahl.

Dass sich bei der Winkelkombination α und β tatsächlich ein **Minimum** und nicht etwa ein Maximum der optischen Weglänge einstellt, soll hier nicht gezeigt werden. Obwohl oben $n_1 < n_2$ angenommen wurde, gilt das Gesetz auch für den Fall $n_2 < n_1$. Der Winkel β ist dann größer als α und es kann, wie in Abb. 1.5 skizziert, der Fall eintreten, dass der Winkel β genau 90° wird. Der zugehörige Einfallswinkel α_g wird **Grenzwinkel der Totalreflexion** genannt, denn wird α noch weiter erhöht, dringt der Strahl nicht mehr in die zweite Raumhälfte ein, sondern wird an der Grenzfläche gespiegelt.

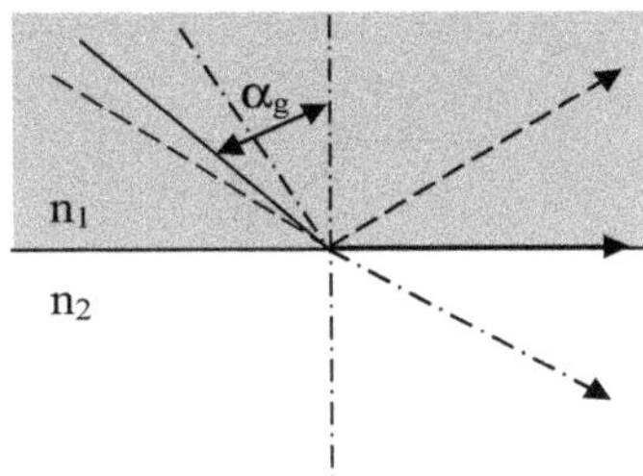

Abb. 1.5: Totalreflexion tritt beim Übergang vom optisch dichteren ins optisch dünnere Medium ein.

Es gilt

$$\frac{\sin(\alpha_g)}{\sin(90^\circ)} = \frac{n_2}{n_1} \qquad 1.9$$

bzw.

!

$$\boxed{\sin(\alpha_g) = \frac{n_2}{n_1}} \qquad 1.10$$

Der Sinus des Grenzwinkels der Totalreflexion ergibt sich also aus dem Quotienten der Brechzahlen außerhalb und innerhalb des Mediums.

1.1.3 Das Reflexionsgesetz und der sphärische Hohlspiegel

Das Snelliussche Brechungsgesetz lässt sich mit einem Trick auch auf die Reflexion an spiegelnden, ebenen Flächen anwenden. Hierzu muss man sich nur vorstellen, dass die in Abb. 1.4 gezeichnete Grenzfläche nicht zwei Medien mit unterschiedlichen Brechzahlen trennt, sondern dass auf beiden Seiten die gleiche Brechzahl vorliegt. Dann würde sich das Brechungsgesetz 1.8 vereinfachen zu:

!

$$\frac{\sin(\alpha)}{\sin(\beta)} = 1 \quad \text{bzw.} \quad \sin(\alpha) = \sin(\beta) \quad \text{bzw.} \quad \boxed{\alpha = \beta} \qquad 1.11$$

Der Lichtweg würde also nicht mehr abknicken, sondern würde geradewegs von *A* nach *B* führen. Nun könnte man sich den Punkt B, wie in Abb. 1.6 gezeichnet, an der Grenzfläche nach oben gespiegelt denken. Die beiden Winkel α und β blieben dabei gleich, so dass man das **Reflexionsgesetz** wie folgt formulieren kann:

Der Reflexionswinkel β und der Einfallswinkel α sind gleich. Einfallender Strahl und reflektierter Strahl liegen in einer Ebene, der Einfallsebene.

Das Reflexionsgesetz gilt für **alle Wellenlängen** und für **alle reflektierenden Materialien** und für **alle Einbettungsmedien**. Es geht auf Euklid (365–ca. 300 v. Chr.) zurück.

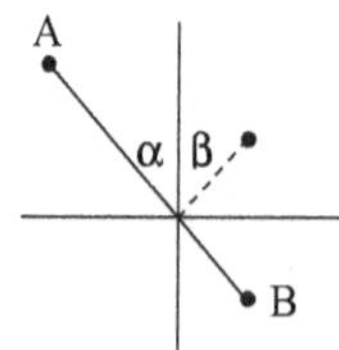

Abb. 1.6: Zum Reflexionsgesetz.

Ein anderer griechischer Mathematiker, nämlich Archimedes (285–212 v. Chr.), soll angeblich mit großen Brennspiegeln das Sonnenlicht gebündelt und damit die angreifende römische Flotte in Brand gesetzt haben. Ob das praktisch möglich ist oder nicht, sei dahingestellt. Um paralleles Licht, wie es aufgrund der großen Entfernung von der Sonne zu uns kommt, auf einen Punkt zu fokussieren, bedarf es eines **Parabolspiegels**. Eine solche Spiegeloberfläche entsteht, wenn man etwa die Parabel $y = ax^2$, wie sie in Abb. 1.7. gezeigt ist, um die y-Achse rotieren lässt.

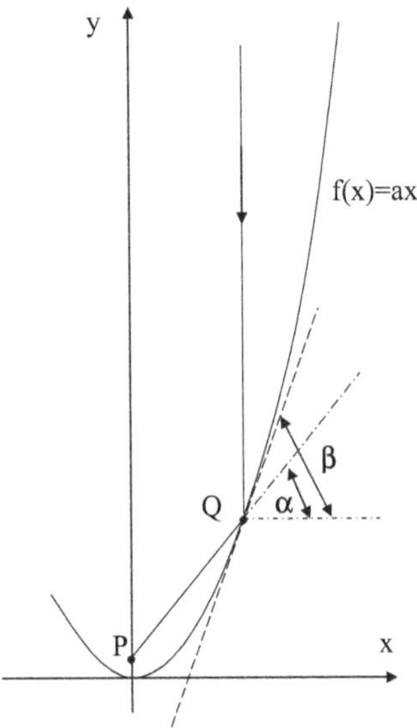

Abb. 1.7: Reflexion am Parabolspiegel.

Alles Licht, welches parallel zur y-Achse auf den Rotationsparaboloiden fällt, wird so reflektiert, dass es durch den Punkt P(0; p) geht. Ein beliebiger Strahl treffe die Parabel im Punkt Q(x ; ax^2). Die Steigung der Strecke $\overline{PQ}$ ist:

$$m_{PQ} = \frac{\Delta y}{\Delta x} = \frac{ax^2 - p}{x - 0} \qquad 1.12$$

Die Tangentensteigung im Punkt Q ist dagegen:

$$m_{\tan} = y' = 2ax \qquad 1.13$$

Die Strecke $\overline{PQ}$ schließt mit der x-Richtung den Winkel α ein, die Tangente den Winkel β. Für diese Winkel gilt:

$$\tan(\alpha) = \frac{ax^2 - p}{x} \quad \text{bzw.} \quad \tan(\beta) = m_{\tan} = 2ax \qquad 1.14$$

Nach dem Reflexionsgesetz gilt, wie man aus der Zeichnung ablesen kann:

$$\beta - \alpha = 90^\circ - \beta \qquad 1.15$$

Oder auch:

$$\tan(\beta - \alpha) = \tan(90^\circ - \beta) = \cot(\beta) = \frac{1}{\tan(\beta)} \qquad 1.16$$

Das lässt sich umformen in:

$$\frac{\tan(\beta)-\tan(\alpha)}{1+\tan(\beta)\tan(\alpha)}=\frac{1}{\tan(\beta)} \qquad 1.17$$

Setzt man 1.14 ein, erhält man für p einen Wert, der von x unabhängig ist:

$$\frac{2ax-\frac{ax^2-p}{x}}{1+2ax\frac{ax^2-p}{x}}=\frac{1}{2ax} \quad \text{bzw.} \quad \frac{2ax^2-ax^2+p}{1+2a^2x^2-2ap}=\frac{1}{2a} \qquad 1.18$$

!

$$2a^2x^2+2ap=1+2a^2x^2-2ap \quad \text{bzw.} \quad \boxed{p=\frac{1}{4a}} \qquad 1.19$$

Alle Strahlen, die parallel zur y-Achse einfallen, gehen also durch P$(0;1/4a)$, den sogenannten **Brennpunkt**, und zwar unabhängig von x.

Würde also Archimedes einen solchen Parabolspiegel gehabt haben, könnte er tatsächlich das parallele Sonnenlicht auf einen Punkt fokussieren und damit sehr hohe Bestrahlungsstärken erreichen. Theoretisch würde diese sogar unendlich groß. Das kann in der Praxis natürlich nicht der Fall sein, es muss also einen Denkfehler geben. Er liegt darin, dass nur jeweils ein leuchtender Punkt der Sonne in den besagten Brennpunkt des Paraboloiden abgebildet wird. Da die Sonne eine gewisse Ausdehnung senkrecht zur Verbindungslinie Sonne–Erde hat, werden verschiedene Punkte auf der Sonne auch an verschiedene Orte im Paraboloiden abgebildet. Es entsteht also ein Bild der Sonne mit einer gewissen Querausdehnung.

Die Sonne wurde dabei als unendlich weit entfernt betrachtet. Es wäre nun die Frage, ob man mit einem Spiegel auch Gegenstände abbilden kann, die in endlicher Entfernung vom Spiegel liegen. Dies soll nun näher untersucht werden. Zunächst sei darauf hingewiesen, dass Parabolspiegel zwar verwendet werden, bei vielen Anwendungen jedoch wird der Rotationsparaboloid durch einen **kugelförmig gekrümmten Spiegel** ersetzt. Dies ist nicht unproblematisch, denn der sphärische Spiegel besitzt nicht die Eigenschaft, parallel zur optischen Achse einfallende Strahlen in einem Punkt zu vereinen. In Abb. 1.8 ist ein Bündel achsparalleler Strahlen gezeichnet, das auf einen **sphärischen Hohlspiegel** fällt. Wie man unschwer erkennen kann, werden nur achsnahe Strahlen so reflektiert, dass sie sich etwa in einem Punkt treffen. Je achsferner die Strahlen sind, desto weiter entfernt von diesem Punkt treffen sie die Achse. Die äußersten Strahlen werden sogar so abgelenkt, dass sie vorher ein weiteres Mal reflektiert werden würden (diese Reflexion ist in Abb. 1.8 nicht gezeichnet). Die am rechten oberen Spiegelrand beginnende, von den reflektierten Strahlen gebildete einhüllende Linie, die im Brennpunkt endet, wird **Katakaustik** genannt.

Dass viele in der Optik und Lasertechnik verwendete Spiegel trotz dieser verheerend schlechten Abbildungseigenschaften sphärische Spiegel sind, liegt an der leichteren Herstellbarkeit. In der Tat werden die Abbildungsfehler gering, wenn man nur den zentralen Teil des Spiegels benutzt. Lässt man unter diesen Bedingungen einen **achsparallelen Lichtstrahl** auf den Spiegel fallen, so gilt nach Abb. 1.9. näherungsweise:

$$x \approx r\sin(\alpha) \quad \text{und} \quad x \approx f\tan(2\alpha) \qquad 1.20$$

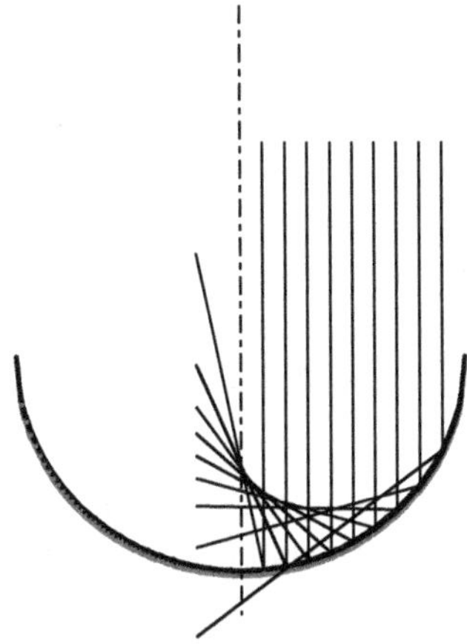

Abb. 1.8: Katakaustik eines sphärischen Hohlspiegels.

Die Bedingung „achsnahe Strahlen“ sowie eine geringe Spiegelkrümmung führen dazu, dass die auftretenden Winkel klein sind, so dass man sowohl die Sinus- als auch die Tangens-Funktion in eine Potenzreihe entwickeln kann:

$$\sin(\alpha) = \alpha - \frac{x^3}{3!} + \frac{x^5}{5!} - \ldots \qquad 1.21$$

$$\tan(\alpha) = \alpha + \frac{1}{3}\alpha^3 + \frac{2}{15}\alpha^5 + \ldots \qquad 1.22$$

Bricht man die Reihenentwicklung bereits nach der **ersten Ordnung** ab, so erhält man $\sin(\alpha) \approx \alpha$ bzw. $\tan(\alpha) \approx \alpha$ und damit aus Gl. 1.20 die **paraxialen Näherungen**:

$$x \approx r\alpha \qquad \text{und} \qquad x \approx 2f\alpha \qquad 1.23$$

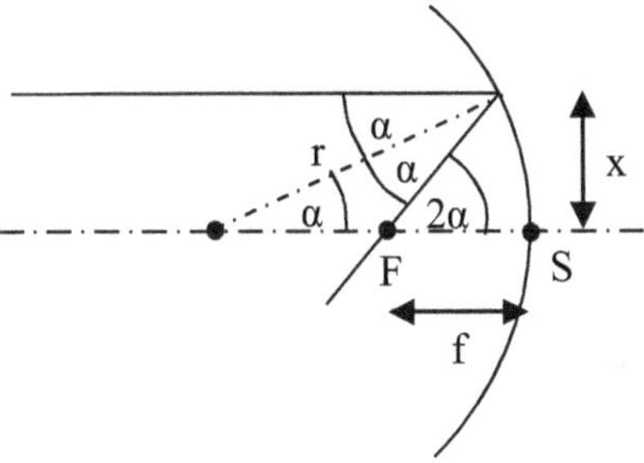

Abb. 1.9: Reflexion am sphärischen Hohlspiegel.

Hierbei wurde angenommen, dass auch 2α noch ein kleiner Winkel ist und somit $\tan(2\alpha) \approx 2\alpha$ gilt. Durch Gleichsetzen der Gln. 1.23 erhält man:

$$r = 2f \qquad \text{bzw.} \qquad \boxed{f = \frac{r}{2}} \qquad 1.24$$

Dieses Resultat ist bemerkenswert, enthält es doch weder x noch den Winkel α. Das bedeutet, dass alle Strahlen, die achsparallel einfallen, unabhängig von ihrem Abstand x zur Mittelachse, der **optischen Achse**, sich im Punkt F im Abstand f vom Scheitel S des Spiegels treffen. Der Punkt F wird **Brennpunkt** genannt, die Länge f **Brennweite**. Es sei betont, dass dieses Verhalten des sphärischen Spiegels nur durch die paraxiale Näherung zustande kommt. Streng genommen bündelt er paralleles Licht nicht in einem Punkt. Wie gut der Spiegel in der Praxis abbildet, hängt vom Abstand x der Strahlen von der optischen Achse und vom Krümmungsradius r des Spiegels ab.

Bisher wurde nur paralleles Licht fokussiert. Das entspricht Licht, das von einem **im Unendlichen** gelegenen Gegenstandspunkt ausgeht. Es soll nun das Verhalten des Spiegels betrachtet werden, wenn sich ein Gegenstandspunkt im endlichen Abstand g vor dem Spiegel befindet (Abb. 1.10).

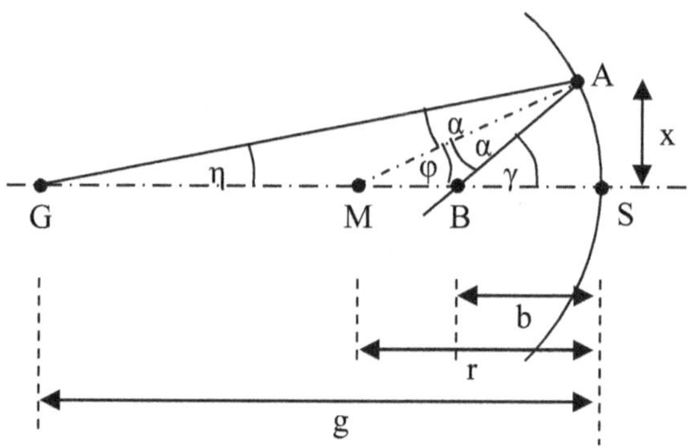

Abb. 1.10: Abbildung durch den sphärischen Hohlspiegel.

Für die Dreiecke GMA und MBA lassen sich wegen der Winkelsumme im Dreieck die folgenden Gleichungen formulieren:

$$\eta + \alpha + (180° - \varphi) = 180° \qquad \varphi + \alpha + (180° - \gamma) = 180° \qquad 1.25$$

Löst man nach α auf und setzt die beiden Beziehungen gleich, so erhält man:

$$\varphi - \eta = \gamma - \varphi \quad \text{bzw.} \quad \gamma + \eta = 2\varphi \qquad 1.26$$

Gleichzeitig gilt wieder in paraxialer Näherung:

$$\frac{x}{b} = \tan(\gamma) \approx \gamma \qquad \frac{x}{r} = \tan(\varphi) \approx \varphi \qquad \frac{x}{g} = \tan(\eta) \approx \eta \qquad 1.27$$

Damit wird Gl. 1.26 zu:

$$\frac{x}{b} + \frac{x}{g} = \frac{2x}{r} \qquad 1.28$$

Hier lässt sich x kürzen, was heißt, dass das Resultat unabhängig davon ist, auf welcher Höhe der vom Gegenstand ausgehende Strahl den Spiegel trifft. Die Größe $2/r$ entspricht nach Gl. 1.24 dem Reziproken der Brennweite, so dass sich für den **sphärischen Hohlspiegel** in paraxialer Näherung die folgende **Abbildungsgleichung** formulieren lässt:

$$\boxed{\frac{1}{b}+\frac{1}{g}=\frac{2}{r}=\frac{1}{f}} \qquad 1.29$$

!

Da weder x noch α in dieser Gleichung auftauchen, heißt das, dass alle vom Gegenstandspunkt G ausgehenden Lichtstrahlen auch durch den Bildpunkt B gehen. Da dieses Resultat auch für den Fall gilt, dass G nicht auf der optischen Achse liegt, ist es grundsätzlich möglich, alle Gegenstandspunkte, die in einer Ebene senkrecht zur optischen Achse mit Abstand g vom Scheitel des Spiegels liegen, in eine **Bildebene** im Abstand b vom Scheitel des Spiegels abzubilden. Wegen der grundsätzlich gemachten Annahme kleiner Winkel gilt das natürlich nur für Gegenstandspunkte, die nicht allzuweit von der optischen Achse entfernt sind.

Ein Rechenbeispiel soll die Sache verdeutlichen. Angenommen, ein Spiegel habe den Radius $r=10\,\text{cm}$ und ein Gegenstand befinde sich $g=8\,\text{cm}$ vor dem Spiegel. Dann hätte der Spiegel nach Gl. 1.24 eine Brennweite von $f=r/2=5\,\text{cm}$. Damit würde der Gegenstand mit einer Bildweite von

$$\frac{1}{b}=\frac{1}{f}-\frac{1}{g}=\frac{g-f}{fg} \quad \text{bzw.} \quad b=\frac{fg}{g-f}=13{,}3\,\text{cm} \qquad 1.30$$

abgebildet. Das Ergebnis lässt sich durch die in Abb. 1.11 dargestellte Konstruktion geometrisch überprüfen. Ein von der Spitze des Pfeils ausgehender, zur optischen Achse paralleler Lichtstrahl verläuft nach der Reflexion durch den Brennpunkt: **Ein Parallelstrahl wird zum Brennstrahl**. Da der Lichtweg umkehrbar ist, würde ein von der Spitze des Bildes ausgehender, Richtung Spiegel laufender Lichtstrahl, der parallel zur optischen Achse ist, nach der Reflexion zum Brennstrahl werden und den Gegenstandspunkt treffen. Kehrt man wiederum diesen Lichtweg um, so wird ein „**Brennstrahl zum Parallelstrahl**“. Damit liegt der Bildpunkt bereits fest. Zur Überprüfung lässt sich noch ein dritter Strahl leicht konstruieren: der im Scheitel S auftreffende Strahl wird nach dem Reflexionsgesetz reflektiert, wobei die optische Achse die Flächennormale darstellt. Auch dieser reflektierte Strahl muss den Bildpunkt treffen. Übrigens wurden in Abb. 1.11 die Strahlen nicht bis zur sphärischen Oberfläche, an der sie tatsächlich reflektiert werden, gezeichnet, sondern bis zur Tangentialebene an die Kugeloberfläche durch den Scheitel. Das ist insofern gerechtfertigt, als in den Gln. 1.27 dieselbe Näherung rechnerisch gemacht wurde. In der Abbildung wurde aus Gründen der zeichnerischen Deutlichkeit eine sehr große Bild- und Gegenstandsgröße gewählt; die paraxiale Näherung ist hierbei schon überstrapaziert.

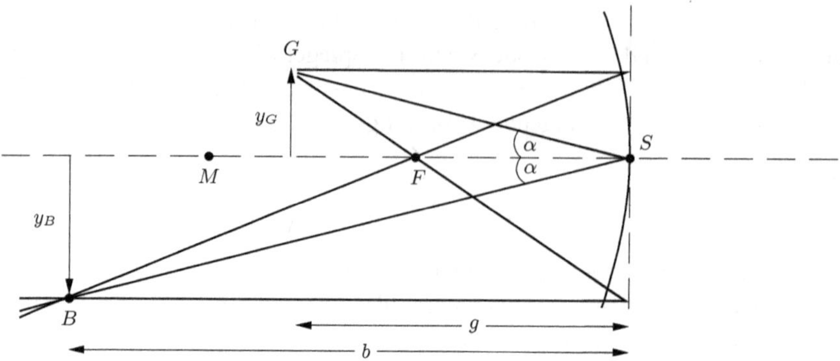

Abb. 1.11: Zur Bildkonstruktion am sphärischen Hohlspiegel: es lassen sich auf einfache Weise drei Strahlen konstruieren: ein Parallelstrahl wird zum Brennstrahl, ein Brennstrahl wird zum Parallelstrahl und für den im Scheitel auftreffenden Strahl gilt das Reflexionsgesetz.

Je näher der Gegenstand von links kommend an den Brennpunkt rückt, desto kleiner wird die Differenz $g-f$ im Nenner von Gl. 1.30 und umso größer wird folglich die Bildweite b. Im Grenzfall gilt:

$$\lim_{g\to f} b = \lim_{g\to f}\frac{fg}{g-f} \to \infty \qquad 1.31$$

Wird g kleiner als f, erhält man rechnerisch eine negative Bildweite. Beispielsweise ergibt $g=3\,\mathrm{cm}$ eine Bildweite von $b=-7{,}5\,\mathrm{cm}$. Wie man in Abb.1.12 erkennt, treffen sich bei konsequenter Anwendung der obigen Konstruktionsregeln die Strahlen (durchgezogene Linien) nicht, sie verlaufen divergent. Erst die Verlängerung der Strahlen nach hinten, auf die Rückseite des Spiegels (gestrichelte Linien) ergibt einen Bildpunkt. Ein solches Bild, das nicht real existiert, wird **virtuelles Bild** genannt. Ein reelles Bild, wie es oben entstanden ist, kann projiziert werden, ein virtuelles nicht.

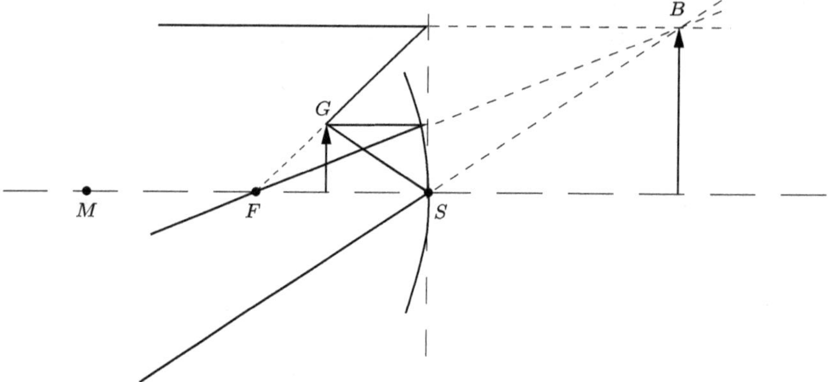

Abb. 1.12: Ist beim Konkavspiegel die Gegenstandsweite kleiner als die Brennweite, entsteht ein virtuelles Bild „hinter" dem Spiegel.

Ein weiterer Fall ist denkbar: der bisher benutzte sphärische Spiegel war **konkav** gekrümmt. Eine andere Möglichkeit wäre ein **konvex** gekrümmter Spiegel. Zur Unterscheidung der beiden Begriffe kann der alberne, aber einprägsame Spruch „Konvex ist der Bauch vom Rex“ dienen. Eine konvex gekrümmte Oberfläche kann durch die besprochenen Formeln beschrieben werden, indem man einfach den Krümmungsradius r negativ ansetzt. Nach Gl. 1.24 resultiert daraus eine negative Brennweite f. In dem oben angeführten Beispiel hätte der Radius $r = -10\,\text{cm}$ eine Brennweite von $f = -5\,\text{cm}$ zur Folge. Damit würde ein Gegenstand, der sich $g = 8\,\text{cm}$ vor dem Spiegel befindet, mit der Bildweite $b = -3{,}08\,\text{cm}$ abgebildet. Das Bild ist also wieder virtuell. Wie man sich anhand von Gl. 1.30 leicht überlegen kann, kann ein Konvexspiegel grundsätzlich nur virtuelle Bilder liefern. Da die Gegenstandsweite g immer positiv ist, die Brennweite f aber negativ, ist im Bruch von Gl. 1.30 der Zähler stets negativ, der Nenner aber stets positiv. Das liefert immer eine negative Bildweite b. In Abb. 1.13 ist die Bildkonstruktion für diesen Fall angegeben. Der Brennpunkt liegt in diesem Fall hinter dem Spiegel, das Bild ergibt sich wieder durch die Rückverlängerung der reflektierten Strahlen.

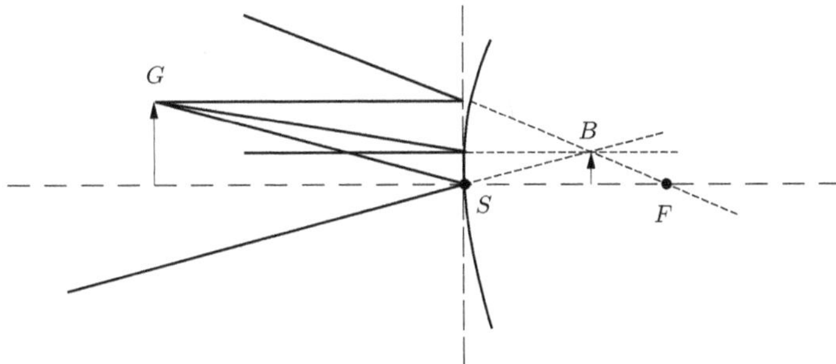

Abb. 1.13: Bildkonstruktion am Konvexspiegel.

Betrachtet man die Bilder der Pfeile in Abb. 1.11 bis 1.13, so erkennt man, dass alle unterschiedlich groß sind. Das Verhältnis aus Bildgröße zu Gegenstandsgröße wird **Abbildungsmaßstab** v oder auch **Lateralvergrößerung** genannt. Betrachtet man Abb. 1.11, so erkennt man unschwer, dass das aus der Gegenstandshöhe y_G und der Gegenstandweite g als Katheden gebildete Dreieck ähnlich ist dem Dreieck, welches aus der Bildhöhe y_B und der Bildweite b als Kathede gebildet wird. Es gilt also der Zusammenhang

$$\frac{y_G}{g} = \frac{y_B}{b}$$

Die Lateralvergrößerung ist damit gegeben durch:

$$\boxed{v = \frac{y_B}{y_G} = \frac{b}{g}} \qquad 1.32$$

!

Ein Abbildungsmaßstab $v > 1$ bedeutet, dass das Bild größer ist als der Gegenstand. Es ist in diesem Fall auch weiter weg vom Spiegel als der Gegenstand. Wie man am Beispiel der Abb. 1.11 erkennen kann, steht der Gegenstand in diesem Beispiel auf dem Kopf. Diese

Bildumkehr ist immer der Fall, wenn die Lateralvergrößerung $v > 0$ ist. Die Vergrößerung ist im Falle des Beispiels von Gl. 1.30 gegeben durch $v = 13{,}33\,\text{cm} / 8\,\text{cm} = 1{,}67$.

Die Formel 1.32 gilt auch für den Fall virtueller Bilder. Im Beispiel der Abb. 1.12 erhält man eine Lateralvergrößerung von $v = -7{,}5\,\text{cm} / 3\,\text{cm} = -2{,}5$. v ist hier negativ, in diesem Fall steht das Bild aufrecht. Genauso im Beispiel von Abb. 1.13. Hier gilt $v = -3{,}08\,\text{cm} / 8\,\text{cm} = -0{,}39$. Auch hier ist das Bild aufrechtstehend.

Spiegel sind in der Optik weit verbreitet. Sie haben einige entscheidende Vorteile gegenüber Linsen. Sie zeigen **keine Wellenlängenabhängigkeit der Brennweite** und damit keine Farbfehler, denn das Reflexionsgesetz gilt gleichermaßen für alle Wellenlängen. Außerdem lassen sich Spiegel in viel größeren Abmessungen fertigen als Linsen, die sich bei großen Durchmessern unter ihrem eigenen Gewicht verformen.

Zum Abschluss dieses Kapitels seien noch einige Bemerkungen zu den gewählten Bezeichnungen und Definitionen gemacht. Die bisher verwendete Vorzeichenkonvention ergab sich ganz zwanglos aus der Entwicklung der Formeln und entspricht der in den meisten Physiklehrbüchern verwendeten. Sie ist anschaulich und einfach in der Anwendung. Allerdings werden bei der Behandlung komplexerer Systeme in der technischen Optik andere Konventionen verwendet. Sie sind in [DIN 1335] niedergelegt. Hier werden neben den Bezeichnungen auch Koordinatensysteme und Richtungen festgelegt. Auf das hier zur Diskussion stehende Beispiel des sphärischen Spiegels angewandt heißt das, dass der Koordinatenursprung im Scheitel des Spiegels liegt. Die ursprüngliche Lichtrichtung, also die Richtung des Lichtes vor der Reflexion, legt die positive z -Richtung fest. Die Gegenstands- und die Bildweite sind über die Abbildungsgleichung miteinander verknüpft. Sie werden daher **konjugierte Größen** genannt und mit dem gleichen Buchstaben a bezeichnet. Zur Unterscheidung erhält die Bildweite einen Apostroph: a'. Die Vorzeichen werden wie folgt festgelegt: wird eine Strecke nach links, also **vom Bezugspunkt aus ins Negative**, gemessen, hat sie einen **negativen Wert**. Die Gegenstandsweite a in Abb. 1.14a wäre also negativ. Die Strecke a' in Abb. 1.14b zählt dagegen positiv.

Mit den Winkeln verhält es sich folgendermaßen: von einem Bezugsschenkel aus, meist dem Lichtstrahl, **im Uhrzeigersinn gezählte Winkel sind negativ** (Abb. 1.14c), **entgegen dem Uhrzeigersinn gezählte sind positiv** (Abb. 1.14d). Bei den Krümmungsradien der Oberflächen führt ein links neben dem Bezugspunkt liegender Krümmungsmittelpunkt zu einem negativen Radius (Abb. 1.14e), ein rechts neben dem Bezugspunkt liegender zu einem positiven Radius (Abb. 1.15f). Die bisher gewonnenen Formeln für den sphärischen Hohlspiegel lassen sich nun auf die neue Vorzeichenkonvention umschreiben. Dabei tritt allerdings ein Problem auf: die Reflexion an der Oberfläche führt zu einer **Richtungsumkehr** bei den Lichtstrahlen. Bei der Aneinanderreihung von optischen Komponenten ist es daher günstiger, den Strahlengang zu **entfalten**, d.h. die reflektierte Hälfte nach rechts „aufzuklappen“ (Abb. 1.15).

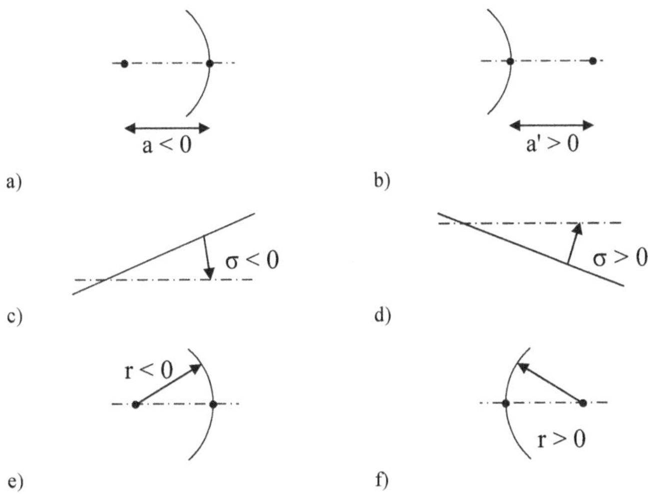

Abb. 1.14: Zur Vorzeichenfestlegung in der technischen Optik.

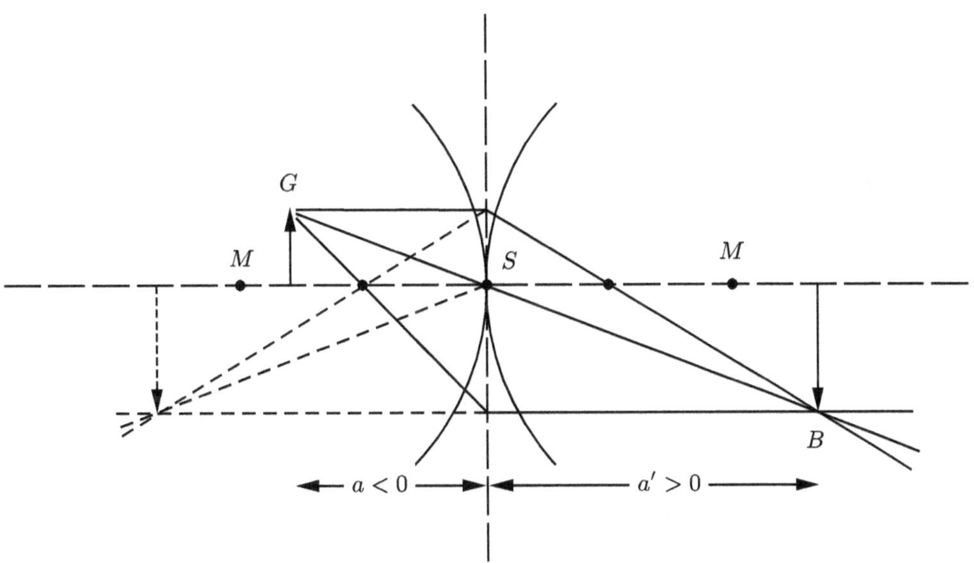

Abb. 1.15: In vielen Fällen ist die hier gezeigte „Entfaltung" des Strahls bei Reflexion an einem Spiegel von Vorteil. Die Wirkung des Spiegels wird berücksichtigt, die Richtung des Strahls wird aber beibehalten.

In der Tabelle 1.1 sind die zwei Vorzeichenkonventionen gegenübergestellt. Auch bei der Behandlung der dünnen Linsen im nächsten Kapitel werden noch die Formeln für beide Konventionen angegeben, um den Anschluss an die in Physikbüchern übliche Darstellungsform herzustellen, gleichzeitig aber in die Methoden der technischen Optik einzuführen.

Tab. 1.1: Vergleich der bisher verwendeten Vorzeichen und Bezeichnungen mit DIN 1335.

Abbildungsgleichung	$\frac{1}{g}+\frac{1}{b}=\frac{1}{f}$	$\frac{1}{a'}-\frac{1}{a}=\frac{1}{f}$ a Gegenstandsweite a' Bildweite
Lateralvergrößerung	$v=\frac{b}{g}$	$\beta'=\frac{a'}{a}$
Bildumkehr	$v>0$	$\beta'<0$
Keine Bildumkehr	$v<0$	$\beta'>0$
Konkav-Spiegel	aus $r>0$ folgt: $f>0$	aus $r<0$ folgt zunächst $f<0$, **durch Entfaltung Vorzeichenumkehr**: $f>0$
Konvex-Spiegel	aus $r<0$ folgt: $f<0$	aus $r>0$ folgt zunächst $f>0$, **durch Entfaltung Vorzeichenumkehr**: $f<0$
Gegenstandsweite	immer: $g>0$	immer: $a<0$
Bildweite / reelles Bild	$b>0$, Bild **links** vom Spiegel	$a'>0$, Bild durch Entfaltung **rechts** vom Spiegel
Bildweite / virtuelles Bild	$b<0$, Bild **rechts** vom Spiegel	$a'<0$, Bild durch Entfaltung **links** vom Spiegel

Abschließend sei noch kurz auf eine weitere gebräuchliche Spiegelform eingegangen, den **Ellipsoidspiegel**. Er entsteht, wenn man eine Ellipse um die Verbindungslinie ihrer **Brennpunkte** rotieren lässt. Der Plural bei Brennpunkt weist hier schon auf die besondere Eigenschaft der Ellipse hin: sie besitzt zwei Brennpunkte, die die Eigenschaft haben, dass von ihnen ausgehende Lichtstrahlen in den jeweils anderen Brennpunkt reflektiert werden (Abb. 1.16).

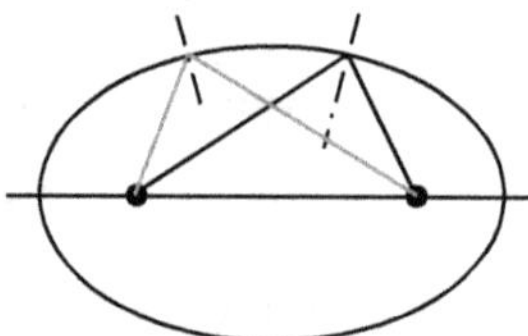

Abb. 1.16: Von einem Brennpunkt ausgehendes Licht wird vom Ellipsoidspiegel in den anderen Brennpunkt reflektiert.

1.1.4 Brechung an einer Kugeloberfläche

Obwohl Spiegelteleskope, sogenannte **katoptrische Fernrohre**, heute in der Astronomie Standard sind, begann die Beobachtung des Sternenhimmels im 17. Jahrhundert mit **dioptrischen Fernrohren**. Grundlage dieser Linsenfernrohre ist die Lichtbrechung an sphärischen Oberflächen. Nutzt man die paraxiale Näherung, ist damit wie im Fall der sphärischen Spiegel eine Abbildung möglich. Voraussetzung sind wieder kleine Winkel und ein großer Krümmungsradius der brechenden Oberfläche. Eine exakte Abbildung ist nur mit ganz speziellen asphärischen Oberflächenformen und unter ganz bestimmten Bedingungen möglich. Da diese Bedigungen oft nicht einhaltbar sind und wegen der leichteren Herstellbarkeit wird häufig auf Kugeloberflächen zurückgegriffen.

In Abb. 1.17 trennt eine Kugeloberfläche mit Radius r zwei Medien mit den Brechzahlen n_1 und n_2, wobei hier $n_1 < n_2$ gelten soll. Ein Gegenstand der Höhe G befindet sich im Abstand g (Gegenstandsweite) von der Oberfläche. Man beachte, dass $\overline{SD} \ll g$ ist, so dass es egal ist, ob man g bis zum Scheitel S oder bis D misst. Verwendet wird üblicherweise der Scheitelabstand. Das gleiche gilt auch für die Bildweite b. Übrigens würden die Größe der Winkel und die Abstände in Abb. 1.17 nicht mehr der paraxialen Näherung entsprechen. Sie sind nur wegen der Deutlichkeit der Darstellung so gewählt. Was es nun zu zeigen gilt, ist, dass der Pfeil der Größe G in ein Bild der Größe B abgebildet wird. Dazu muss bewiesen werden, dass alle paraxialen Strahlen, die zum Beispiel vom Punkt an der Spitze des Pfeils ausgehen, durch ein und denselben Punkt im Bildraum gehen. Der in Abb. 1.17 gezeichnete Strahl tritt im Punkt A in das zweite Medium ein und wird entsprechend gebrochen. Im Ergebnis muss ein solcher Strahl **unabhängig von der Auftreffhöhe** x durch die Spitze des „Bildpfeiles" gehen. Der Schnittpunkt C mit der optischen Achse verändert sich hierbei natürlich.

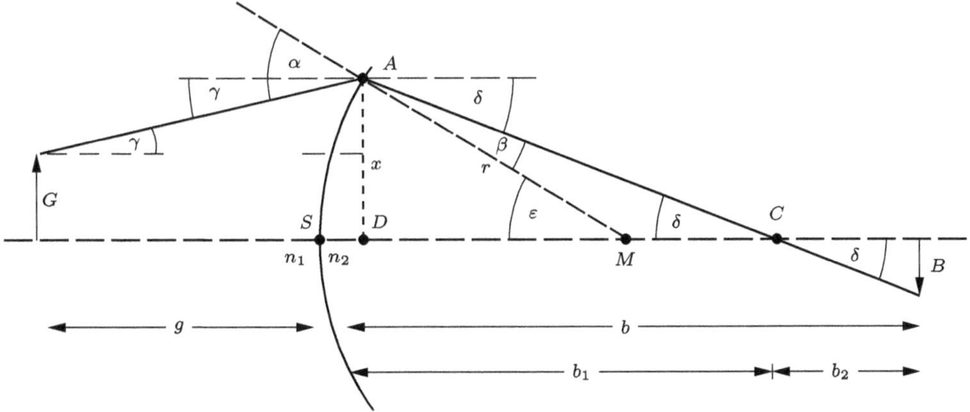

Abb. 1.17: Von einem Gegenstand G wird unter Nutzung der paraxialen Näherung durch eine brechende Kugelfläche ein Bild B erzeugt.

Nach dem Snelliusschen Brechungsgesetz gilt:

$$\frac{\sin(\alpha)}{\sin(\beta)} = \frac{n_2}{n_1} \approx \frac{\alpha}{\beta} \qquad \rightarrow \quad \beta = \frac{n_1}{n_2}\alpha \tag{1.33}$$

Außerdem kann man der Abb. 1.17 die folgenden Winkelbeziehungen entnehmen:

$$\frac{x-G}{g} = \tan(\gamma) \approx \gamma \qquad \frac{x}{r} = \sin(\varepsilon) \approx \varepsilon \qquad \frac{x}{b_1} = \tan(\delta) \approx \delta \tag{1.34}$$

Aufgrund der Ähnlichkeit der durch das Bild B und den Punkt C sowie durch x und den Punkt C gebildeten Dreiecke gilt $B/b_2 = x/b_1$, woraus man mit $b = b_1 + b_2$ bzw. $b_2 = b - b_1$ die Beziehung

$$\frac{B}{b-b_1} = \frac{x}{b_1} \qquad \rightarrow \quad Bb_1 = xb - xb_1 \qquad \rightarrow \quad b_1 = \frac{xb}{B+x} \tag{1.35}$$

erhält. Die Winkelsumme im Dreieck ACM liefert:

$$\beta+\delta+(180^\circ-\varepsilon)=180^\circ \qquad \rightarrow\varepsilon=\beta+\delta \tag{1.36}$$

Schließlich gilt noch die Winkelbeziehung:

$$\alpha-\gamma=\varepsilon \qquad \rightarrow\alpha=\varepsilon+\gamma \tag{1.37}$$

Aus Gl. 1.36 folgt mit den Gl. 1.33 und 1.37:

$$\varepsilon=\frac{n_1}{n_2}\alpha+\delta=\frac{n_1}{n_2}(\varepsilon+\gamma)+\delta \qquad \varepsilon\left(1-\frac{n_1}{n_2}\right)=\frac{n_1}{n_2}\gamma+\delta \tag{1.38}$$

Jetzt können die Winkelbeziehungen 1.34 eingesetzt werden:

$$\frac{x}{r}\left(1-\frac{n_1}{n_2}\right)=\frac{n_1}{n_2}\frac{x-G}{g}+\frac{x}{b_1} \tag{1.39}$$

b_1 aus Gl.1.35 eingesetzt, liefert:

$$\frac{x}{r}\left(1-\frac{n_1}{n_2}\right)=\frac{n_1}{n_2}\frac{x-G}{g}+\frac{(B+x)}{b} \tag{1.40}$$

Multipliziert mit n_2/x erhält man:

$$\frac{n_2-n_1}{r}=\frac{n_1}{g}+\frac{n_2}{b}+\frac{1}{x}\left(\frac{Bn_2}{b}-\frac{n_1G}{g}\right) \tag{1.41}$$

Diese Gleichung verknüpft die bekannten Größen n_1, n_2, r, g und G mit den unbekannten b, B und x. Wie man leicht einsieht, reicht diese eine Gleichung ohne weitere Randbedingungen nicht aus, die Lage des Bildes b und seine Größe B zu bestimmen. Das kann man auch an Abb. 1.17 erkennen, denn man könnte den Bildpfeil ohne Auswirkung auf die bekannten Größen oder Winkel nach rechts oder links verschieben, sofern die Spitze weiterhin auf dem gebrochenen Strahl (Verlängerung der Strecke $\overline{AC}$) liegt. Es würde sich dabei die Bildweite b und die Bildhöhe B vergrößern oder verkleinern.

Damit ein Bild des Pfeiles entsteht, müssen sich alle z.B. von der Spitze des Gegenstandes ausgehenden Strahlen in einem Punkt treffen. Das muss unabhängig von der Auftreffhöhe x auf der Kugeloberfläche gelten. Für Gl. 1.41 bedeutet das wiederum, dass die Gleichung für beliebige x gelten muss. Das ist nur dann der Fall, wenn die runde Klammer auf der rechten Seite Null ergibt:

$$\frac{Bn_2}{b}-\frac{Gn_1}{g}=0 \qquad \text{bzw.} \qquad \frac{B}{G}=\frac{bn_1}{gn_2} \tag{1.42}$$

Die Größe B/G entspricht der **Lateralvergrößerung** v, so dass abschließend das Ergebnis

$$\boxed{\frac{n_2-n_1}{r}=\frac{n_1}{g}+\frac{n_2}{b}} \qquad v=\frac{B}{G}=\frac{bn_1}{gn_2} \qquad 1.43$$

!

gilt. Von einem im Abstand g vor dem Scheitel der Kugelfläche gelegenen Gegenstand der Größe G wird also im Abstand b vom Scheitel ein Bild der Größe B entworfen.

1.1.5 Helmholtz–Lagrange-Invariante

Neben der **Lateralvergrößerung** in Gl.1.43 werden in der Regel noch zwei weitere Vergrößerungen angegeben. Der **Tiefenmaßstab** oder die **Tiefenvergrößerung** sagt etwas darüber aus, welche Verschiebung Δb der Bildebene durch eine minimale Verschiebung der Gegenstandsebene um Δg bewirkt wird (Abb. 1.18). Oder anders ausgedrückt: der Tiefenmaßstab v_t entspricht dem Quotienten $\Delta b/\Delta g$, der sich wiederum als **Differentialquotient** der Funktion $b=f(g)$) berechnen lässt. Dazu löst man die erste der Gl. 1.43 nach b auf:

$$b=f(g)=\frac{n_2}{\frac{n_2-n_1}{r}-\frac{n_1}{g}}=\frac{rgn_2}{g(n_2-n_1)-rn_1} \qquad 1.44$$

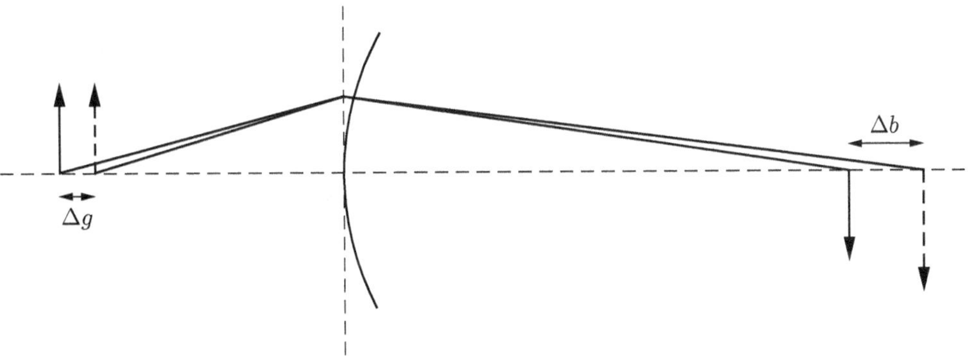

Abb. 1.18: Der Tiefenmaßstab setzt die Verschiebung Δg eines Objektpunktes in longitudinaler Richtung zur Verschiebung Δb des Bildpunktes im Bildraum ins Verhältnis.

Es gilt dann:

$$v_t=\lim_{\Delta g\to 0}\frac{\Delta b}{\Delta g}=\frac{d}{dg}\frac{rgn_2}{g(n_2-n_1)-rn_1} \qquad 1.45$$

$$v_t=\frac{rn_2(g(n_2-n_1)-rn_1)-rgn_2(n_2-n_1)}{(g(n_2-n_1)-rn_1)^2}=\frac{-n_1n_2r^2}{(g(n_2-n_1)-rn_1)^2} \qquad 1.46$$

Dividiert man im Zähler und Nenner durch r^2, so kann man den Bruch $\frac{n_2 - n_1}{r}$ durch die Abbildungsgleichung 1.43 ausdrücken und man erhält:

$$v_t = \frac{-n_1 n_2}{(\frac{(n_2 - n_1)}{r} g - n_1)^2} = \frac{-n_1 n_2}{\left(\left(\frac{n_1}{g} + \frac{n_2}{b}\right) g - n_1\right)^2} = \frac{-n_1 n_2}{\left(\frac{bn_1 + gn_2 - bn_1}{b}\right)^2} \qquad 1.47$$

Oder einfacher:

$$\boxed{v_t = \frac{-b^2 n_1 n_2}{g^2 n_2^2} = -\frac{n_1 b^2}{n_2 g^2}} \qquad 1.48$$

Die **Tiefenvergrößerung** lässt sich mit der Lateralvergrößerung aus Gl. 1.43 umschreiben in:

$$\boxed{v_t = -v \frac{b}{g} = -v^2 \frac{n_2}{n_1}} \qquad 1.49$$

Die dritte Vergrößerung ist das sogenannte **Winkelverhältnis** v_w. Zunächst kann man ein Verhältnis der beiden Winkel δ und γ (Abb. 1.17) angeben. Es können zu seiner Berechnung die Gl. 1.34 und 1.35 herangezogen werden:

$$\frac{\delta}{\gamma} = \frac{\frac{x(B+x)}{xb}}{\frac{x-G}{g}} \qquad 1.50$$

Für die Definition des Winkelverhältnisses v_w soll jedoch, abweichend von Abb. 1.17, der eigentliche Objektpunkt auf der optischen Achse liegen. Es ergeben sich daher die speziellen Winkel δ_0 und γ_0 (Abb. 1.19) und mit $G = 0$ und $B = 0$ folgt für das Winkelverhältnis:

$$\boxed{v_w = \frac{\tan(\delta_0)}{\tan(\gamma_0)} \approx \frac{\delta_0}{\gamma_0} = \frac{x/b}{x/g} = \frac{g}{b}} \qquad 1.51$$

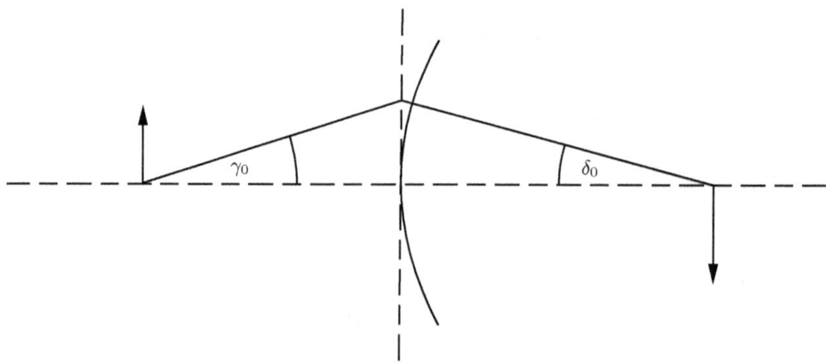

Abb. 1.19: Der Winkelmaßstab v_w ist das Verhältnis aus δ_0 und γ_0.

Setzt man dieses Resultat in Gl. 1.43 ein, erhält man

$$v = \frac{B}{G} = \frac{bn_1}{gn_2} = \frac{n_1}{n_2 v_w} = \frac{n_1 \gamma_0}{n_2 \delta_0}, \qquad 1.52$$

woraus wiederum folgt:

$$\boxed{Gn_1\gamma_0 = Bn_2\delta_0} \qquad 1.53$$

Erzeugt also ein flächiger Gegenstand der Höhe G, der sich in einem Medium mit Brechzahl n_1 befindet, durch eine Kugelfläche ein Bild der Höhe B, so ist das Produkt aus der Strahlneigung, der Höhe und der Brechzahl im jeweiligen Halbraum eine Unveränderliche. Man nennt sie **Helmholtz–Lagrange-Invariante**.

1.1.6 Brennweiten

Die Abbildungsgleichung

$$\frac{n_2 - n_1}{r} = \frac{n_1}{g} + \frac{n_2}{b} \qquad 1.54$$

beinhaltet den Krümmungsradius r und die Brennweiten n_1 und n_2 der an der Abbildung beteiligten Medien. Diese drei Größen lassen sich auf zwei reduzieren, ohne den Informationsgehalt der Gleichung zu verringern. Entfernt man den Gegenstand immer weiter von der brechenden Kugelfläche, sind bei sehr großen Gegenstandsweiten g die von den Objektpunkten ausgehenden Strahlen quasi parallel (Abb. 1.20). Für $g \to \infty$ entfällt in Gl. 1.54 der erste Summand auf der rechten Seite. In diesem speziellen Fall bezeichnet man die resultierende Bildweite als **hintere Brennweite** oder **bildseitige Brennweite** f_b und den zugehörigen Bildpunkt auf der optischen Achse als **hinteren Brennpunkt** oder **bildseitigen Brennpunkt** F_b:

$$\frac{n_2 - n_1}{r} = \frac{n_2}{f_b} \qquad \boxed{f_b = \frac{n_2 r}{n_2 - n_1}} \qquad 1.55$$

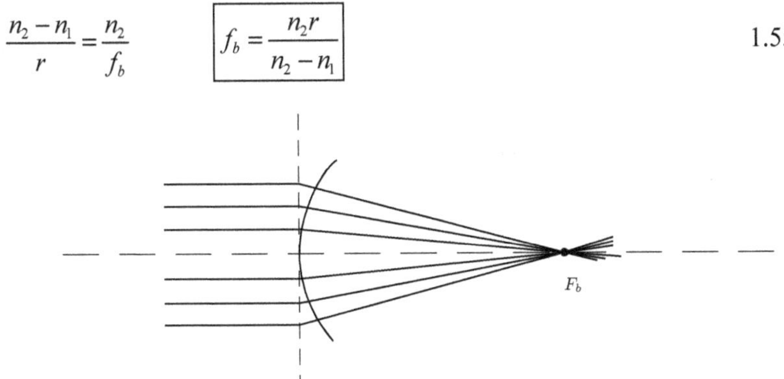

Abb. 1.20: Die Bildweite eines unendlich weit von der brechenden Oberfläche entfernten Objektpunkts heißt hintere Brennweite, der zugehörige Bildpunkt ist der bildseitige Brennpunkt.

Man kann umgekehrt ausgehend von der Position in Abb. 1.17 den Gegenstand auch näher an die brechende Fläche heranrücken. Dabei wird man feststellen, dass sich das Bild immer weiter von der brechenden Fläche entfernt, bis schließlich bei einer bestimmten Gegenstandsweite – sie wird **vordere Brennweite** oder **gegenstandsseitige Brennweite** genannt – das Bild ins Unendliche rückt (Abb. 1.21). Das ist der Fall, wenn die von einem Gegenstandspunkt ausgehenden Lichtstrahlen nach Durchtritt durch die brechende Fläche parallel verlaufen. Der zugehörige Gegenstandspunkt wird **vorderer Brennpunkt** oder **gegenstandsseitiger Brennpunkt F_g** genannt. Schiebt man den Gegenstand noch weiter an die Fläche, werden die von einem Gegenstandspunkt ausgehenden Strahlen divergent. Der Bildpunkt kann durch die Rückverlängerung der Strahlen in den Gegenstandsraum ermittelt werden. Das Bild ist in diesem Fall **virtuell**, ein Phänomen, was schon bei sphärischen Spiegeln beobachtet wurde. Die Gl. 1.54 würde in diesem Fall eine negative Bildweite liefern. Für $b \to \infty$ entfällt in Gl. 1.54 der zweite Summand auf der rechten Seite und man erhält für die vordere Brennweite:

! $$\frac{n_2 - n_1}{r} = \frac{n_1}{f_g} \qquad \boxed{f_g = \frac{n_1 r}{n_2 - n_1}} \qquad 1.56$$

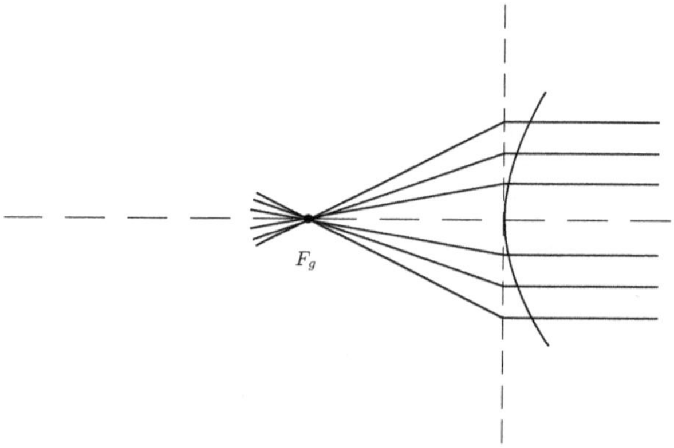

Abb. 1.21: Ein im vorderen Brennpunkt gelegener Gegenstand wird ins Unendliche abgebildet. Die Lichtstrahlen verlassen die brechende Fläche parallel.

Die Gl. 1.55 und 1.56 können verwendet werden, um die Abbildungsgleichung 1.54 zu vereinfachen. Man bringt die Gleichungen dazu in die Form:

$$n_2 = f_b \frac{n_2 - n_1}{r} \qquad n_1 = f_g \frac{n_2 - n_1}{r} \qquad 1.57$$

Damit wird Gl. 1.54 zu:

$$\frac{n_2 - n_1}{r} = f_g \frac{n_2 - n_1}{gr} + f_b \frac{n_2 - n_1}{br} \qquad 1.58$$

Durch Kürzen des Faktors $\frac{n_2 - n_1}{r}$ erhält man die einfache Gleichung

! $$\boxed{\frac{f_g}{g} + \frac{f_b}{b} = 1} \qquad 1.59$$

Dies ist eine andere Form der **Abbildungsgleichung** für eine **sphärische Grenzfläche** zwischen Medien unterschiedlicher Brechzahl. Die beiden Brennweiten genügen, um das Verhalten der Fläche zu charakterisieren.

Mit diesen Brennweiten ist es leicht möglich, das Bild eines Gegenstandes zu konstruieren. Dazu ist zu sagen, dass die brechende Fläche nicht notwendigerweise konvex gekrümmt sein muss wie in Abb. 1.17 und in der gesamten Herleitung. Eine konkave Fläche hätte nur einfach einen negativen Krümmungsradius der Fläche zur Folge. Auch muss nicht unbedingt $n_1 < n_2$ gelten. Die Abbildungsgleichung 1.43 gilt mit den entsprechenden Vorzeichen. Ein Beispiel: ein häufiger Fall ist der Übergang von Luft in Glas. Der Brechungsindex der Luft ist nicht exakt 1, kann aber für viele Fälle etwa als 1 angenommen werden. Als Glas soll hier im Beispiel das hochbrechende Glas LaSF9 verwendet werden. Es hat die Brechzahl $n_2 = 1{,}85003$ bei einer Wellenlänge von $\lambda = 589{,}3\,\text{nm}$. Die Brechzahl ist wellenlängenabhängig und bei Verwendung von weißem Licht treten infolgedessen Probleme auf, die noch zu behandeln sein werden. Fürs Erste soll also angenommen werden, das vom Objekt ausgehende Licht sei monochromatisch und habe die Wellenlänge 589,3 nm. Die Angabe der Brechzahl auf 5 Nachkommastellen ist in der Optik üblich und gerechtfertigt.

Rechnerisch würde man mit einem Krümmungsradius von $r = 5\,\text{cm}$ eine vordere Brennweite von $f_g = 5{,}882\,\text{cm}$ und eine hintere Brennweite von $f_b = 10{,}882\,\text{cm}$ erhalten. Damit würde also nach Gl. 1.59 das Bild eines $g = 14\,\text{cm}$ vor der Oberfläche liegenden Gegenstandes bei einer Bildweite von

$$\frac{f_b}{b} = 1 - \frac{f_g}{g} = \frac{g - f_g}{g} \qquad b = \frac{g f_b}{g - f_g} = 18{,}767\,\text{cm} \qquad 1.60$$

liegen. Das ergibt auch die **Bildkonstruktion** in Abb. 1.22. Ein vom Gegenstand ausgehender **Brennstrahl**, also ein durch den vorderen Brennpunkt gehender Strahl, **wird zum Parallelstrahl im Bildraum**. Ein im Gegenstandsraum **parallel** zur optischen Achse verlaufender Strahl **wird im Bildraum zum Brennstrahl**, geht also durch den hinteren Brennpunkt. Der bei der Bildkonstruktion beim Spiegel verwendete Strahl durch den Scheitel ist hier nicht verwendbar, er würde gebrochen werden und ist damit konstruktiv nicht einfach einzuzeichnen.

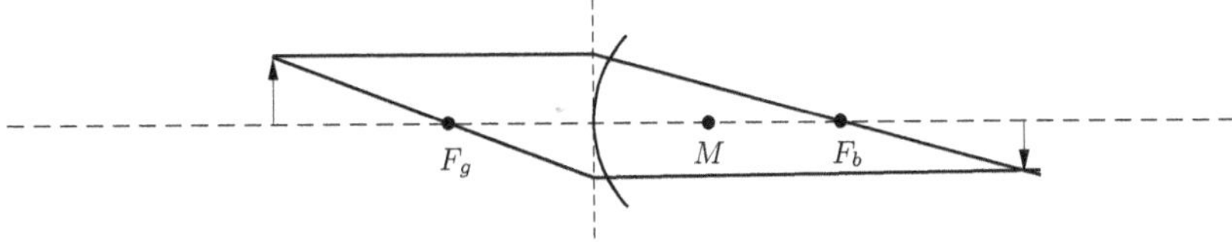

Abb. 1.22: Zur Bildkonstruktion an der sphärischen brechenden Fläche.

Nun sei statt der konvexen Oberfläche in Abb. 1.22 eine konkave Oberfläche (Abb. 1.23) betrachtet. Das Zahlenbeispiel fortführend, wäre der Radius also in diesem Fall $r = -5\,\text{cm}$. Bei gleichbleibenden Brechungsindizes ergäbe sich eine vordere Brennweite von $f_g = -5{,}882\,\text{cm}$ und eine hintere Brennweite von $f_b = -10{,}882\,\text{cm}$. Die Vorzeichen sind also nun negativ, was heißt, dass die entsprechenden Brennpunkte im Vergleich zur konvexen

Fläche vertauscht sind. Der **Parallelstrahl** wird auch hier **zum Brennstrahl**, allerdings liegt der Brennpunkt F_b im Gegenstandsraum, denn die zugehörige Brennweite ist negativ. Die Bildkonstruktion erfordert also, dass der entsprechende Strahl zu F_b „zurückverlängert" wird. Der **Brennstrahl**, der im Bildraum **zum Parallelstrahl** wird, ist auf den gegenstandsseitigen Brennpunkt F_g zu beziehen, welcher im Bildraum liegt, da die zugehörige Brennweite negativ ist. Ab der brechenden Oberfläche verläuft der Strahl parallel zur optischen Achse. Der Schnittpunkt der Rückverlängerung beider Strahlen ergibt den Bildpunkt. Er liegt im Gegenstandsraum. Die Rechnung nach Gl. 1.60 ergibt $b = -7{,}663\,\text{cm}$.

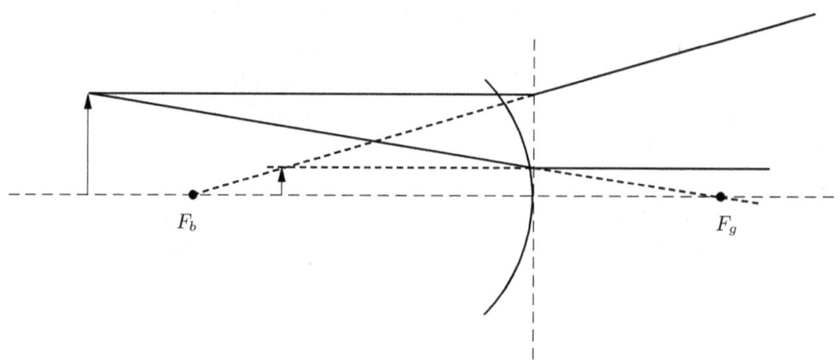

Abb. 1.23: An einer konkaven, brechenden, sphärischen Fläche entsteht ein virtuelles Bild. Wegen der negativen Vorzeichen der Brennweiten ist der bildseitige Brennpunkt im Gegenstandsraum, während der gegenstandsseitige Brennpunkt im Bildraum liegt.

Wie schon beim sphärischen Hohlspiegel soll auch hier der Übergang zu den in der technischen Optik üblichen und in [DIN 1335] angegebenen Definitionen und Bezeichnungen vorbereitet werden. Wegen der Umkehrbarkeit des Lichtweges würde ein an der Stelle des Bildes gelegener Gegenstand bei Umkehrung der Lichtrichtung an den Ort des Gegenstandes abgebildet. Jeder Punkt der Gegenstandsebene hat einen Bildpunkt in der Bildebene. Ebenen, für die das der Fall ist, werden als zueinander **konjugierte Ebenen** bezeichnet. Die bisher verwendeten, eingängigen Buchstaben b und g für Bild- und Gegenstandsweite bezeichnen also **zueinander konjugierte Größen**. Hierfür wird nur noch ein Buchstabe, nämlich a, verwendet und die Größe im Bildraum (also die bisherige Bildweite b) erhält einen Apostroph, d.h. es wird a' verwendet. Im Falle eines reellen Bildes, wie es in Abb. 1.22 dargestellt ist, ist $a < 0$, da der Gegenstand sich links vom Bezugspunkt – dem Scheitel der brechenden Fläche – befindet. a' ist dagegen positiv, denn das Bild ist rechts vom Bezugspunkt. Auch bei den Brechungsindizes setzt man entsprechend $n_1 = n$ und $n_2 = n'$. Hinsichtlich der Brennweiten gilt Folgendes: die vordere und die hintere Brennweite sind **nicht** zueinander konjugiert. Größen, für die das der Fall ist, können, wenn sie im Objektraum liegen, einen Querstrich über dem Buchstaben bekommen. Die entsprechende Größe im Bildraum bekommt wieder einen Apostroph. Die in Abb. 1.19 angegebenen Winkel γ_0 und δ_0 werden ersetzt durch den Winkel σ und σ', wobei gemäß Vorzeichenkonvention $\sigma < 0$ und $\sigma' > 0$ gilt. In Tab. 1.2 sind noch einmal die Formeln für die beiden Konventionen gegenübergestellt.

Tab. 1.2: Vergleich der bisher verwendeten Vorzeichen und Bezeichnungen mit [DIN 1335].

Abbildungsgleichung	$\frac{n_1}{g}+\frac{n_2}{b}=\frac{n_2-n_1}{r}$	$\frac{n'}{a'}-\frac{n}{a}=\frac{n'-n}{r}$	1.61
Hintere Brennweite	$f_b=\frac{n_2 r}{n_2-n_1}$	$f'=\frac{n'r}{n'-n}$	1.62
Vordere Brennweite	$f_g=\frac{n_1 r}{n_2-n_1}$	$f=-\frac{nr}{n'-n}$	1.63
Abbildungsgleichung	$\frac{f_g}{g}+\frac{f_b}{b}=1$	$\frac{f'}{a'}+\frac{f}{a}=1$	1.64
Lateralvergrößerung	$v=\frac{B}{G}=\frac{bn_1}{gn_2}$	$\beta'=\frac{na'}{n'a}$	1.65
Tiefenvergrößerung	$v_t=-\frac{n_1 b^2}{n_2 g^2}$	$\alpha'=-\frac{n(a')^2}{n'a^2}$	1.66
Winkelverhältnis	$v_w=\frac{\delta_0}{\gamma_0}=\frac{g}{b}$	$\gamma'=\frac{\sigma'}{\sigma}=\frac{a}{a'}$	1.67

Die vordere Brennweite (Gl. 1.63) ist für den in Abb. 1.22 betrachteten Standardfall ($n_1 < n_2$, $r > 0$) negativ. Das ist sinngemäß richtig, denn der vordere Brennpunkt liegt links vom Bezugspunkt. Die Lateralvergrößerung β' wäre in diesem Fall negativ, da $a' > 0$ und $a < 0$ ist. Der Winkelmaßstab γ' ist wegen $\sigma < 0$ und $\sigma' > 0$ bzw. $a < 0$ und $a' > 0$ negativ.

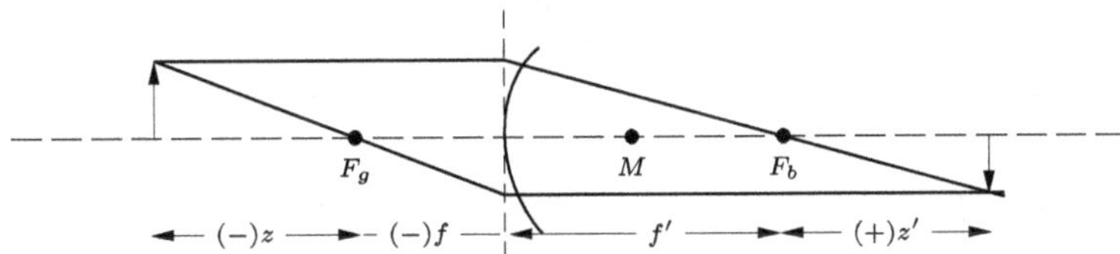

Abb. 1.24: Bei der Newtonschen Abbildungsgleichung werden Bild- und Gegenstandsweite auf die entsprechenden Brennpunkte bezogen.

Abschließend sei noch eine weitere Form der Abbildungsgleichung angegeben, die sogenannte **brennpunktsbezogene Abbildungsgleichung** oder auch **Newtonsche Abbildungsgleichung**. Der Name „brennpunktsbezogene" Abbildungsgleichung sagt es schon: die Gegenstands- und Bildweiten werden nicht auf den Scheitel der brechenden Fläche, sondern auf die Brennpunkte bezogen. Aus Abb. 1.24 erkennt man:

$$\frac{f}{z+f}+\frac{f'}{f'+z'}=1 \qquad 1.68$$

Daraus wird:

$$\frac{f(f'+z')+f'(f+z)}{(z+f)(f'+z')}=1$$

bzw.

$$ff'+fz'+ff'+f'z=zf'+zz'+ff'+fz' \qquad 1.69$$

$$\boxed{ff'=zz'} \qquad 1.70$$

Das Beispiel zu Abb. 1.22 ($r=5\,\text{cm}$, $n_1=n=1$, $n_2=n'=1{,}85003$) sei hier noch einmal mit der Newtonschen Abbildungsgleichung gerechnet. Die Brennweiten wären dann $f=-5{,}882\,\text{cm}$ und $f'=10{,}882\,\text{cm}$. Bei einer Gegenstandsweite von $z=-14\,\text{cm}-(-5{,}882\,\text{cm})=-8{,}118\,\text{cm}$ erhält man aus Gl. 1.70:

$$z'=\frac{ff'}{z}=7{,}885\,\text{cm} \qquad 1.71$$

Wegen $a'=z'+f'=7{,}885\,\text{cm}+10{,}882\,\text{cm}=18{,}767\,\text{cm}$ entspricht dieses Resultat dem in Gl. 1.60.

1.1.7 Die dünne Linse

Brechende Oberflächen lassen sich aneinanderreihen, so dass das Licht von links nach rechts eine Fläche nach der anderen durchläuft. Die abbildenden Eigenschaften einer solchen Folge von Flächen sind sehr schwer zu beschreiben und führen zu sehr aufwendigen Rechnungen. Ein noch einfach zu behandelnder Fall ist die dünne Linse. Dünn deshalb, weil der **Scheitelabstand** zwischen den beiden Flächen klein sein soll im Vergleich zu den sonst auftretenden Gegenstands- und Bildweiten, so dass er vernachlässigt werden kann. Es ist dann die folgende Betrachtung zulässig, die wiederum zunächst mit den anschaulicheren Größen b und g durchgeführt werden soll: Abb. 1.25 zeigt zwei brechende, sphärische Oberflächen, die Medien mit den Brechzahlen n_1, n_2 und n_3 trennen. Man beachte, dass die in der Abbildung

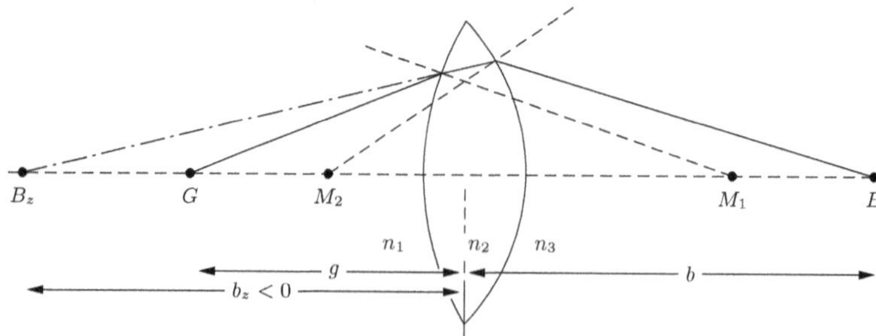

Abb. 1.25: Strahlengang in einer dünnen Linse. Die Brechung an der ersten Fläche reicht nicht aus, ein konvergentes Strahlenbündel zu erzeugen. Der Bildpunkt B_z ist virtuell, erst die Brechung an der zweiten Fläche erzeugt einen reellen Bildpunkt. Man beachte, dass zum Zweck der besseren Darstellung die Winkel groß und die Krümmungsradien sehr klein gewählt wurden, was aber in dieser Form nicht mehr durch die paraxiale Näherung gedeckt würde.

gezeichneten Oberflächen eigentlich keine dünne Linse mehr bilden, die Scheiteldicke wäre viel zu groß. Außerdem verlaufen die eingezeichneten Strahlen nicht mehr paraxial. Dies alles ist einer deutlicheren Darstellung geschuldet. Die erste Oberfläche, sie hat den Krümmungsradius r_1, bildet einen Gegenstandspunkt G mit der Gegenstandsweite g mit einer Bildweite b_z ab. Diese ist im Beispiel der Abb. 1.25 negativ, d.h. das Bild B_z liegt im Gegenstandsraum. Dieses natürlich nicht reell vorhandene Bild ist nun für die zweite Oberfläche der Gegenstand, der wiederum mit einer Bildweite b abgebildet wird. Es gilt also $g_z = -b_z$. Die Gegenstands- und Bildweiten sind übrigens in der Abbildung auf die Ebene des Schnittkreises der beiden Kugeloberflächen bezogen. Das erscheint zunächst willkürlich, ist angesichts der Tatsache, dass die Linsendicke ja vernachlässigt wurde, aber erlaubt.

Da zwei Brechungen an Kugeloberflächen durchgeführt wurden, kann man die Abbildung durch zwei Schnittweitengleichungen gemäß Gl. 1.43 beschreiben:

$$\frac{n_2 - n_1}{r_1} = \frac{n_1}{g} + \frac{n_2}{b_z} \qquad \frac{n_3 - n_2}{r_2} = \frac{n_2}{-b_z} + \frac{n_3}{b} \qquad 1.72$$

Addiert man die beiden Gleichungen, erhält man als Gleichung für die Linse:

$$\boxed{\frac{n_1}{g} + \frac{n_3}{b} = \frac{n_2 - n_1}{r_1} + \frac{n_3 - n_2}{r_2}} \qquad 1.73$$

!

Die Größen $\frac{n_2 - n_1}{r_1}$ bzw. $\frac{n_3 - n_2}{r_2}$ werden **Brechkraft** D der jeweiligen Fläche genannt. Die Brechkraft $D = \frac{\Delta n}{r}$ hat die Einheit **„Dioptrie“**:

$$1 \text{ Dioptrie} = 1 \text{ dpt.} = \frac{1}{m} \qquad 1.74$$

Für den Fall, dass die Flächen sehr nahe beieinander liegen, addieren sich die Brechkräfte einfach.

Wie im Falle der einfachen brechenden Oberfläche kann man auch bei der dünnen Linse eine **bild-** und eine **gegenstandsseitige Brennweite** angeben. Im bildseitigen Brennpunkt werden alle Lichtstrahlen gebündelt, die parallel zur optischen Achse auf die Linse fallen; oder anders ausgedrückt, ein Gegenstandspunkt im Unendlichen wird in den **bildseitigen Brennpunkt** abgebildet. Gl. 1.73 wird mit $g \to \infty$ und $b = f_b$ zu:

$$\frac{n_3}{f_b} = \frac{n_2 - n_1}{r_1} + \frac{n_3 - n_2}{r_2} \qquad \boxed{f_b = \frac{r_1 r_2 n_3}{r_2(n_2 - n_1) + r_1(n_3 - n_2)}} \qquad 1.75$$

!

Analog dazu wird ein Gegenstandspunkt, der sich am Ort des gegenstandsseitigen Brennpunkts befindet, ins Unendliche abgebildet. Das bedeutet, dass Lichtstrahlen, die vom **gegenstandsseitigen Brennpunkt** ausgehen, nach der Linse parallel verlaufen. Mit $b \to \infty$ und $g = f_g$ gilt:

$$\frac{n_1}{f_g} = \frac{n_2 - n_1}{r_1} + \frac{n_3 - n_2}{r_2} \qquad \boxed{f_g = \frac{n_1 r_1 r_2}{r_2(n_2 - n_1) + r_1(n_3 - n_2)}} \qquad 1.76$$

!

Als Beispiel ist in Abb. 1.26 die Abbildung eines Gegenstandes durch eine Zerstreuungslinse gezeigt, der sich $g = 20\,\text{cm}$ vor der Linse befindet. Im Gegenstandsraum soll sich Wasser mit einem Brechungsindex von $n_1 = 1{,}33299$ befinden, die Linse selbst soll aus Flintglas (SF4) gefertigt sein (Brechzahl $n_2 = 1{,}75496$) und im Bildraum soll sich Luft befinden, also $n_3 \approx 1$. Nach Gl. 1.75 errechnet man eine bildseitige Brennweite von $f_b = -8{,}4967\,\text{cm}$ und nach Gl. 1.76 eine gegenstandsseitige Brennweite von $f_g = -11{,}3260\,\text{cm}$. Die Brechkräfte D_1 und D_2 der beiden Oberflächen sind $D_1 = \frac{n_2 - n_1}{r_1} = -4{,}220\,\text{dpt}$ und $D_2 = \frac{n_3 - n_2}{r_2} = -7{,}550\,\text{dpt}$.

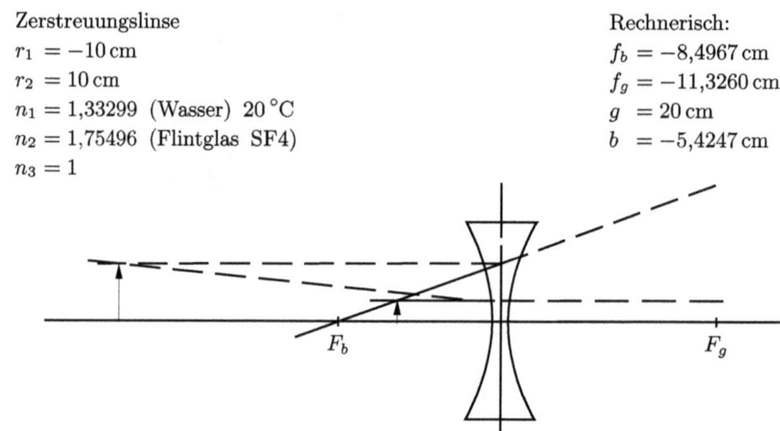

Abb. 1.26: Beispielrechnung einer Zerstreuungslinse mit Brechzahl n_2, die auf der linken Seite von Wasser, auf der rechten Seite von Luft umgeben ist. Durch die unterschiedlichen Brechzahlen sind die bild- und gegenstandsseitige Brennweite unterschiedlich.

Wegen

$$\frac{n_1}{g} + \frac{n_3}{b} = D_1 + D_2 \qquad b = \frac{g n_3}{(D_1 + D_2) g - n_1} \tag{1.77}$$

ist die Bildweite also $b = -5{,}4247\,\text{cm}$. Das Bild ist virtuell. Die Konstruktion des Bildes erfolgt praktisch identisch zu der Konstruktion eines Strahlenverlaufs bei der einfachen brechenden Kugelfläche. Es ist zu beachten, dass der bildseitige Brennpunkt wegen des negativen Vorzeichens der bildseitigen Brennweite im Gegenstandsraum und der gegenstandsseitige Brennpunkt im Bildraum liegt.

Ein Spezialfall ist die Einbettung der Linse in ein vorne und hinten einheitliches Einbettungsmedium, so dass mit $n_1 = n_3 = n_0$ und $n_2 = n$ gilt:

!

$$\boxed{\frac{n_0}{g} + \frac{n_0}{b} = (n - n_0)\left(\frac{1}{r_1} - \frac{1}{r_2}\right)} \tag{1.78}$$

Besonders einfach ist natürlich der Fall der Einbettung in Luft, so dass mit $n_0 \approx 1$ gilt:

$$\boxed{\frac{1}{g}+\frac{1}{b}=(n-1)\left(\frac{1}{r_1}-\frac{1}{r_2}\right)} \qquad 1.79$$

Setzt man in Gl. 1.75 und 1.76 die entsprechenden Brechungsindizes ein, so folgt für die dünne Linse an Luft:

$$\frac{1}{f_b}=\frac{n-1}{r_1}+\frac{1-n}{r_2}=(n-1)\left(\frac{1}{r_1}-\frac{1}{r_2}\right) \qquad 1.80$$

$$\frac{1}{f_g}=\frac{n-1}{r_1}+\frac{1-n}{r_2}=(n-1)\left(\frac{1}{r_1}-\frac{1}{r_2}\right) \qquad 1.81$$

Man erkennt, dass $f_b = f_g$ folgt und erhält durch Vergleich mit Gl. 1.79 die Abbildungsgleichung der dünnen Linse:

$$\boxed{\frac{1}{g}+\frac{1}{b}=\frac{1}{f}} \qquad \text{mit } f = f_b = f_g \qquad 1.82$$

Die oben eingeführte Brechkraft D kann auch auf die dünne Linse angewandt werden; es gilt hier einfach $D = 1/f$. So hat eine Linse der Brennweite $f = 0{,}4\,\mathrm{m}$ eine Brechkraft von $D = 2{,}5\,\mathrm{dpt}$.

Für die weiteren Betrachtungen soll von der Einbettung der Linse in Luft ausgegangen werden, ist dieser Fall doch der in der Praxis weitaus häufigste. Für diesen Fall sollen die Formeln hier noch mit den Definitionen und Bezeichnungen nach [DIN 1335] umgeschrieben werden (Tab. 1.3).

Tab. 1.3: Vergleich der bisher verwendeten Vorzeichen und Bezeichnungen mit DIN 1335.

Abbildungsgleichung	$\frac{1}{g}+\frac{1}{b}=(n-1)\left(\frac{1}{r_1}-\frac{1}{r_2}\right)$	$\frac{1}{a'}-\frac{1}{a}=(n-1)\left(\frac{1}{r_1}-\frac{1}{r_2}\right)$	1.83
Bildseitige Brennweite	$\frac{1}{f}=(n-1)\left(\frac{1}{r_1}-\frac{1}{r_2}\right)$	$\frac{1}{f'}=(n-1)\left(\frac{1}{r_1}-\frac{1}{r_2}\right)$	1.84
Gegenstandsseitige Brennweite		$\frac{1}{f}=-(n-1)\left(\frac{1}{r_1}-\frac{1}{r_2}\right)$	1.85
Lateralvergrößerung	$v=\frac{B}{G}=\frac{b}{g}$	$\beta'=\frac{a'}{a}$	1.86

In der bisher verwendeten Notation muss nicht zwischen der bild- und gegenstandsseitigen Brennweite unterschieden werden. Im neuen System unterscheiden sich die beiden Brennweiten, dann f' und f genannt, durch ihr Vorzeichen. Wie bei den sphärischen Oberflächen ist auch bei der Linse v positiv, wenn das Bild kopfsteht. β' ist in diesem Falle negativ, da $a<0$ und $a'>0$ ist.

Um Linsen eindeutig benennen zu können, gelten die in Tab. 1.4 dargestellten Bezeichnungen und Ungleichungen für die Krümmungsradien.

Tab. 1.4: Bezeichnungen und Ungleichungen für die Krümmungsradien von Linsen.

Sammellinsen		
$r_1>0 \wedge r_2<0$	$r_1>0 \wedge r_2 \to \infty$	$r_1>0 \wedge r_2>0 \wedge r_1<r_2$
bikonvex	plankonvex	konkavkonvex
Zerstreuungslinsen		
$r_1<0 \wedge r_2>0$	$r_1<0 \wedge r_2 \to \infty$	$r_1<0 \wedge r_2<0 \wedge r_1>r_2$
bikonkav	plankonkav	konvexkonkav

Aufgaben

1. In einem am Boden verspiegelten Trog (Abb. 1.27) mit einer Flüssigkeit wird ein Lichtstrahl reflektiert, der unter einem Winkel von 45° auf die Flüssigkeitsoberfläche fällt (siehe Skizze!). Bei einer Flüssigkeitstiefe t misst man zwischen Ein- und Austrittsstelle einen Abstand d. Wie groß ist der Brechungsindex n der Flüssigkeit?

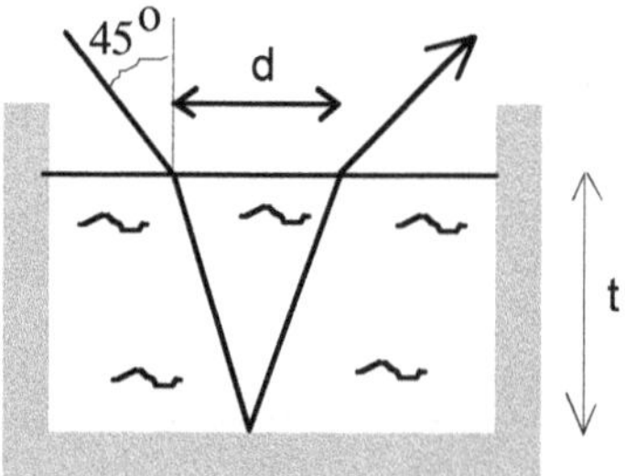

Abb. 1.27: Ein Lichtstrahl dringt unter dem Einfallswinkel 45° in ein Wasservolumen ein und wird an der Bodenfläche reflektiert. Bei bekanntem Abstand d der Ein- und Austrittsstellen soll die Brechzahl der Flüssigkeit bestimmt werden.

2. Der in Abb. 1.28 gezeigte regelmäßig sechseckige Glaskörper ist allseitig von Wasser umgeben und hat polierte Seitenflächen. In ihm soll sich wie skizziert ein Lichtstrahl durch Totalreflexion auf den Seitenflächen im Kreis herum ausbreiten. Welche Brechzahl müsste der Glaskörper mindestens haben, damit der Strahl nicht austritt?

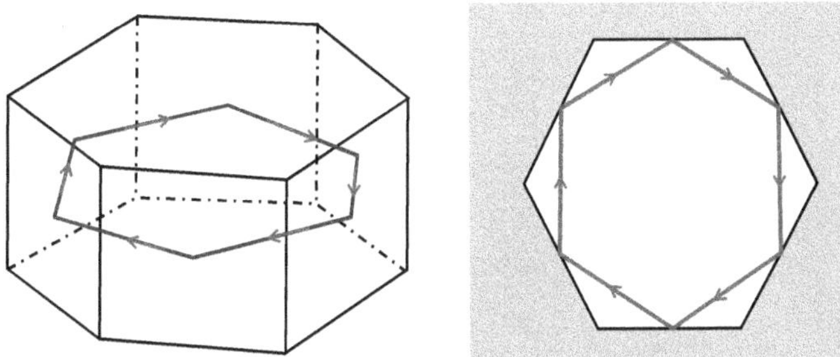

Abb. 1.28: Welche Mindest-Brechzahl ist erforderlich, damit ein Lichtstrahl im regelmäßig sechseckigen Glaskörper durch Totalreflexion symmetrisch umläuft?

3. Das skizzierte Dove-Prisma bewirkt eine Bildumkehr durch Totalreflexion an der Bodenfläche. Die Ein- und Austrittsflächen sind unter dem Winkel $\alpha = 46°$ geschliffen. Das Prismenmaterial (Flintglas SF4) habe den Brechungsindex $n = 1{,}75496$. Der Ein- und Ausfall des Strahles erfolgt auf der Höhe $h = 1\,\text{cm}$. Wie groß muss die Länge a sein, damit sich der gezeichnete, zur Mittelachse symmetrische Strahlverlauf ergibt?

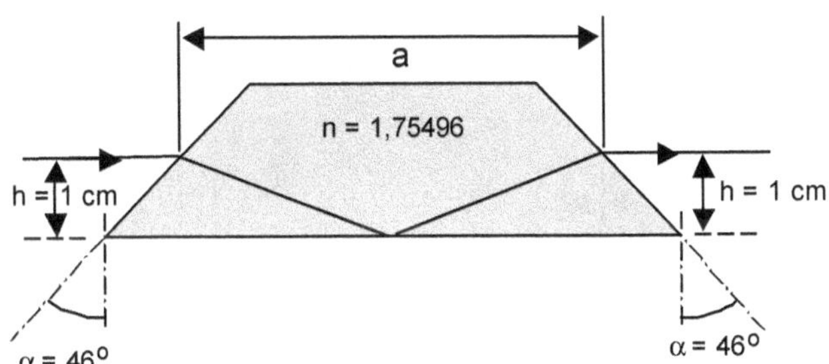

Abb. 1.29: Dove-Prisma.

4. Man berechne den seitlichen Strahlversatz y durch eine planparallele Platte!

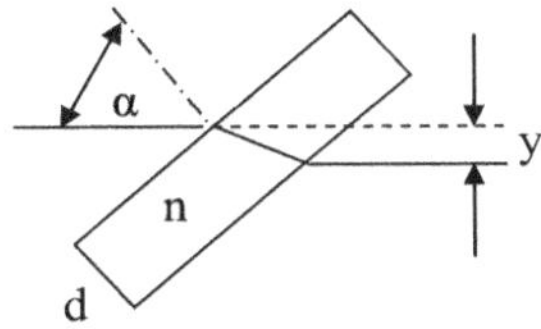

Abb. 1.30: Eine planparallele Platte führt bei einem Einfallswinkel $\alpha \neq 0°$ zu einem Parallelversatz y des Strahls, nicht aber zu einer Richtungsablenkung.

5. Ein Lichtstrahl fällt in der skizzierten Weise ($\alpha = 45°$) auf ein Glasprisma. Welche Brechzahl n wäre mindestens nötig, damit der Strahl wie in Abb. 1.31 skizziert an der Basisfläche totalreflektiert wird?

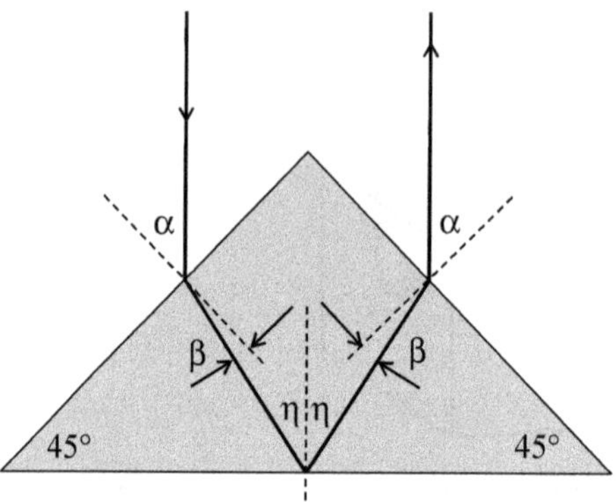

Abb. 1.31: Der skizzierte Strahlverlauf ist nur bei extremer Brechzahl des Prismas realisierbar. Mit den in der Optik üblichen normalen Glasprismen ist er unmöglich.

6. Auf eine massive Glashalbkugel mit der Brechzahl $n_{gl} = 1{,}51625$ falle auf die ebene Seite (Abb. 1.32a) paralleles Licht senkrecht ein. Dabei wird beobachtet, dass Strahlen bis zu einem Abstand r_1 von der optischen Achse unten gebrochen wieder austreten. Ist der Abstand größer als r_1, tritt Totalreflexion ein. Wird die Glashalbkugel in Wasser ($n_w = 1{,}33299$) getaucht (Abb. 1.32b), verschiebt sich der Abstand, bei dem Totalreflexion eintritt, auf r_2. Wie groß ist der Radius R der Kugel, wenn $r_2 - r_1 = 1{,}0981\,\text{cm}$ ist?

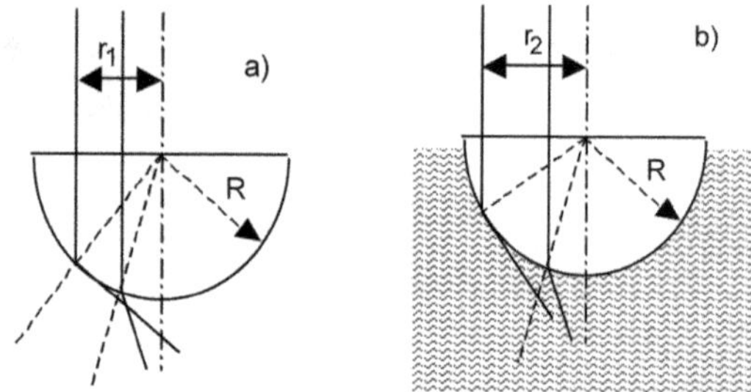

Abb. 1.32: Ein Lichtstrahl fällt parallel zur optischen Achse auf eine Halbkugel aus Glas. Ab einem Abstand r_1 von der optischen Achse tritt Totalreflexion ein (a). Taucht man die Halbkugel in Wasser (b), vergrößert sich dieser Abstand auf r_{21}.

7. Ein Beobachter ermittelt für die Totalreflexion über heißem Asphalt einen Grenzwinkel von $\alpha_{tot} = 89{,}606°$ bei einer Umgebungstemperatur von $30°\text{C}$. Wie heiß ist die Luftschicht unmittelbar über dem Asphalt? Nehmen Sie hierzu (in grober Näherung) an, dass die Temperatur sich mit dem Abstand vom Asphalt stufenförmig ändert (Abb. 1.33)! Der Brechungsindex von Luft ist $n = 1{,}000292$ bei $0°\text{C}$ und Atmosphärendruck. Die Größe $n-1$ ändert sich proportional zur Dichte der Luft!

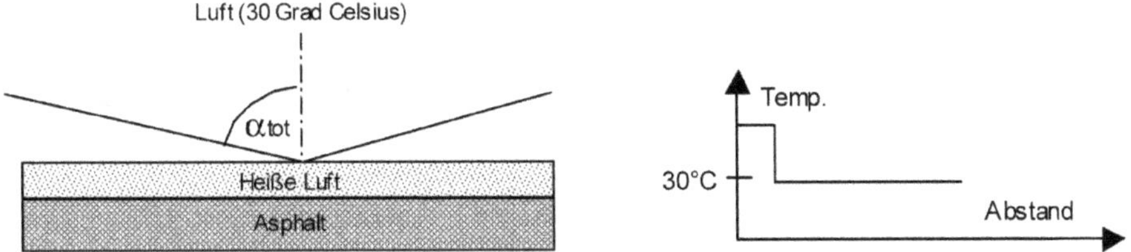

Abb. 1.33: An heißen Asphaltflächen treten Luftspiegelungen auf, die auf Totalreflexion beruhen. Wegen der nur sehr gering von eins abweichenden Brechzahlen ist der Grenzwinkel sehr klein.

8. Ein Glaskeil mit Keilwinkel $\varphi = 25°$ und Brechzahl $n_g = 1{,}51625$ sei wie in Abb. 1.34 skizziert in Kontakt mit einer Wasseroberfläche ($n_w = 1{,}33299$). Ein Lichtstrahl falle unter dem Einfallswinkel $\alpha = 26{,}86°$ auf die schräge Oberfläche. Unter welchem Winkel δ trifft der Strahl am Grund des Beckens auf?

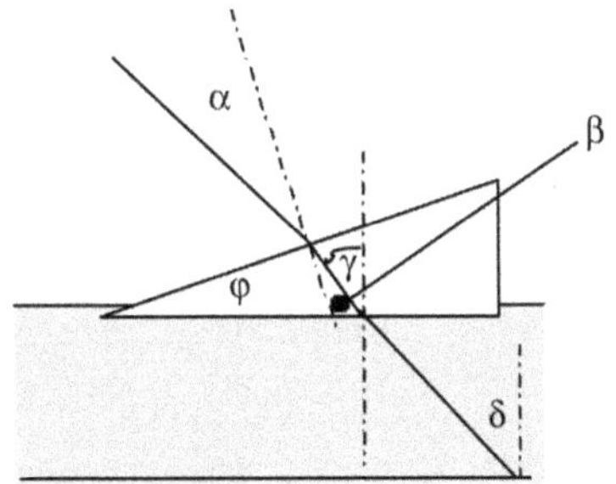

Abb. 1.34: Ein Lichtstrahl wird an einem Glaskeil zweimal gebrochen und fällt unter einem Winkel δ auf den Boden des Wasserbehälters.

9. Welchen Krümmungsradius r muss ein Konkavspiegel haben, damit er einen im Abstand $g = 120\,\text{cm}$ vor dem Spiegel liegenden Gegenstand wie in Abb. 1.35 skizziert an den Ort des Gegenstandes abbildet?

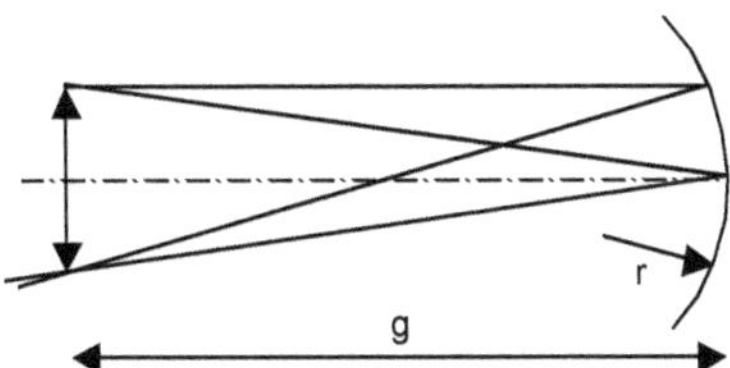

Abb. 1.35: Welchen Krümmungsradius r muss der Konkavspiegel haben, damit Gegenstands- und Bildweite bei dieser Abbildung gleich groß sind?

10. Eine Fliege fliegt im Abstand $d = 0{,}5\,\text{m}$ parallel zu einem Schirm bzw. zu einer Leinwand (Abb. 1.36). Eine dünne Linse mit der Brennweite f bildet die Fliege scharf auf dem Schirm ab. Wie groß sind Brennweite f, Bildweite b und Gegenstandsweite g, wenn das Bild der Fliege auf der Leinwand die 4-fache Geschwindigkeit hat wie die Fliege selbst?

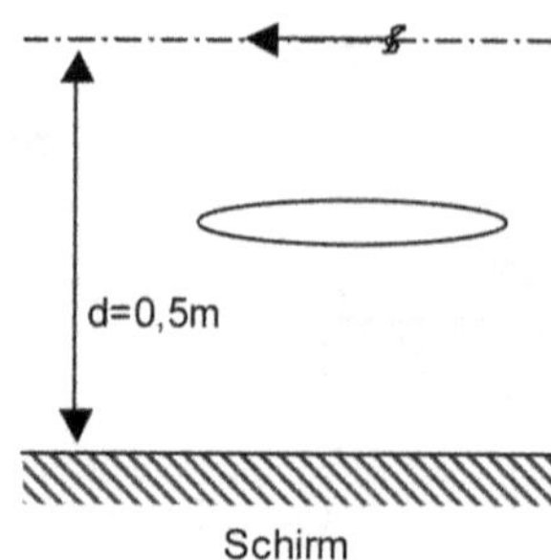

Abb. 1.36: Die Geschwindigkeit der Fliege im Bild skaliert mit der Lateralvergrößerung der Linse.

11. Gegeben ist die in Abb. 1.37 skizzierte Kombination bestehend aus einer dünnen Sammellinse und einem konvexen, sphärischen Spiegel. Konstruieren Sie das Bild des eingezeichneten Pfeils!

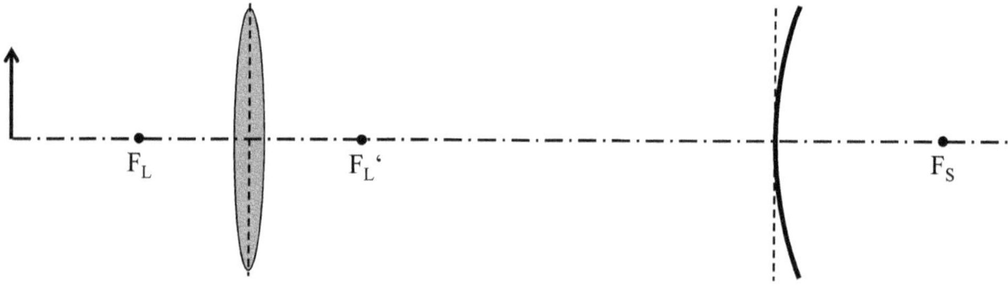

Abb. 1.37: Es soll das Bild des Pfeils links konstruiert werden!

12. Die Wendel einer Glühlampe soll auf einem $l = 1\text{m}$ entfernten Schirm scharf abgebildet werden (Abb. 1.38).

a) Wie kurz muss die Brennweite der Linse mindestens sein, damit dies noch möglich ist?
b) Angenommen, diese Linse sei durch zwei Kugelflächen gleicher Radien begrenzt und aus Glas mit Brechzahl $n = 1{,}52$ gefertigt. Wie groß sind die Radien im Fall a)?

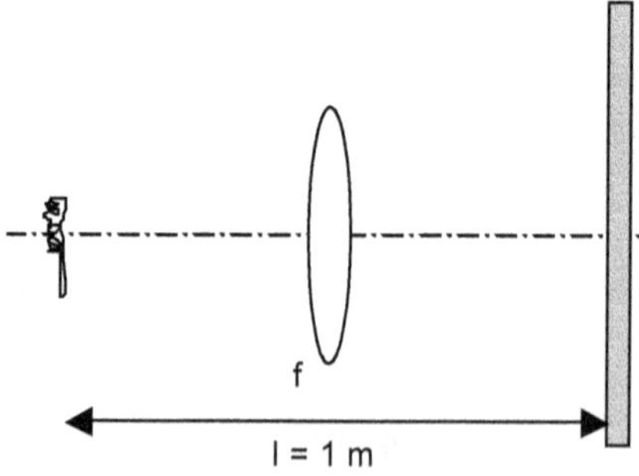

Abb. 1.38: Bei gegebenem Abstand zwischen Gegenstand und Bild gibt es eine Maximalbrennweite, bis zu der eine scharfe Abbildung möglich ist.

13. Mit einer Lupe der Brennweite $f = 10\,\text{cm}$ und mit Durchmesser 8 cm werde die Sonne auf ein Blatt Papier abgebildet.
a) Wie groß ist das Bild der Sonne (bevor das Blatt abbrennt)?
b) Wie groß wäre die Lichtintensität im Bild der Sonne, wenn das Experiment ohne die Erdatmosphäre ausgeführt werden würde?

14. Gegeben sei eine aus einer einzigen, bikonvexen Linse bestehende Kamera. Ein Gegenstand, der sich in der Entfernung $g = 1\,\text{m}$ vor der Linse befindet, wird auf einen Film im Abstand $b = 0{,}05263\,\text{m}$ von der Linse abgebildet.
a) Wie groß ist die Brennweite f der Linse?
b) Wie groß sind die Radien der Oberflächen unter der Annahme $|r_1| = |r_2|$ bei einem Linsenmaterial mit $n = 1{,}5$?
c) Angenommen, die Kamera wird unter Wasser ($n = 1{,}33299$) verwendet, wobei im Innern Luft bleibt. Welche Krümmungsradien $|r_1| = |r_2|$ und welche Brennweite f_b muss die Linse ($n = 1{,}5$) haben, wenn bei unverändertem b und g eine scharfe Abbildung auf dem Film entstehen soll?
d) Wie groß wäre b für eine scharfe Abbildung, wenn die Kamera mit der unter c) beschriebenen Linse an Luft verwendet würde?

15. Eine bikonvexe, symmetrische (betragsmäßig gleiche Krümmungsradien der Oberflächen) Sammellinse liefere an Luft im Abstand von 10,0 cm ein Bild von der Sonne (Brennglaseffekt!). Wird die Linse derart auf einer Wasseroberfläche fixiert, dass die eine Oberfläche mit Wasser in Berührung kommt, die andere mit Luft, so verschiebt sich das Bild der Sonne auf einen Abstand von 20,0 cm.
a) Berechnen Sie den Brechungsindex des Linsenmaterials!
b) Wie groß ist der Krümmungsradius der Oberflächen?

16. Eine plankonvexe Linse aus Flintglas SF4 (Brechungsindex $n = 1{,}75496$) mit den Krümmungsradien $r_1 = 7{,}8907\,\text{cm}$ und $r_2 \to \infty$ bilde einen Gegenstand auf einen Schirm scharf ab. Nun werde die Anordnung unverändert in ein Becken mit klarem Wasser getaucht (Abb. 1.39). Welchen Krümmungsradius r_3 muss die plane Fläche nun annehmen, wenn ohne weitere Änderung der Anordnung wieder ein scharfes Bild auf dem Schirm entstehen soll?

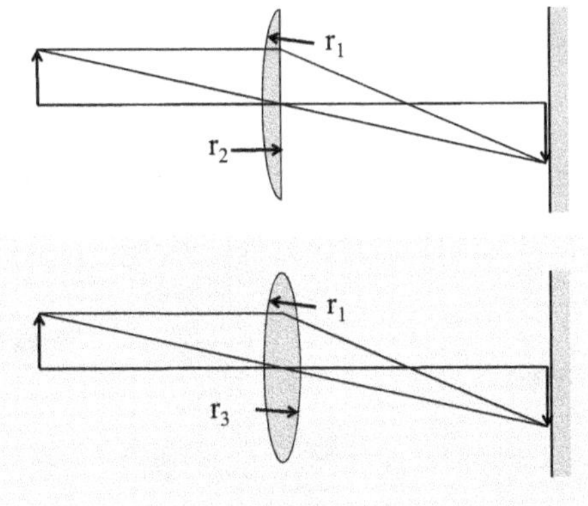

Abb. 1.39: Damit die Abstände in der Anordnung beim Eintauchen in Wasser beibehalten werden können, muss die Brechkraft der Linse erhöht werden. Dies geschieht, indem die plane Fläche rechts gekrümmt wird.

17. Gegeben sei eine Meniskuslinse mit dem Brechungsindex $n = 1{,}51625$. Die Krümmungsradien der Oberflächen sind r_1 und $r_2 = -6{,}810\,\text{cm}$ (Abb. 1.40a). Die Fläche mit Radius r_1 sei teilverspiegelt, so dass ein Teil des Lichtes daran reflektiert wird. Paralleles Licht wird wie bei einem Hohlspiegel fokussiert. Der Brennpunkt liege im Abstand f_1 vor der Linse (Abb. 1.40b). Der Anteil des parallel einfallenden Lichtes, das durch die Linse tritt, wird im Abstand $f_2 = 20\,\text{cm}$ von der Linse entfernt fokussiert (Abb. 1.40c). Wie groß sind Brennweite f_1 und Radius r_1?

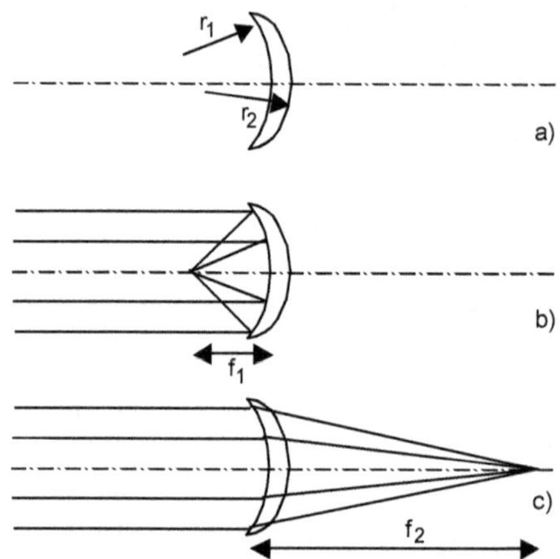

Abb. 1.40: Die Meniskuslinse liefert durch Teilverspiegelung der linken Fläche zwei Bilder, eines in Reflexion und eines in Transmission.

18. Ein selbstleuchtender Pfeil werde durch eine Linse an den Punkt A abgebildet (Abb. 1.41). Dort befindet sich ein Plexiglasstück mit einer eingravierten mm-Skala im Strahlengang. Das von Linse 1 entworfene Bild und die Skala werden durch Linse 2 auf einen Schirm scharf abgebildet. Das entstandene Bild ist in Abb. 1.41 rechts dargestellt. Berechnen Sie

a) die Brennweite f_1,
b) die tatsächliche Höhe des Pfeils,
c) die Bildweite b_2,
d) die Brennweite f_2!
e) Konstruieren Sie den Strahlengang im Maßstab 1:1 (DIN A4 quer, ganz links beginnen!)

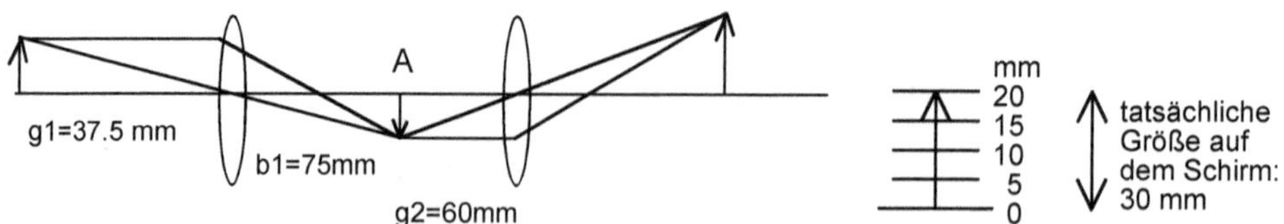

Abb. 1.41: Am Ort A entsteht in dieser Anordnung ein reelles Zwischenbild, das die Einblendung eines Messrasters ermöglicht.

19. Eine Sammellinse (Brechzahl $n = 1{,}5$) hat an Luft die Brennweite $f = 10\,\text{cm}$. In welcher Entfernung b von der Linse befindet sich das Bild eines $g = 66{,}42\,\text{cm}$ vor ihr liegenden Gegenstandes, wenn sich die Anordnung unter Wasser ($n_w = 1{,}333$) befindet?

20. Zwei dünne Zerstreuungslinsen der Brennweite $f_1 = -4\,\text{cm}$ und $f_2 = -10\,\text{cm}$ haben einen Abstand von $d = 5\,\text{cm}$ voneinander (Abb. 1.42).

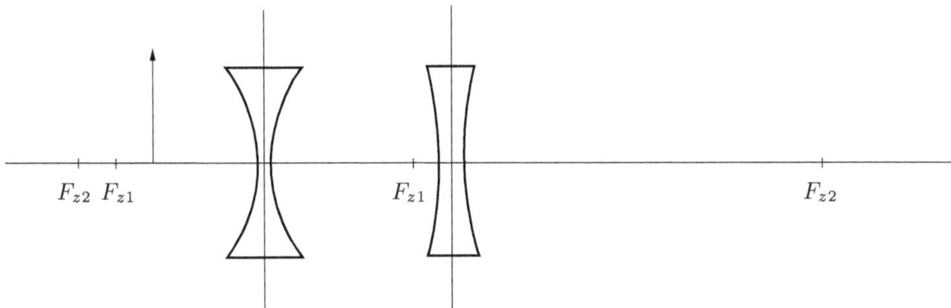

Abb. 1.42: Zwei Zerstreuungslinsen können nur jeweils ein virtuelles Bild des Gegenstandes liefern.

a) Konstruieren Sie das Bild des in der Skizze eingezeichneten Pfeils, der sich $g_1 = 3\,\text{cm}$ vor der ersten Linse befindet!
b) Bestätigen Sie Ihr Ergebnis, indem Sie die Lage des Bildes berechnen!
c) Wie groß ist das Bild des 3 cm hohen Pfeils?

21. Das menschliche Auge besteht aus der kugelförmig gekrümmten Hornhaut, der vorderen Augenkammer, der Iris, der Augenlinse, dem Glaskörper und der Netzhaut. Der Brechungsindex der vorderen Augenkammer und des Glaskörpers beträgt $n_G = 1{,}3365$, der der Linse $n_L = 1{,}358$. Der Krümmungsradius der Hornhaut beträgt $r_H = 7{,}829\,\text{mm}$.
a) Wie groß ist die Brechkraft der Hornhaut?
b) Im entspannten Zustand hat die Augenlinse an der vorderen Linsenfläche den Radius $r_1 = 10\,\text{mm}$ und an der hinteren Linsenfläche den Radius $r_2 = -6\,\text{mm}$. Welche Brennweite hätte die Linse in diesem Zustand, wenn sie von Luft umgeben wäre?
c) Angenommen, im Auge befände sich keine Augenlinse. Wie weit wäre das Bild eines 50 cm vor dem Auge befindlichen Gegenstandes von der Hornhaut entfernt (Annahme eines unendlich ausgedehnten Glaskörpers)?
d) Welche Brechkraft müsste ein Brillenglas haben, um im Falle einer fehlenden Linse auf einer 28 mm von der Hornhaut entfernten Netzhaut ein scharfes Bild von dem 50 cm vor der Hornhaut befindlichen Gegenstand zu erhalten (Brillenglas 20 mm vor dem Auge)?
e) Die Linse kann durch Muskelkraft ihren Radius r_1 verändern. r_2 behält dabei (näherungsweise) den unter b) gegebenen Wert. Wie muss sich r_1 einstellen, damit ein im Abstand 0,5 m befindlicher Gegenstand ohne Brille auf der Netzhaut scharf abgebildet wird (Annahme Abstand Hornhaut–Linse: 10 mm, Linse–Netzhaut: 20 mm)?

22. Ein Gegenstand G befinde sich $g_1 = 10\,\text{cm}$ vor einer Linse der Brennweite $f_1 = 3\,\text{cm}$ (Abb. 1.43). Im Abstand b hinter der Linse befindet sich ein Schirm. Der Gegenstand wird

nicht scharf abgebildet. Um eine um den Faktor 0,368 verkleinerte Abbildung des Gegenstandes zu erreichen, soll eine weitere Sammellinse mit der Brennweite f_2 im Abstand $a = 1{,}178\,\text{cm}$ hinter die erste Linse eingefügt werden. Wie groß müssen b und f_2 sein, damit G scharf abgebildet wird?

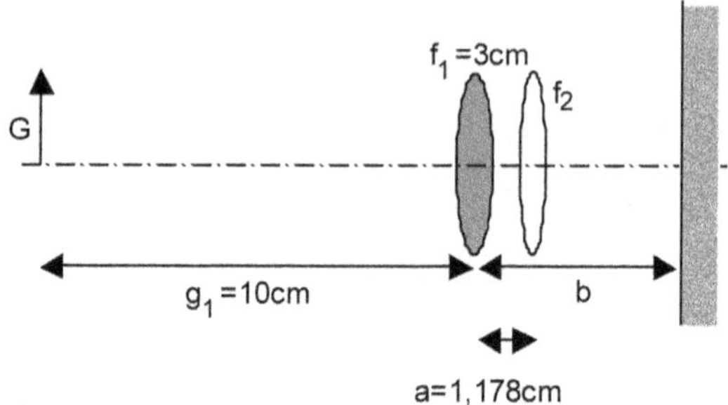

Abb. 1.43: Um eine scharfe Abbildung mit der Anordnung zu ermöglichen, soll eine zweite Linse eingebaut werden.

23. Ein Gegenstand G befinde sich im Abstand $g_1 = 25\,\text{cm}$ vor einer Sammellinse der Brennweite $f = 10\,\text{cm}$. Nachdem das Licht des Gegenstandes die Linse passiert hat, wird es von einem ebenen Spiegel reflektiert und durchläuft die Linse ein zweites Mal in umgekehrter Richtung (Abb. 1.44). Das reelle Bild B, das nach diesem zweiten Durchlauf entsteht, soll doppelt so groß sein wie der Gegenstand.

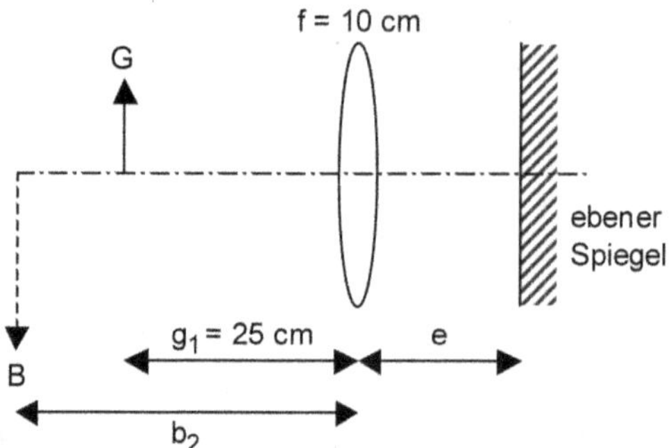

Abb. 1.44: Nach Reflexion am ebenen Spiegel wird die Linse ein zweites Mal durchlaufen. Das sich dabei ergebende Bild soll die doppelte Größe haben als der Gegenstand.

a) Wie groß muss dann die Entfernung e zwischen Linse und Spiegel sein?
b) In welcher Entfernung b_2 von der Linse entsteht das Bild?

24. Eine symmetrische Sammellinse ($r_1 = -r_2 = r$) mit der Brechzahl $n = 1{,}5$ liefert ein reelles Bild eines Gegenstandes. Um welchen Faktor müsste man den Krümmungsradius r der beiden Linsenoberflächen verändern, wenn man die ganze Anordnung (Gegenstand, Linse und Bild) ohne Änderung der Abstände bei scharf bleibender Abbildung in ein Wasserbecken ($n_w = 1{,}333$) tauchen würde?

1.2 Matrixformalismus der Strahlenoptik

Die im vorigen Abschnitt eingeführte Abbildungsgleichung für die dünne Linse hat in der geometrischen Optik fundamentale Bedeutung. Allerdings sind die meisten abbildenden optischen Systeme mehrlinsig und zudem können ihre Einzellinsen meist nicht mehr als dünne Linsen angesehen werden. Mehrlinsige Systeme sind erforderlich, um Linsenfehler wie chromatische Aberration oder sphärische Aberration zu minimieren. Darüber mehr in Kap. 1.3. In diesem Abschnitt soll gezeigt werden, dass sich komplizierte optische Systeme letztlich auf die Wirkung einer dünnen Linse zurückführen lassen. Die geometrischen Betrachtungen in den letzten Kapiteln haben gezeigt, dass eine „Verfolgung" eines Lichtstrahls durch mehr als zwei eng benachbarte brechende Flächen äußerst kompliziert und rechenintensiv werden würde. Es wurde daher ein **Matrixformalismus** eingeführt, der auf verhältnismäßig einfache Art die optische Wirkung komplizierter Systeme beschreibt.

Es wird bei der Einführung von folgenden Voraussetzungen ausgegangen: alle Oberflächen sollen **sphärisch** sein und hinsichtlich der Krümmungen und Strahlwinkel soll die **paraxiale Näherung** gelten. Außerdem wird immer davon ausgegangen, dass alle Krümmungsmittelpunkte auf der optischen Achse liegen. Ein solches System wird **zentriertes optisches System** genannt.

1.2.1 Einführung der Transformationsmatrix

Viele optische Systeme lassen sich durch drei elementare Phänomene beschreiben: durch eine einfache **geradlinige Ausbreitung** eines Lichtstrahls in Luft oder in einem Medium mit einer Brechzahl $n > 1$, durch eine **Reflexion** oder durch eine **Brechung an einer Grenzschicht** zwischen zwei Medien. Für jedes dieser drei Phänomene lässt sich eine sogenannte **Transformationsmatrix** angeben, die die Wirkung der Komponente vollständig beschreibt. Zunächst soll die einfache **Translation** beschrieben werden.

Ein Lichtstrahl breitet sich in einem homogenen Medium geradlinig aus und kann damit durch eine Geradengleichung beschrieben werden. Da das System nach den oben genannten Voraussetzungen rotationssymmetrisch um die optische Achse aufgebaut ist, genügt nach Abb. 1.45 die Angabe des Abstandes y_1 des Punktes P von der optischen Achse sowie die Angabe des Winkels σ_1, den der Strahl mit der optischen Achse einschließt, um den Strahl eindeutig festzulegen. Die beiden Größen sind vorzeichenbehaftet, es gelten die oben eingeführten Konventionen. In Abb. 1.45 gilt also $y_1 > 0$ und $y_2 > 0$, dagegen aber $\sigma_1 < 0$ und $\sigma_2 < 0$. Nach Zurücklegen einer Strecke d erreicht der Strahl den Punkt Q. Dieser hat von der optischen Achse den Abstand y_2. Aus Abb. 1.45 liest man leicht die Zusammenhänge

$$\frac{y_2 - y_1}{d} = \tan(-\sigma_1) \approx -\sigma_1 \qquad \text{und} \qquad \sigma_1 = \sigma_2 \,. \qquad 1.87$$

ab. Die zweite Beziehung ist natürlich trivial, wird aber im Gesamtformalismus benötigt, da sich bei Reflexion und Brechung dieser Winkel verändert. Da der Winkel σ_1 negativ ist, $y_2 - y_1$ und d aber positiv, muss σ_1 ein Minuszeichen erhalten. Man kann aus Gl. 1.87 die Beziehungen

$$\begin{aligned} y_2 &= y_1 - d\sigma_1 \\ \sigma_2 &= 0 \cdot y_1 + \sigma_1 \end{aligned} \quad \text{oder in Matrixschreibweise:} \quad \begin{pmatrix} y_2 \\ \sigma_2 \end{pmatrix} = \begin{pmatrix} 1 & -d \\ 0 & 1 \end{pmatrix} \cdot \begin{pmatrix} y_1 \\ \sigma_1 \end{pmatrix} \qquad 1.88$$

ableiten. Die Matrix

$$\boxed{M_T = \begin{pmatrix} 1 & -d \\ 0 & 1 \end{pmatrix}} \qquad 1.89$$

heißt **Translationsmatrix**. Sie beschreibt die Veränderung des y-Wertes beim Durchlaufen einer Wegstrecke d. Es ist dabei übrigens unerheblich, ob der Strahl sich in Luft ausbreitet oder in einem Material mit der Brechzahl n, solange das Medium **homogen** ist, d.h., solange der Brechungsindex nicht ortsabhängig ist.

Eine Transformationsmatrix wie die in 1.89 lässt sich für viele Veränderungen hinsichtlich Position und Richtung angeben, die ein Lichtstrahl auf seinem Weg erfahren kann. Komplexe Systeme lassen sich schließlich als Produkt von Transformationsmatrizen beschreiben.

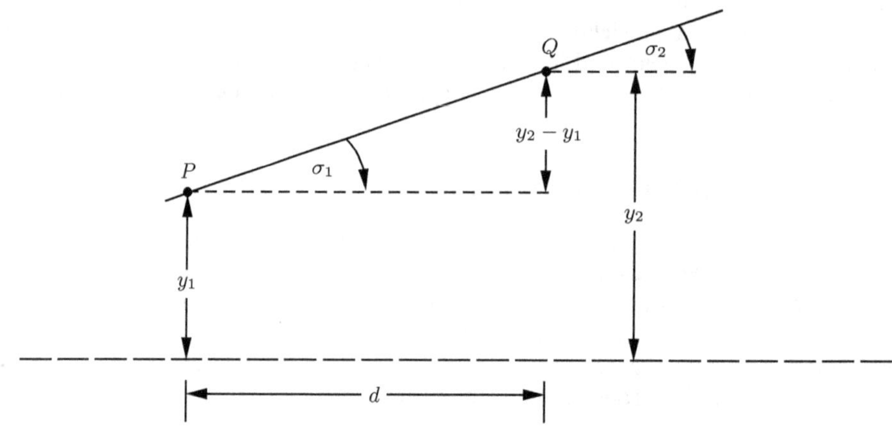

Abb. 1.45: Die Ausbreitung eines Strahls lässt sich in einem optischen System durch zwei Größen y und σ beschreiben. Der Winkel σ ist negativ, wenn der betrachtete Lichtstrahl im Uhrzeigersinn gedreht werden müsste, um mit der optischen Achse zur Deckung gebracht zu werden. Er wäre positiv, wenn die Drehung gegen den Uhrzeigersinn erfolgen müsste.

1.2.2 Die Reflexionsmatrix

Als Nächstes soll die Reflexion am sphärischen Hohlspiegel über eine Transformationsmatrix beschrieben werden. Es soll dabei auf die Resultate in Kap. 1.1.3 und die Abbildungsgleichung

$$\frac{1}{a'} - \frac{1}{a} = \frac{1}{f} \qquad 1.90$$

zurückgegriffen werden, wobei die Vorzeichenkonvention für den entfalteten Strahlengang Verwendung finden soll. In Abb. 1.46 ist ein Hohlspiegel gezeigt, dessen Krümmungsradius r negativ anzusetzen ist. Es gilt somit für die Brennweite

$$f = -\frac{r}{2} \qquad 1.91$$

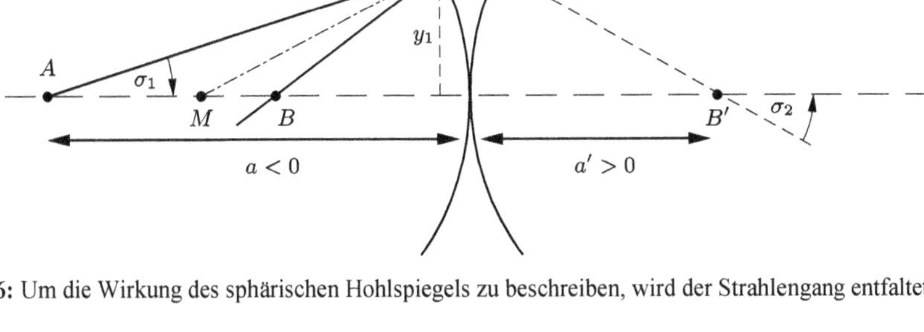

Abb. 1.46: Um die Wirkung des sphärischen Hohlspiegels zu beschreiben, wird der Strahlengang entfaltet.

Aus der Zeichnung liest man die geometrischen Zusammenhänge

$$\frac{y_1}{a} = \tan\sigma_1 \approx \sigma_1 \quad \text{mit} \quad a < 0 \;, \quad \sigma_1 < 0 \;, \quad y_1 > 0 \qquad 1.92$$

$$\frac{y_1}{a'} = \tan\sigma_2 \approx \sigma_2 \quad \text{mit} \quad a' > 0 \;, \quad \sigma_2 > 0 \;, \quad y_1 > 0 \qquad 1.93$$

ab. Löst man nach a bzw. a' auf und setzt das Ergebnis zusammen mit Gl. 1.91 in die Gl. 1.90 ein, so erhält man

$$\frac{\sigma_2}{y_1} - \frac{\sigma_1}{y_1} = -\frac{2}{r} \qquad 1.94$$

Da sich die Strahlhöhe y_1 bei der Reflexion nicht verändert, erhält man schließlich mit $y_2 = y_1$ die beiden Gleichungen

$$\begin{aligned} y_2 &= y_1 + 0 \cdot \sigma_1 \\ \sigma_2 &= -\frac{2}{r} y_1 + \sigma_1 \end{aligned} \quad \text{oder in Matrixschreibweise:} \quad \begin{pmatrix} y_2 \\ \sigma_2 \end{pmatrix} = \begin{pmatrix} 1 & 0 \\ -\frac{2}{r} & 1 \end{pmatrix} \cdot \begin{pmatrix} y_1 \\ \sigma_1 \end{pmatrix} \qquad 1.95$$

Die Matrix

$$\boxed{M_R = \begin{pmatrix} 1 & 0 \\ -\frac{2}{r} & 1 \end{pmatrix}} \qquad 1.96$$

!

ist die **Reflexionsmatrix für den sphärischen Hohlspiegel** im Falle des entfalteten Strahlengangs. r ist dabei negativ, wenn der Krümmungsmittelpunkt links vom Spiegel liegt.

1.2.3 Die Brechungsmatrix

Schließlich lässt sich auch für die **Brechung** eines Lichtstrahls an einer sphärischen Grenzfläche zwischen Medien mit unterschiedlicher Brechzahl eine Transformationsmatrix angeben. Ausgangspunkt ist – ähnlich wie beim Spiegel – die Abbildungsgleichung 1.61:

$$\frac{n'}{a'} - \frac{n}{a} = \frac{n' - n}{r} \qquad 1.97$$

Nach Abb. 1.47 gelten die folgenden trigonometrischen Zusammenhänge:

$$\frac{y_1}{a} = \tan\sigma_1 \approx \sigma_1 \qquad \text{mit} \quad a<0 \ , \ \sigma_1<0 \ , \ y_1>0 \tag{1.98}$$

$$\frac{y_1}{a'} = \tan\sigma_2 \approx \sigma_2 \qquad \text{mit} \quad a'>0 \ , \ \sigma_2>0 \ , \ y_1>0 \tag{1.99}$$

Mit Gl. 1.97 erhält man wieder:

$$\frac{\sigma_2 n'}{y_1} - \frac{\sigma_1 n}{y_1} = \frac{n'-n}{r} \qquad \sigma_2 n' = \frac{n'-n}{r} y_1 + \sigma_1 n \tag{1.100}$$

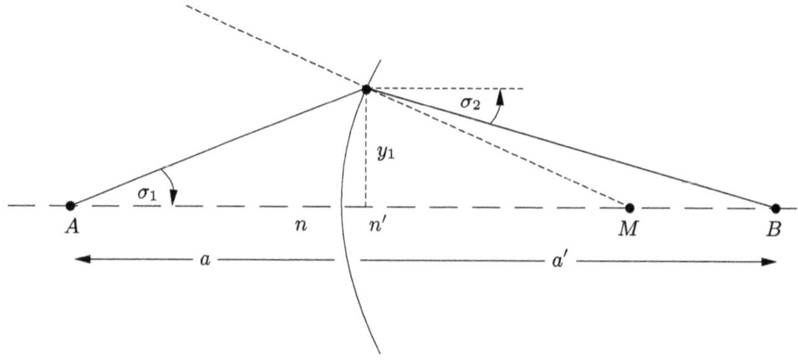

Abb. 1:47: Auch die Brechung von Licht an einer Kugeloberfläche lässt sich durch die zwei Größen y und σ beschreiben.

Auch beim Vorgang der Brechung ändert sich die Strahlhöhe y_1 nicht, so dass man wieder zwei Gleichungen formulieren kann:

$$\begin{aligned} y_2 &= y_1 + 0 \cdot \sigma_1 \\ \sigma_2 &= \left(1-\frac{n}{n'}\right)\frac{1}{r} y_1 + \frac{n}{n'}\sigma_1 \end{aligned} \tag{1.101}$$

Oder in Matrixform:

$$\begin{pmatrix} y_2 \\ \sigma_2 \end{pmatrix} = \begin{pmatrix} 1 & 0 \\ \left(1-\frac{n}{n'}\right)\frac{1}{r} & \frac{n}{n'} \end{pmatrix} \cdot \begin{pmatrix} y_1 \\ \sigma_1 \end{pmatrix} \tag{1.102}$$

Die **Brechungsmatrix M_B** lautet also:

!

$$\boxed{M_B = \begin{pmatrix} 1 & 0 \\ \left(1-\frac{n}{n'}\right)\frac{1}{r} & \frac{n}{n'} \end{pmatrix}} \tag{1.103}$$

1.2.4 Materialien mit Brechungsindexgradienten

Materialien, deren Brechzahl vom senkrechten Abstand r zur optischen Achse abhängt und sich dabei stetig verändert, werden **GRIN-(Gradientenindex-)Linsen** genannt. Sie „verbiegen“ einen Strahl, der sich paraxial im Material ausbreitet. Häufig verwendet wird ein **parabelförmig veränderliches Brechungsindexprofil**:

$$n(r) = n_0\left(1-\frac{a}{2}r^2\right) \qquad 1.104$$

n_0 ist der Brechungsindexwert bei $r=0$, also auf der optischen Achse, a ist eine Konstante. Es soll hier angenommen werden, dass $ar^2/2$ klein ist gegen 1. Lässt man ein Lichtbündel, also einen Lichtstrahl mit gewisser seitlicher Ausdehnung, auf das Material fallen (siehe Abb. 1.48) so wird der im Abstand $r+dr$ auftreffende Teil des Bündels das Medium schneller durchlaufen als der im Abstand r auftreffende Anteil, denn letzterer findet nach Gl. 1.104 einen höheren Brechungsindex vor. Die Phasenfront wird sich also zur optischen Achse hin neigen und das Bündel wird nach Eintritt ins Medium von der geradlinigen Ausbreitung abweichen. Die optischen Wege der beiden gekrümmten Bahnen im Abstand r und $r+dr$ sind gleich, weswegen gilt:

$$(s+ds)n_0\left(1-\frac{a}{2}(r+dr)^2\right) = sn_0\left(1-\frac{a}{2}r^2\right) \qquad 1.105$$

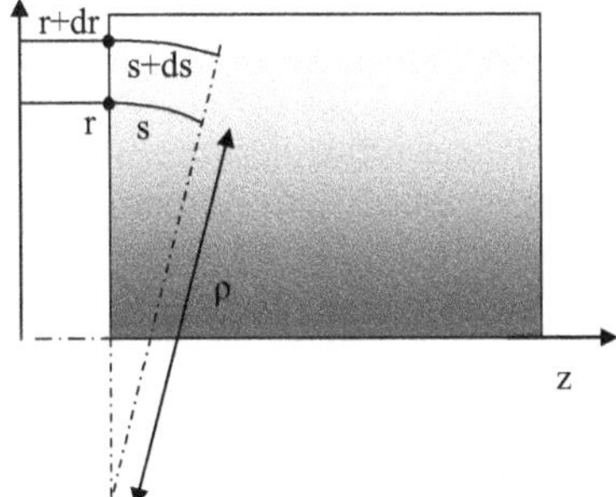

Abb. 1.48: Bei einer GRIN-Linse hängt die Brechzahl vom Abstand von der optischen Achse ab. Eine ebene Phasenfront, die in Richtung der optischen Achse auf die GRIN-Linse trifft, wird zur optischen Achse hin abgelenkt.

Ausmultipliziert ergibt das:

$$(s+ds)n_0\left(1-\frac{a}{2}\left(r^2+2rdr+dr^2\right)\right) = sn_0\left(1-\frac{a}{2}r^2\right) \qquad 1.106$$

dr^2 kann gegen r^2 vernachlässigt werden. Somit bleibt:

$$-sn_0ardr + n_0ds\left(1-\frac{ar}{2}(r+2dr)\right) = 0 \qquad 1.107$$

Hier kann schließlich noch $2dr$ gegen r vernachlässigt werden. Es bleibt also:

$$-sn_0ar\,dr + n_0ds\left(1-\frac{ar^2}{2}\right)=0 \qquad 1.108$$

Hieraus gewinnt man:

$$\frac{ds}{dr}=\frac{2ars}{\left(2-ar^2\right)} \qquad 1.109$$

Wie man aus Abb. 1.48 ablesen kann, gilt für den Krümmungsradius ρ des gebogenen Strahls:

$$\frac{s}{\rho}=\frac{ds}{dr} \qquad 1.110$$

Damit lässt sich Gl. 1.109 schreiben als:

$$\rho=\frac{\left(2-ar^2\right)}{2ar} \qquad 1.111$$

Der Strahlverlauf wird durch eine Funktion $r(z)$ dargestellt, die einen Krümmungsradius ρ besitzt. Der Krümmungsradius einer solchen Funktion lässt sich ausdrücken durch

$$\rho=-\frac{\left[1+\left(r'\right)^2\right]^{3/2}}{r''} \qquad 1.112$$

Das Minuszeichen trägt der Tatsache Rechnung, dass die Kurve in Abb. 1.48 nach unten gekrümmt (bzw. rechtsgekrümmt) ist, die zweite Ableitung von $r(z)$ somit negativ ist. Der Radius muss aber positiv sein. Gleichsetzen mit Gl. 1.111 ergibt:

$$\frac{\left(2-ar^2\right)}{2ar}=-\frac{\left[1+\left(r'\right)^2\right]^{3/2}}{r''} \qquad 1.113$$

Da hier nur paraxiale Strahlen behandelt werden sollen, ist der Winkel zwischen Strahl und z-Achse gering, die Steigung r' somit also klein und damit $r'^2 \ll 1$. Es gilt also vereinfacht:

$$r''+\frac{ar}{1-ar^2/2}=0 \qquad 1.114$$

Da $ar^2/2$ klein ist gegen 1, gilt näherungsweise:

$$r''+ar=0 \qquad 1.115$$

Diese Differentialgleichung entspricht der Differentialgleichung eines ungedämpften, harmonischen Oszillators. Der allgemeine Lösungsansatz lautet hierfür:

$$r(z)=C_1\sin kz+C_2\cos kz \qquad 1.116$$

Setzt man diese Lösung einschließlich ihrer zweiten Ableitung

$$r''(z) = -C_1 k^2 \sin kz - C_2 k^2 \cos kz \qquad 1.117$$

in die Differentialgleichung ein, erhält man:

$$-C_1 k^2 \sin kz - C_2 k^2 \cos kz + aC_1 \sin kz + aC_2 \cos kz = 0 \qquad 1.118$$

Oder:

$$(-C_1 k^2 + aC_1)\sin kz + (-C_2 k^2 + aC_2)\cos kz = 0 \qquad 1.119$$

Der Ansatz ist nur dann für alle z eine Lösung der Differentialgleichung, wenn die Klammern vor der Sinus- bzw. Cosinusfunktion Null sind, woraus folgt:

$$k^2 = a \quad \text{bzw.} \quad k = \sqrt{a} \qquad 1.120$$

Die beiden Konstanten folgen aus den Randbedingungen: y_1 ist der Abstand des Eintrittspunktes des Strahls von der optischen Achse und entspricht daher $r(0)$; σ_1 ist der Neigungswinkel des Strahls und damit gleich $-r'(0)$:

$$r(0) = C_1 \sin(0) + C_2 \cos(0) = y_1 \qquad 1.121$$

$$r'(0) = C_1 \sqrt{a} \cos(0) - C_2 \sqrt{a} \sin(0) = -\sigma_1 \qquad 1.122$$

Es folgt:

$$C_2 = y_1 \quad \text{und} \quad C_1 = -\frac{\sigma_1}{\sqrt{a}} \qquad 1.123$$

Damit folgt für $r(z)$:

$$\boxed{r(z) = -\frac{\sigma_1}{\sqrt{a}} \sin\left(z\sqrt{a}\right) + y_1 \cos\left(z\sqrt{a}\right)} \qquad 1.124$$

Diese Funktion lässt sich in die Form $r(z) = C\sin\left(z\sqrt{a} + \varphi\right)$ bringen, wie man leicht zeigen kann: durch Vergleich von

$$r(z) = C\sin\left(z\sqrt{a} + \varphi\right) = C\sin\left(z\sqrt{a}\right)\cos(\varphi) + C\cos\left(z\sqrt{a}\right)\sin(\varphi) \qquad 1.125$$

mit Gl. 1.124 erhält man

$$C\cos(\varphi) = -\frac{\sigma_1}{\sqrt{a}} \quad \text{und} \quad C\sin(\varphi) = y_1 \qquad 1.126$$

Damit lassen sich φ und C ermitteln:

$$\frac{C\sin(\varphi)}{C\cos(\varphi)} = -\frac{y_1\sqrt{a}}{\sigma_1} \qquad \boxed{\tan(\varphi) = -\frac{y_1\sqrt{a}}{\sigma_1}} \qquad 1.127$$

$$C^2\cos^2(\varphi) + C^2\sin^2(\varphi) = \frac{\sigma_1^2}{a} + y_1^2 \qquad \boxed{C^2 = \frac{\sigma_1^2}{a} + y_1^2} \qquad 1.128$$

Somit ist also eine Darstellung in der Form

$$\boxed{r(z) = C\sin\left(z\sqrt{a} + \varphi\right)} \qquad 1.129$$

möglich. Hier erkennt man eine **Periodizität** im Verlauf des Lichtstrahles. Dieser „**moduliert**" mit einer Periodenlänge von:

!

$$\boxed{L_P = \frac{2\pi}{\sqrt{a}}} \qquad 1.130$$

Diese Länge wird **Pitch-Länge** genannt. Die theoretische Beschreibung von GRIN-Linsen spielt bei den Lichtleitern eine große Rolle.

Doch nun wieder zurück zu Gl. 1.124. Sie gibt den Abstand r des Strahls von der optischen Achse als Funktion der Position z an. Den jeweiligen Winkel des Strahls bezogen auf die optische Achse kann man angeben, indem man Gl. 1.124 differenziert:

$$r'(z) = -\sigma_1\cos\left(z\sqrt{a}\right) - y_1\sqrt{a}\sin\left(z\sqrt{a}\right) \qquad 1.131$$

$r'(z)$ entspricht dem Tangens des jeweiligen Neigungswinkels, wegen der paraxialen Näherung gilt also $\tan(\sigma) \approx \sigma \approx -r'(z)$ und damit:

$$\sigma(z) = \sigma_1\cos\left(z\sqrt{a}\right) + y_1\sqrt{a}\sin\left(z\sqrt{a}\right) \qquad 1.132$$

Betrachtet man nun eine GRIN-Optik der Länge L, dann ist die Position y_2 des Lichtstrahls am Ausgang nach Gl. 1.124 gegeben durch

$$y_2 = r(L) = -\frac{\sigma_1}{\sqrt{a}}\sin\left(L\sqrt{a}\right) + y_1\cos\left(L\sqrt{a}\right) \qquad 1.133$$

und der Strahlwinkel $\sigma_2 = \sigma(L)$ wird nach Gl. 1.132 berechnet:

$$\sigma_2 = \sigma(L) = \sigma_1\cos\left(L\sqrt{a}\right) + y_1\sqrt{a}\sin\left(L\sqrt{a}\right) \qquad 1.134$$

Die beiden letzten Gleichungen lassen sich wieder in Matrixform darstellen:

$$\begin{pmatrix} y_2 \\ \sigma_2 \end{pmatrix} = \begin{pmatrix} \cos\left(L\sqrt{a}\right) & -\frac{1}{\sqrt{a}}\sin\left(L\sqrt{a}\right) \\ +\sqrt{a}\sin\left(L\sqrt{a}\right) & \cos\left(L\sqrt{a}\right) \end{pmatrix} \cdot \begin{pmatrix} y_1 \\ \sigma_1 \end{pmatrix} \qquad 1.135$$

Die **Transformationsmatrix** für eine **GRIN-Optik** ist also

$$M_G = \begin{pmatrix} \cos\left(L\sqrt{a}\right) & -\frac{1}{\sqrt{a}}\sin\left(L\sqrt{a}\right) \\ +\sqrt{a}\sin\left(L\sqrt{a}\right) & \cos\left(L\sqrt{a}\right) \end{pmatrix} \qquad 1.136$$

!

Hier ist zu beachten, dass lediglich der Verlauf **innerhalb** der Optik beschrieben wird. Die **Brechung bei Ein- und Austritt ist hier noch nicht berücksichtigt**. Dies soll im nächsten Abschnitt beschrieben werden.

1.2.5 Beschreibung einer Kombination mehrerer Oberflächen

Der Matrixformalismus entwickelt seine ganze Leistungsfähigkeit bei der Beschreibung des Strahlverlaufs in einem optischen System, das sich aus mehreren Brechungen, Reflexionen und Translationen zusammensetzt. Da jede einzelne Transformationsmatrix die Auswirkungen auf Achsabstand y und Strahlwinkel σ beschreibt, kann das Gesamtsystem durch Aneinanderreihung der einzelnen Transformationen beschrieben werden. Wird etwa die erste Transformation durch eine Matrix M_1 beschrieben, so ändern sich Achsabstand und Strahlneigung gemäß

$$\begin{pmatrix} y_2 \\ \sigma_2 \end{pmatrix} = M_1 \cdot \begin{pmatrix} y_1 \\ \sigma_1 \end{pmatrix} \qquad 1.137$$

Würde eine weitere Transformation durchgeführt, könnte ausgehend von y_2 und σ_2 eine weitere Transformationsmatrix M_2 zur Anwendung kommen:

$$\begin{pmatrix} y_3 \\ \sigma_3 \end{pmatrix} = M_2 \cdot \begin{pmatrix} y_2 \\ \sigma_2 \end{pmatrix} \qquad 1.138$$

Die beiden Transformationen zusammen würden also beschrieben durch

$$\begin{pmatrix} y_3 \\ \sigma_3 \end{pmatrix} = M_2 \cdot M_1 \cdot \begin{pmatrix} y_1 \\ \sigma_1 \end{pmatrix} \qquad 1.139$$

Allgemein kann die Veränderung von y_1 und σ_1 nach n Transformationen mit den Transformationsmatrizen M_1, M_2, M_3, … , M_n dargestellt werden als:

$$\begin{pmatrix} y_n \\ \sigma_n \end{pmatrix} = M_{n-1} \cdot M_{n-2} \cdot \ldots\ldots \cdot M_2 \cdot M_1 \cdot \begin{pmatrix} y_1 \\ \sigma_1 \end{pmatrix} \qquad 1.140$$

!

Die Gesamttransformation wird also beschrieben durch das Produkt **der einzelnen Transformationsmatrizen**, wobei die Matrizen in **umgekehrter Reihenfolge** multipliziert werden müssen, in der sie optisch durchlaufen werden.

Als Beispiel soll die **GRIN-Optik** weiterbehandelt werden. Es wurde im letzten Abschnitt auf die **Brechung bei Ein- und Austritt** verzichtet. Das soll nun nachgeholt werden. Die

Brechung an einer Kugeloberfläche wird durch die Brechungsmatrix Gl. 1.103 beschrieben. Will man die Brechung an einer ebenen Fläche beschreiben, lässt man einfach den Radius gegen Unendlich gehen und erhält:

$$M_1 = \begin{pmatrix} 1 & 0 \\ 0 & \frac{n}{n'} \end{pmatrix} \qquad 1.141$$

Die Optik soll sich an Luft befinden, so dass der Brechungsindex $n = 1$ ist. Die Veränderung der Brechzahl der Optik radial nach außen ist nach den obigen Ausführungen gering, so dass die Optik was die Brechung betrifft näherungsweise mit dem einheitlichen Brechungsindex n_0 der optischen Achse beschrieben werden kann. Damit lauten die Transformationsmatrizen der Brechungen bei Ein- und Austritt:

$$M_1 = \begin{pmatrix} 1 & 0 \\ 0 & \frac{1}{n_0} \end{pmatrix} \quad \text{und} \quad M_3 = \begin{pmatrix} 1 & 0 \\ 0 & n_0 \end{pmatrix} \qquad 1.142$$

Dazwischen erfährt der Strahl eine Änderung, die durch die Matrix Gl. 1.136 beschrieben wird, so dass die gesamte GRIN-Optik mitsamt Ein- und Austritt des Strahls dargestellt wird durch:

$$\begin{pmatrix} y_3 \\ \sigma_3 \end{pmatrix} = \begin{pmatrix} 1 & 0 \\ 0 & n_0 \end{pmatrix} \cdot \begin{pmatrix} \cos\left(L\sqrt{a}\right) & -\frac{1}{\sqrt{a}}\sin\left(L\sqrt{a}\right) \\ \sqrt{a}\sin\left(L\sqrt{a}\right) & \cos\left(L\sqrt{a}\right) \end{pmatrix} \cdot \begin{pmatrix} 1 & 0 \\ 0 & \frac{1}{n_0} \end{pmatrix} \cdot \begin{pmatrix} y_1 \\ \sigma_1 \end{pmatrix} \qquad 1.143$$

Das etwas mühsame Ausmultiplizieren der Matrizen liefert:

$$\begin{pmatrix} y_3 \\ \sigma_3 \end{pmatrix} = \begin{pmatrix} \cos\left(L\sqrt{a}\right) & -\frac{1}{n_0\sqrt{a}}\sin\left(L\sqrt{a}\right) \\ n_0\sqrt{a}\sin\left(L\sqrt{a}\right) & \cos\left(L\sqrt{a}\right) \end{pmatrix} \cdot \begin{pmatrix} y_1 \\ \sigma_1 \end{pmatrix} \qquad 1.144$$

Die **Transformationsmatrix der GRIN-Optik einschließlich der Brechung am Ein- und Austritt** lautet also:

!

$$\boxed{M_{GB} = \begin{pmatrix} \cos\left(L\sqrt{a}\right) & -\frac{1}{n_0\sqrt{a}}\sin\left(L\sqrt{a}\right) \\ n_0\sqrt{a}\sin\left(L\sqrt{a}\right) & \cos\left(L\sqrt{a}\right) \end{pmatrix}} \qquad 1.145$$

1.2.6 Dicke und dünne Linsen

Eine weitere, einfach zu berechnende Kombination ist die **dicke Linse** im Einbettungsmedium Luft. Sie besteht lediglich aus **zwei Brechungen** an Kugeloberflächen, dazwischen liegt **eine Translation** um die Scheiteldicke d der Linse:

$$\begin{pmatrix} y_4 \\ \sigma_4 \end{pmatrix} = \begin{pmatrix} 1 & 0 \\ (1-n)\dfrac{1}{r_2} & n \end{pmatrix} \cdot \begin{pmatrix} 1 & -d \\ 0 & 1 \end{pmatrix} \cdot \begin{pmatrix} 1 & 0 \\ \left(1-\dfrac{1}{n}\right)\dfrac{1}{r_1} & \dfrac{1}{n} \end{pmatrix} \cdot \begin{pmatrix} y_1 \\ \sigma_1 \end{pmatrix} \qquad 1.146$$

r_1 und r_2 sind die Krümmungsradien der beiden Kugelflächen. Es gilt wieder $r>0$, falls der Krümmungsmittelpunkt rechts von der Fläche liegt und $r<0$, falls er links von der Fläche liegt. n ist die Brechzahl des Linsenmaterials. Ausmultiplizieren von Gl. 1.146 liefert:

$$\begin{pmatrix} y_4 \\ \sigma_4 \end{pmatrix} = \begin{pmatrix} 1 & -d \\ (1-n)\dfrac{1}{r_2} & -d(1-n)\dfrac{1}{r_2}+n \end{pmatrix} \cdot \begin{pmatrix} 1 & 0 \\ \left(1-\dfrac{1}{n}\right)\dfrac{1}{r_1} & \dfrac{1}{n} \end{pmatrix} \cdot \begin{pmatrix} y_1 \\ \sigma_1 \end{pmatrix} \qquad 1.147$$

Die **Transformationsmatrix für die dicke Linse in Luft** ist also:

$$M_{Ld} = \begin{pmatrix} 1-\left(1-\dfrac{1}{n}\right)\dfrac{d}{r_1} & -\dfrac{d}{n} \\ (n-1)\left(\dfrac{1}{r_1}-\dfrac{1}{r_2}+\dfrac{d}{nr_1r_2}(n-1)\right) & (n-1)\dfrac{d}{nr_2}+1 \end{pmatrix} \qquad 1.148$$

!

Die Transformationsmatrix für ein ganzes optisches System wird ***ABCD*-Matrix** oder auch **Systemmatrix** genannt, wobei gilt:

$$M = \begin{pmatrix} A & B \\ C & D \end{pmatrix} \qquad 1.149$$

Die Elemente A und B bestimmen die Austrittshöhe des Strahls aus dem System. Ist $A=1$ und $B=0$, verändert sich die Austrittshöhe im Vergleich zur Eintrittshöhe nicht. In Gl. 1.148 erkennt man, dass A von 1 und B von 0 abweicht. Durch die Linsendicke kommt es im Allgemeinen zu einem Strahlversatz. Vernachlässigt man die Linsendicke (Scheiteldicke) d im Vergleich zu den sonst auftretenden Entfernungen, so erkennt man sofort, dass in Gl. 1.148 $A=1$ und $B=0$ wird. Die gesamte Matrix vereinfacht sich zur **Transformationsmatrix für die dünne Linse an Luft**:

$$M_L = \begin{pmatrix} 1 & 0 \\ (n-1)\left(\dfrac{1}{r_1}-\dfrac{1}{r_2}\right) & 1 \end{pmatrix} \qquad 1.150$$

!

Die Elemente A, B, C und D haben eine spezielle Bedeutung. Betrachtet man die Abbildung eines Gegenstandes durch eine dünne Linse, so weiß man aus dem oben Gesagten, dass ein **Parallelstrahl im Gegenstandsraum zum Brennstrahl im Bildraum** wird, also durch den bildseitigen Brennpunkt F' geht. Der Eintrittswinkel ist in diesem Fall $\sigma_1 = 0$, während der Austrittswinkel nach Abb. 1.49 durch $\tan\sigma_2 = y_1 / f' \approx \sigma_2$ gegeben ist. Folglich gilt für die Transformation:

$$\begin{pmatrix} y_2 \\ y_1 / f' \end{pmatrix} = \begin{pmatrix} 1 & 0 \\ (n-1)\left(\frac{1}{r_1} - \frac{1}{r_2}\right) & 1 \end{pmatrix} \cdot \begin{pmatrix} y_1 \\ 0 \end{pmatrix} \qquad 1.151$$

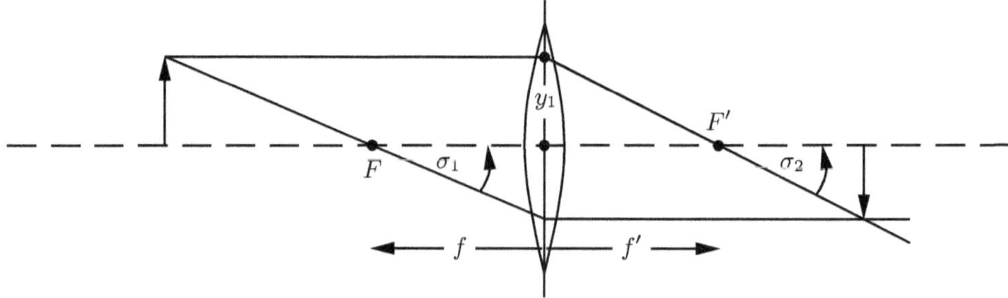

Abb. 1.49: Aus der Transformationsmatrix der dünnen Linse lassen sich bild- und gegenstandsseitige Brennweite errechnen.

Durch Ausmultiplizieren erhält man neben der trivialen Gleichung $y_2 = y_1$ die Gleichung der bildseitigen Brennweite, wie sie in Kap. 1.1.7 (Gl. 1.84) schon abgeleitet wurde:

!

$$\boxed{\frac{1}{f'} = (n-1)\left(\frac{1}{r_1} - \frac{1}{r_2}\right)} \qquad 1.152$$

Bei der Bildkonstruktion wurde weiterhin verwendet, dass ein **Brennstrahl im Gegenstandsraum zum Parallelstrahl im Bildraum** wird. In diesem Fall gilt $\tan(\sigma_1) = \frac{y_2}{f} \approx \sigma_1$ und $\sigma_2 = 0$, wobei $\sigma_1 > 0$, $y_2 < 0$ und $f < 0$ ist (Abb. 1.49). Für die Transformation folgt:

$$\begin{pmatrix} y_2 \\ 0 \end{pmatrix} = \begin{pmatrix} 1 & 0 \\ (n-1)\left(\frac{1}{r_1} - \frac{1}{r_2}\right) & 1 \end{pmatrix} \cdot \begin{pmatrix} y_1 \\ y_2 / f \end{pmatrix} \qquad 1.153$$

Man erhält durch Ausmultiplizieren neben der trivialen Beziehung $y_2 = y_1$ die gegenstandsseitige Brennweite wie in Kap. 1.1.7 (Gl. 1.85) zu:

!

$$\boxed{\frac{1}{f} = -(n-1)\left(\frac{1}{r_1} - \frac{1}{r_2}\right)} \qquad 1.154$$

1.2.7 Abbildung durch ein optisches System

Damit ein durch eine *ABCD*-Matrix beschriebenes optisches System einen Gegenstand abbildet, müssen alle von einem Gegenstandspunkt ausgehenden Lichtstrahlen sich im Bildraum wieder an einem Punkt treffen. Ein einzelner, von einem Gegenstandspunkt G ausgehender Strahl legt nach Abb. 1.50 die Strecke s ($s<0$) zurück, wird am optischen System mit der Transformationsmatrix M abgelenkt, und trifft nach Zurücklegen der Strecke s' ($s'>0$) am Bildpunkt B ein. Bei optischen Systemen wird s bis zum Scheitelpunkt der ersten bzw. letzten Linse des Systems gerechnet und **Objekt-** bzw. **Bildschnittweite** genannt. Der Verlauf des Lichtstrahls innerhalb des optischen Systems ist schon durch die Matrix M beschrieben, es müssen also nur noch die Translationen berücksichtigt werden:

$$\begin{pmatrix} y_2 \\ \sigma_2 \end{pmatrix} = \begin{pmatrix} 1 & -s' \\ 0 & 1 \end{pmatrix} \cdot \begin{pmatrix} A & B \\ C & D \end{pmatrix} \cdot \begin{pmatrix} 1 & s \\ 0 & 1 \end{pmatrix} \cdot \begin{pmatrix} y_1 \\ \sigma_1 \end{pmatrix} \qquad 1.155$$

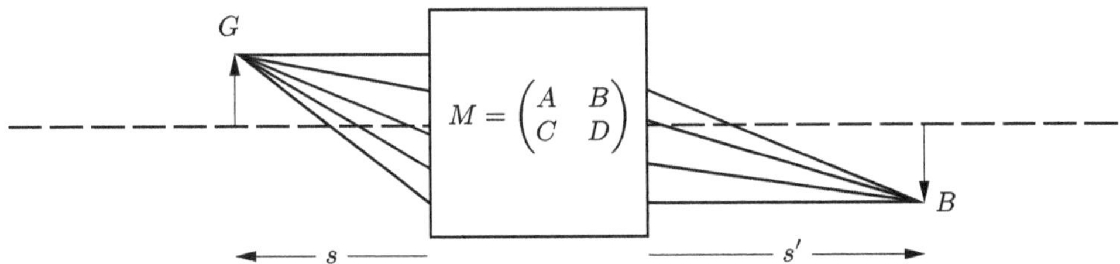

Abb. 1.50: Ein abbildendes optisches System muss ein von einem Punkt ausgehendes Lichtbündel wieder in einem Punkt vereinen.

s in der dritten Matrix ist negativ, daher entfällt das Minuszeichen in der Translationsmatrix. Ausmultiplizieren liefert:

$$\begin{pmatrix} y_2 \\ \sigma_2 \end{pmatrix} = \begin{pmatrix} A - s'C & As - ss'C + B - s'D \\ C & sC + D \end{pmatrix} \cdot \begin{pmatrix} y_1 \\ \sigma_1 \end{pmatrix} \qquad 1.156$$

Damit eine Abbildung im obigen Sinne überhaupt möglich ist, müssen alle Strahlen im Bildpunkt auf der Höhe y_2 eintreffen, und zwar unabhängig vom Winkel σ_1, unter dem sie den Gegenstandspunkt verlassen haben. Es muss folglich für die erste Gleichung

$$y_2 = (A - s'C)y_1 + (As - ss'C + B - s'D)\sigma_1 \qquad 1.157$$

gelten:

$$\boxed{As - ss'C + B - s'D = 0} \qquad 1.158$$

!

Dies ist die **Abbildungsgleichung für das System mit der Matrix** M. Handelt es sich bei dem optischen System im einfachsten Fall um eine **dünne Linse**, setzt man die Matrix Gl. 1.150 ein und erhält:

$$s - ss'(n-1)\left(\frac{1}{r_1} - \frac{1}{r_2}\right) + 0 - s' = 0 \qquad 1.159$$

oder

$$\boxed{\frac{1}{s'}-\frac{1}{s}=(n-1)\left(\frac{1}{r_1}-\frac{1}{r_2}\right)} \qquad 1.160$$

was der bekannten Abbildungsgleichung der dünnen Linse entspricht, wenn man $a = s$ und $a' = s'$ annimmt. Dies ist für die dünne Linse erfüllt, denn hier fallen die Scheitel mit der Mittelebene der Linse zusammen. Mit Gl. 1.158 wird aus Gl. 1.157 sofort:

$$y_2 = (A - s'C)\,y_1 \qquad 1.161$$

Das Verhältnis y_2 / y_1 entspricht der **Lateralvergrößerung** β', sie ist also:

!

$$\boxed{\beta' = \frac{y_2}{y_1} = A - s'C} \qquad 1.162$$

Im einfachen Fall der dünnen Linse bestätigt man mit $s = a$ und $s' = a'$ das Ergebnis von Gl. 1.86:

$$\beta' = 1 - s'(n-1)\left(\frac{1}{r_1}-\frac{1}{r_2}\right) = 1 - s'\left(\frac{1}{s'}-\frac{1}{s}\right) = \frac{s'}{s} \qquad 1.163$$

Hier wurde Gl. 1.160 genutzt. Für eine dünne Linse kann das **Winkelverhältnis** $\gamma' = \frac{\sigma_2}{\sigma_1}$ aus der σ-Gleichung der Matrixbeziehung 1.156 abgeleitet werden:

$$\sigma_2 = y_1 C + (sC + D)\sigma_1 \qquad 1.164$$

Nimmt man an, dass der Gegenstandspunkt auf der optischen Achse liegt, dann ist $y_1 = 0$ und man erhält mit Gl. 1.150:

$$\sigma_2 = \left(s(n-1)\left(\frac{1}{r_1}-\frac{1}{r_2}\right) + 1 \right)\sigma_1 \qquad 1.165$$

Damit erhält man unter Benutzung von 1.160:

$$\gamma' = \frac{\sigma_2}{\sigma_1} = \left(s\left(\frac{1}{s'}-\frac{1}{s}\right) + 1 \right) \qquad \boxed{\gamma' = \frac{s}{s'}} \qquad 1.166$$

Man beachte, dass hier die Einschränkung $a = s$ und $a' = s'$ gemacht wurde; die Formel ist also nur für dünne Linsen gültig. Für sie gilt wegen Gl. 1.86 auch:

$$\boxed{\gamma' = \frac{1}{\beta'}} \qquad 1.167$$

1.2.8 Hauptebenen

Im Grunde ist mit der Abbildungsgleichung 1.158 die Berechnung der Bildweite eines komplizierten optischen Systems bei gegebener Gegenstandsweite möglich. Allerdings gestaltet sich die Berechnung bestimmter Größen, z.B. der Vergrößerungen umständlich. Es stellt sich die Frage, inwieweit sich die Berechnung der Abbildung durch ein solches System nicht vereinfachen lässt. Am besten wäre es, wenn man das System auf die abbildenden Eigenschaften einer dünnen Linse reduzieren könnte. Das ist auch möglich, aber leider nicht so, dass man das optische System durch eine dünne Linse mit völlig identischer Wirkung einfach ersetzen könnte. Wäre das möglich, könnte man auf all die komplizierten und teueren Linsensysteme in der Optik gänzlich verzichten. Diese ermöglichen erst die Korrektur diverser Linsenfehler (Kap. 1.3), insbesondere auch des Fehlers, der durch die Verwendung kugelförmiger Oberflächen entsteht und der durch die hier verwendete paraxiale Näherung ignoriert wird.

Zur Reduzierung der abbildenden Eigenschaften führt man zwei Bezugsebenen, die **Hauptebenen**, für das optische System ein (Abb. 1.51). Bezieht man die Gegenstands- und Bildweite auf diese Ebenen, so gilt einfach die **Abbildungsgleichung der dünnen Linse**. Oder anders ausgedrückt: würde man in Abb. 1.51 den Raum zwischen den beiden Hauptebenen mit der Schere herausschneiden und die zwei Schnittkanten zusammenschieben, dann wäre die entstandene neue Ebene die dünne Ersatzlinse. In Matrixdarstellung muss also gelten:

$$\begin{pmatrix} A & B \\ C & D \end{pmatrix} = \begin{pmatrix} 1 & s'_{H'} \\ 0 & 1 \end{pmatrix} \cdot \begin{pmatrix} 1 & 0 \\ 1/f' & 1 \end{pmatrix} \cdot \begin{pmatrix} 1 & -s_H \\ 0 & 1 \end{pmatrix} \qquad 1.168$$

Der Abstand s_H zwischen dem Eintrittsscheitelpunkt *S* und dem ersten **Hauptpunkt *H*** ist im Beispiel der Abb. 1.51 positiv, *H* liegt rechts von *S*. Dagegen ist der Abstand $s'_{H'}$ zwischen dem Austrittsscheitelpunkt *S'* und dem zweiten **Hauptpunkt *H'*** negativ.

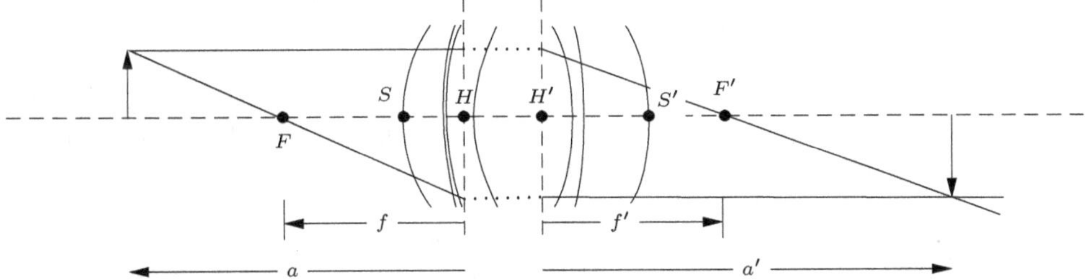

Abb. 1.51: Ein beliebiges optisches System soll in seiner abbildenden Wirkung durch eine dünne Linse dargestellt werden. Hierzu werden zwei Hauptebenen (gestrichelte Linien) dergestalt eingeführt, dass unter Vernachlässigung des Zwischenraumes eine Bildkonstruktion wie bei der dünnen Linse möglich ist.

Ausmultipliziert erhält man für Gl. 1.168:

$$\begin{pmatrix} A & B \\ C & D \end{pmatrix} = \begin{pmatrix} 1+\frac{s'_{H'}}{f'} & s'_{H'} \\ 1/f' & 1 \end{pmatrix} \cdot \begin{pmatrix} 1 & -s_H \\ 0 & 1 \end{pmatrix} = \begin{pmatrix} 1+\frac{s'_{H'}}{f'} & -s_H - \frac{s_H s'_{H'}}{f'} + s'_{H'} \\ 1/f' & -\frac{s_H}{f'}+1 \end{pmatrix} \qquad 1.169$$

Man erkennt also, dass wegen

$$\boxed{C = \frac{1}{f'}} \qquad 1.170$$

die dünne Ersatzlinse die gleiche Brennweite hat, wie das optische System. C ist ja nach dem oben Gesagten die reziproke Brennweite des Systems. Mit Gl. 1.170 lässt sich A und D wie folgt ausdrücken:

$$A = 1 + Cs'_{H'} \quad \text{und} \quad D = -s_H C + 1 \qquad 1.171$$

Nach s_H und $s'_{H'}$ aufgelöst, erhält man:

$$\boxed{s_H = \frac{1-D}{C}} \quad \text{und} \quad \boxed{s'_{H'} = \frac{A-1}{C}} \qquad 1.172$$

s_H und $s'_{H'}$ werden **Schnittweite des objekt- bzw. bildseitigen Hauptpunktes** genannt. Die Abstände der Hauptebenen von den Scheiteln lassen sich also aus der *ABCD*-Matrix des optischen Systemes berechnen. Für das Element B gilt nach Gl. 1.169:

$$B = -s_H - \frac{s_H s'_{H'}}{f'} + s'_{H'} \qquad 1.173$$

Addiert und subtrahiert man $\frac{s_H s'_{H'}}{f'}$, kann man diese Gleichung in die Form

$$B = -s_H \left(1 + \frac{s'_{H'}}{f'}\right) + s'_{H'} \left(1 - \frac{s_H}{f'}\right) + \frac{s_H s'_{H'}}{f'} \qquad 1.174$$

bringen. Setzt man die Elemente A und D aus Gl. 1.169 sowie Gl. 1.170 ein, erhält man

$$As_H - Cs_H s'_{H'} + B - Ds'_{H'} = 0 \qquad 1.175$$

Vergleicht man mit der Abbildungsgleichung 1.158, bemerkt man, dass s_H und $s'_{H'}$ einer Gegenstands- und Bildweite entsprechen. Das System, das durch die *ABCD*-Matrix beschrieben wird, **bildet also Punkte der ersten Hauptebene in die zweite Hauptebene ab.** Die Hauptebenen sind also **zueinander konjugiert**.

Als Beispiel eines einfachen optischen Systems soll hier eine dicke Zerstreuungslinse mit der Brechzahl $n = 1{,}8$ betrachtet werden. Die Krümmungsradien seien $r_1 = -40\,\text{mm}$ und $r_2 = 30\,\text{mm}$. Der Scheitelabstand sei $d = 20\,\text{mm}$. Man beachte, dass die große Linsendicke nicht ganz realistisch ist; außerdem sind die gewählten Krümmungsradien bedenklich hinsichtlich der paraxialen Näherung. Strahlen, wie sie in Abb. 1.52 verwendet wurden, wären nicht achsnah oder hätten einen zu großen Einfallswinkel. Die Parameter wurden so gewählt, um die Ergebnisse graphisch klar und trotzdem maßstäblich darstellen zu können.

$$M_{Ld} = \begin{pmatrix} 1-\left(1-\frac{1}{1{,}8}\right)\frac{20}{-40} & -\frac{20}{1{,}8} \\ (1{,}8-1)\left(\frac{1}{-40}-\frac{1}{30}+\frac{20}{1{,}8\cdot(-40)\cdot 30}(1{,}8-1)\right) & (1{,}8-1)\frac{20}{1{,}8\cdot 30}+1 \end{pmatrix} \quad 1.176$$

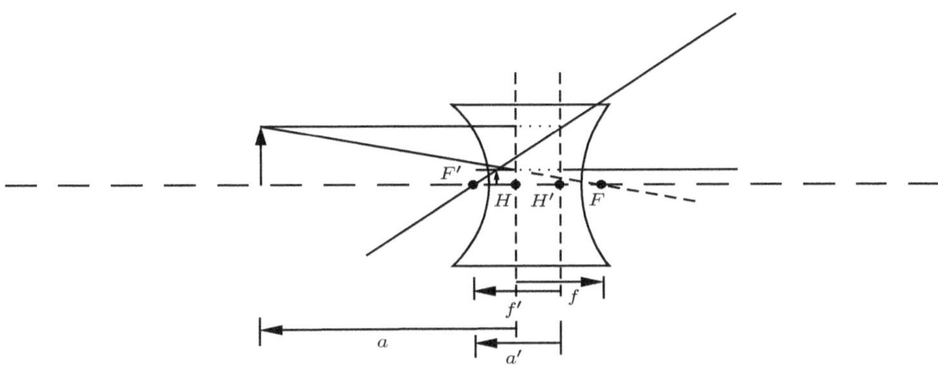

Abb. 1.52: Beispiel einer dicken Zerstreuungslinse mit der Scheiteldicke d = 20 mm und mit Krümmungsradien r_1 = – 40 mm und r_2 = 30 mm.

Die Zahlen sind – wie in der technischen Optik üblich – einheitenfrei. Es ist aber darauf zu achten, dass alle eingesetzten Größen der Dimension Länge die gleiche Einheit haben. Bei der *ABCD*-Matrix sind A **und** D **einheitenfrei**, während B **die Einheit einer Länge** und C **die Einheit einer reziproken Länge** haben. Es ist dann:

$$M_{Ld} = \begin{pmatrix} 1{,}2222 & -11{,}1111 \\ -0{,}05259 & 1{,}2963 \end{pmatrix} \quad 1.177$$

Daraus liest man mit Gl. 1.170 ab, dass die bildseitige Brennweite $f' = -19{,}0141\,\text{mm}$ ist. Die Hauptpunkte liegen bei $s_H = 5{,}6338\,\text{mm}$ und $s'_{H'} = -4{,}2254\,\text{mm}$. Besonders zu beachten ist bei Zerstreuungslinsen, dass die **bildseitige Brennweite** f' **negativ** ist, d.h. im Gegenstandsraum liegt. Die **gegenstandsseitige Brennweite** $f = -f'$ dagegen liegt im Bildraum, sie ist **positiv**. Ein Gegenstand (der Pfeil in Abb. 1.52), der $a = -55{,}5\,\text{mm}$ von der ersten Hauptebene bzw. vom Hauptpunkt H entfernt ist, wird gemäß Abbildungsgleichung (siehe Gl. 1.83 und 1.84) für die dünne Linse

$$\frac{1}{a'} - \frac{1}{a} = \frac{1}{f'} \quad 1.178$$

mit einer Bildweite von

$$a' = \frac{f'a}{a+f'} = -14{,}1622\,\text{mm} \quad 1.179$$

abgebildet. Die Bildweite a' ist von der zweiten Hauptebene bzw. vom zweiten Hauptpunkt H' aus zu zeichnen. Man erkennt, dass das Bild innerhalb der Linse liegt und virtuell ist.

Hier sei noch einmal auf die Bezeichnungen a und s eingegangen. a und a' sind **Gegenstands- und Bildweite** von den jeweiligen zugehörigen Hauptpunkten aus gemessen, s und s', die **Objekt- und Bildschnittweite**, beziehen sich auf die jeweiligen Scheitel. Es ist klar, dass im Falle einer dünnen Linse, die ja keine Dicke besitzt und somit auch keine zwei Hauptebenen, a und s bzw. a' und s' gleich sind. Bei der dicken Linse unterscheiden sich die beiden Größen. Im Falle des obigen Beispiels der dünnen Linse beträgt die Objektschnittweite $s = -55{,}5\,\mathrm{mm} + 5{,}6338\,\mathrm{mm} = -49{,}8662\,\mathrm{mm}$ und die Bildschnittweite $s' = -14{,}1622\,\mathrm{mm} - 4{,}2254\,\mathrm{mm} = -18{,}3876\,\mathrm{mm}$.

Nun noch ein Wort zur Bildkonstruktion. Mit Hilfe der Hauptebenen lässt sich das Bild eines Gegenstandes, der sich in gegebenem Abstand zum Linsensystem befindet, konstruieren. Dies erfolgt nach dem gleichen Prinzip wie bei der dünnen Linse, schließlich wurde das Linsensystem ja mittels der Hauptebenen auf eine dünne Linse zurückgeführt. Man kann bei der Konstruktion so verfahren, dass man sich einfach den Zwischenraum zwischen den Hauptebenen herausgeschnitten und die beiden Hauptebenen zu einer zusammengezogen denkt. Am Beispiel der dicken Linse von Abb. 1.52 kann man dies erkennen, allerdings tritt hierbei die Komplikation auf, dass der bildseitige Brennpunkt auf der Gegenstandsseite liegt. f' ist also negativ. Die Brennweiten werden jeweils ab der zugehörigen Hauptebene gerechnet. Der Parallelstrahl wird also bis zur ersten Hauptebene gezeichnet, der Raum zwischen den Hauptebenen ist quasi nicht vorhanden, und dann wird er ab der zweiten Hauptebene nach rückwärts durch F' gezeichnet. Natürlich gibt es diesen nach hinten verlängerten Strahl in Wirklichkeit nicht, der reale Strahl verlässt die Linse nach rechts (wenn nicht, wie in Abb. 1.52 die Linse in radialer Richtung zu klein ist ...). Der Brennstrahl ist in Richtung auf den gegenstandsseitigen Brennpunkt gerichtet, welcher allerdings im Bildraum liegt, denn f ist positiv. Beim Auftreffen auf der ersten Hauptebene wird er zum Parallelstrahl. Auch dieser Strahl muss in den Gegenstandsraum verlängert werden, um einen Schnittpunkt mit dem ersten konstruierten Strahl zu erhalten. Dieser Punkt ist also der konstruierte Bildpunkt. Das Bild ist also virtuell.

Als zweites Beispiel soll eine GRIN-Optik gerechnet werden. Es soll eine Optik der Länge $L = 50\,\mathrm{mm}$ betrachtet werden, deren Brechungindex nach Gl. 1.104 gemäß

$$n(r) = n_0\left(1 - \frac{a}{2}r^2\right) \qquad 1.180$$

gegeben ist, wobei die Brechzahl n_0 auf der optischen Achse 1,474 und $a = 67{,}2 \cdot 10^{-6}\,\mathrm{mm}^{-2}$ ist. Eine solche Optik hat auf der optischen Achse einen höheren Brechungsindex als in den Randbereichen, die von der optischen Achse einen gewissen Abstand haben. Ein Lichtstrahl würde sich also im Zentrum der Optik langsamer ausbreiten als am Rand. Bei einer Sammellinse ist das genauso: sie ist in der Mitte dicker als am Rand und daher braucht das Licht auf der optischen Achse länger als am Rand. Die Wirkung ist in beiden Fällen dieselbe: die Phasenfronten werden zur optischen Achse hin verbogen, parallel einfallendes Licht wird fokussiert. Man kann für die oben spezifizierte GRIN-Optik, deren *ABCD*-Matrix mit Gl. 1.145 schon fertig angegeben ist, Brennweiten und Hauptebenen berechnen. Die Matrix lautet für die oben angegebenen Zahlen:

$$M_{GB} = \begin{pmatrix} 0{,}9172 & -32{,}9795 \\ 0{,}004815 & 0{,}9172 \end{pmatrix} \qquad 1.181$$

Damit ist die Brennweite f' gegeben durch 207,68 mm. Die Hauptebenen liegen bei $s_H = 17{,}20\,\text{mm}$ und bei $s'_{H'} = -17{,}20\,\text{mm}$. Man erkennt übrigens aus den Gln. 1.172 und aus der Gleichheit der Matrixelemente A und D in Gl. 1.181, dass die Beträge von s_H und $s'_{H'}$ jeweils gleich sein müssen.

Als weiteres Beispiel soll hier noch ein Photoobjektiv, ein sogenanntes Spiegelobjektiv, berechnet werden. Diese Objektive ermöglichen eine sehr große Brennweite bei kurzer Baulänge. Eine große Brennweite wird benötigt, wenn man entfernte Gegenstände sehr groß abbilden will. Die Lateralvergrößerung für die dünne Linse ist nach Gl. 1.86 gegeben durch $\beta' = a'/a$. Wird also ein Objekt in der Gegenstandsweite a vergleichsweise durch zwei dünne Linsen abgebildet, so sind die Lateralvergrößerungen durch

$$\beta'_1 = \frac{a'_1}{a} \quad \text{und} \quad \beta'_2 = \frac{a'_2}{a} \qquad 1.182$$

gegeben. Löst man nach der Gegenstandsweite a auf und setzt gleich, erhält man

$$\frac{a'_1}{\beta'_1} = \frac{a'_2}{\beta'_2} \qquad 1.183$$

Da mit Teleobjektiven in der Regel weit entfernte Gegenstände abgebildet werden, gilt hier wegen $a \to \infty$

$$\frac{1}{f'} \approx \frac{1}{a'} \quad \text{also} \quad a' \approx f', \qquad 1.184$$

so dass gilt:

$$\frac{f'_1}{\beta'_1} = \frac{f'_2}{\beta'_2} \quad \text{oder} \quad \frac{\beta'_2}{\beta'_1} = \frac{f'_2}{f'_1} \qquad 1.185$$

Das bedeutet: die Vergrößerungen verhalten sich wie die Brennweiten. Eine große Vergrößerung wird mit einer großen Brennweite erzielt. Ein Teleobjektiv sollte also eine möglichst lange Brennweite besitzen. 1000 mm wären schon extrem. Im Falle einer Einzellinse als Objektiv würde das heißen, dass die Linse wegen Gl. 1.184 auch ca. 1000 mm, also 1 m von der Bildebene entfernt sein müsste. Das ist natürlich nicht praktikabel.

Ein Spiegelobjektiv löst das Problem. Es besteht in vereinfachtester Form aus zwei Spiegeln, einem Konvex- und einem Konkav-Spiegel (Abb. 1.53). Der Konvexspiegel habe den Radius $r_1 - 500\,\text{mm}$ und der Konkavspiegel den Radius $r_2 = +200\,\text{mm}$. Der Abstand t der Spiegel betrage 175 mm. Die *ABCD*-Matrix des Systems ist dann – unter Benutzung der Transformationsgleichung 1.96 für den sphärischen Spiegel – gegeben durch

$$M = \begin{pmatrix} A & B \\ C & D \end{pmatrix} = \begin{pmatrix} 1 & 0 \\ -2/200 & 1 \end{pmatrix} \cdot \begin{pmatrix} 1 & -175 \\ 0 & 1 \end{pmatrix} \cdot \begin{pmatrix} 1 & 0 \\ -2/(-500) & 1 \end{pmatrix} \qquad 1.186$$

Hier steckt die Vorzeichenkonvention für einen entfalteten Strahlengang drin. Man erhält:

$$\begin{pmatrix} A & B \\ C & D \end{pmatrix} = \begin{pmatrix} 1 & -175 \\ -0{,}01 & 2{,}75 \end{pmatrix} \cdot \begin{pmatrix} 1 & 0 \\ 1/250 & 1 \end{pmatrix} = \begin{pmatrix} 0{,}3 & -175 \\ 0{,}001 & 2{,}75 \end{pmatrix} \qquad 1.187$$

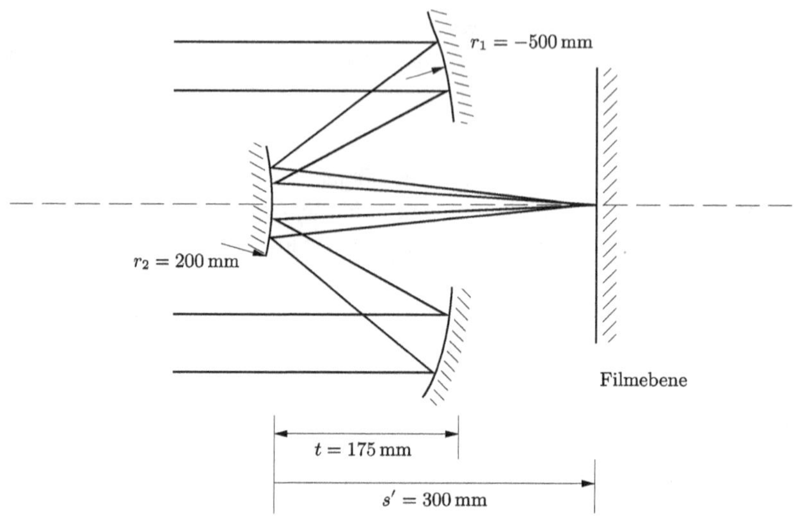

Abb. 1.53: Das Spiegelobjektiv bietet die Möglichkeit, bei kompakter Bauform lange Brennweiten zu realisieren.

Damit ist die resultierende bildseitige Brennweite des Systems $f' = 1/C = 1000\,\mathrm{mm}$. Die Hauptebenen liegen nach Gl. 1.172 bei $s_H = -1750\,\mathrm{mm}$ und $s'_{H'} = -700\,\mathrm{mm}$. Zur Verdeutlichung der Verhältnisse wurde das System in der mittleren der Abb. 1.54 entfaltet und die zugehörigen Hauptebenen eingezeichnet. An die Spiegelpositionen wurden in diesem entfalteten Strahlengang dünne Linsen der Brennweiten $f_1 = 250\,\mathrm{mm}$ und $f_2 = -100\,\mathrm{mm}$ gesetzt. Man erhält damit ein Teleobjektiv mit identischen Eigenschaften. Darunter ist im gleichen Maßstab das Spiegelobjektiv gezeichnet. Darüber die Einzellinse mit gleicher Wirkung. Man erkennt deutlich den Baulängenvorteil, den ein Teleobjektiv mit Linsen hätte, und die noch kompaktere Bauweise eines Spiegelobjektivs.

In der Praxis ist dieses Objektiv viel komplizierter aufgebaut. In der Regel werden auch Linsen in den Strahlengang gebracht. Überhaupt werden auch bei kürzeren Brennweiten mehrlinsige Systeme verwendet. Der Grund hierfür ist u.a. die sogenannte sphärische Aberration. Dies ist ein Linsenfehler, der durch die paraxiale Näherung unterdrückt wird, der in der Praxis aber immer auftritt, wenn man sphärische Oberflächen verwendet. Es zeigt sich, dass Linsen für achsferne Strahlen eine andere Brennweite besitzen wie für achsnahe. Durch mehrere Linsen erreicht man eine Besserung dieses Linsenfehlers. Ein weiterer Fehler beruht auf der Tatsache, dass der Brechungsindex wellenlängenabhängig ist. Das führt zu unterschiedlichen Brennweiten für Licht unterschiedlicher Wellenlängen. Auch dieser Fehler lässt sich mit mehrlinsigen Systemen minimieren.

Abschließend soll noch eine klassische Objektivkonstruktion, ein sogenanntes **Triplet**, berechnet werden [Smith 1992] (Abb. 1.55). Es ist dies ein Objektivtyp, der 1894 vom britischen Optiker Harold Denis Taylor entwickelt wurde. Es ist auch als „**Cook lens**“ bekannt und zeichnet sich durch gute Korrektur von Koma und Astigmatismus aus. Auf diese Linsenfehler wird später noch eingegangen (Kap. 1.3.4 und 1.3.5). Hier soll die Systemmatrix berechnet werden. In der Tabelle 1.5 sind die Systemparameter sowie die Koeffizienten der jeweiligen Matrizen angegeben. Abb. 1.55 zeigt das Triplet mit den zugehörigen Hauptebenen.

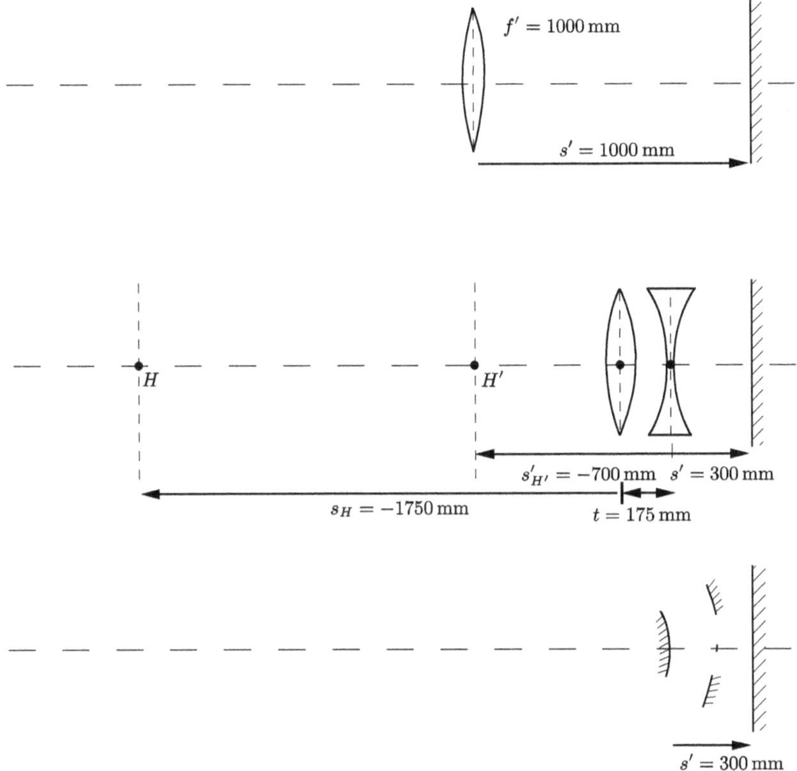

Abb. 1.54: Drei Möglichkeiten der Realisierung eines Teleobjektivs der Brennweite 1000 mm: oben die Einzellinse, in der Mitte die verkürzte Bauform mit zwei Linsen und unten die kompakteste Form, das Spiegelobjektiv.

Tab. 1.5: Matrixelemente der Transformationsmatrizen für ein Triplet [Smith 1992].

				Elemente der Transformationsmatrizen			
	Radius	**Dicke**	**Brechzahl**	m_{11}	m_{12}	m_{21}	m_{22}
Linse 1	44,550		1,613	1	0	0,0085305	0,6199628
		5,000		1	–5,000	0	1
	–436,600			1	0	0,0014040	1,613
		10,310		1	–10,310	0	1
Linse 2	–38,610		1,606	1	0	–0,0097729	0,62266
		1,600		1	–1,600	0	1
	42,620			1	0	–0,014218	1,606
		8,040		1	–8,040	0	1
Linse 3	250,970		1,613	1	0	0,0015142	0,6199628
		5,000		1	–5,000	0	1
	–32,670			1	0	0,018763	1,613

Die $ABCD$-Matrix für das Triplet lautet:

$$M = \begin{pmatrix} 0,89100 & -30,1048 \\ 0,0100035 & 0,78434 \end{pmatrix} \qquad 1.188$$

Die Hauptebenen liegen bei $s_H = 21,5587\,\text{mm}$ und $s'_{H'} = -10,896\,\text{mm}$, die Brennweite beträgt $f' = 99,9652\,\text{mm}$.

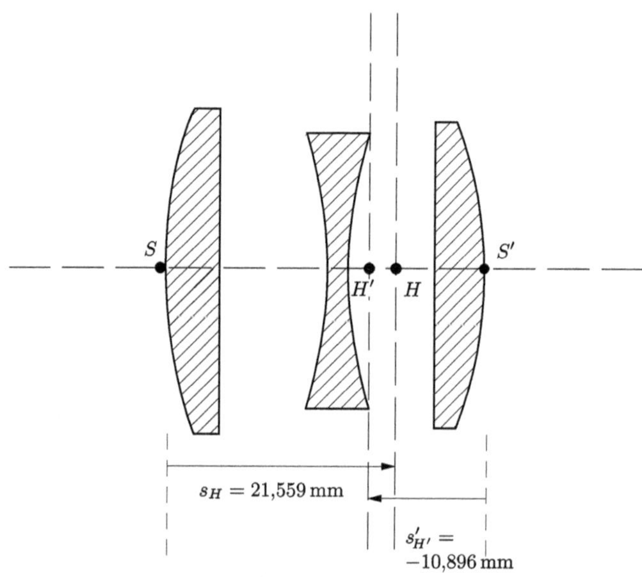

Abb. 1.55: Triplet nach Tab. 1.5 einschließlich der beiden Hauptebenen.

1.2.9 Blenden

Kein optisches System kann sämtliche von einem Objekt ausgehenden Lichtstrahlen in die Bildebene korrekt abbilden; ja, es ist nicht einmal möglich, alle Lichtstrahlen in irgendeiner Weise auf die Bildebene zu bringen. Jede Linse, jedes optische System hat nur einen begrenzten Durchmesser und kann somit stets nur einen Teil des vom Objekt ausgehenden Lichtes zur Abbildung heranziehen. Befinden sich im Strahlengang keine weiteren Strahlbegrenzungen, wirkt der Rand der Linse als solche. Meist jedoch werden Blenden gezielt eingesetzt. Diejenige Öffnung, die die vom Objektpunkt ausgehenden Strahlenbüschel begrenzt, wird **Aperturblende** genannt. Die Aperturblende kann einen festen Durchmesser besitzen, man spricht dann von einer **Lochblende**. Bei einer **Irisblende** ist der Durchmesser variabel. Sie wird in Fotoapparaten oder beim Auge zur Beeinflussung der Bildhelligkeit verwendet.

Die Aperturblende wird im optischen System selbst abgebildet. Die beiden Bilder der Aperturblende werden **Pupillen** genannt. Ein aus einer einzigen Linse bestehendes System besitzt nur eine Pupille, die zweite Pupille wird durch die Aperturblende selbst dargestellt (Abb. 1.56). Liegt die Aperturblende bei mehrlinsigen Systemen zwischen den Linsen, gibt es zwei Bilder: die zwischen Gegenstand und Aperturblende liegenden Linsen entwerfen als

Bild die **Eintrittspupille**, die zwischen Aperturblende und Bild liegenden Linsen entwerfen als Bild die **Austrittspupille.** Dies ist am Beispiel eines Teleskops in Abb. 1.57 verdeutlicht.

Der **Öffnungswinkel**, auch **Aperturwinkel** genannt, ist der Winkel zwischen der optischen Achse und dem äußersten Randstrahl. **Hauptstrahlen** werden diejenigen Strahlen genannt, die von achsfernen Objektpunkten ausgehen und in der Eintrittspupillenebene die optische Achse schneiden. Da die Austrittspupillenebene und die Eintrittspupillenebene **einander konjugierte Ebenen** sind, trifft dieser Strahl die optische Achse auch in der Austrittspupillenebene.

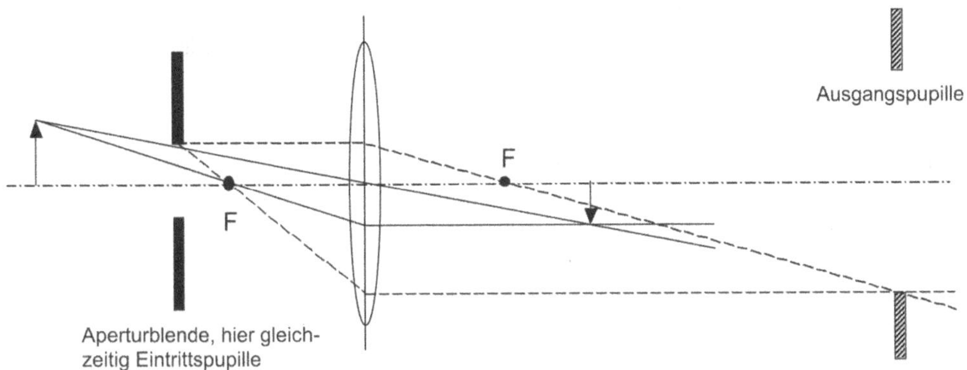

Abb. 1.56: Lage der Pupillen bei einer Abbildung durch eine dünne Sammellinse.

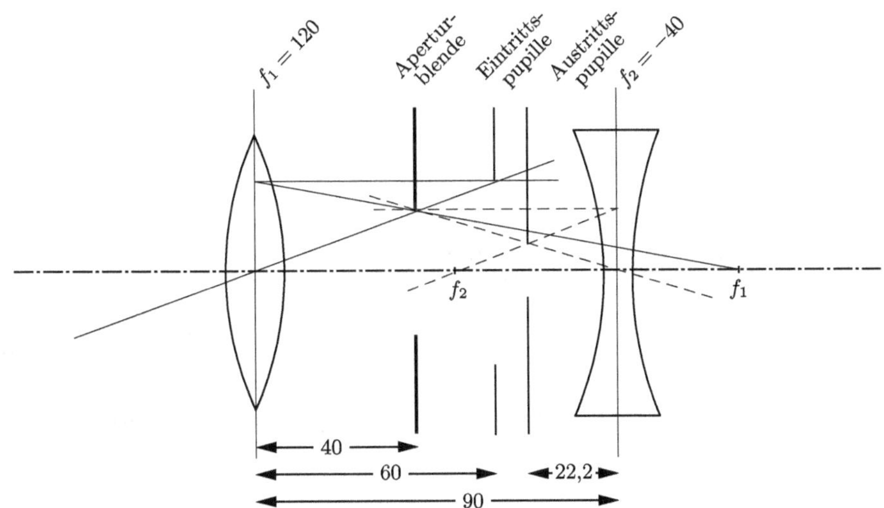

Abb. 1.57: In ein Teleskop wurde eine Aperturblende eingefügt. Die Abbildung zeigt die beiden sich aus der gewählten Lage der Aperturblende ergebenden Pupillen. Sie lassen sich einfach durch Berechnung der Abbildung dünner Linsen errechnen. Bezieht man die Lage der Pupillenebenen auf die Hauptebenen, kann man durch einfache Rechnung zeigen, dass sie zueinander konjugiert sind.

Während die Aperturblende die Bildhelligkeit beeinflusst, gibt die **Feldblende** vor, welcher Bildausschnitt freigegeben wird. Beim Fotoapparat ist dies durch die Ränder des Films bzw.

durch die Formatmaske vor dem Film vorgegeben. Die Feldblende ist diejenige Öffnung, die den Öffnungswinkel der Hauptstrahlen begrenzt. Die **Eintrittsluke** ist die Blende (Feldblende oder ihr Bild), die auf der Eintrittsseite das Gegenstandsfeld begrenzt. Die **Austrittsluke** ist die Blende (Feldblende oder ihr Bild), die auf der Austrittsseite das Bildfeld begrenzt.

1.2.10 Blendenzahl

Besonders in der Photographie ist es wichtig, dass die **Beleuchtungsstärke**, mit der Gegenstände auf dem Film bzw. neuerdings auf dem Halbleiterchip abgebildet werden, für eine gute Wiedergabequalität innerhalb enger Grenzen liegt. Da die vorhandene Lichtmenge nicht immer beeinflusst werden kann, werden variable Blenden eingesetzt, um das in die Bildebene gelangende Licht zu begrenzen. Für diese Blenden hat man eine Maßzahl eingeführt, die **Blendenzahl.**

Es sei die in Abb. 1.58 gezeigte Abbildungssituation gegeben: ein Gegenstand werde durch eine einfache Sammellinse abgebildet. Sieht man von Nahaufnahmen ab, gilt in der Photographie meist $g >> f'$, so dass das Bild des Gegenstandes etwa in der Brennebene liegt. Bei einer Brennweite f_1' der Linse habe das entstehende Bild die Höhe B_1. Würde die Brennweite auf f_2' verlängert, wäre die Höhe des Bildes B_2 und damit größer als B_1. Eine lange Brennweite vergrößert also bei gegebener Gegenstandsweite die Bildgröße. Für die beiden Situationen liest man aus der Abbildung leicht ab, dass sich B_1 zu f_1' verhält wie B_2 zu f_2':

$$\frac{B_1}{B_2} \approx \frac{f_1'}{f_2'} \qquad 1.189$$

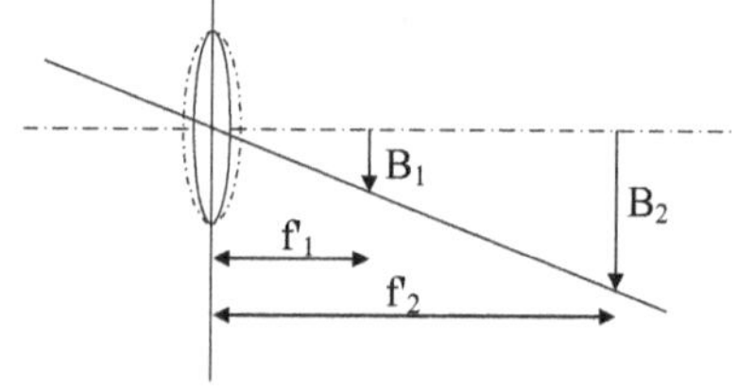

Abb. 1.58: Vergrößerung der Brennweite führt zur Bildvergrößerung und unter sonst gleichen Bedingungen zur Verringerung der Beleuchtungsstärke in der Bildebene.

Angenommen, der abgebildete Gegenstand sei kreisrund und G sei sein Radius. Dann wäre im Idealfall auch das Bild kreisförmig und hätte den Radius B_1 bzw. B_2. Im Falle der längeren Brennweite wäre das Bild größer und bei gleicher Aperturblende und gleicher Gegenstandsbeleuchtung damit lichtschwächer, denn die vorhandene Lichtmenge würde auf eine größere Fläche verteilt. Wird Gl. 1.189 quadriert und im Zähler und Nenner mit π erweitert, sieht man, dass sich die Kreisflächen der Bilder wie die Quadrate der Brennweiten verhalten:

$$\frac{\pi B_1^2}{\pi B_2^2} = \frac{f_1'^2}{f_2'^2} \qquad 1.190$$

Das bedeutet, dass die Beleuchtungsstärke bei – es sei immer wieder betont – gleicher Aperturblende und gleicher Gegenstandsweite, **proportional zum Quadrat der reziproken**

Brennweite ist. Nun wird die Helligkeit des Bildes aber auch noch durch die Lichtmenge bestimmt, die durch das Objektiv treten kann. Sie ist proportional zur Fläche der Eintrittspupille. Bei der einfachen Betrachtung der dünnen Linse fällt sie mit der Aperturblende zusammen. Ist D der Durchmesser der kreisrunden Eintrittspupille, ist die Bildhelligkeit proportional zur Fläche $\pi D^2/4$ der Eintrittspupille. Die Bildhelligkeit ist also insgesamt proportional zu D^2/f'^2. Die Wurzel daraus, also die Größe D/f', nennt man **relative Öffnung**. Man gibt sie meist in Bruchform an, z.B. 1:4 oder f':4. In diesem Fall beträgt der Durchmesser der Eintrittspupille den vierten Teil der Brennweite.

Zur Vereinfachung schreibt man oft den Reziprokwert der relativen Öffnung und nennt diesen **Blendenzahl**. Statt 1:4 sagt man häufig ‚Blende 4'. Da die Lichtstärke mit dem Quadrat der relativen Öffnung wächst, ist die für eine Belichtung erforderliche Zeit dem Quadrat der relativen Öffnung umgekehrt proportional. Dem Quadrat der Blendenzahl ist sie proportional. Bei Objektiven ist es üblich, die Zahlen der Blendeneinstellung so zu wählen, dass ein **Übergang zur nächsthöheren einer Verdopplung der Belichtungszeit** entspricht:

Tab. 1.6. Eine Verdopplung der Belichtungszeit bedeutet eine Vergrößerung der Blendenzahl um den Faktor $\sqrt{2}$.

Theoretischer Wert	1	$\sqrt{2}$	2	$\sqrt{8}$	4	$\sqrt{32}$	8	$\sqrt{128}$	16
Blendenzahl auf dem Objektiv	1	1,4	2	2,8	4	5,6	8	11	16
Verhältnis der Belichtungszeiten	1	2	4	8	16	32	64	128	256

Problematisch wird es bei wachsender Brennweite des Objektives. Hier müsste für gleiche Bildhelligkeit der Durchmesser der Aperturblende in gleicher Weise wachsen. Da damit auch größere Linsendurchmesser verbunden sind, werden bei geforderter gleichbleibender Abbildungsqualität sehr schnell Grenzen erreicht. Die vertretbaren Blendenzahlen sind daher für Teleobjektive wesentlich niedriger als für kürzerbrennweitige Standardobjektive.

Aufgaben

1. a) Berechnen Sie die Strahlmatrix einer dicken Glasplatte der Stärke d (Abb. 1.59). Machen Sie dabei die übliche Näherung kleiner Einfallswinkel α_1!
   b) Überprüfen Sie Ihr Resultat, indem Sie die Strahlmatrix einer dicken Linse auf das Problem anwenden!

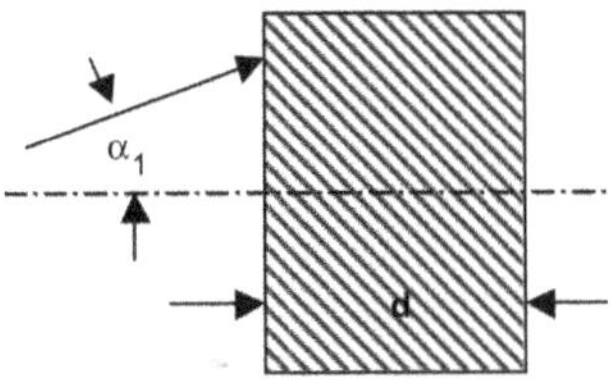

Abb. 1.59: Eine dünne Glasplatte führt bei einem unter einem Winkel α einfallenden Lichtstrahl zu einem Strahlversatz.

2. Zwei dünne, bikonvexe Sammellinsen (Betrag der Krümmungsradien: R) seien im Abstand $R/2$ angeordnet. Die Brechzahl der Linsen sei $n=1{,}5$.
a) Wie groß ist die Brennweite des Gesamtsystems?
b) Wo liegen die Hauptebenen?

3. Eine dicke, symmetrische, bikonvexe Linse habe die Brechzahl $n=3/2$. Der Betrag der Krümmungsradien der beiden Oberflächen sei R, die Dicke der Linse $d=R/10$.
a) Wie groß ist die Brennweite der Linse in Abhängigkeit von R?
b) Wo liegen die Hauptebenen (in Abhängigkeit von R)?

4. Eine dicke Linse habe die Scheiteldicke $d=8{,}96\,\text{mm}$ und die Systemmatrix

$$M=\begin{pmatrix} 0{,}961866 & -5{,}909316\,\text{mm} \\ C & 0{,}978209 \end{pmatrix}$$

a) Welchen Brechungsindex hat das Linsenmaterial?
b) Wie groß ist der Krümmungsradius r_1 der Eintrittsoberfläche?
c) Berechnen Sie den Krümmungsradius r_2 der Austrittsoberfläche!
d) Wie groß ist die Brennweite der Linse?

5. Das menschliche Auge besitzt näherungsweise die in der Abb. 1.60 eingetragenen Radien und Brechzahlwerte.

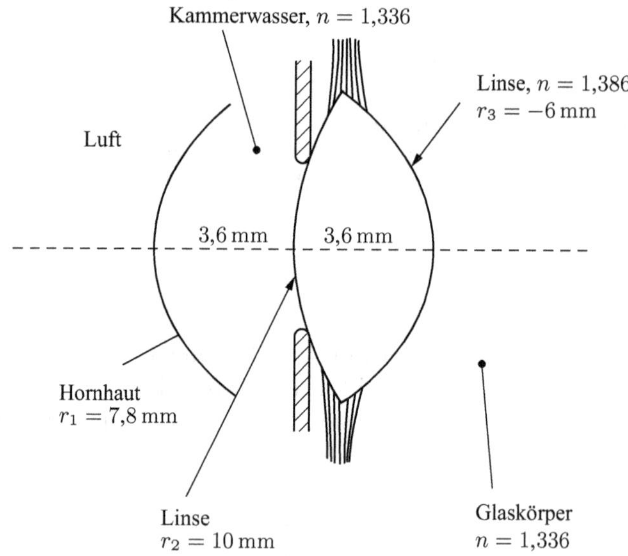

Abb. 1.60: Schnitt durch das optische System des menschlichen Auges.

a) Berechnen Sie mit Hilfe der Strahlmatrizen die Lage der Hauptebenen!
b) In welchem Abstand von der Hornhaut müsste sich die Netzhaut befinden, um einen im Unendlichen gelegenen Gegenstand scharf abbilden zu können?

6. Gegeben sei eine symmetrische, bikonvexe Sammellinse mit den Krümmungsradien $r_1 =$ 10 cm und $r_2 = -10$ cm, der Brechzahl $n = 1{,}5$ und der Scheiteldicke $d = 0{,}4\,\text{cm}$. Sie soll durch eine plankonvexe Linse (also $r_{1n} \to \infty$) gleicher Scheiteldicke und gleicher Brechzahl ersetzt werden.

a) Wie groß muss die Krümmung r_{2n} dann gewählt werden, damit die Linse die gleiche hauptebenenbezogene Brennweite besitzt?
b) Wo liegen die Hauptebenen der neuen Linse?
c) Ein 25 cm vor der planen (Eintritts-)Oberfläche liegender Gegenstand wird durch die Linse abgebildet. In welcher Entfernung, bezogen auf die Austrittsoberfläche, liegt sein Bild?

7. Gegeben seien die in Abb. 1.61 skizzierten dünnen, plankonvexen Linsen aus einem Material mit der Brechzahl $n = 1{,}5$. Der Raum zwischen den planen Linsenflächen ($d = 2\,\text{cm}$) sei mit Wasser der Brechzahl $n_w = 1{,}333$ ausgefüllt. Für die Krümmungsradien der konvexen Flächen gilt $|r_1| = |r_2| = 10\,\text{cm}$.

a) Berechnen Sie die Systemmatrix!
b) Wo liegen die Hauptebenen?
c) Wie groß ist die Brennweite f' ?
d) Wo liegen die Hauptebenen, wenn man das Wasser zwischen den Linsen entfernt?
e) Wie groß ist die Brennweite f' ohne Wasser?

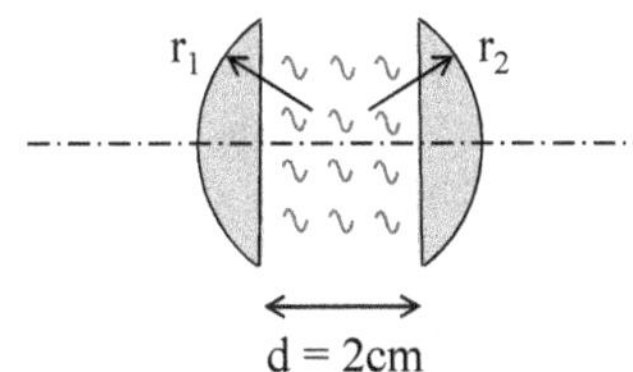

Abb. 1.61: Zwischen zwei dünnen Linsen wird Wasser eingefüllt.

8. Eine Glasplatte mit Brechzahl n_g = 1,51508 habe, wie in Abb. 1.62 skizziert, eine sphärische Hohlung mit Radius R = 8 cm. Die Scheiteldicke der Platte sei $d = 0{,}3\,\text{cm}$. In die Hohlung wird eine Flüssigkeit mit der Brechzahl n_f gegossen, so dass auf der optischen Achse die Tiefe t = 1 cm erreicht wird.

a) Welche Brechzahl n_f muss die Flüssigkeit haben, damit die Anordnung eine Brennweite von $f' = -43{,}937\,\text{cm}$ bekommt?
b) Berechnen Sie die Lage der beiden Hauptebenen bezüglich der Ein- bzw. Austrittsebenen!

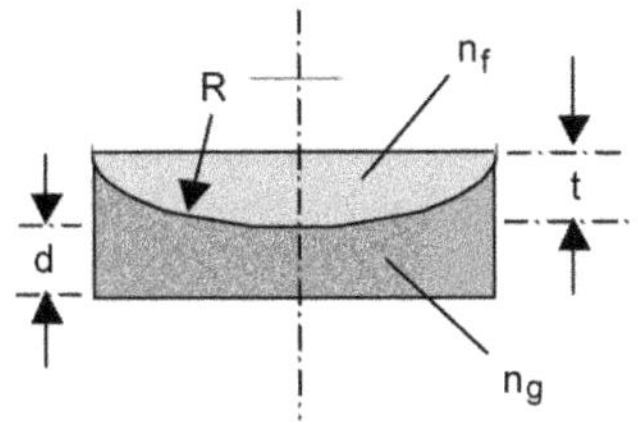

Abb. 1.62: In die konvexe Seite einer Zerstreuungslinse wird Wasser gegossen.

9. Gegeben sei der Kondensor (Abb. 1.63) aus BK7 ($n = 1{,}51680$). Die Krümmungsradien der Oberflächen seien $|r| = 30\,\mathrm{mm}$, die Dicke der Einzellinsen sei im Scheitel je 5 mm.

a) Berechnen Sie in allgemeiner Form die Lage der Hauptebenen und die Brennweite!

b) Wo läge, bezogen auf die (ebene) Austrittsfläche des Kondensors, das Bild einer Lichtquelle, die sich 32 mm vor der (ebenen) Eintrittsfläche befindet?

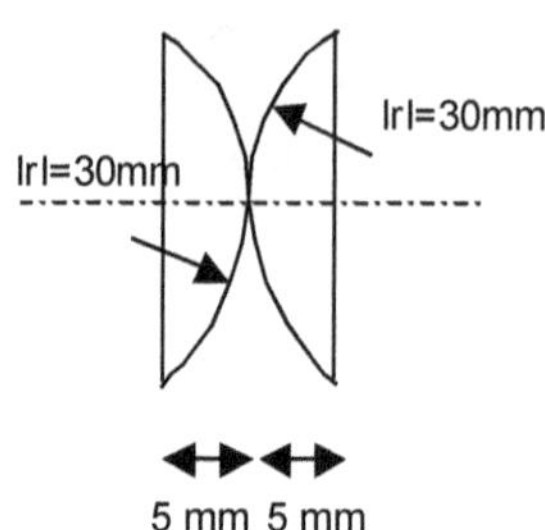

Abb. 1.63: Kondensorsystem.

10. Eine dicke Linse habe die Brennweite $f = 5{,}807\,\mathrm{cm}$ und die Hauptebenen liegen bei $s_H = 0{,}319\,\mathrm{cm}$ und bei $s'_{H'} = -0{,}255\,\mathrm{cm}$. Der Brechungsindex des Linsenmaterials ist $n = 1{,}78446$. Berechnen Sie die Krümmungsradien r_1 und r_2 sowie die Dicke d der Linse!

11. Gegeben sei eine dicke Linse an Luft mit den Krümmungsradien r_1 und r_2 sowie der Scheiteldicke d. Die Brechzahl des Linsenmaterials sei n.

a) Berechnen Sie die Lage der Hauptebenen für den Fall einer plan-konvexen Linse mit $r_1 \to \infty$!

b) In welchem Verhältnis müssen r_1 und r_2 im Fall einer bikonvexen Linse stehen, damit das Verhältnis $s_H / s'_{H'}$ der Hauptebenen k beträgt?

12. Eine plan-konvexe Linse (Krümmungsradius R) der Scheiteldicke d befinde sich in einem Wasserbehälter (Abb. 1.64), so dass der Eintrittsscheitel der Linse den Abstand d von der Wasseroberfläche hat. Die Brechzahl des Linsenmaterials sei n, die des Wasser n_w.

a) Wie lautet der Ansatz für die Systemmatrix (zwischen S und S')?

b) Angenommen, es gelte $n = 5/3$, $n_w = 4/3$ und $R = 10d$. Berechnen Sie die Brennweite sowie die beiden Hauptebenen des Systems!

c) Wie groß müsste mit $d = 1\,\mathrm{cm}$ und $R = 10\,\mathrm{cm}$ der Abstand t zwischen Linse und Boden des Behälters gewählt werden, damit dort ein scharfes Bild der Sonne entsteht?

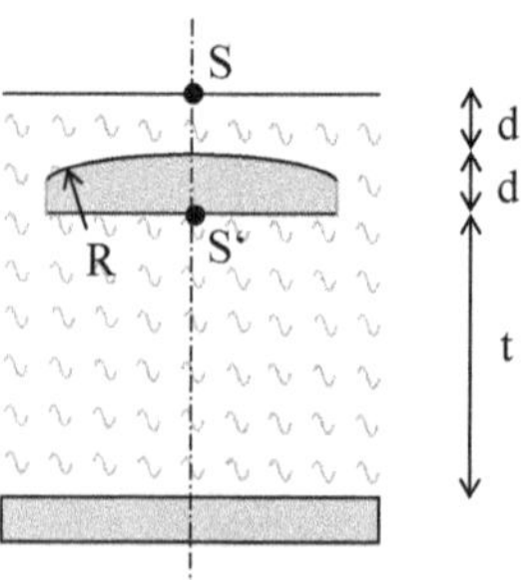

Abb. 1.64: Linse im Wasserbecken.

13. Ein Ausschnitt aus einer Glaskugel mit der Brechzahl n und konstanter Wandstärke hat keine unendliche Brennweite. Soll die Brennweite unendlich werden, muss also $r_2 \neq r_1 + d$ sein (Abb. 1.65). Dabei ist d die Dicke am Scheitel. Berechnen Sie die Größe von r_2 in Abhängigkeit der bekannten Größen r_1, d und n!

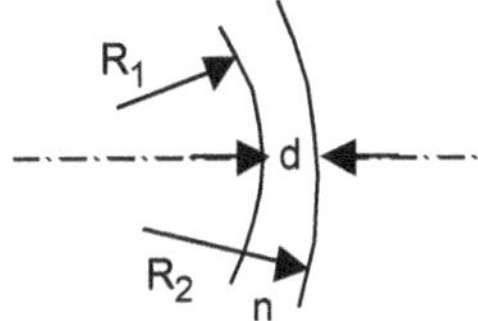

Abb. 1.65: Eine Glaskugel mit konstanter Wandstärke hat als optisches System keine unendliche Brennweite. Um das zu erreichen, muss sich die Wandstärke von der optischen Achse weg nach außen hin vergrößern.

14. Ein Zimmerbrand soll durch eine mit Wasser gefüllte, dickwandige und kugelförmige Blumenvase entstanden sein. Sie soll das Sonnenlicht auf einen Stapel Zeitungen fokussiert haben (Brennglaseffekt, siehe Abb. 1.66). Ist das möglich? Berechnen Sie hierzu die Brennweite und die Lage der Hauptebenen des optischen Systems unter den folgenden Annahmen:
Brechungsindex des Glases: $n_g = 1{,}5 = 3/2$
Brechungsindex des Wassers: $n_w = 1{,}333 = 4/3$
Innenradius der Vase: $r_i = 5\,\mathrm{cm}$
Außenradius der Vase: $r_a = 10\,\mathrm{cm}$

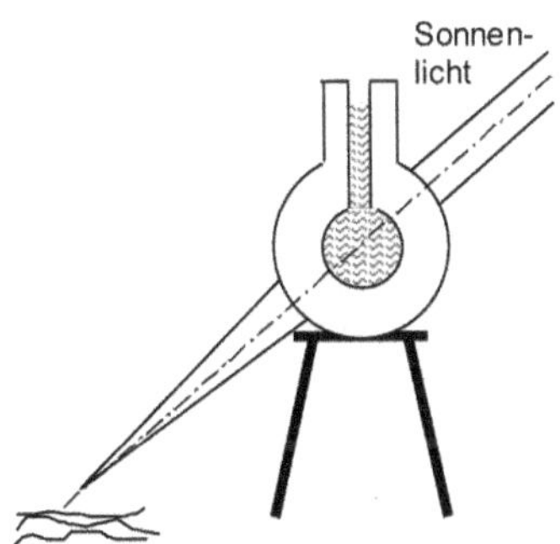

Abb. 1.66: Eine Blumenvase als Brandauslöser?

15. Gegeben sei eine dicke Sammellinse mit den Krümmungsradien $R_1 = 100\,\mathrm{mm}$ und $R_2 = -100\,\mathrm{mm}$, der Dicke $d = 5\,\mathrm{mm}$ und mit der Brechzahl $n = 1{,}5$.

a) Berechnen Sie die Brennweite der Linse sowie die Lage der Hauptebenen!
b) Wie müsste man unter Beibehaltung von R_1 und d den Radius R_2 verändern (Abb. 1.67), damit bei einer Änderung der Brechzahl auf $n = 2$ die Brennweite der Linse unverändert bleibt?
c) Um wieviel und in welche Richtung müsste man die geänderte Linse sowie die Bildebene verschieben, damit die (auf die Hauptebenen bezogene) Bild- und Gegenstandsweite bei einer Abbildung unverändert bleiben?

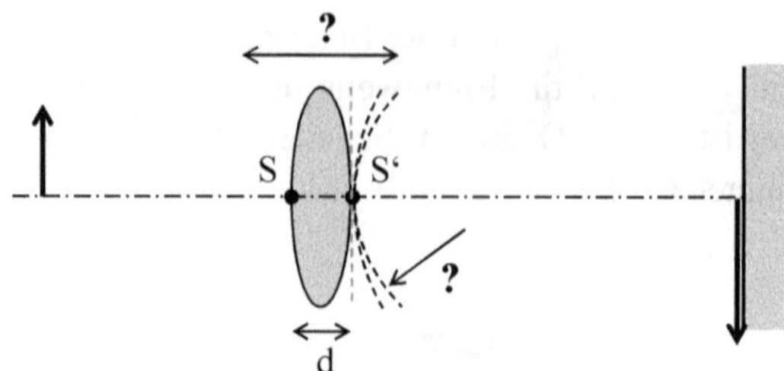

Abb. 1.67: Bei Veränderung der Linse muss auch ihre Position sowie die Position der Bildebene verändert werden.

16. Gegeben sei die in Abb. 1.68 skizzierte Linse mit der Brechzahl n, deren Austrittsoberfläche verspiegelt ist. Sie befinde sich an Luft und habe die folgenden Parameter:
$|R_1| = 10\,\text{cm}$ $\quad |R_2| = 20\,\text{cm}$ $\quad d = 0{,}4\,\text{cm}$ $\quad n = 51680$
a) Berechnen Sie die Lage der Hauptebenen!
b) Wie groß ist die Brennweite der Anordnung?

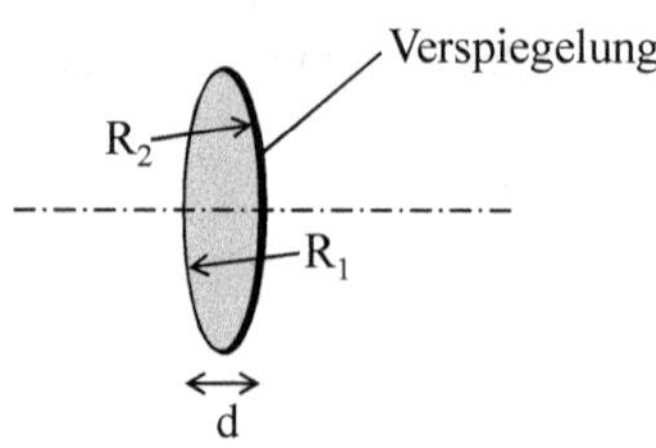

Abb. 1.68: Einseitig verspiegelte Sammellinse.

17. Zwei Einzellinsen seien wie in Abb. 1.69 dargestellt zusammengekittet. Die gemeinsame Oberfläche habe den Krümmungsradius r. Die Einzellinsen haben die Brechungsindizes n_1 bzw. n_2 sowie die Scheiteldicken $3d/4$ bzw. $d/4$.
a) Wie groß ist die Brennweite des Systems?
b) Berechnen Sie die Lage der Hauptebenen!

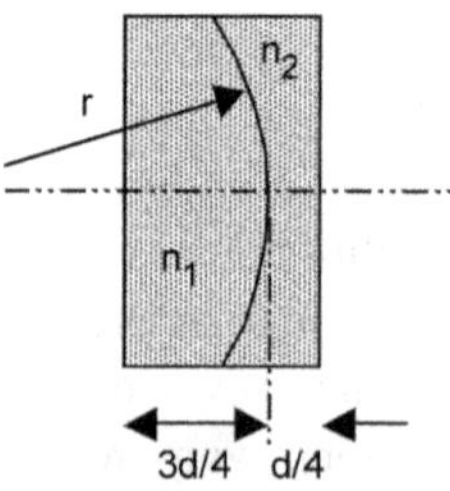

Abb. 1.69: Obwohl die „Linse“ nach außen durch zwei plane Flächen begrenzt ist, kann sie dennoch eine endliche Brennweite haben.

18. Eine bikonvexe dicke Sammellinse mit $r_1 = -r_2 = r$ und mit dem Brechungsindex $n = 1{,}5$ habe die folgende Transformationsmatrix:

$$M = \begin{pmatrix} 29/30 & -2/3\,\text{cm} \\ 59/600\,\frac{1}{\text{cm}} & 29/30 \end{pmatrix}$$

Berechnen Sie die Scheiteldicke d der Linse sowie den Radius r !

19. Gegeben ist die in Abb. 1.70 skizzierte Linsenkombination in Luft mit den folgenden Parametern:

R_1 plan $R_2 = +1{,}920\,\text{cm}$ $R_3 = -2{,}400\,\text{cm}$ $d_1 = 0{,}217\,\text{cm}$ $d_2 = 0{,}396\,\text{cm}$
$n_1 = 1{,}5123$ $n_2 = 1{,}6116$

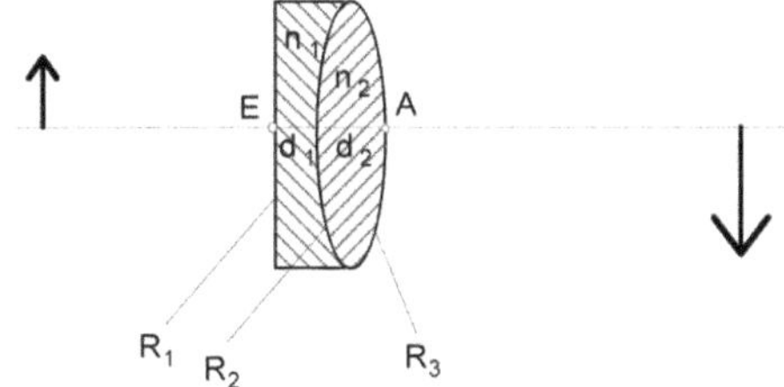

Abb. 1.70: Linsenkombination aus Zerstreuungs- und Sammellinse.

a) Berechnen Sie die Brennweite!
b) Wo liegen die beiden Hauptebenen?
c) Wohin wird ein 5 cm vor dem Punkt E liegender Gegenstand abgebildet? Geben Sie den Abstand des Bildes vom Punkt A an!

Nunmehr werde der Halbraum links von der Linse mit Wasser (n = 1,3329) ausgefüllt.

d) Wie groß ist nun die Brennweite? (Begründen Sie Ihr Resultat!)
e) Wohin würde in diesem Fall ein 5 cm vor dem Punkt E liegender Gegenstand abgebildet? Geben Sie den Abstand des Bildes vom Punkt A an!

20. Die in Abb. 1.71 skizzierte Anordnung bestehe aus einer dünnen Linse mit Brennweite f' und einem sphärischen Konkavspiegel mit unbekanntem Krümmungsradius R. Der Abstand d des Konkavspiegels von der dünnen Linse ist stets gleich R. Die Brennweite des Gesamtsystems sei f'_{ges}.

a) Wie groß ist $R = d$?
b) Zeigen Sie, dass aufgrund der Symmetrie der Anordnung für die Hauptebenen $|h_1| = |h_2|$ gilt!

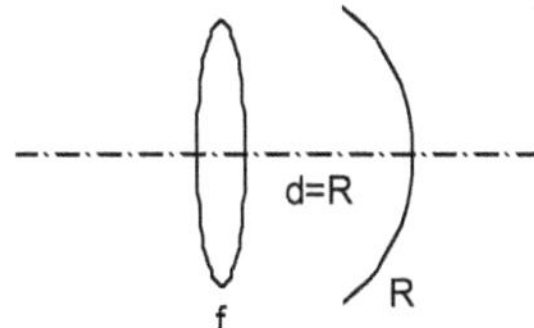

Abb. 1.71: Anordnung bestehend aus Sammellinse und Hohlspiegel.

21. Gegeben sei die in Abb. 1.72 skizzierte bikonvexe Linse. Sie besteht aus zwei plankonvexen Einzellinsen mit Krümmungsradius r und mit der Scheiteldicke $d = 3\,\mathrm{mm}$, die an der planen Seite zusammengekittet sind. Die beiden Linsen haben unterschiedliche Brechungsindizes $n_1 = 1{,}51509$ und $n_2 = 1{,}77862$.

a) Wie muss r gewählt werden, damit die Brennweite des Systems $f' = 100\,\mathrm{mm}$ beträgt?
b) Wo liegen dann die Hauptebenen des Systems?

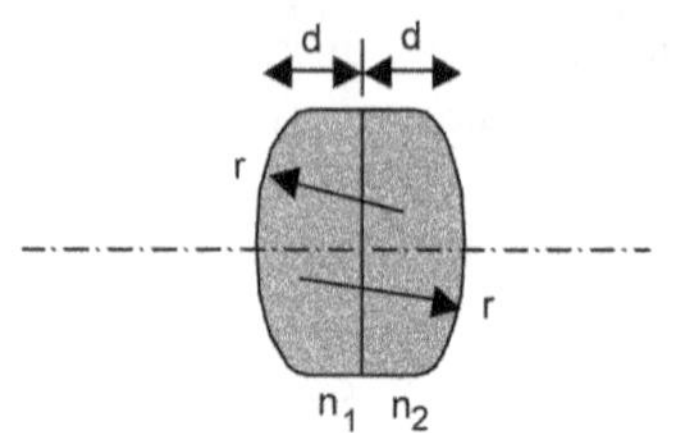

Abb. 1.72: Zwei Linsen mit unterschiedlicher Brechzahl werden zusammengekittet.

22. Gegeben sei eine dicke Linse aus einem Material mit der Brechzahl $n_1 = 1{,}78446$, der Scheiteldicke $d_1 = 1{,}1\,\mathrm{cm}$ und den Krümmungsradien der Oberflächen von $R_1 = 15$ cm und $R_2 = -12$ cm (Abb. 1.73).

a) Berechnen Sie die Lage der Hauptebenen der Linse!
b) Wie groß ist die Brennweite?
c) Wohin – bezogen auf den Scheitel S_2 der Linse – wird ein 15,0705 cm vor dem Scheitel S_1 der Linse befindlicher Gegenstand abgebildet?
d) Im Abstand $e = 0{,}5\,\mathrm{cm}$ von der Linse (siehe Abb. 1.73) werde eine planparallele Glasplatte mit der Dicke $d_2 = 1\,\mathrm{cm}$ und mit dem Brechungsindex $n_2 = 1{,}51673$ eingeschoben. Wohin, bezogen auf S_2, wird jetzt der 15,0705 cm vor dem Scheitel S_1 gelegene Gegenstand abgebildet?

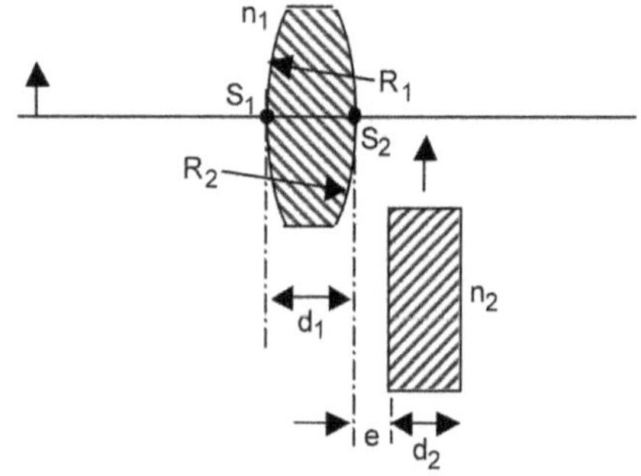

Abb. 1.73: Das Einschieben einer planparallelen Platte in den Strahlengang beeinflusst die Lage der Hauptebenen.

23. Ein sphärischer Hohlspiegel mit gegebenem Radius R stehe wie in Abb. 1.74 skizziert vor einem Planspiegel. Wie müsste die Entfernung e gewählt werden, damit Licht, das von einem beliebigen Punkt A auf dem Planspiegel ausgeht, nach Durchlaufen des Weges $ABCDCBA$ wieder bei A eintrifft?

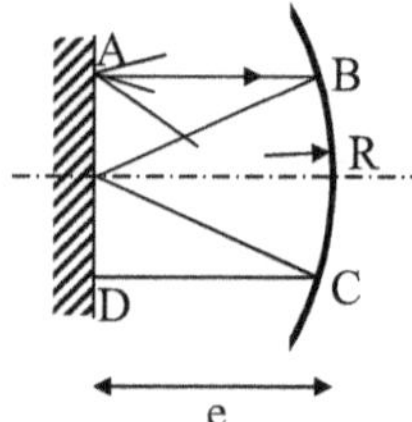

Abb. 1.74: Von A ausgehendes Licht soll nach nach Zurücklegen des Weges $ABCDCBA$ wieder bei A eintreffen.

1.3 Grenzen der Abbildung: Linsenfehler

Bei der bisherigen Betrachtung der optischen Abbildung wurde die **paraxiale Näherung** verwendet. Sie bedient sich der Vereinfachungen $\sin\alpha \approx \alpha$, $\tan\alpha \approx \alpha$ etc. und führt zu verhältnismäßig einfachen Zusammenhängen. So wird ein ebener Gegenstand bei diesen Näherungen erster Ordnung durch eine einfache, von sphärischen Oberflächen begrenzte Linse in eine Ebene abgebildet. Bei exakter Rechnung wäre das nicht der Fall. Es treten in Wirklichkeit eine ganze Reihe von Abbildungsfehlern auf, die im Folgenden behandelt werden. Begonnen werden soll mit der **chromatischen Aberration**, dem **Farbfehler**.

Lässt man monochromatisches Licht auf eine Linse fallen, so stellt man fest, dass die Brennweiten für Licht unterschiedlicher Wellenlängen verschieden sind (Abb. 1.75). Das liegt an der Wellenlängenabhängigkeit des Brechungsindexes. Für BK7, ein optisches Standardglas, beträgt die Brechzahl für $\lambda = 480\,\text{nm}$ $n_{480} = 1{,}52283$ und für $\lambda = 656{,}3\,\text{nm}$ $n_{656} = 1{,}51432$. Das Glas ist also für kurze Wellenlängen höherbrechend als für lange Wellenlängen. Nach Gl. 1.84 betragen somit die bildseitigen Brennweiten für die beiden Wellenlängen bei einer Linse mit $r_1 = 10\,\text{cm}$ und $r_2 = -10\,\text{cm}$ $f'_{480} = 9{,}563\,\text{cm}$ und $f'_{656} = 9{,}722\,\text{cm}$. Der kleine Unterschied von 1,6 mm mag gering erscheinen, führt in der Praxis aber zu Unschärfen in Abbildungen, die ja grundsätzlich aus Licht verschiedenster Wellenlängen bestehen. Es ist daher sinnvoll, dem Phänomen der **Dispersion** ein eigenes Kapitel zu widmen und zunächst die Ursachen zu verstehen.

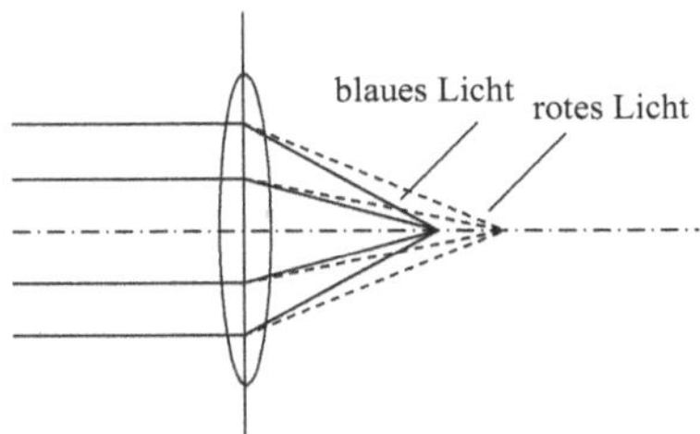

Abb. 1.75: Aufgrund der höheren Brechzahl für blaues Licht liegt der entsprechende Brennpunkt näher bei der Linse als derjenige für rotes Licht.

1.3.1 Ursache der Dispersion

Für den Augenblick soll der Bereich der Strahlenoptik verlassen werden und Licht als elektromagnetische Welle betrachtet werden. Wenn Licht ein Dielektrikum wie Glas durchläuft, kommt es aufgrund des elektrischen Feldes zur Polarisation. Positiv geladene Atomkerne und negativ geladene Elektronenhülle werden geringfügig gegeneinander verschoben (Abb. 1.76). Da sich das elektrische Feld mit sinusförmiger Zeitabhängigkeit verändert, wird auch die entsprechende Ladungsverschiebung ständig „umgepolt". Ein Maß für die Verschiebung der Ladungen ist die **Polarisation *P*** [Haferkorn 1980]. Betrachtet man einen festen Punkt innerhalb des Dielektrikums, dann ist sie mit dem verursachenden Feld

$$E(t) = E_0 e^{i\omega t} \qquad 1.191$$

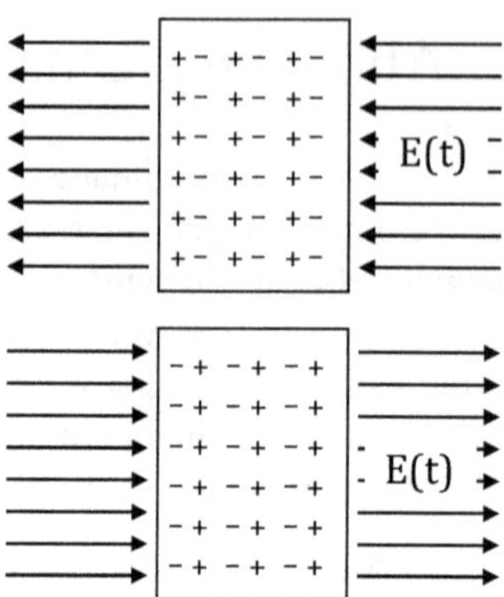

Abb. 1.76: Die Ladungsschwerpunkte von Elektronenhüllen und Atomkernen werden durch das zeitabhängige äußere elektrische Feld gegeneinander verschoben.

wie folgt verknüpft:

$$P(t) = \varepsilon_0(\varepsilon_r - 1)E = \varepsilon_0(\varepsilon_r - 1)E_0 e^{i\omega t} \tag{1.192}$$

Dabei ist ε_0 die allgemeine Dielektrizitätskonstante ($\varepsilon_0 = 8{,}854 \cdot 10^{-12}\,\mathrm{F/m}$) und ε_r eine Stoffkonstante, die **relative Dielektrizitätszahl**. Da die meisten optischen Materialien nur geringen Magnetismus zeigen, bestimmt sie wegen $\mu_r \approx 1$ ausschließlich die Brechzahl:

$$n = \sqrt{\varepsilon_r \mu_r} \approx \sqrt{\varepsilon_r} \tag{1.193}$$

Man kann das Dielektrikum nun als eigenen „Oszillator" auffassen, der – einmal ausgelenkt, respektive polarisiert – zunächst weiterschwingt und schließlich aufgrund einer gewissen Dämpfung wieder in seiner Ruhestellung verharrt. Die Frequenz, mit der dies geschieht, ist die Frequenz des **gedämpften harmonischen Oszillators**. Diese muss nicht notwendigerweise mit der Frequenz des äußeren Feldes, also der Frequenz des Lichtes, übereinstimmen. Angenommen, die Elektronen der Masse m werden durch das Feld um eine kleine Wegstrecke s ausgelenkt. Dann gilt hierfür die Differentialgleichung des fremdangeregten harmonischen Oszillators:

$$m\frac{d^2s}{dt^2} + b\frac{ds}{dt} + Ds = -eE_0 e^{i\omega t} \tag{1.194}$$

Die Kraft auf das Elektron mit der Ladung e ist $-eE(t)$. Es wird hier eine geschwindigkeitsproportionale Dämpfung mit dem Dämpfungskoeffizienten b angenommen. D ist die Federkonstante, hier wird sie durch die Stärke der Bindung des Elektrons bestimmt. Die Frequenz des ungedämpften Systems ist nach dem klassischen Modell $\omega_0 = \sqrt{\frac{D}{m}}$, so dass man Gl. 1.194 auch in die Form

$$\frac{d^2s}{dt^2} + \frac{b}{m}\frac{ds}{dt} + \omega_0^2 s = -\frac{eE_0}{m} e^{i\omega t} \tag{1.195}$$

bringen kann. Als Lösungsansatz für diese Differentialgleichung zweiter Ordnung hat sich bewährt:

$$s(t) = s_0 e^{i(\omega t+\varphi)} \qquad \frac{ds}{dt} = s_0 i\omega e^{i(\omega t+\varphi)} \qquad \frac{d^2 s}{dt^2} = -\omega^2 s_0 e^{i(\omega t+\varphi)} \tag{1.196}$$

φ ist eine Phasenverschiebung. Eingesetzt in die Differentialgleichung erhält man:

$$-\omega^2 s_0 e^{i(\omega t+\varphi)} + i\frac{b\omega}{m} s_0 e^{i(\omega t+\varphi)} + \omega_0^2 s_0 e^{i(\omega t+\varphi)} = -\frac{eE_0}{m} e^{i\omega t} \tag{1.197}$$

Der Exponentialfaktor $e^{i\omega t}$ kann gekürzt werden:

$$-\omega^2 s_0 e^{i\varphi} + i\frac{b\omega}{m} s_0 e^{i\varphi} + \omega_0^2 s_0 e^{i\varphi} = -\frac{eE_0}{m} \tag{1.198}$$

Damit erhält man für $s_0 e^{i\varphi}$ den Ausdruck:

$$s_0 e^{i\varphi} = -\frac{eE_0}{m}\frac{1}{\omega_0^2 - \omega^2 + ib\omega / m} \tag{1.199}$$

Für die **Polarisation** ***P*** der Substanz gilt einerseits Gl. 1.192, andererseits ergibt sich die Polarisation auch, wenn man das **Dipolmoment** $-es(t)$ des einzelnen Atoms mit der Teilchenzahldichte n_e der Elektronen multipliziert:

$$P(t) = -n_e es(t)\,, \tag{1.200}$$

Mit Gl. 1.196 gilt dann:

$$(\varepsilon_r - 1)\varepsilon_0 E_0 e^{i\omega t} = -n_e es(t) = -n_e es_0 e^{i(\omega t+\varphi)} \tag{1.201}$$

Unter Anwendung von Gl. 1.199 wird daraus

$$(\varepsilon_r - 1)\varepsilon_0 E_0 = n_e e\frac{eE_0}{m}\frac{1}{\omega_0^2 - \omega^2 + ib\omega / m} \tag{1.202}$$

und man gewinnt für die **relative Dielektrizitätszahl** ε_r den Ausdruck:

$$\varepsilon_r = \frac{n_e e^2}{m\varepsilon_0\left(\omega_0^2 - \omega^2 + i\omega b / m\right)} + 1 \tag{1.203}$$

Mit Gl. 1.193 erhält man einen Ausdruck für n^2, den man zur Trennung von Real- und Imaginärteil schreiben kann als:

$$n^2 = \frac{n_e e^2\left(\omega_0^2 - \omega^2 - i\omega b / m\right)}{m\varepsilon_0\left(\omega_0^2 - \omega^2 + i\omega b / m\right)\cdot\left(\omega_0^2 - \omega^2 - i\omega b / m\right)} + 1 \tag{1.204}$$

Man erhält weiterhin:

$$n^2 = \frac{n_e e^2\left(\omega_0^2-\omega^2\right)}{m\varepsilon_0\left((\omega_0^2-\omega^2)^2+\omega^2 b^2/m^2\right)} +1-i\frac{\omega b n_e e^2}{m^2\varepsilon_0\left((\omega_0^2-\omega^2)^2+\omega^2 b^2/m^2\right)} \qquad 1.205$$

Offensichtlich entsteht im vorliegenden Fall ein **komplexer Brechungsindex**. Bisher war die Brechzahl eine reelle Größe. Welche Bedeutung hat nun der Imaginärteil von Gl. 1.205? Hierzu sei zunächst die Abkürzung

$$n = n_0 - i n_0\kappa \quad \text{bzw.} \quad n^2 = n_0^2 - 2i n_0^2\kappa - n_0^2\kappa^2 \qquad 1.206$$

eingeführt. Die Bedeutung der Größen n_0 und κ ist die folgende: in Gl. 1.191 wurde das elektrische Feld für einen bestimmten Punkt im Raum mit $E(t)=E_0e^{i\omega t}$ angegeben. Betrachtet man eine in x -Richtung fortschreitende Welle, so gilt wegen $k=\frac{2\pi}{\lambda}=\frac{2\pi f}{c}=\frac{\omega n}{c_0}$:

$$E(t)=E_0e^{i(\omega t-kx)}=E_0e^{i\omega\left(t-\frac{n}{c_0}x\right)} \qquad 1.207$$

Setzt man die komplexe Brechzahl von Gl. 1.206 ein, erhält man:

$$E(t)=E_0e^{i\omega\left(t-\frac{n_0}{c_0}x+\frac{in_0\kappa x}{c_0}\right)}=E_0e^{i\omega\left(t-\frac{n_0}{c_0}x\right)}e^{-\frac{\omega n_0\kappa x}{c_0}}=E_0e^{i\omega\left(t-\frac{n_0}{c_0}x\right)}e^{-\frac{2\pi n_0\kappa x}{\lambda_0}} \qquad 1.208$$

Es liegt also ein schnell oszillierender Teil der Welle vor, während der zweite Exponentialausdruck lediglich vom Ort x abhängt und ein Abklingen der Amplitude des elektrischen Feldes verursacht. Die Intensität hängt quadratisch vom elektrischen Feld ab, so dass mit

$$\psi(t)\propto e^{2i\omega\left(t-\frac{n_0}{c_0}x\right)}e^{-\frac{4\pi n_0\kappa x}{\lambda_0}} \qquad 1.209$$

ein Vergleich mit dem **Beerschen Gesetz** $\psi(x)=\psi_0e^{-\alpha x}$ möglich wird. Dieses beschreibt die Absorption von Licht mit der Strahlungsflussdichte ψ_0 in einem Material der Schichtdicke x. Der **Absorptionskoeffizient** α ist eine Stoffkonstante:

$$\alpha=\frac{4\pi n_0\kappa}{\lambda_0} \qquad 1.210$$

Damit ist klar, dass der Koeffizient κ in Gl. 1.206 ein Maß für die **Absorption** bzw. **Dämpfung** der Welle darstellt. Der Imaginärteil $n_0\kappa$ steht also für die Absorption der Welle, während der Realteil dem normalen Brechungsindex entspricht.

Ein Vergleich von Gl. 1.205 und Gl. 1.206 zeigt:

$$n_0^2 - n_0^2\kappa^2 = \frac{n_e e^2\left(\omega_0^2 - \omega^2\right)}{m\varepsilon_0\left((\omega_0^2 - \omega^2)^2 + \omega^2 b^2 / m^2\right)} + 1 \qquad 1.211$$

und

$$n_0^2\kappa = \frac{\omega b n_e e^2}{2m^2\varepsilon_0\left((\omega_0^2 - \omega^2)^2 + \omega^2 b^2 / m^2\right)} \qquad 1.212$$

In Abb. 1.77 und 1.78 sind Real- und Imaginärteil des Brechungsindex graphisch dargestellt. Wie man in Abb. 1.78 erkennt, nimmt die mit $n_0^2\kappa$ beschriebene Absorption in der Nähe der **Resonanzstelle** ω_0 ein Maximum an. Wegen der Dämpfung liegt es geringfügig unterhalb von ω_0. Bei der Absorptionskurve Abb. 1.78 handelt es sich um ein **Lorentzprofil.**

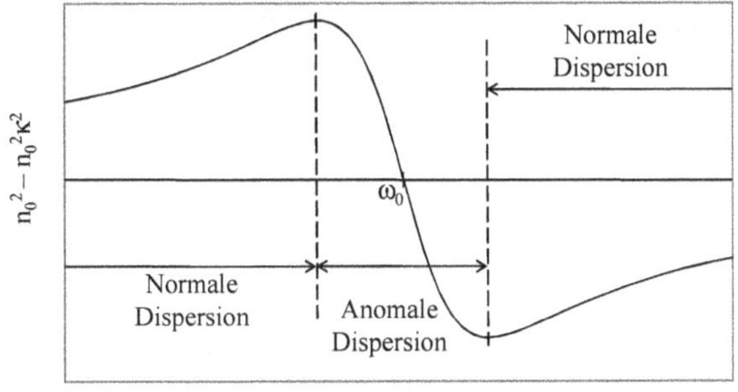

Abb. 1.77: Realteil der komplexen Brechzahl als Funktion der Kreisfrequenz nach Gl. 1.211.

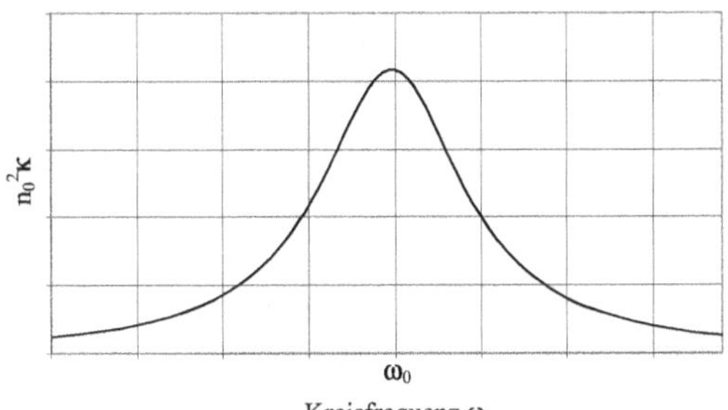

Abb. 1.78: Imaginärteil des komplexen Brechungsindex als Funktion der Frequenz. Die Kurvenform entspricht einem Lorentzprofil.

Für optische Substanzen sind weniger die Absorptionsstellen interessant als vielmehr die Frequenzbereiche, in denen die Substanz transparent ist. In diesen Bereichen ist

$$\left(\omega_0^2-\omega^2\right)^2 \gg \frac{\omega^2 b^2}{m^2} \qquad 1.213$$

und damit ist nach Gl. 1.212 $n_0^2\kappa \approx 0$, das heißt, es findet keine Absorption statt. In diesen Bereichen besitzt der Brechungsindex der Substanz nur einen Realteil und es gilt nach Gl. 1.206 $n^2 = n_0^2(1-\kappa^2)$, was wegen $\kappa^2 \ll 1$ zu $n = n_0$ wird. In diesem Bereich spricht man von **normaler Dispersion**. Die Brechzahl steigt in diesem Bereich mit wachsender Frequenz an. Dies entspricht der Beobachtung von oben, dass blaues Licht durch eine Linse stärker gebrochen wird. Im Bereich der Absorption dagegen – hier ist die Steigung der Kurve $n_0^2(1-\kappa^2)$ negativ – ist die **Dispersion anomal.**

1.3.2 Dispersionsformeln

Die Betrachtungen des letzten Kapitels zeigen die Ursachen der Dispersion und erklären die Frequenzabhängigkeit der Brechzahl richtig. In der Praxis werden allerdings die Brechzahlen nicht aus theoretischen Betrachtungen abgeleitet, da keine noch so ausgefeilte Theorie alle Effekte berücksichtigen könnte, um die nötige Präzision zu erreichen. Daher werden **Dispersionsformeln** verwendet, die neben der Wellenlänge noch empirisch bestimmte Konstanten enthalten. Letztere sind dann in den Katalogen der Glashersteller tabelliert.

Dispersionsformel nach Sellmeier

Die hierzulande meistverwendete Formel ist die **Dispersionsformel nach Sellmeier**:

$$n(\lambda) = \sqrt{1+\frac{B_1\lambda^2}{\lambda^2-C_1}+\frac{B_2\lambda^2}{\lambda^2-C_2}+\frac{B_3\lambda^2}{\lambda^2-C_3}} \qquad 1.214$$

Die Wellenlänge muss bei dieser Gleichung in der Einheit µm eingesetzt werden. Die **Sellmeier-Koeffizienten** werden bei bestimmten Standardwellenlängen sehr genau aus verschiedenen Schmelzproben der Gläser bestimmt. Die Formel liefert Brechzahlen im Wellenlängenbereich von 365 nm bis 2325 nm mit einer Genauigkeit von ca. $\pm 5\cdot 10^{-6}$ [Ohara 2008].

Ein Beispiel: die Firma Schott gibt in ihrem Datenblatt [Schott 2014] für das Glas N-BK7®, eine optische Standardglassorte, für die Sellmeier-Koeffizienten die Werte $B_1 = 1{,}03961212$, $B_2 = 0{,}231792344$, $B_3 = 1{,}01046945$, $C_1 = 6{,}00069867 \cdot 10^{-3}\ \mu\text{m}^2$, $C_2 = 2{,}00179144 \cdot 10^{-2}\ \mu\text{m}^2$, und $C_3 = 1{,}03560653\cdot 10^{+2}\mu\text{m}^2$ an. Für eine Wellenlänge von 0,6328 µm erhält man also einen Brechungsindex von $n = 1{,}51509$.

In Abb. 1.79 ist die Brechzahl für einige optische Gläser angegeben. Berechnet wurde er jeweils mit Hilfe der Sellmeier-Formel und den Werten des Schott-Glaskatalogs [Schott 2014]. Man erkennt leicht, dass die Gläser einen zu niedrigen Wellenlängen hin ansteigenden Brechungsindex besitzen.

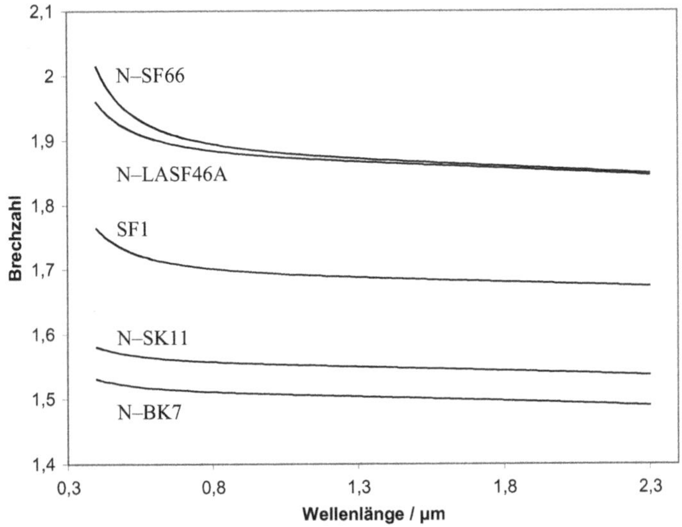

Abb. 1.79: Mit Hilfe der Sellmeier-Formel berechnete Brechungsindizes einiger Gläser. Daten nach [Schott 2014].

Dispersionsformel

Ein Vorgänger zur Sellmeier-Gleichung ist die folgende Dispersionsformel:

$$n = \sqrt{A_0 + A_1\lambda^2 + A_2\lambda^{-2} + A_3\lambda^{-4} + A_4\lambda^{-6} + A_5\lambda^{-8}} \qquad 1.215$$

Die Genauigkeit wird mit $\pm 3 \cdot 10^{-6}$ im Wellenlängenbereich von 400 nm bis 750 nm und mit $\pm 5 \cdot 10^{-6}$ in den Bereichen von 355 nm bis 400 nm und 750 nm bis 1014 nm angegeben [Haferkorn 1980]. Übrigens geht die Formel auf eine ähnliche Formel zurück, die Cauchy 1876 bereits angegeben hat. Hier war aber noch $A_1 = 0$, was dazu führt, dass Gl. 1.215 für $\lambda \to \infty$ die Form $n = \sqrt{A_0}$ annimmt, wobei wegen Gl. 1.193 $A_0 = \varepsilon_r$ gelten müsste, was für viele Substanzen unzutreffend ist. A_1 ist in der Regel negativ.

Herzbergsche Dispersionsformel

Diese Formel lautet

$$n = A_0 + A_1\lambda^2 + \frac{A_2}{\lambda^2 - \lambda_0^2} + \frac{A_3}{(\lambda^2 - \lambda_0^2)^2} \qquad \text{mit} \qquad \lambda_0 = 168\,\text{nm} \qquad 1.216$$

Dispersionsformel nach Hartmann

Diese Formel kann schließlich bei geringen Genauigkeitsanforderungen im sichtbaren Spektralbereich Verwendung finden:

$$n = n_0 + \frac{A}{(\lambda - \lambda_0)^B} \qquad 1.217$$

Die Dispersionsgleichungen ermöglichen die Berechnung der Brechzahl bei beliebigen Wellenlängen innerhalb ihres Gültigkeitsbereichs. In der Optik ist es zudem üblich, exakt gemessene

Brechzahlen bei bestimmten Wellenlängen anzugeben, bei denen das monochromatische Licht von **Spektrallampen** bzw. neuerdings **Laserlicht** zur Verfügung steht. Für die Wellenlängen wurden **Buchstabencodes** eingeführt, wobei der entsprechende Buchstabe als Index am n erscheint. Tab. 1.7 zeigt die wichtigsten Wellenlängen. Die Angabe von $n_d = 1,51680$ bedeutet also, dass bei einer Wellenlänge von 587,6 nm die Brechzahl 1,51680 beträgt.

Tab. 1.7: Für die Brechzahlbestimmung verwendete Wellenlängen mit den üblichen Abkürzungen [Schott 2014, Litfin 1997].

	Brechzahl-Index	Wellenlänge/nm	Quelle
IR	2325,4	2325,4	Hg-Linie
	1970,1	1970,1	Hg-Linie
	1529,6	1529,6	Hg-Linie
	1060,0	1060,0	Nd-Glas-Laser
	t	1014,0	Hg-Linie
	s	852,1	Cs-Linie
VIS	r	706,5	He-Linie
	C	656,3	H-Linie
	C'	643,8	Cd-Linie
	632,8	632,8	He-Ne-Laser
	D	589,3	Na-D-Linie
	d	587,6	He-Linie
	e	546,1	Hg-Linie
	F	486,1	H-Linie
	F'	480,0	Cd-Linie
	g	435,8	Hg-Linie
	h	404,7	Hg-Linie
UV	i	365,0	Hg-Linie
	334,1	334,1	Hg-Linie
	312,6	312,6	Hg-Linie
	296,7	296,7	Hg-Linie
	280,4	280,4	Hg-Linie
	248,3	248,3	Hg-Linie

1.3.3 Sphärische Aberration

Von einem auf der optischen Achse liegenden Gegenstandspunkt G ausgehende Strahlen werden von einer einfachen Linse mit sphärischen Oberflächen nicht in einem Punkt vereinigt. Es ist vielmehr so, dass die gebrochenen Strahlen die optische Achse umso näher an der Linse treffen, je weiter entfernt von der optischen Achse sie die Linse durchlaufen haben (Abb. 1.80). Dieser Abbildungsfehler wird **sphärische Aberration** oder **Öffnungsfehler** genannt. Randstrahlen haben also eine kürzer Brennweite als achsnahe Strahlen. Fällt ein Parallelbündel auf die Linse, wird die Entfernung zwischen dem Schnittpunkt achsnaher Strahlen mit der optischen Achse und dem Schnittpunkt achsferner Strahlen mit eben derselben **longitudinale sphärische Aberration (sphärische Längsabweichung)** genannt (Abb. 1.81). Der Abstand des Auftreffpunktes eines achsfernen Strahls auf die Fokalebene zur optischen Achse wird **transversale sphärische Aberration (sphärische Querabweichung)** genannt. Um ein Parallelbündel exakt in einem Punkt zu vereinigen bedarf es einer **asphärischen Oberfläche**. Trotz der Unvollkommenheit der Kugelform wird diese weithin in der Optik verwendet, denn das Fertigen asphärischer Oberflächen ist schwierig und teuer und es ist sehr schwer, entsprechende Oberflächen mit einer solchen Genauigkeit zu fertigen, dass sie tatsächlich besser als die sphärischen Flächen sind.

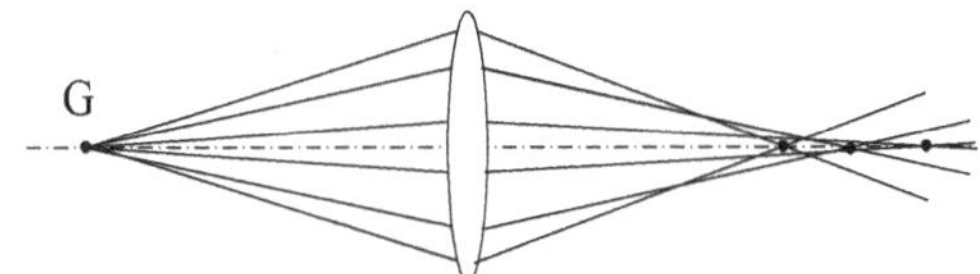

Abb. 1.80: Randstrahlen schneiden die optische Achse näher an der Linse.

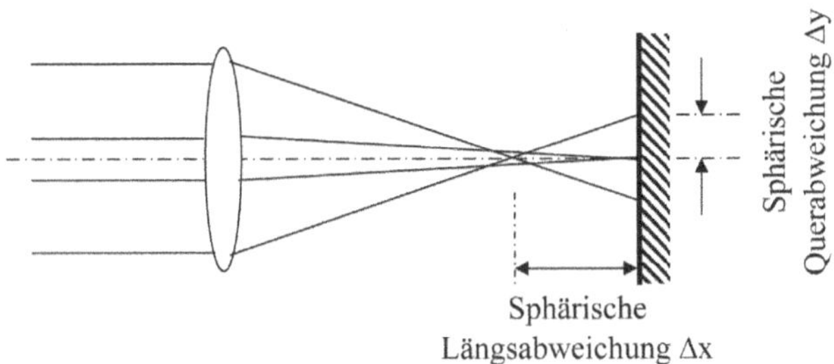

Abb. 1.81: Sphärische Längs- und Querabweichungen.

Bei einer Sammellinse liegt der Fokus für achsferne Strahlen in der Regel näher an der Linse als der paraxiale Fokus. Man spricht von einer **sphärischen Überkorrektion**. Zerstreuungslinsen haben dagegen eine **sphärische Unterkorrektion**. Die Größe der sphärischen Längs- bzw. Querabweichung hängt von den Krümmungsradien der Linsenoberflächen, vom Abbildungsmaßstab, bei dem die Linse verwendet wird, sowie von der Orientierung der Linse ab. Bei gegebenem Öffnungsverhältnis, also bei gegebenem Verhältnis von Durchmesser der Linse zu ihrer Brennweite, sowie bei festliegender Brennweite ist die sphärische Aberration für ein Verhältnis der Krümmungsradien

$$\boxed{\frac{r_1}{r_2} = -\frac{4+n-2n^2}{2n^2+n}} \qquad 1.218$$

!

minimal [Bergmann–Schaefer 1978]; hierbei wird eine große Gegenstandsweite vorausgesetzt. Für $n = 1{,}5$ erhält man ein Verhältnis von $-1/6$, was unter Verwendung der bisherigen

Vorzeichenkonvention eine bikonvexe oder bikonkave Linse ergibt. Für $n = 1{,}8$ ergibt Gl. 1.218 ein Verhältnis von +1/12,2, was einer konkav-konvexen Linse entspricht. Bei Sammellinsen werden häufig plankonvexe Linsen verwendet, sie kommen der Idealform für diesen Fall sehr nahe.

Die Linsen müssen dabei so im Strahl orientiert sein, dass die **stärker gekrümmte Fläche dem nahezu parallel einfallenden Strahl zugewandt** ist. Wie die Positionierung der Linse in Abb. 1.82a verdeutlicht, tritt zwar auf der planen Eintrittsoberfläche der Linse zunächst keine Brechung und damit auch kein Öffnungsfehler auf, jedoch führen auf der Austrittsseite im Randbereich **extreme Winkel zu großer sphärischer Aberration**. Es erweist sich als günstiger, die Brechung quasi auf beide Oberflächen zu „verteilen" (Abb. 1.82b). Dies gilt auch allgemein: je gleichmäßiger die Brechung auf beide Oberflächen verteilt wird, desto geringer ist der Öffnungsfehler. Starke Krümmungen verursachen große sphärische Aberration. Sollen kurze Brennweiten realisiert werden, ist es von Vorteil, hochbrechendes Glas zu verwenden; denn bei einer symmetrischen, bikonvexen Sammellinse mit $r_1 = r$ und $r_2 = -r$ gilt:

$$\frac{1}{f} = (n-1)\left(\frac{1}{r} - \frac{1}{-r}\right) = (n-1)\frac{2}{r} \qquad 1.219$$

Eine kurze Brennweite f lässt sich also durch einen kleinen Radius r oder durch einen hohen Brechungsindex n erreichen.

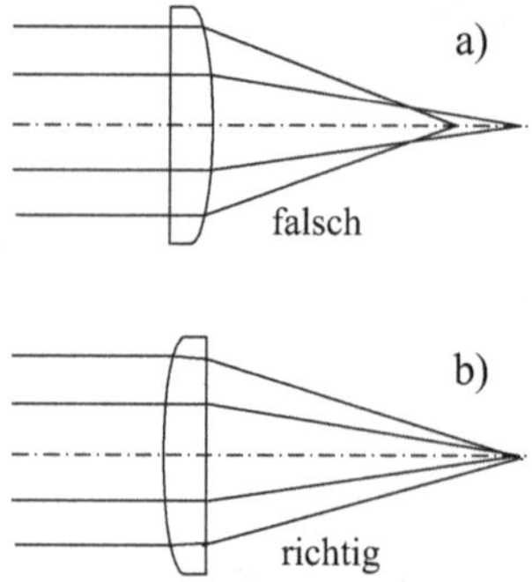

Abb. 1.82: Die Orientierung der Linse beeinflusst dramatisch die auftretende sphärische Aberration.

Im Falle einer Lateralvergrößerung von eins, also bei Gleichheit von Bild- und Gegenstandsweite, ist aus Symmetriegründen eine bikonvexe Sammellinse mit zwei betragsmäßig gleichen Radien die beste Form (Abb. 1.83a). Trotzdem ist die auftretende sphärische Aberration erheblich. Es ist bereits eine deutliche Verbesserung, wenn man die **bikonvexe Linse in ihrer Mittelebene teilt** und die beiden entstandenen Hälften mit ihren gekrümmten Seiten einander zuwendet (Abb. 1.83b) [Melles Griot 1990]. Noch besser ist es, wenn man einen **Achromaten** (siehe Kap. 3.1.4) verwendet, eine Kombination aus einer Sammel- und einer Zerstreuungslinse, die der Korrektur der chromatischen Aberration dient. Die beiden Linsen haben eine gemeinsame Oberfläche. Während eine plan-konvexe Linse in der Orientierung von Abb. 1.83b bei achsparallel einfallenden Randstrahlen immer noch Abweichungen im Millimeterbereich verursacht, können **Achromate** bis zu Abweichungen im Mikrometerbereich korrigieren. Teilt man die Wirkung dann noch auf **zwei gleiche Achromaten** auf (Abb. 1.83c), hat man sechs Oberflächen zur Verfügung und die Radien können dann so gewählt werden, dass bei jeder Brechung nur kleine Einfallswinkel auftreten.

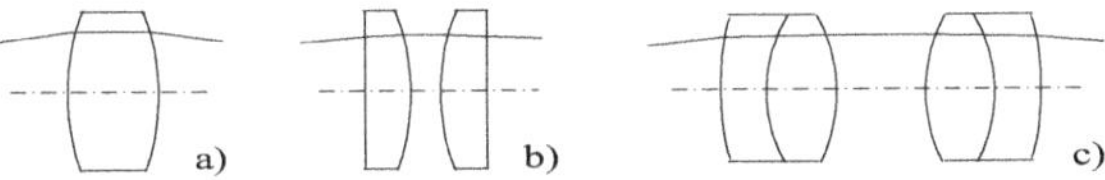

Abb. 1.83: Bei den gezeigten Linsen verbessert sich die sphärische Aberration von a) nach c).

Abschließend sei noch erwähnt, dass es grundsätzlich möglich ist, **öffnungsfehlerfreie Linsen** zu fertigen. Allerdings können diese als **Aplanate** bezeichneten Linsen dann nur unter einer ganz speziellen Bedingung verwendet werden und – was schwerer wiegt – sie können keine reellen, sondern **nur virtuelle Bilder** liefern. Die Bedingung lautet:

$$s' = sn \quad \text{bzw.} \quad \frac{s'}{s} = n \tag{1.220}$$

Man beachte, dass sowohl s als auch s' negativ sind. Außerdem muss $s = r_1$ gelten, der auf der optischen Achse liegende Gegenstandspunkt entspricht dem Krümmungsmittelpunkt der Eintrittsfläche. Für eine dünne Linse würde gelten:

$$\frac{1}{s'} - \frac{1}{s} = (n-1)\left(\frac{1}{r_1} - \frac{1}{r_2}\right) \tag{1.221}$$

Mit $s = r_1$ und Gl. 1.220 folgt daraus:

$$\frac{1}{r_1 n} - \frac{1}{r_1} = (n-1)\left(\frac{1}{r_1} - \frac{1}{r_2}\right) \quad \text{bzw.} \quad \frac{1}{n} - 1 = (n-1)\left(1 - \frac{r_1}{r_2}\right) \tag{1.222}$$

Als Bedingung für die **Krümmungsradien der aplanatischen Linse** gilt:

$$\boxed{r_2 = \frac{n}{n+1} r_1} \tag{1.223}$$

!

Abb. 1.84 zeigt die sich unter diesen Bedingungen ergebende **Meniskuslinse**. Die Gegenstandsweite a entspricht dem Radius r_1, so dass alle von G ausgehenden Strahlen senkrecht in die Glasoberfläche eintreten. Eine Brechung erfolgt bei Austritt. Der entstehende Bildpunkt B ist virtuell. Übrigens entspricht die Vergrößerung (Gl. 1.220) der Brechzahl der Linse.

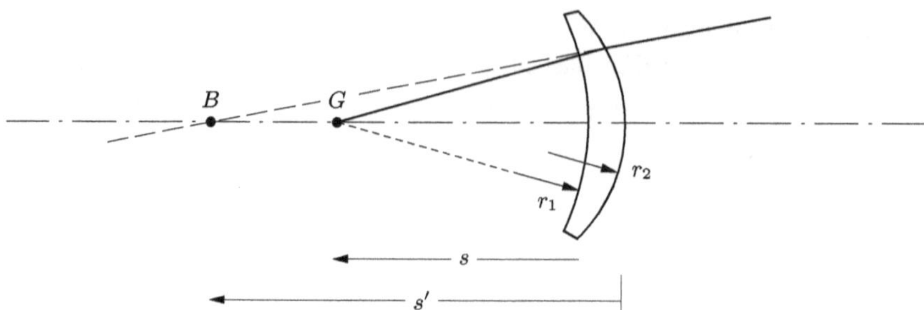

Abb. 1.84: Aplanatische Linse. Die Eintrittsfläche ist konzentrisch zum Gegenstandspunkt.

1.3.4 Astigmatismus

Der **Astigmatismus** tritt immer dann in Erscheinung, wenn ein nicht auf der optischen Achse liegender Gegenstandspunkt abgebildet wird. Das vom Gegenstandspunkt ausgehende Lichtbündel tritt unsymmetrisch durch die Linse. Zur Erläuterung des Linsenfehlers werden üblicherweise zwei Ebenen eingeführt (Abb. 1.85): die **Meridionalebene** und die **Sagittalebene**.

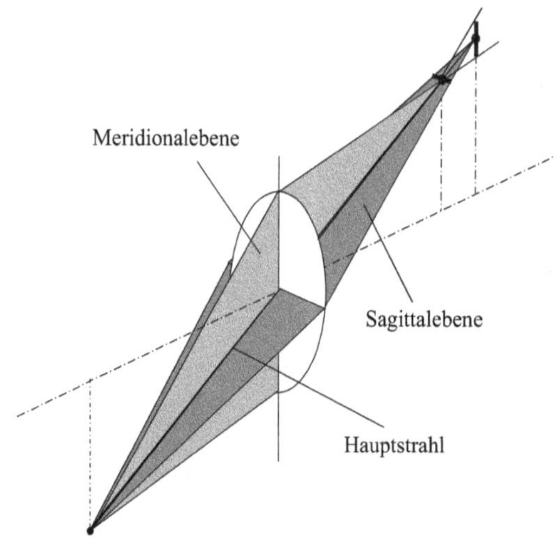

Abb. 1.85: Die Meridionalebene wird durch den Gegenstandspunkt und die optische Achse aufgespannt. Die Sagittalebene steht senkrecht zur Meridionalebene und enthält den Hauptstrahl.

Die Meridionalebene, auch Tangentialebene genannt, wird durch die optische Achse des Systems und den Gegenstandspunkt gebildet. Bei mehrlinsigen Systemen geht die Meridionalebene „ungebrochen“ durch das optische System. Die Sagittalebene steht senkrecht auf der Meridionalebene und enthält gleichzeitig den **Hauptstrahl**. Bei mehrlinsigen Systemen wird die Sagittalebene an jeder Linse „gebrochen“. Es ist nun so, dass die in der Meridionalebene verlaufenden Strahlen (Meridionalstrahlen) an der Linse in den Randbereichen wegen der großen auftretenden Winkel stärker gebrochen werden als die in der Sagittalebene verlaufenden Strahlen (Sagittalstrahlen). Hätte man also nur Meridional- und Sagittalstrahlen, so würde sich die Situation wie folgt darstellen: die Meridionalstrahlen wären schon fokussiert, während die Sagittalstrahlen noch konvergieren. Würde man eine Leinwand an diese Stelle bringen, würde man eine von den Sagittalstrahlen herrührende horizontale Linie beobachten. Würde man die Leinwand etwas von der Linse entfernen und in den Brennpunkt der Sagittalstrahlen bringen, würde man eine von den Meridionalstrahlen herrührende vertikale Linie erhalten. Der Abstand zwischen dem meridionalen und dem sagittalen Brennpunkt wird **astigmatische Differenz** genannt. Im Bereich dieser Differenz geht die horizontale Linie in eine Ellipse mit waagrechter großer Halbachse über, diese wiederum wird zum Kreis, dem **Kreis der kleinsten Konfusion**, und dieser wird bei weiterer Entfernung von der Linse zur Ellipse mit vertikaler großer Halbachse, bis schließlich im sagittalen Brennpunkt eine vertikale Linie entsteht. Natürlich ist die reale Abbildung nicht auf die Meridional- und Sagittalstrahlen begrenzt und die Verhältnisse sind noch etwas komplizierter. Dennoch zeigt dieses Modell qualitativ das sich ergebende Problem.

Würde das in Abb. 1.86 dargestellte Rad mit Speichen abgebildet, so würden Punkte auf der vertikal verlaufenden Speiche wie oben beschrieben horizontale Linien in der meridionalen Brennebene liefern. Punkte auf der waagrechten Speiche würden sinngemäß dann vertikale Linien in der meridionalen Brennebene ergeben. Es würde dementsprechend alle Speichen des Rades „in Drehrichtung“ verschmieren. Anders in der sagittalen Brennebene: hier wäre die Unschärfe grundsätzlich durch eine Ausschmierung in radialer Richtung gegeben, so dass die Speichen demzufolge scharf abgebildet werden würden.

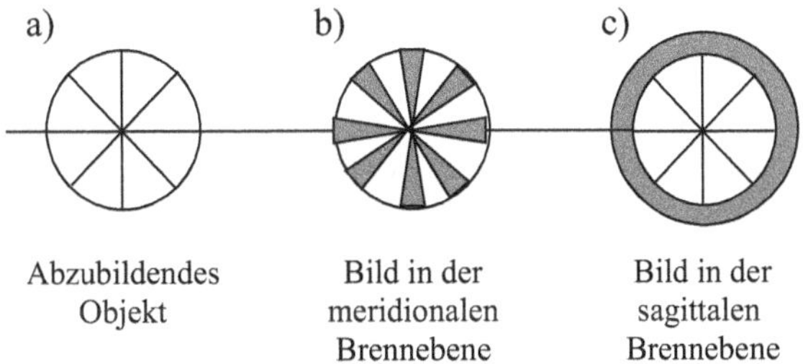

Abb. 1.86: Der Astigmatismus führt in der meridionalen Bildebene zur „Verschmierung“ der Speichen, in der sagittalen Bildebene zur „Verschmierung“ des Kreises.

Da der Astigmatismus umso stärker wird, je weiter der Objektpunkt von der optischen Achse entfernt ist, lässt sich das Problem minimieren, indem man keine allzu großen Abstände zur Achse zulässt.

1.3.5 Weitere Linsenfehler

Ein zusätzlich zur sphärischen Aberration auftretender Linsenfehler ist *die* **Koma**. Koma ist grammatikalisch weiblichen Geschlechts, im Gegensatz zu *dem* Koma, einer tiefen, langandauernden Bewusstlosigkeit. Die Koma also macht sich stark bemerkbar, wenn weit von der optischen Achse entfernte Gegenstandspunkte durch ein weit geöffnetes Lichtbündel abgebildet werden. Zum tieferen Verständnis sei ein von einem Punkt fern der optischen Achse ausgehendes Lichtbündel betrachtet, welches in Abb. 1.87 in der schattierten Kreiszone auf der Linse gebrochen wird. Strahlen, die oben und unten durch den Kreisring gehen, Meridionalstrahlen also, werden in der Bildebene weit entfernt von der optischen Achse abgebildet (weiße Punkte). Dagegen werden die in Abb. 1.87 rechts und links durch den Ring tretenden Strahlen, die Sagittalstrahlen, achsnahe abgebildet (schwarze Punkte). Zwei den Kreisring gegenüberliegend passierende Strahlen ergeben jeweils einen Bildpunkt. Da sich eine Abbildung aus dem Licht vieler solcher Kreisringe auf der Linse zusammensetzt, entstehen in der Bildebene auch viele solche Kreisringe. Da der Abbildungsfehler bei am Rande durch die Linse tretenden Strahlen stärker ist als bei solchen, die die Linse zentral treffen, entsteht in der Bildebene die in Abb. 1.88 gezeigte Überlagerung von Ringen, die in der Summe einen **kometenschweifähnlichen Fleck** ergibt.

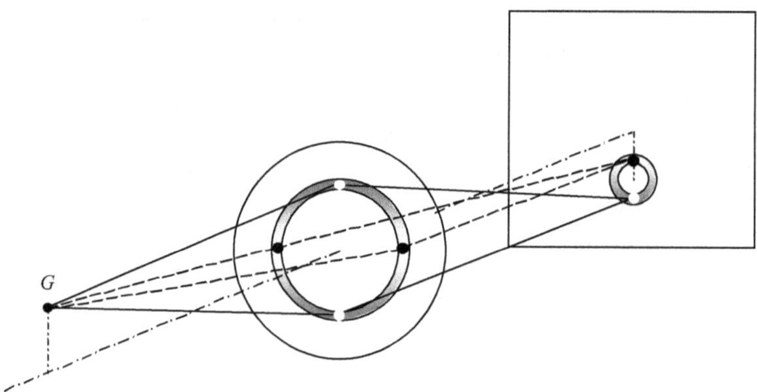

Abb. 1.87: Bei der Koma bilden von G ausgehende Strahlen, die durch den schattierten Ring gehen, in der Bildebene einen Ring. Dabei liefern gegenüberliegende Strahlen jeweils einen Bildpunkt.

Abb. 1.88: Die in Abb. 1.87 gezeigten Kreisringe ergeben in der Summe eine kometenschweifähnliche Ausschmierung des Bildpunktes.

Ein weiterer Linsenfehler ist die **Bildfeldwölbung**. Es sei hier an den Astimatismus erinnert, der darin bestand, dass Meridionalstrahlen eine andere Brennweite lieferten als Sagittalstrahlen. Lässt man, wie in Abb. 1.89 dargestellt, einen Gegenstandspunkt von der optischen Achse weg nach außen wandern, so stellt man fest, dass sich im Falle einer Sammellinse sowohl die meridionale wie auch die sagittale Brennweite verkürzt. Das bedeutet, dass man genaugenommen eine gewölbte Bildebene bräuchte, um jeweils die oben erwähnten Kreise geringster Konfusion in der Abbildung zu erhalten. Selbst bei korrigiertem Astigmatismus, also im Falle des Zusammenfallens von meridionaler und sagittaler Bildebene, bleibt die Bildfläche in der Regel gewölbt.

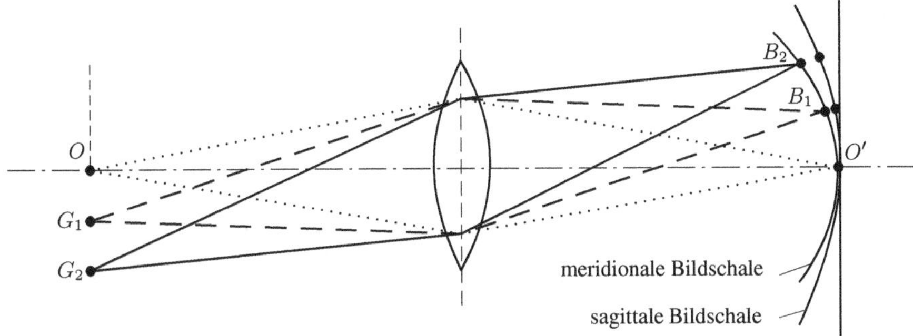

Abb. 1.89: Punkte G_1 und G_2, die achsfern sind, werden durch eine Sammellinse nicht in der Bildebene scharf abgebildet, sondern davor. Damit wird ein flächiger Gegenstand in eine gekrümmte Fläche abgebildet. Dabei muss noch zwischen Meridionalstrahlen und Sagittalstrahlen unterschieden werden. Die Zeichenebene ist hier die Meridionalebene, so dass nur die Meridionalstrahlen eingezeichnet sind. Die zugehörige Bildebene wird meridionale Bildschale genannt. Die nicht gezeichneten Sagittalstrahlen ergeben die sagittale Bildschale.

Angenommen, alle bisher erwähnten Linsenfehler könnten kompensiert werden, dann bliebe immer noch ein Fehler übrig: die **Verzeichnung**. Sie besteht darin, dass weit von der optischen Achse entfernte Gegenstände eine andere Vergrößerung erfahren wie achsnahe Gegenstände. Ein quadratisches Gitternetz (Abb. 1.90) würde im Falle einer achsfern anwachsenden Vergrößerung **kissenförmig verzerrt**. Sinkt die Vergrößerung bei wachsendem Abstand des Gegenstandes von der Achse, wird das Netz **tonnenförmig verzerrt**. Man beachte, dass die Abbildung in dem betrachteten Fall fehlender weiterer Fehler scharf ist, d.h. ein Punkt wird exakt in einen Punkt abgebildet. Der Fehler besteht darin, dass das Bild geometrisch nicht exakt der Vorlage entspricht. Bei Projektion eines verzeichneten Bildes **mit dem selben Objektiv** in „Rückwärtsrichtung“ wird die Verzeichnung **exakt aufgehoben**.

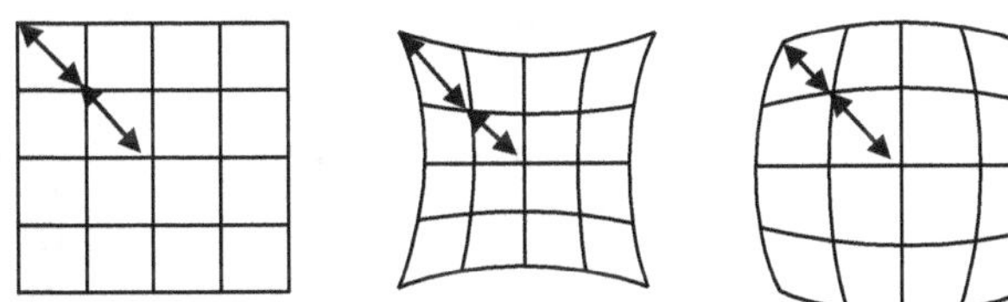

Abb. 1.90: Verzeichnung entsteht, wenn der Vergrößerungsfaktor achsferner Objekte anders ist als bei achsnahen Objekten. Erkennbar ist das am besten an einem quadratischen Gitternetz. Bei einer exakt korrekten Abbildung sind die Diagonalen aller kleinen Quadrate stets gleich. Wächst – wie im mittleren Bild – der Vergrößerungsfaktor nach außen hin an, entsteht eine kissenförmige Verzeichnung: die Diagonalen außen sind länger als die innen. Sinkt – wie im rechten Bild – die Vergrößerung nach außen hin, wird das Bild tonnenförmig verzerrt. Die außen liegenden Diagonalen sind dann kleiner als die in der Mitte.

1.3.6 Der Coddington-Formfaktor

Für eine quantitative Betrachtung der Linsenfehler hat man einen Formfaktor eingeführt, der **Coddington-Formfaktor** genannt wird. Er ist wie folgt definiert:

$$\boxed{\gamma = \frac{r_2 + r_1}{r_2 - r_1}} \qquad 1.224$$

!

Man erkennt, dass γ im Falle einer **symmetrischen Linse**, also im Falle $r_1 = -r_2$, **Null** ist (Abb. 1.91). Bei plankonvexen Linsen gilt entweder $r_1 \to \infty$ bzw. $r_2 \to \infty$, was zu

$$\gamma = \lim_{r_1 \to \infty} \frac{r_2 / r_1 + 1}{r_2 / r_1 - 1} = -1 \quad \text{bzw.} \quad \gamma = \lim_{r_1 \to \infty} \frac{1 + r_1 / r_2}{1 - r_1 / r_2} = +1 \qquad 1.225$$

führt. Bei einer Linse mit Coddington-Formfaktor 2 beträgt das Verhältnis $r_1 / r_2 = 1/3$. Mit Hilfe dieses Faktors lassen sich für verschiedene Aberrationen Formeln zur Optimierung von Linsen angeben. So gilt z.B. für **minimale sphärische Aberration** einer dünnen Linse [Pedrotti 2002]:

$$\boxed{\gamma_s = -\frac{2(n^2-1)}{n+2} \cdot \frac{a' + a}{a' - a}} \qquad 1.226$$

n ist dabei der Brechungsindex und a bzw. a' die Gegenstands- bzw. Bildweite. **Keine Koma** existiert für [Pedrotti 2002]:

$$\boxed{\gamma_k = -\frac{2n^2 - n - 1}{n+1} \cdot \frac{a' + a}{a' - a}} \qquad 1.227$$

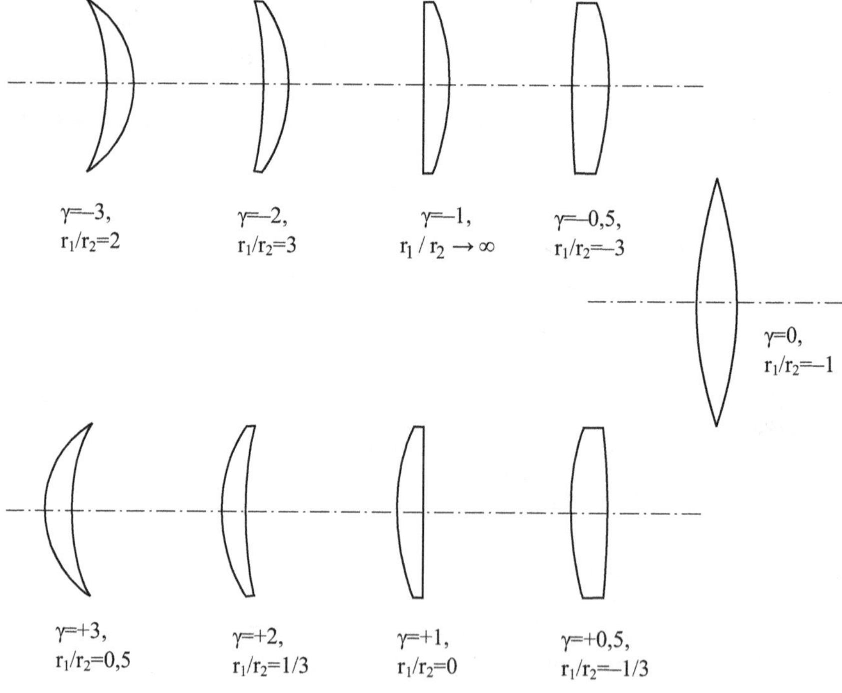

Abb. 1.91: Coddington-Faktoren verschiedener Linsen.

2 Licht als elektromagnetische Welle

2.1 Wellenoptik

Bei der Abbildung durch Linsen und Spiegel hat sich der Ansatz der Strahlenoptik bestens bewährt, insbesondere sind damit die meisten auftretenden Abbildungsschwächen erklärbar und – wenn man den mathematischen Aufwand nicht scheut – auch beschreibbar. Insbesondere das **Nachzeichnen des Strahlverlaufs** mittels Computer ist heute ein sehr mächtiges Werkzeug bei der Entwicklung moderner Optiken. Die Strahlenoptik hat aber doch Grenzen. Sie werden erreicht, wenn man mittels eines Spiegelteleskopes, wie es in Kap. 1.2.8 beschrieben wurde, versucht, ferne Objekte abzubilden. Wie weit können entfernt liegende Objekte vergrößert werden? Ist die Lateralvergrößerung beliebig steigerbar? Man kann zum Beispiel mit guten Augen und bei idealen Wetterverhältnissen im Sternbild Leier zwei Sterne unterscheiden: ε1 und ε2. Benutzt man ein Teleskop mit einer freien Öffnung von mehr als 8–10 cm, sieht man, dass die beiden Sterne wiederum doppelt sind, insgesamt sieht man also vier Sterne. Dass dies nicht mit allen Teleskopen möglich ist, zeigt, dass es eine Grenze der Auflösung gibt und dass die freie Öffnung etwas mit dieser Auflösung zu tun hat. Aber selbst bei den besten realisierbaren Teleskopen bleibt die Auflösung begrenzt. Es soll in diesem Abschnitt u.a. auf diese Grenze optischer Systeme eingegangen werden.

2.1.1 Elektromagnetische Welle und Polarisation

Wenn über Photonen geredet wird, kommt schnell der Eindruck des Lichtteilchens auf. Das soll aber nicht vergessen machen, dass es sich beim Licht trotz des Quantencharakters um eine **transversale elektromagnetische Welle** handelt, ähnlich den bekannten Radiowellen. Es soll hier deshalb von Strahlung die Rede sein, womit man in der Regel einen kontinuierlichen Fluss von Energie verbindet. Bei Radiowellen besteht die Welle aus zwei Feldern, dem elektrischen und dem magnetischen Feld.

In Abb. 2.1 sind die Verhältnisse bei einer ebenen Welle skizziert, die sich in negative z-Richtung ausbreitet. In diesem Fall stehen $\vec{E}$- und $\vec{H}$-Vektor senkrecht aufeinander und sind ihrerseits senkrecht zur Ausbreitungsrichtung. Diejenige Ebene, die durch die Schwingungsrichtung der elektrischen Feldstärke und durch die Ausbreitungsrichtung festgelegt ist, wird **Schwingungsebene** genannt. Durch die Schwingungsrichtung der magnetischen Feldstärke und durch die Ausbreitungsrichtung wird die **Polarisationsebene** festgelegt. Im Fall von Abb. 2.1 ist die yz-Ebene also die Schwingungsebene und die xz-Ebene die Polarisationsebene. Licht, das sich wie in Abb. 2.1 ausbreitet, wird **linear polarisiert** genannt, weil

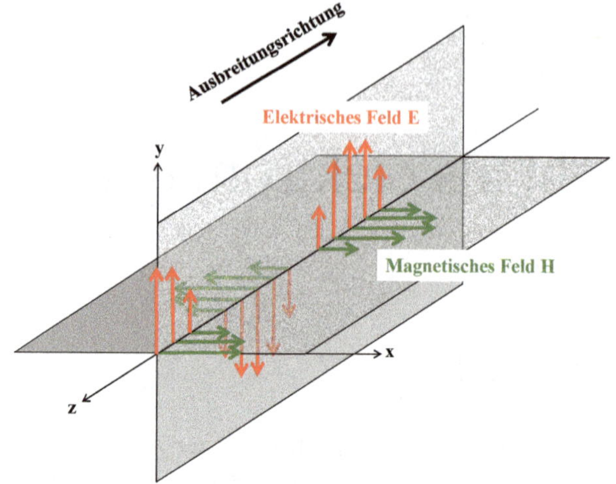

Abb. 2.1: Ausbreitung einer elektromagnetischen Welle.

der Vektor der elektrischen Feldstärke in eine feste Richtung, hier die y-Richtung, zeigt. Alle weiteren Richtungen des $\vec{E}$-Feldes bei Ausbreitung in z-Richtung lassen sich durch Komponenten E_x und E_y gemäß

$$\vec{E}(z;t) = \begin{pmatrix} E_x(z;t) \\ E_y(z;t) \\ 0 \end{pmatrix} = \begin{pmatrix} E_{0x}\cos(\omega t + kz) \\ E_{0y}\cos(\omega t + kz) \\ 0 \end{pmatrix} \qquad 2.1$$

ausdrücken. Die Amplituden E_{0x} und E_{0y} können dabei unterschiedlich groß sein, die beiden Komponenten schwingen aber wegen der gemeinsamen Cosinus-Funktion synchron, so dass die Richtung des $\vec{E}$-Feldes stets erhalten bleibt. Das Licht thermischer Lichtquellen stammt von einer Vielzahl von Emissionsakten, die alle unabhängig voneinander stattfinden. Jedes Photon hat für sich eine eigene Schwingungsrichtung. Die einzelnen Richtungen der elektrischen Feldstärke sind also statistisch verteilt, so dass das Licht im Ganzen unpolarisiert erscheint. Mit Hilfe eines **Polarisators** – seine genauere Funktion wird in Kapitel 3.1.7 beschrieben – kann trotzdem linear polarisiertes Licht erzeugt werden. Würde in eine solche polarisierte Lichtwelle ein zweiter Polarisator gestellt, der wie in Abb. 2.2 gezeigt gegen den ersten um den Winkel α verdreht ist, so würde die Welle nicht vollständig ausgelöscht, sondern vom Feldstärkevektor $\vec{E}$ würde nur die Projektion auf die neue Polarisationsrichtung, also $E\cos\alpha$, durchgelassen. Mit einem Messgerät würde im Falle der Lichtwelle nicht die Feldstärke selbst, sondern die Intensität ψ gemessen. Da diese proportional zu $|\vec{E}|^2$ ist, gilt:

!

$$\boxed{\psi = \psi_0 \cos^2\alpha} \qquad 2.2$$

Dieser Zusammenhang ist als **Gesetz von Malus** bekannt.

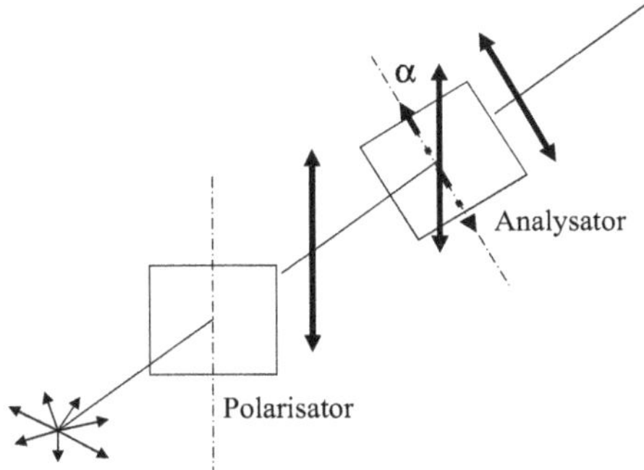

Abb. 2.2: Das durch einen Polarisator linear polarisierte Licht wird durch einen weiteren, um den Winkel α verdrehten Polarisator geschickt. Durchgelassen wird nur der auf die gestrichelte Achse projizierte Anteil.

2.1.2 Elliptisch polarisiertes Licht

Es gibt neben linear polarisiertem Licht auch noch **elliptisch und zirkular polarisiertes**. Zu seiner Beschreibung wird bei der y-Komponente ein Nullphasenwinkel φ eingeführt, so dass x- und y-Komponenten nicht mehr phasengleich schwingen:

$$\vec{E}(z;t) = \begin{pmatrix} E_{0x}\cos(\omega t + kz) \\ E_{0y}\cos(\omega t + kz + \varphi) \\ 0 \end{pmatrix} \qquad 2.3$$

Bei verschwindendem Phasenwinkel φ sind die x- und y-Komponenten des elektrischen Feldes in Phase. Die Folge wäre ein $\vec{E}$–Vektor, der im Falle $E_{0x} = E_{0y}$ im 45°-Winkel zur x- bzw. y-Achse schwingt. Er behält seine Schwingungsrichtung während der Ausbreitung der Welle bei, liegt also stets in einer Ebene, der **Schwingungsebene**. Ist der Phasenwinkel φ aber ungleich Null, entsteht eine komplizierte Bewegungsform des Feldstärkevektors. Zur Erläuterung seien hierzu die x- und die y-Komponente in ihrer Zeitabhängigkeit dargestellt. Es soll vereinfachend $E_{0x} = E_{0y} = E_0$ angenommen werden. Betrachtet werden soll das Ganze am Ort $z = 0$, so dass die Feldstärke gegeben ist durch

$$\vec{E}(0;t) = \begin{pmatrix} E_x(t) \\ E_y(t) \\ 0 \end{pmatrix} = \begin{pmatrix} E_0\cos(\omega t) \\ E_0\cos(\omega t + \varphi) \\ 0 \end{pmatrix} \qquad 2.4$$

In Abb. 2.3a ist zunächst die **Phasenverschiebung φ gleich Null**. E_x und E_y sind damit stets gleich und die Darstellung des Feldes zeigt eine 45°-Gerade. Bei einer Phasenverschiebung $\varphi = \pi/4$ eilt die y-Komponente E_y der x-Komponente E_x voraus. Wie Abb. 2.3b verdeutlicht, läuft die Spitze des aus E_x und E_y zusammengesetzten Feldstärkevektors auf einer Ellipse um, während sich die Welle in z-Richtung bewegt. Wie die drei verschiedene Zeiten markierenden Punkte zeigen, dreht sich der Feldstärkevektor im Uhrzeigersinn, wobei sich auch seine Länge verändert. Es handelt sich um **rechtselliptisch polarisiertes Licht**.

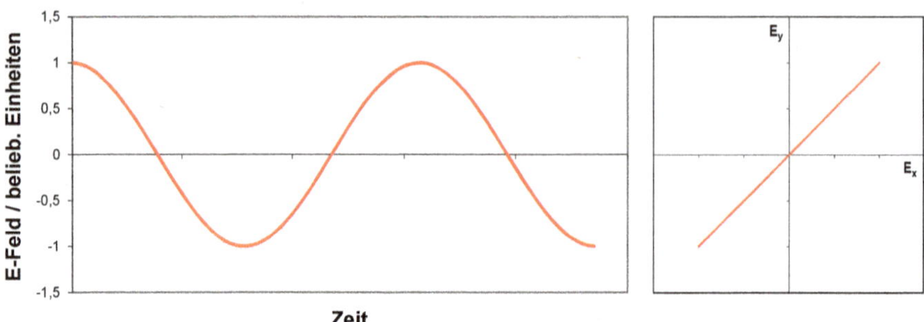

Abb.2.3a: E_x und E_y schwingen phasengleich.

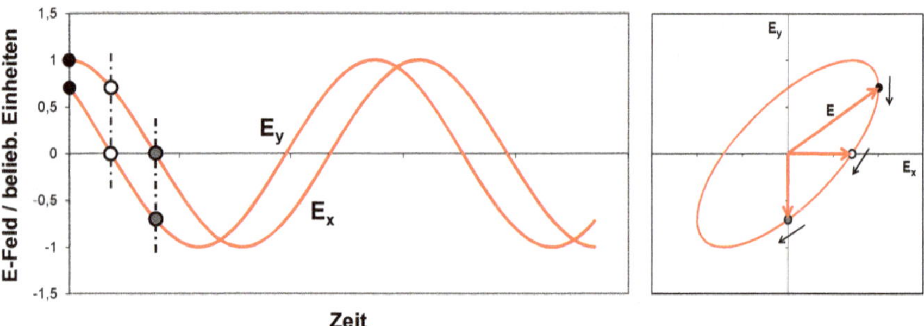

Abb. 2.3b: E_y eilt E_x um $\pi / 4$ voraus.

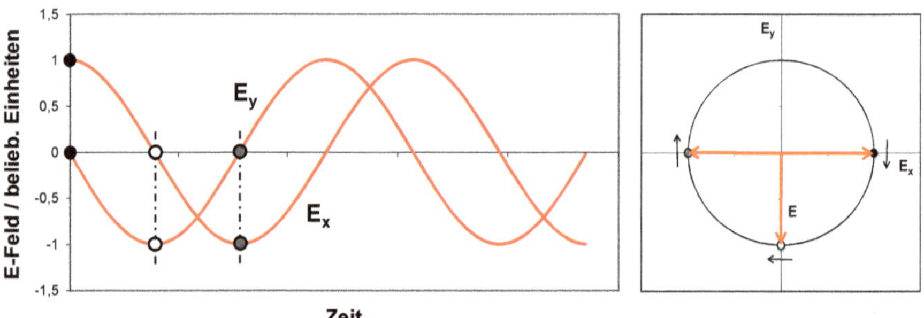

Abb. 2.3c: E_y eilt E_x um $\pi / 2$ voraus. Das Licht ist zirkular polarisiert.

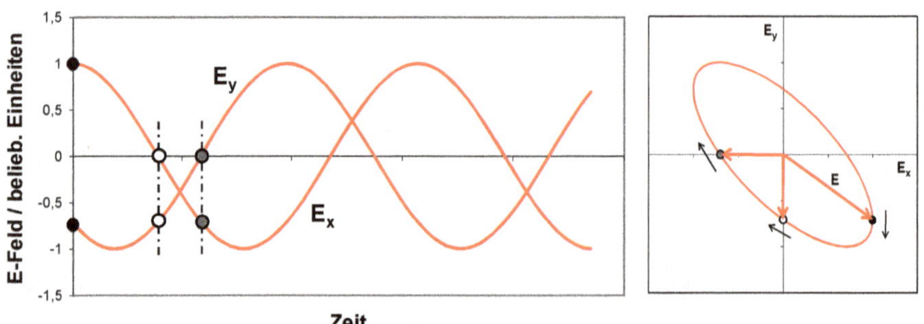

Abb. 2.3d: E_y eilt E_x um $3\pi / 4$ voraus. Das Licht ist elliptisch polarisiert.

Für eine Phasenverschiebung von $\pi/2$ stellt sich als Spezialfall elliptisch polarisierten Lichtes die **zirkulare Polarisation** ein. Im Falle der Abb. 2.3c ist das Licht **rechtszirkular polarisiert**, die Spitze des Feldstärkevektors läuft auf einer Kreisbahn im Uhrzeigersinn um. Schließlich ist in Abb. 2.3d eine Phasenverschiebung von $3\pi/4$ dargestellt, die Spitze des zugehörigen Feldstärkevektors läuft wiederum im Uhrzeigersinn auf einer Ellipse um. Die große Halbachse der Ellipse verläuft hier jedoch vom zweiten zum vierten Quadranten. Wäre die Phasenverschiebung φ negativ, würde jeweils **linkszirkular polarisiertes Licht** entstehen.

2.1.3 Polarisationsbeschreibung durch Jones-Vektoren

Der Polarisationszustand einer elektromagnetischen Welle sowie dessen Änderung durch optische Komponenten lässt sich durch einen Matrixformalismus ähnlich dem in Kap. 1.2 für die Strahlenoptik verwendeten beschreiben. Er wurde 1941 vom amerikanischen Physiker Robert Clark Jones (1916–2004) entwickelt [Jones 1941a; Hurwitz 1941; Jones 1941b]. Hierzu wird der Polarisationszustand der Welle durch einen Vektor, den **Jones-Vektor**, beschrieben. Es soll hier auf die bereits bei der Beschreibung der Dispersion (Kap. 1.3.1) verwendete komplexe Schreibweise des elektrischen Feldes zurückgegriffen werden, so dass eine in positive z-Richtung voranschreitende Welle in der Form

$$\vec{E}(z;t) = \begin{pmatrix} E_{0x} e^{i(\omega t - kz + \varphi_x)} \\ E_{0y} e^{i(\omega t - kz + \varphi_y)} \\ 0 \end{pmatrix} \qquad 2.5$$

dargestellt werden kann. Hier wurde für jede Komponente des Feldstärkevektors ein Phasenwinkel φ_x bzw. φ_y eingeführt. Gl. 2.5 lässt sich unter Verzicht auf die z-Komponente, also die Ausbreitungsrichtung, wie folgt umformen:

$$\vec{E}(z;t) = e^{i(\omega t - kz)} \begin{pmatrix} E_{0x} e^{i\varphi_x} \\ E_{0y} e^{i\varphi_y} \end{pmatrix} \qquad 2.6$$

Der Vektor in der runden Klammer bestimmt allein den Polarisationszustand der Welle. Sein Betrag E_0 ist:

$$E_0 = \sqrt{E_{0x}^2 e^{i\varphi_x} e^{-i\varphi_x} + E_{0y}^2 e^{i\varphi_y} e^{-i\varphi_y}} = \sqrt{E_{0x}^2 + E_{0y}^2} \qquad 2.7$$

Der Vektor lässt sich damit normiert darstellen:

$$\boxed{J = \frac{1}{\sqrt{E_{0x}^2 + E_{0y}^2}} \begin{pmatrix} E_{0x} e^{i\varphi_x} \\ E_{0y} e^{i\varphi_y} \end{pmatrix}} \qquad 2.8$$

!

Dieser Vektor wird **normierter Jones-Vektor** genannt und ist dimensionslos. Die einfachste Form erhält der Jones-Vektor u.a. für den Fall vertikaler Polarisation. Es ist dann

$\varphi_x = \varphi_y = 0$ und der Feldstärkevektor hat nur eine y-Komponente. Gl. 2.8 reduziert sich somit wegen $e^{i\varphi_x} = 1$, $e^{i\varphi_y} = 1$ und $E_{0x} = 0$ auf

$$J_y = \begin{pmatrix} 0 \\ 1 \end{pmatrix} \tag{2.9}$$

Dies ist der normierte Jones-Vektor für **vertikale, lineare Polarisation** (der Feldstärkevektor schwingt in y-Richtung). In analoger Weise lässt sich der Jones-Vektor für den Fall horizontaler Polarisation angeben, den Fall also, bei dem der Feldstärkevektor in x-Richtung schwingt:

$$J_x = \begin{pmatrix} 1 \\ 0 \end{pmatrix} \tag{2.10}$$

Dies ist der normierte Jones-Vektor für **horizontale, lineare Polarisation**. Gl. 2.9 und 2.10 sind Spezialfälle der linearen Polarisation. Im Grunde könnte jede die z-Achse enthaltende Ebene mit festem Neigungswinkel α zur x-Achse Schwingungsebene sein. Solange E_x und E_y in Phase schwingen, liegt der Feldstärkevektor $\vec{E}$ in dieser Ebene. Wegen $E_{0x} = E_0 \cos\alpha$ und $E_{0y} = E_0 \sin\alpha$ gilt in diesem **allgemeinen Fall linearer Polarisation**:

!

$$J_\alpha = \begin{pmatrix} \cos\alpha \\ \sin\alpha \end{pmatrix} \tag{2.11}$$

Für den in Gl. 2.4 behandelten Fall **elliptischer Polarisation** mit $\varphi_x = 0$, $\varphi_y = \varphi$ und $E_{0x} = E_{0y}$ erhält man den normierten Jones-Vektor:

$$J_{ell} = \frac{1}{\sqrt{E_{0x}^2 + E_{0y}^2}} \begin{pmatrix} E_{0x} \\ E_{0y} e^{i\varphi} \end{pmatrix} = \frac{1}{\sqrt{2}} \begin{pmatrix} 1 \\ e^{i\varphi} \end{pmatrix} \tag{2.12}$$

Für den Fall $E_{0x} \neq E_{0y}$ und $\varphi = \pi/2$ erhält man schließlich wegen $e^{i\varphi} = \cos\varphi + i \sin\varphi = i$ den Jones-Vektor:

$$J = \frac{1}{\sqrt{E_{0x}^2 + E_{0y}^2}} \begin{pmatrix} E_{0x} \\ E_{0y} \cdot i \end{pmatrix} \tag{2.13}$$

Der Feldstärkevektor läuft auf einer Ellipse um, deren Halbachsen längs der x- bzw. y-Achse gerichtet sind. Mit $E_{0x} = E_{0y}$ erhält man den Spezialfall des **rechtszirkular polarisierten Lichts** der Abb. 2.3c mit dem Jones-Vektor:

!

$$J_{rz} = \frac{1}{\sqrt{2} E_{0y}} \begin{pmatrix} E_{0y} \\ E_{0y} \cdot i \end{pmatrix} = \frac{1}{\sqrt{2}} \begin{pmatrix} 1 \\ i \end{pmatrix} \tag{2.14}$$

Für den Fall des negativen Phasenwinkels $\varphi = -\pi/2$ wird mit $E_{0x} \neq E_{0y}$ wegen $e^{i\varphi} = \cos\varphi + i\sin\varphi = -i$ aus Gl. 2.12 der Jones-Vektor:

$$J = \frac{1}{\sqrt{E_{0x}^2 + E_{0y}^2}} \begin{pmatrix} E_{0x} \\ -E_{0y} \cdot i \end{pmatrix} \qquad 2.15$$

Daraus erhält man mit $E_{0x} = E_{0y}$ analog zu Gl. 2.14 den Spezialfall **linkszirkular polarisierten Lichts** mit dem Jones-Vektor:

$$J_{lz} = \frac{1}{\sqrt{2}} \begin{pmatrix} 1 \\ -i \end{pmatrix} \qquad 2.16$$

Mit den Jones-Vektoren kann der Polarisationszustand einer Welle vollständig beschrieben werden. Zudem kann die **Wirkung polarisationsverändernder Komponenten durch Multiplikation des Jones-Vektors mit geeigneten Matrizen** einfach dargestellt werden. So kann eine linear polarisierte Welle, deren Schwingungsebene mit der x-Achse den Winkel α einschließt, einen Polarisator passieren, dessen Transmissionsachse mit der x-Achse den Winkel β bildet. Seine Matrix lautet:

$$M = \begin{pmatrix} \cos^2\beta & \sin\beta\cos\beta \\ \sin\beta\cos\beta & \sin^2\beta \end{pmatrix} \qquad 2.17$$

Der Jones-Vektor der Welle nach Passieren des Polarisators wird durch Multiplikation dieser Matrix mit dem Jones-Vektor der ursprünglichen Welle (Gl. 2.11) berechnet:

$$J = \begin{pmatrix} \cos^2\beta & \sin\beta\cos\beta \\ \sin\beta\cos\beta & \sin^2\beta \end{pmatrix} \begin{pmatrix} \cos\alpha \\ \sin\alpha \end{pmatrix} \qquad 2.18$$

Das Ergebnis

$$J = \begin{pmatrix} \cos^2\beta\cos\alpha + \sin\beta\cos\beta\sin\alpha \\ \sin\beta\cos\beta\cos\alpha + \sin^2\beta\sin\alpha \end{pmatrix} \qquad 2.19$$

beinhaltet natürlich auch die Spezialfälle, wie z.B. eine horizontal polarisierte Welle. Die Schwingungsebene ist also die xz-Ebene und es ist $\alpha = 0°$. Wird diese Welle durch einen Polarisator geschickt, dessen Transmissionsachse die y-Achse ist ($\beta = 90°$), erhält man aus Gl. 2.19:

$$J = \begin{pmatrix} \cos^2 90°\cos 0° + \sin 90°\cos 90°\sin 0° \\ \sin 90°\cos 90°\cos 0° + \sin^2 90°\sin 0° \end{pmatrix} = \begin{pmatrix} 0 \\ 0 \end{pmatrix} \qquad 2.20$$

Die Transmission ist also null. Dreht man die Transmissionsachse des Polarisators in die x-Achse, ist also $\beta = 0°$, dann erhält man:

$$J = \begin{pmatrix} \cos^2 0° \cos 0° + \sin 0° \cos 0° \sin 0° \\ \sin 0° \cos 0° \cos 0° + \sin^2 0° \sin 0° \end{pmatrix} = \begin{pmatrix} 1 \\ 0 \end{pmatrix} \qquad 2.21$$

Der Feldstärkevektor schwingt also nach Passieren des Polarisators nach wie vor in der x-Richtung. Stellt man die Transmissionsachse im 45°-Winkel zur x-Achse, dann bekommt man den Jones-Vektor:

$$J = \begin{pmatrix} \cos^2 45° \cos 0° + \sin 45° \cos 45° \sin 0° \\ \sin 45° \cos 45° \cos 0° + \sin^2 45° \sin 0° \end{pmatrix} \qquad 2.22$$

Wegen $\sin 45° = \cos 45° = 1/\sqrt{2}$ erhält man:

$$J = \frac{1}{2} \begin{pmatrix} 1 \\ 1 \end{pmatrix} \qquad 2.23$$

Dies ist eine Welle, deren Schwingungsebene des Vektors der elektrischen Feldstärke mit der x-Achse einen Winkel von 45° bildet. Die Feldstärke wird dabei um den Faktor $1/\sqrt{2}$ geschwächt, die Strahlungsflussdichte der Welle um den Faktor ½.

In der Optik kommt es öfters vor, den Polarisationszustand einer Welle zu verändern, also z.B. linear polarisiertes Licht in zirkular polarisiertes umzuwandeln. Dies geschieht durch optisch anisotrope Kristalle (siehe Kap. 2.1.10). Um das in Abb. 2.3a gezeigte linear polarisierte Licht in das rechtszirkular polarisierte Licht der Abb. 2.3c umzuwandeln, bräuchte es einer optischen Komponente, die die x-Komponente E_x des elektrischen Feldes gegen die y-Komponente E_y um $\pi/2$ verzögert.

Entsprechende **phasenverzögernde Komponenten** werden durch die Matrix

!

$$M = \begin{pmatrix} e^{i\eta_x} & 0 \\ 0 & e^{i\eta_y} \end{pmatrix} \qquad 2.24$$

beschrieben, wobei die Verzögerungen der x- bzw. y-Komponente η_x und η_y betragen.

Abb. 2.3c kann man entnehmen, dass eine Verzögerung um $\pi/2$ einer viertel Wellenlänge λ entspricht. Die entsprechende optische Komponente wird daher auch **$\lambda/4$-Platte** genannt (siehe Kap. 2.1.10). Ihre Matrix lautet:

!

$$M = \begin{pmatrix} 1 & 0 \\ 0 & e^{i\pi/2} \end{pmatrix} = \begin{pmatrix} 1 & 0 \\ 0 & \cos\frac{\pi}{2} + i \sin\frac{\pi}{2} \end{pmatrix} = \begin{pmatrix} 1 & 0 \\ 0 & i \end{pmatrix} \qquad 2.25$$

Diese Matrix wandelt das linear polarisierte Licht aus der Abb. 2.3a in das **rechtszirkular polarisierte** von Abb. 2.3c um:

$$J=\begin{pmatrix}1 & 0\\ 0 & i\end{pmatrix}\begin{pmatrix}1/\sqrt{2}\\ 1/\sqrt{2}\end{pmatrix}=\frac{1}{\sqrt{2}}\begin{pmatrix}1\\ i\end{pmatrix} \qquad 2.26$$

Dieses Ergebnis entspricht der Gl. 2.14. Verwendet man eine $\lambda/4$ -Platte, die E_x anstatt E_y verzögert, erhält man linkszirkular polarisiertes Licht. Die entsprechende Matrix lautet dann:

$$M=\begin{pmatrix}e^{i\pi/2} & 0\\ 0 & 1\end{pmatrix}=\begin{pmatrix}\cos\frac{\pi}{2}+i\sin\frac{\pi}{2} & 0\\ 0 & 1\end{pmatrix}=\begin{pmatrix}i & 0\\ 0 & 1\end{pmatrix} \qquad 2.27$$

Daraus gewinnt man den **Jones-Vektor einer linkszirkular polarisierten Welle**:

$$J=\begin{pmatrix}i & 0\\ 0 & 1\end{pmatrix}\begin{pmatrix}1/\sqrt{2}\\ 1/\sqrt{2}\end{pmatrix}=\frac{1}{\sqrt{2}}\begin{pmatrix}i\\ 1\end{pmatrix} \qquad 2.28$$

Ein analoges Ergebnis wäre übrigens auch erzielbar, indem man E_y um den negativen Winkel $-\pi/2$ verzögert:

$$M=\begin{pmatrix}1 & 0\\ 0 & e^{-i\pi/2}\end{pmatrix}=\begin{pmatrix}1 & 0\\ 0 & \cos\frac{\pi}{2}-i\sin\frac{\pi}{2}\end{pmatrix}=\begin{pmatrix}1 & 0\\ 0 & -i\end{pmatrix} \qquad 2.29$$

Der resultierende Jones-Vektor ist dann:

$$J=\begin{pmatrix}1 & 0\\ 0 & -i\end{pmatrix}\begin{pmatrix}1/\sqrt{2}\\ 1/\sqrt{2}\end{pmatrix}=\frac{1}{\sqrt{2}}\begin{pmatrix}1\\ -i\end{pmatrix}=\frac{-i}{\sqrt{2}}\begin{pmatrix}i\\ 1\end{pmatrix} \qquad 2.30$$

Das Ergebnis entspricht dem in Gl. 2.28, denn der komplexe Faktor $-i$ ändert nichts am Polarisationszustand der Welle, da er die Phasenlage der x - und y -Komponente gemeinsam verändert.

In der Optik sind auch $\lambda/2$ **-Platten** in Gebrauch. Sie verzögern um den Phasenwinkel π. Die entsprechende Matrix ist

$$\boxed{M=\begin{pmatrix}1 & 0\\ 0 & e^{i\pi}\end{pmatrix}=\begin{pmatrix}1 & 0\\ 0 & \cos\pi+i\sin\pi\end{pmatrix}=\begin{pmatrix}1 & 0\\ 0 & -1\end{pmatrix}} \qquad 2.31$$

!

Ausgehend von vertikal linear polarisiertem Licht, das auf eine $\lambda/2$ -Platte fällt, erhält man also:

$$J=\begin{pmatrix}1 & 0\\ 0 & -1\end{pmatrix}\begin{pmatrix}0\\ 1\end{pmatrix}=\begin{pmatrix}0\\ -1\end{pmatrix} \qquad 2.32$$

Das Licht ist nach wie vor **vertikal linear polarisiert**, denn der Jones-Vektor hat sich um den Faktor –1 verändert. Dies bedeutet eine Phasenverschiebung der **gesamten** Welle, also der *x*- **und** *y*-Komponente um π, denn es gilt $-1 = \cos(\pi) + i\sin(\pi) = e^{i\pi}$. Multipliziert man einen Jones-Vektor mit dem Faktor $e^{i\eta}$, dann kommt es zu einer Phasenverschiebung bei der gesamten Welle um η.

Schickt man eine linear polarisierte Welle, deren Schwingungsvektor gegen die x-Richtung um den Winkel α geneigt ist (Jones-Vektor aus Gl. 2.11), durch eine $\lambda/2$-Platte, erhält man:

$$J = \begin{pmatrix} 1 & 0 \\ 0 & -1 \end{pmatrix} \begin{pmatrix} \cos\alpha \\ \sin\alpha \end{pmatrix} = \begin{pmatrix} \cos\alpha \\ -\sin\alpha \end{pmatrix} = \begin{pmatrix} \cos(-\alpha) \\ \sin(-\alpha) \end{pmatrix} \qquad 2.33$$

Das Ergebnis ist also eine linear polarisierte Welle, deren Schwingungsebene mit der *x*-Richtung den Winkel $-\alpha$ einschließt. Das ist gleichbedeutend mit einer **Drehung der Schwingungsebene um den Winkel** 2α. Wählt man also den Winkel $\alpha = 45°$, wird die Schwingungsebene um 90° gedreht.

2.1.4 Huygens–Fresnelsches Prinzip

Wie auch das begrenzte Auflösungsvermögen optischer Geräte sind viele Phänomene der Optik nur zu verstehen, wenn man Licht als elektromagnetische Welle auffasst. Der niederländische Mathematiker, Physiker, Astronom und Uhrenbauer Christiaan Huygens (1629–1695) versuchte erfolgreich, Brechung, Reflexion und sogar die Doppelbrechung des Lichtes mit dem nach ihm benannten Prinzip (1678) zu erklären:

Jeder von einer Phasenfront erfasste Punkt sendet eine Kugelwelle gleicher Wellenlänge und Polarisation aus. Die äußere Einhüllende dieser Wellen ergibt zusammen die neue Phasenfront.

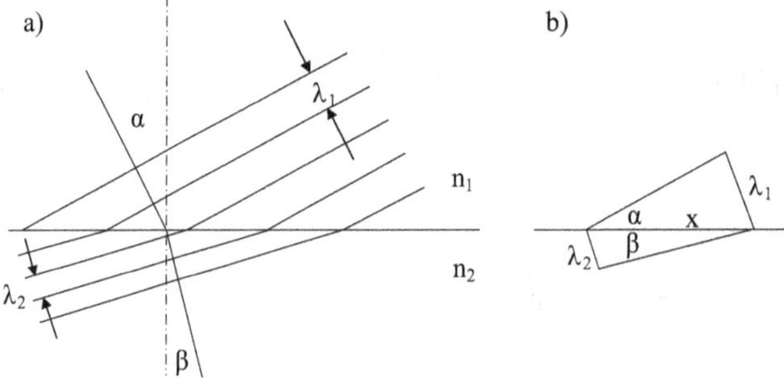

Abb. 2.4: Erklärung der Brechung durch Verkürzung der Wellenlänge in optisch dichteren Medien.

Die Brechung – eingangs mit dem Fermatschen Prinzip abgeleitet – lässt sich damit wie folgt erklären: da der Brechungsindex ein Maß dafür ist, wie schnell sich das Licht in dem Medium ausbreitet, bestimmt er auch dessen Wellenlänge in dem Material. Nach dem **Huygenschen Prinzip** verkürzt sich also nach Abb. 2.4a die Wellenlänge, wenn eine Welle von einem Medium mit Brechzahl n_1 in ein Medium mit der Brechzahl n_2 eintritt. Die Phasenfronten verdichten sich also im Falle $n_2 > n_1$ mit dem Eintritt ins zweite Material. Die Wellenlänge **verkürzt sich damit** von λ_1 auf λ_2. Wie aus Abb. 2.4b abzulesen ist, folgt:

$$\frac{\lambda_1}{x} = \sin\alpha \quad \text{und} \quad \frac{\lambda_2}{x} = \sin\beta \quad \text{bzw.} \quad \frac{\lambda_1}{\sin\alpha} = \frac{\lambda_2}{\sin\beta} \qquad 2.34$$

Ist c_0 die Vakuumlichtgeschwindigkeit, $c_1 = c_0 / n_1$ die Lichtgeschwindigkeit im ersten Medium, und $c_2 = c_0 / n_2$ die Lichtgeschwindigkeit im zweiten Medium, so gilt wegen $\lambda = c / f$

$$\frac{\sin\alpha}{\sin\beta} = \frac{\lambda_1}{\lambda_2} = \frac{c_1 f}{c_2 f} = \frac{n_2 c_o}{n_1 c_o} \qquad \boxed{\frac{\sin\alpha}{\sin\beta} = \frac{n_2}{n_1}}, \qquad 2.35$$

!

womit das **Snelliussche Brechungsgesetz** bestätigt wäre. Im Jahre 1819 erweiterte Augustin Jean Fresnel (1788–1827) das Huygenssche Prinzip in der Weise, dass er den Schwingungszustand eines Punktes als Überlagerung der Elementarwellen aller anderen Punkte betrachtete. Mit der Einführung dieser Interferenz gelang es ihm, das Phänomen der Beugung zu beschreiben, dass für die begrenzte Auflösung optischer Geräte verantwortlich ist.

2.1.5 Beugung

Nach der Strahlenoptik müsste ein Lichtbündel, das eine scharfe Kante beleuchtet, in beliebig großer Entfernung ein scharfes Bild dieser Kante liefern. Es müsste also einen klar abgegrenzten geometrischen Schattenraum geben. Dies ist jedoch bei genauerer Betrachtung nicht der Fall, denn es dringt stets etwas Licht in den Dunkelraum ein. Dieses Phänomen wird Beugung genannt und ist mit dem Huygens–Fresnelschen Prinzip einfach erklärbar: eine ebene Welle erzeugt auf einer Geraden parallel zu den Phasenfronten stets wieder **Elementarwellen**, die wieder zu ebenen Wellen interferieren. Wird diese Interferenz wie in Abb. 2.5 dargestellt durch eine scharfe Kante gestört, d.h., fehlen auf der linken Seite Interferenzpartner für die Elementarwellen, bleiben Kugelwellen übrig, die in den geometrischen Schattenraum hinter der Kante eindringen. Der Welle wird also im Randbereich zwischen den gestrichelten Linien Energie entzogen, die dafür im Schattenraum auftaucht. Von der Kante entsteht dadurch kein scharfes Bild, sondern nur ein unscharfer, ausgefranster Hell–Dunkel-Übergang.

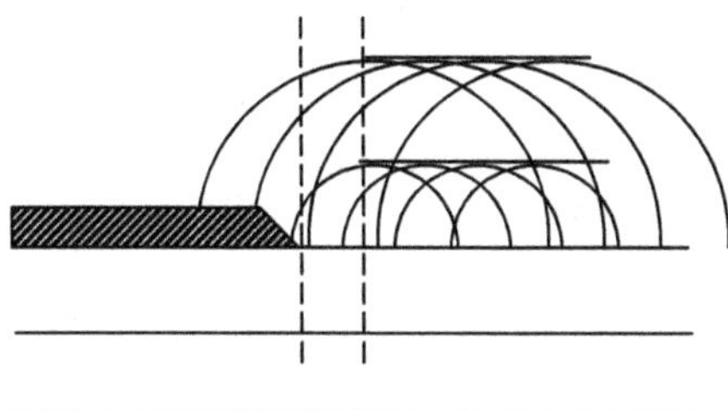

Abb. 2.5: Zur Beugung an einer Kante.

Leider wirkt sich diese Unschärfe auch bei der Abbildung durch Linsen aus, denn auch sie sind in irgendeiner Form begrenzt, sei es durch ihre Größe oder – wie in den meisten Fällen – durch eine Aperturblende. Bei der mathematischen Behandlung der **Beugung** werden zwei Fälle unterschieden: die **Fresnel-Beugung** und die **Fraunhofer-Beugung**. Bei der Fresnel-Beugung (Abb. 2.6a) liegt die Quelle so nahe an der beugenden Öffnung, dass die Phasenfrontkrümmung berücksichtigt werden muss. Ihre mathematische Beschreibung ist kompliziert, so dass hier darauf verzichtet werden soll. Bei der **Fraunhofer-Beugung** wird angenommen, dass ein Parallelbündel auf die Öffnung trifft, so dass man ebene Phasenfronten annehmen kann (Abb. 2.6b). Das Beugungsmuster wird weit entfernt beobachtet. Die Situation kann unter Zuhilfenahme von Linsen stets herbeigeführt werden.

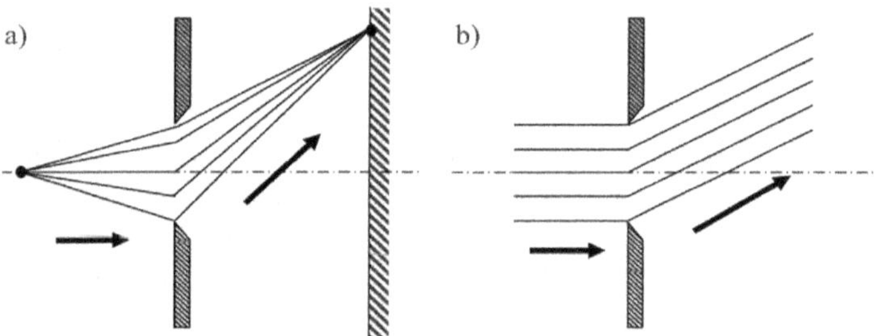

Abb. 2.6: Bei der Fresnel-Beugung (a) liegt die Quelle so nahe an der beugenden Öffnung, dass die Phasenfrontkrümmung in der Öffnung nicht vernachlässigt werden kann. Die Fraunhofer-Beugung (b) nimmt ebene Wellen an.

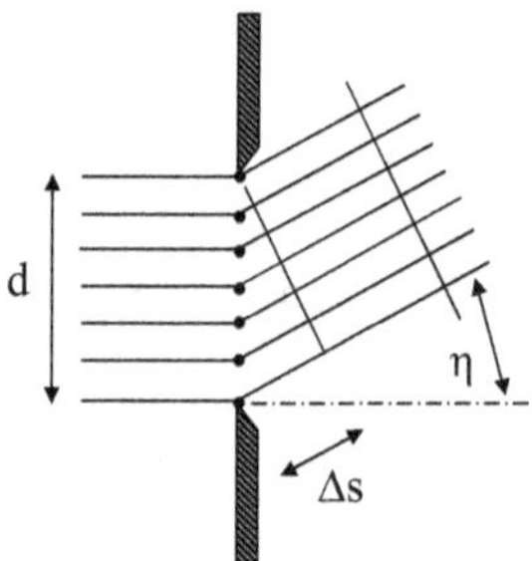

Abb. 2.7: Fraunhofer-Beugung am Spalt: es wird zunächst angenommen, dass der Spalt eine endliche Zahl von Elementarwellen aussendet.

Der Lichtdurchgang durch einen Spalt der Breite d kann über das **Huygens–Fresnelsche Prinzip** beschrieben werden (Abb. 2.7): jeder Punkt des Spaltes, der von der einfallenden Welle erfasst wird, wird wiederum **Ausgangspunkt einer Elementarwelle**. Die entstandene Phasenfront ist die Überlagerung aller in der Öffnung entstandenen Elementarwellen. Es seien zunächst n Punkte betrachtet, an denen Elementarwellen emittiert werden. In der gegebenen Beobachtungsrichtung unter dem Winkel η zur optischen Achse treten zwischen den einzelnen Wellen **Phasenverschiebungen** ein. Zwischen dem obersten und untersten Randstrahl beträgt der **Wegunterschied** Δs. Da n Wellen betrachtet werden, ist der Wegunterschied zwischen benachbarten Wellen $\Delta s/(n-1)$. Die damit verbundene Phasenverschiebung zwischen benachbarten Elementarwellen ist damit gegeben durch

$$\varphi=\frac{\Delta s}{(n-1)\lambda}2\pi \tag{2.36}$$

Wegen $\sin(\eta)=\Delta s/d$ folgt daraus für große n:

$$\varphi=\frac{2\pi d\sin(\eta)}{(n-1)\lambda}\approx\frac{2\pi d\sin(\eta)}{n\lambda} \tag{2.37}$$

Wäre also die oberste Elementarwelle durch

$$E_o(t)=\hat{E}e^{i\omega t} \tag{2.38}$$

gegeben, würden die nachfolgenden Elementarwellen bei Beobachtung in großer Entfernung entsprechend phasenverschoben sein. Die m-te Welle hätte damit die Feldstärke

$$E_m(t)=\hat{E}e^{i\omega t+im\varphi} \tag{2.39}$$

Man beachte, dass es nicht selbstverständlich ist, dass die Amplitude $\hat{E}$ in Gl. 2.38 und 2.39 unverändert ist. Die Feldstärke sinkt bei Kugelwellen mit wachsendem Abstand. Da die untere Welle einen um Δs längeren Weg zum Beobachtungspunkt hat, ist sie auch etwas schwächer als die weiter oben liegenden. Bei kleinen Winkeln η und großen Entfernungen kann $\hat{\mathrm{E}}$ aber als konstant angenommen werden.

Die Feldstärken aller Elementarwellen addieren sich wie folgt:

$$E_\eta(t)=\frac{\hat{E}_\eta}{n}e^{i\omega t}\left(e^{0i\varphi}+e^{1i\varphi}+e^{2i\varphi}+e^{3i\varphi}+\ldots+e^{(n-1)i\varphi}\right) \tag{2.40}$$

Der konstante Amplitudenfaktor $\hat{\mathrm{E}}_\eta$ ist nicht näher bestimmbar, denn er hängt von der Spaltbreite d, der einfallenden Feldstärke und insbesondere von der Fokussierung ab. Eine Division durch bzw. Normierung auf n ist nötig, damit die Feldstärke $E_\eta(t)$ nicht mit n anwächst.

Die Summe in der Klammer stellt eine **endliche geometrische Reihe** dar, die wie folgt ausgewertet werden kann: man multipliziert Gl. 2.40 mit dem Faktor $e^{i\varphi}$ und subtrahiert das Ergebnis von Gl. 2.40:

$$\begin{aligned}E_\eta-e^{i\varphi}E_\eta=&\frac{\hat{E}_\eta}{n}e^{i\omega t}\left(1+e^{i\varphi}+e^{2i\varphi}+\ldots+e^{(n-1)i\varphi}\right)\\&-\frac{\hat{E}_\eta}{n}e^{i\omega t}e^{i\varphi}\left(1+e^{i\varphi}+e^{2i\varphi}+\ldots+e^{(n-1)i\varphi}\right)\end{aligned} \tag{2.41}$$

Multipliziert man die Klammern aus und subtrahiert, heben sich die meisten Summanden weg und es bleibt lediglich

$$E_\eta\left(1-e^{i\varphi}\right)=\frac{\hat{E}_\eta}{n}e^{i\omega t}\left(1-e^{ni\varphi}\right) \quad 2.42$$

oder

$$E_\eta=\frac{\hat{E}_\eta}{n}e^{i\omega t}\frac{1-e^{ni\varphi}}{1-e^{i\varphi}} \quad 2.43$$

Für elektromagnetische Wellen hängt die Intensität mit der Feldstärke in der Form

$$\psi_\eta=\sqrt{\frac{\varepsilon_0\varepsilon_r}{\mu_0\mu_r}}E_\eta^2 \quad 2.44$$

zusammen, so dass mit

$$\psi_0=\sqrt{\frac{\varepsilon_0\varepsilon_r}{\mu_0\mu_r}}\hat{E}_\eta^2 \quad 2.45$$

gilt:

$$\psi_\eta=\frac{\psi_0}{n^2}\left(e^{i\omega t}\frac{1-e^{ni\varphi}}{1-e^{i\varphi}}\right)\left(e^{-i\omega t}\frac{1-e^{-ni\varphi}}{1-e^{-i\varphi}}\right) \quad 2.46$$

Ausmultipliziert erhält man:

$$\psi_\eta=\frac{\psi_0}{n^2}\left(\frac{2-e^{-ni\varphi}-e^{ni\varphi}}{2-e^{-i\varphi}-e^{i\varphi}}\right) \quad 2.47$$

Unter Anwendung der Eulerschen Formel kann man das umformen in:

$$\psi_\eta=\frac{\psi_0}{n^2}\left(\frac{2-\cos n\varphi+i\sin n\varphi-\cos n\varphi-i\sin n\varphi}{2-\cos\varphi+i\sin\varphi-\cos\varphi-i\sin\varphi}\right) \quad 2.48$$

$$\psi_\eta=\frac{\psi_0}{n^2}\left(\frac{1-\cos n\varphi}{1-\cos\varphi}\right)=\frac{\psi_0}{n^2}\frac{\sin^2\left(\frac{n\varphi}{2}\right)}{\sin^2\left(\frac{\varphi}{2}\right)} \quad 2.49$$

Wählt man n, die Zahl der Elementarwellen, sehr groß, so wird wegen Gl. 2.36 die Phasenverschiebung φ zwischen den Elementarwellen sehr klein. Ebenso verkleinert ein kleiner Beobachtungswinkel η diese Phasenverschiebung. Es gilt daher die Näherung $\sin(\varphi/2)\approx\varphi/2$, weshalb Gl. 2.49 die folgende Form annimmt:

$$\psi_\eta=\frac{\psi_0}{n^2}\frac{\sin^2\left(\frac{n\varphi}{2}\right)}{(\varphi/2)^2} \quad 2.50$$

Wegen Gl. 2.37 folgt:

$$\psi_\eta = \psi_0 \left(\frac{\sin\left(\frac{\pi d \sin(\eta)}{\lambda}\right)}{\frac{\pi d \sin(\eta)}{\lambda}} \right)^2 \qquad 2.51$$

!

Die Funktion in den großen Klammern ist vom Typ $f(x) = \sin(x)/x$ und wird trefflicherweise „**Spaltfunktion**" genannt und mit $\sin(x)/x = \operatorname{sinc}(x)$ bezeichnet. Sie besitzt eine Definitionslücke bei $x = 0$ und es lässt sich zeigen, dass gilt:

$$\lim_{x\to 0} \frac{\sin x}{x} = 1 \qquad 2.52$$

Die Intensität in Geradeausrichtung ist also ψ_0. Da für den betrachteten Fall stets $0 \le \eta \le 90°$ gilt, ist für alle Winkel außer für $\eta = 0$ der Nenner ungleich Null. Für die Nullstellen der Funktion gilt also:

$$\frac{\pi d}{\lambda}\sin(\eta_k) = \pm k\pi \quad \text{mit } k = 1;2;3;... \quad \text{oder} \quad \sin(\eta_k) = \pm k\frac{\lambda}{d} \qquad 2.53$$

Wegen $\sin(\eta) = \Delta s / d$ bzw. $\Delta s = d\sin(\eta)$ folgt daraus:

$$\boxed{\Delta s = \pm k\lambda} \qquad 2.54$$

Dunkelheit tritt also stets dann auf, wenn der Gangunterschied Δs der Randstrahlen ein **ganzzahliges Vielfaches der Wellenlänge** λ ist. Eine graphische Darstellung der Intensitätsverteilung der Beugung für einen Spalt der Breite $d = 88\,\mu\text{m}$ und eine Wellenlänge von $\lambda = 632{,}8\,\text{nm}$ (Helium-Neon-Laser) zeigt Abb. 2.8. Es sei betont, dass diese Ableitung für ein bestimmtes λ gilt, d.h. für monochromatisches Licht. Die Lage der Minima ist von der Wellenlänge abhängig, so dass für weißes Licht nur eine verschmierte Verteilung ohne klare Minima entsteht.

Bei einer **kreisrunden Blende** tritt ein ähnliches Beugungsbild auf, es muss jedoch aus Symmetriegründen **rotationssymmetrisch** sein. So entsteht ein helles, kreisrundes, zu den Rändern hin schwächer werdendes **Beugungsscheibchen**, das von hellen und dunklen Zonen umgeben ist: das **Airysche Beugungsscheibchen**, benannt nach dem britischen Mathematiker und Astronom Sir George Bidell Airy (1801–1892).

Der genaue Verlauf der Intensitätsverteilung wird in diesem Fall durch **Besselfunktionen 1. Ordnung** beschrieben; die Ableitung soll hier nicht wiedergegeben werden. Interessant für das Weitere ist die **Lage der Dunkelzonen**. Sie sind durch die Nullstellen der Besselfunktionen 1. Ordnung gegeben [Bergmann–Schaefer 1978]. Es gilt:

$$\sin(\eta_1) = 1{,}220\frac{\lambda}{D}; \quad \sin(\eta_2) = 2{,}232\frac{\lambda}{D}; \quad \sin(\eta_3) = 3{,}238\frac{\lambda}{D}; \ldots \qquad 2.55$$

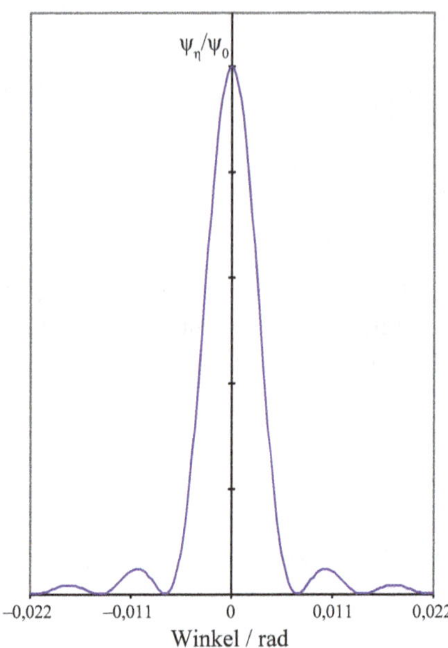

Abb. 2.8: Intensität als Funktion des Beobachtungswinkels bei der Beugung an einem Spalt.

D ist der Durchmesser der Blende. Vergleicht man den Wert für $\sin(\eta_1)$ mit dem Wert für den Spalt aus Gl. 2.53 für $k=1$, so sieht man, dass der Unterschied lediglich der **Faktor 1,220** ist. Bildet man das durch die Blende tretende Lichtbündel mittels einer Linse ab (Abb. 2.9), so gilt bei kleinen Winkeln η_1 für den Radius des ersten dunklen Ringes r_1 wegen $r_1/f \approx \eta_1$ und Gl. 2.55:

$$\sin(\eta_1) \approx \eta_1 \approx 1{,}220\frac{\lambda}{D} \approx \frac{r_1}{f} \qquad 2.56$$

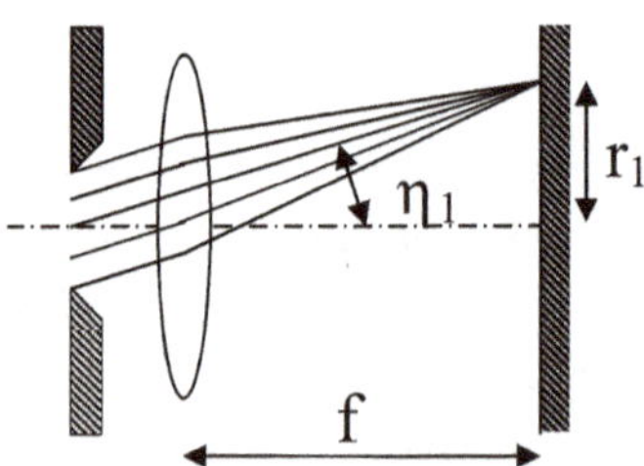

Abb. 2.9: Bildet man das durch eine Blende begrenzte Lichtbündel eines im unendlichen gelegenen Gegenstandes auf einen Schirm ab, entsteht je nach Durchmesser der Blende ein mehr oder weniger großes, unscharfes Scheibchen.

Der Radius r_1 des kleinsten dunklen Ringes ist also:

!

$$\boxed{r_1 = 1{,}220\frac{\lambda f}{D}} \qquad 2.57$$

Der Radius der ersten Dunkelzone – man könnte auch sagen: der Radius, bei dem die Intensität des Airyschen Beugungsscheibchens auf Null gesunken ist – ist proportional zur Wellenlänge und zur Brennweite und sie ist umgekehrt proportional zum Durchmesser der beugenden Blende.

Wird ein sehr weit entfernter, leuchtender Punkt, etwa ein Fixstern, mit einer Linse der Brennweite f wie in Abb. 2.9 abgebildet, entsteht also kein scharf begrenztes Bild, sondern ein Beugungsscheibchen. Es ist also nur bis zu einem gewissen Winkelabstand möglich, eng benachbarte Punkte, z.B. zwei benachbarte Fixsterne, zu unterscheiden. Liegen sie enger beieinander, gehen ihre Bildflecke ineinander über und die Objekte sind im Bild nicht mehr zu unterscheiden. Der Winkelabstand, bei dem dies eintritt, kann nicht ganz präzise und eindeutig angegeben werden. Es hat sich aber eingebürgert, das sogenannte **Rayleigh-Kriterium** zu verwenden. Hiernach sind zwei leuchtende Punktquellen gerade noch zu unterscheiden, wenn das **zentrale Intensitätsmaximum des Bildes der einen Quelle in die erste Dunkelzone des Bildes der zweiten Quelle** fällt (Abb. 2.10).

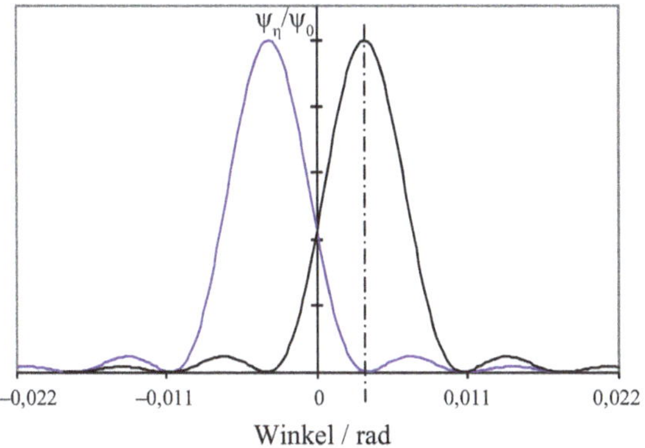

Abb. 2.10: Nach dem Rayleigh-Kriterium gelten zwei Punkte als gerade noch auflösbar, wenn das zentrale Maximum des einen Bildes ins Minimum des anderen Bildes fällt.

Der **minimal auflösbare Winkelabstand** ist also nach Gl. 2.55

$$\boxed{\sin(\eta_{\min}) = 1{,}220\frac{\lambda}{D} \approx \eta_{\min}} \qquad 2.58$$

!

Je größer also die Aperturblende, desto kleiner ist der minimal auflösbare Winkelabstand. Bei Linsen, die im Infraroten arbeiten, ist die Auflösung wegen der größeren Wellenlängen λ geringer als im Sichtbaren.

2.1.6 Beugung am Gitter

Ein besonders in der Spektroskopie wichtiges Instrument ist das **Beugungsgitter**. Bei ihm wird die Tatsache ausgenutzt, dass in die Beugungsformeln Gl. 2.51 und 2.53 die Wellenlänge eingeht. Mit einem Beugungsgitter lässt sich ein zentrales Anliegen der Spektroskopie, die **Zerlegung des Lichtes in seine spektralen Bestandteile**, bewerkstelligen. Das Gitter ist eine periodische Aneinanderreihung einzelner Spalte. Demzufolge lässt sich die Intensitätsverteilung hinter einem Beugungsgitter auch als Summe der Intensitäten der einzelnen Spalte schreiben. Nun treten aber unter einem gegebenen Beobachtungswinkel η wiederum Phasenverschiebungen zwischen den einzelnen, von den Spalten abgegebenen Wellen auf. Betrachtet man ein Gitter mit ingesamt m Spalten, dann ist nach Abb. 2.11 der Wegunterschied zwischen der Welle des obersten Spaltes und der des untersten Spaltes $\Delta s_g = (m-1)g\sin(\eta)$. Die daraus resultierende Phasenverschiebung ist dann:

$$\Phi = \frac{\Delta s_g}{(m-1)\lambda} 2\pi = \frac{g\sin(\eta)}{\lambda} 2\pi \qquad 2.59$$

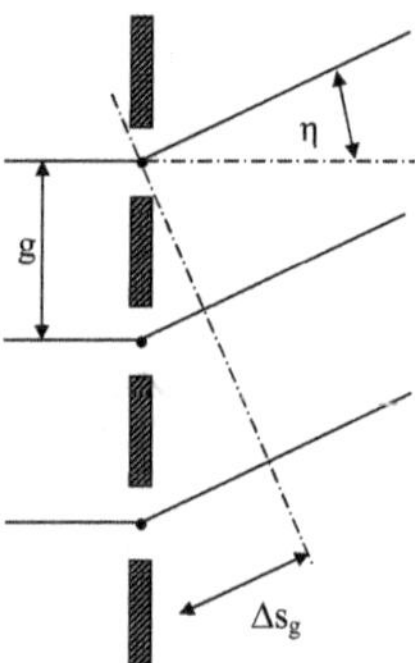

Abb. 2.11: Beugung am Gitter.

Analog zu Gl. 2.40 erhält man für die Feldstärke in Beobachtungsrichtung

$$E_{g,\eta}(t) = E_\eta(t)\left(e^{0i\Phi} + e^{1i\Phi} + e^{2i\Phi} + e^{3i\Phi} + \ldots + e^{(m-1)i\Phi}\right) \qquad 2.60$$

Hier wird nicht – wie oben – durch n dividiert; somit steigt die Intensität mit wachsender Spaltzahl m an. $E_\eta(t)$ ist die Feldstärke für den einzelnen Spalt gemäß Gl. 2.43. Analog zu den Gl. 2.40 bis 2.43 lässt sich wieder die **Partialsumme der geometrischen Reihe** angeben, so dass man erhält:

$$E_{g,\eta}(t) = E_\eta(t)\frac{1-e^{im\Phi}}{1-e^{i\Phi}} \qquad 2.61$$

Der Übergang zur Intensität gelingt in gleicher Weise wie bei Gl. 2.43 bis 2.51, wobei daraus das Ergebnis für den Anteil von E_η aus diesen Gleichungen übernommen werden kann, so dass gilt:

$$\psi_{g,\eta} = \psi_0 \left(\frac{\sin\left(\frac{\pi d \sin(\eta)}{\lambda}\right)}{\frac{\pi d \sin(\eta)}{\lambda}} \right)^2 \frac{1-e^{im\Phi}}{1-e^{i\Phi}} \cdot \frac{1-e^{-im\Phi}}{1-e^{-i\Phi}} \qquad 2.62$$

Vereinfacht wie oben erhält man:

$$\psi_{g,\eta} = \psi_0 \operatorname{sinc}^2\left(\frac{\pi d \sin(\eta)}{\lambda}\right) \cdot \left(\frac{\sin\left(\frac{m\Phi}{2}\right)}{\sin\left(\frac{\Phi}{2}\right)}\right)^2 \qquad 2.63$$

!

bzw.

$$\psi_{g,\eta} = \psi_0 \left(\frac{\sin\left(\frac{\pi d \sin(\eta)}{\lambda}\right)}{\frac{\pi d \sin(\eta)}{\lambda}}\right)^2 \cdot \left(\frac{\sin\left(\frac{\pi m g \sin(\eta)}{\lambda}\right)}{\sin\left(\frac{\pi g \sin(\eta)}{\lambda}\right)}\right)^2 \qquad 2.64$$

!

Man beachte, dass die Phasenverschiebung Φ in diesem Fall nicht unbedingt klein ist, so dass die oben gemachte Näherung $\sin(\Phi/2) \approx \Phi/2$ hier **nicht** anwendbar ist. Die zweite Klammer beinhaltet neben dem Beobachtungswinkel η lediglich gitterspezifische Größen und soll hier näher untersucht werden. Der einfachste Fall ist – abgesehen vom Trivialfall $m = 1$ (Einzelspalt), für den der zweite Faktor erwartungsgemäß eins ist – der Doppelspalt, also $m = 2$. Hier gilt

$$\frac{\sin(\Phi)}{\sin\left(\frac{\Phi}{2}\right)} = \frac{2\sin\left(\frac{\Phi}{2}\right)\cos\left(\frac{\Phi}{2}\right)}{\sin\left(\frac{\Phi}{2}\right)} = 2\cos\left(\frac{\Phi}{2}\right) \qquad 2.65$$

Für $\eta = 0$ erhält man wegen $\Phi = 0$ den Faktor $2^2 = 4$. Die Intensität vervierfacht sich also gegenüber dem Einzelspalt. Geht man zum Dreifachspalt über, also $m = 3$, so gilt:

$$\frac{\sin\left(\frac{3\Phi}{2}\right)}{\sin\left(\frac{\Phi}{2}\right)} = \frac{3\sin\left(\frac{\Phi}{2}\right) - 4\sin^3\left(\frac{\Phi}{2}\right)}{\sin\left(\frac{\Phi}{2}\right)} = 3 - 4\sin^2\left(\frac{\Phi}{2}\right) \qquad 2.66$$

Für $\eta = 0$ erhält man (wieder mit $\Phi = 0$) den Faktor $3^2 = 9$. Allgemein liefert der Gitterfaktor für ein Gitter mit m Spalten die m^2-fache Intensität gegenüber dem Einzelspalt. Maximale Intensität ist außerdem zu beobachten, wenn die Phase Φ nach Gl. 2.59 ein ganzzahliges Vielfaches k von 2π ist:

$$\Phi = \frac{g \sin(\eta_{\max})}{\lambda} 2\pi = \pm k 2\pi \qquad 2.67$$

k wird **Beugungsordnung** genannt. Es folgt:

$$\sin(\eta_{\max}) = \pm \frac{k\lambda}{g} \qquad 2.68$$

!

Der Faktor $\sin(m\Phi/2)/\sin(\Phi/2)$ in Gl. 2.63 moduliert im Zähler mit der m-fachen Frequenz wie im Nenner, so dass Nebenmaxima und Nebenminima entstehen. Wie in Abb. 2.12 für den Fall eines Dreifachspaltes verdeutlicht ($m=3$), entstehen zwischen zwei Hauptmaxima $m-2$ Nebenmaxima (im Falle der Abb. 2.12 also nur eines). Die Minima entstehen bei den Nullstellen des Zählers, es existieren zwischen den Hauptmaximas derer $m-1$, für $m=3$ also zwei.

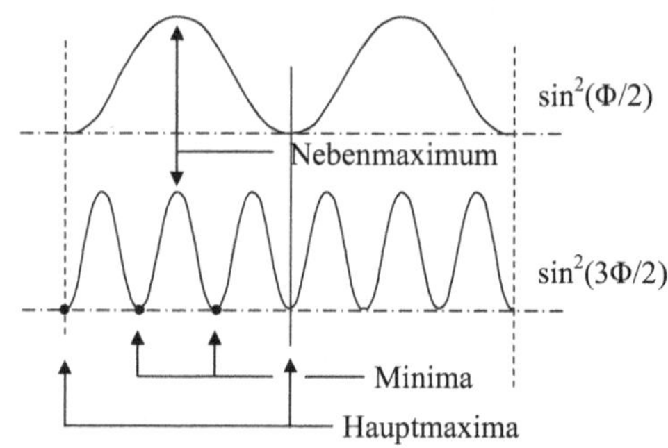

Abb. 2.12: Der Nenner der Gitterfunktion (oben) moduliert langsamer als der Zähler (unten), so dass Nebenmaxima und Nebenminima entstehen.

Die Nebenminima treten auf, wenn der Zähler, also $\sin(m\Phi/2)$, Null wird. Allerdings darf nicht gleichzeitig ein Hauptmaximum auftreten, was für $\Phi = \pm k2\pi$ (Gl. 2.67) der Fall ist. Für die zwischen k und $k+1$ liegenden Nebenminima muss also die Bedingung

$$\sin\left(\frac{m\Phi}{2}\right) = 0 \quad \text{mit} \quad k\cdot 2\pi < \Phi < (k+1)\cdot 2\pi \qquad 2.69$$

gelten. Hieraus folgt:

$$\frac{k\cdot 2\pi\cdot m}{2} < \frac{m\Phi}{2} < \frac{(k+1)\cdot 2\pi\cdot m}{2} \qquad 2.70$$

Gleichzeitig muss zur Erfüllung der Gl. 2.69 das Argument der Sinusfunktion ein ganzzahliges Vielfaches von π sein:

$$\frac{m\Phi}{2} = i\cdot\pi \qquad 2.71$$

Mit Gl. 2.70 folgt:

!

$$k\cdot\pi\cdot m < i\cdot\pi < (k+1)\cdot\pi\cdot m \quad \text{bzw.} \quad \boxed{k\cdot m < i < (k+1)\cdot m} \qquad 2.72$$

i muss also immer zwischen km und $(k+1)m$ liegen. Die Bandbreite **innerhalb** der i liegt, ist also – unabhängig von der Beugungsordnung – stets gleich m, also gleich der Zahl der Spalte: $(k+1)m - km = m$. Der untere Wert ist Null, der oberste Wert ist m. Da die Grenzen selbst ausgeschlossen sind, liegen dazwischen stets $m-1$ Minima. Hierauf wird bei der Behandlung des Auflösungsvermögens zurückzukommen sein.

$\psi_{g,\eta}$ ist für den Doppelspalt in Abb. 2.13 in Abhängigkeit von η für eine Wellenlänge von $400nm$, eine Spaltbreite von $2\,\mu m$ und eine Gitterkonstante von $10\,\mu m$ dargestellt. Die Einhüllende stellt die Spaltfunktion, also die erste runde Klammer in Gl. 2.64 dar. Die Winkelwerte der „schnellen" Modulation lassen sich nach Gl. 2.68 für die verschiedenen Beugungsordnungen berechnen: 1. Ordnung: 2,29°; 2. Ordnung: 4,59°; 3. Ordnung: 6,89°; 4. Ordnung: 9,21°; 5. Ordnung: 11,54°; etc. Der Maximalwert für 0° entspricht gemäß Gl. 2.65 dem Wert $4\psi_0$.

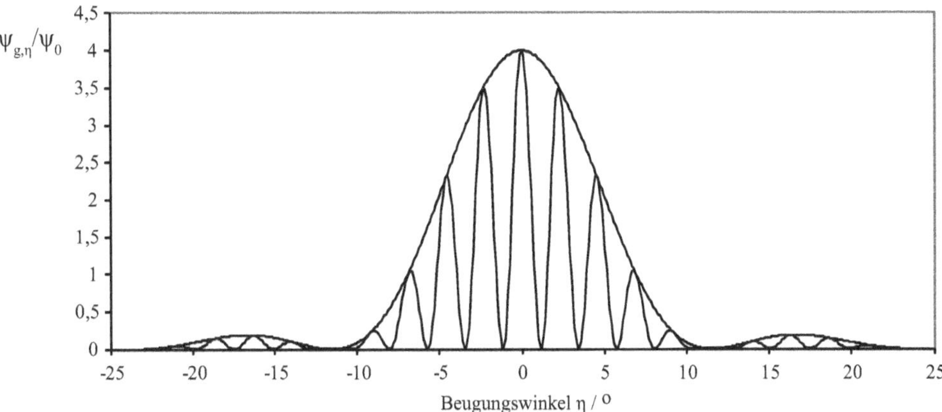

Abb. 2.13: Intensitätsverteilung bei Beugung am Doppelspalt (Wellenlänge $\lambda = 400\,\text{nm}$, Spaltbreite $d = 2\,\mu\text{m}$, Gitterkonstante $g = 10\,\mu\text{m}$). Die Einhüllende stellt die Spaltfunktion dar.

Erhöht man die Spaltzahl unter sonst gleichen Bedingungen auf fünf, beobachtet man eine Verengung der einzelnen Intensitätsspitzen, wobei aber die Lage der Hauptmaxima nach Gl. 2.68 erhalten bleibt (Abb. 2.14). Zwischen diesen Hauptmaxima treten zusätzliche, kleine Nebenmaxima auf. Der Maximalwert ist nach $m^2 = 5^2 = 25$ das 25-fache des Wertes ψ_0.

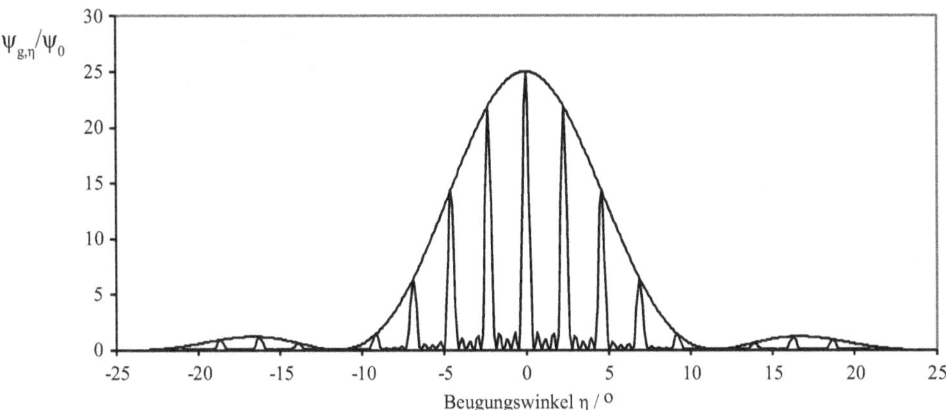

Abb. 2.14: Intensitätsverteilung bei Beugung am fünfspaltigen Gitter (Wellenlänge $\lambda = 400\,\text{nm}$, Spaltbreite $d = 2\,\mu\text{m}$, Gitterkonstante $g = 10\,\mu\text{m}$).

Bei weiterer Erhöhung der Spaltzahl auf zehn (Abb. 2.15) verengen sich die Intensitätsspitzen der Hauptmaxima weiter, während die Nebenmaxima kleiner werden. Die Winkelpositionen der Beugungsordnungen bleiben aber nach wie vor erhalten. Wegen $m^2 = 10^2 = 100$ ist der Maximalwert $100\psi_0$.

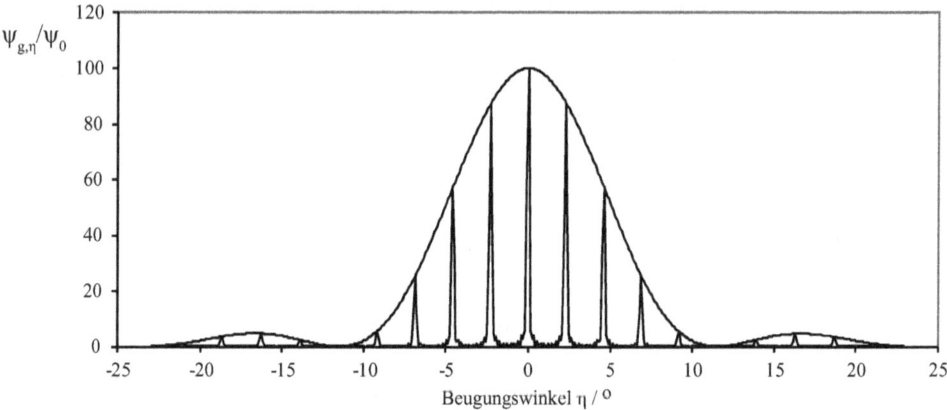

Abb. 2.15: Intensitätsverteilung bei Beugung am zehnspaltigen Gitter (Wellenlänge $\lambda = 400\,\text{nm}$, Spaltbreite $d = 2\,\mu\text{m}$, Gitterkonstante $g = 10\,\mu\text{m}$). Die Einhüllende stellt die Spaltfunktion dar.

Für spektroskopische Zwecke ist die Frage wichtig, inwieweit eng benachbarte Spektrallinien getrennt werden können. Wie klein darf der Wellenlängenunterschied zwischen zwei Linien sein, damit man sie mit dem Gitter noch trennen kann? Bereits die Winkelwerte in obigem Beispiel für die ersten fünf Beugungsordnungen zeigen, dass sie nichtlinear ansteigen. Dies liegt an der Sinusfunktion in Gl. 2.68. Das bedeutet aber, dass benachbarte höhere Beugungsordnungen einen größeren Winkelabstand haben als niedere Ordnungen. Ebenso verhält es sich mit den Wellenlängen. Bei gleicher Beugungsordnung steigt der Winkel der Hauptmaxima mit wachsender Wellenlänge an. Lässt man Licht zweier verschiedener Wellenlängen auf das Gitter fallen, steigt der Winkelabstand gleicher Beugungsordnungen mit wachsender Beugungsordnung an, wie man der Abb. 2.16 leicht entnehmen kann. Es ist wieder ein Gitter mit zehn Spalten gerechnet, die Spaltbreite beträgt $d = 2\,\mu\text{m}$, die Gitterkonstante $g = 10\,\mu\text{m}$. Gezeichnet ist das Beugungsbild für die beiden Wellenlängen $\lambda_1 = 400\,\text{nm}$ und $\lambda_2 = 700\,\text{nm}$. Man erkennt von der ersten bis zur dritten Ordnung ein deutliches Ansteigen des Winkelabstandes. Rechnerisch ergeben sich mit $m = 10$ die Abstände $\Delta\eta_1 = 1{,}72°$, $\Delta\eta_2 = 3{,}46°$ und $\Delta\eta_3 = 5{,}23°$. Will man also mit einem Beugungsgitter eng benachbarte Spektrallinien trennen, müsste man eine möglichst hohe Beugungsordnung wählen, damit die Linien klar getrennt werden können. Ein Maß für die Dispersion, also die Wellenlängenauflösung, ist der Quotient $\Delta\eta_{\max} / \Delta\lambda$. Der Grenzwert

$$D_w = \lim_{\Delta\lambda \to 0} \frac{\Delta\eta_{\max}}{\Delta\lambda} = \frac{d\eta_{\max}}{d\lambda} \qquad 2.73$$

wird **Winkeldispersion** genannt. Sie errechnet sich wie folgt:

$$D_w = \frac{d\eta_{max}}{d\lambda} = \frac{1}{\dfrac{d\lambda}{d\eta_{max}}} = \frac{1}{\dfrac{d}{d\eta_{max}}\left(\pm\dfrac{g}{k}\sin(\eta_{max})\right)} \qquad 2.74$$

Hierbei wurde davon Gebrauch gemacht, dass sich die Ableitung von η_{max} nach λ als Reziprokwert der Ableitung von λ nach η_{max} darstellen lässt. Für die **Winkeldispersion** erhält man folglich:

$$\boxed{D_w = \frac{k}{g\cos(\eta_{max})}} \qquad 2.75$$

!

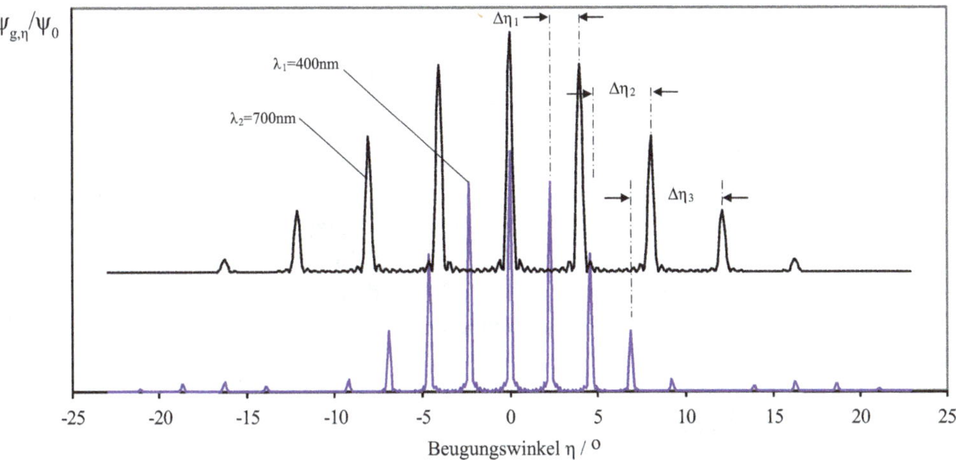

Abb. 2.16: Vergleich der Beugungsintensität als Funktion des Winkels für die beiden Wellenlängen 400 nm und 700 nm. Die eingezeichneten Winkelabstände der ersten drei Beugungsordnungen steigen stark an.

Die Winkeldispersion ist allein noch kein Kriterium für die **Auflösbarkeit** einer Wellenlängendifferenz Δλ. Hierfür wird das **Auflösungsvermögen** eines Gitters gemäß

$$\boxed{A = \frac{\lambda}{\Delta\lambda}} \qquad 2.76$$

!

sowie das schon bei der räumlichen Auflösbarkeit zweier Punkte verwendete **Rayleigh-Kriterium** herangezogen. Das bedeutet, dass das Intensitätsmaximum der k-ten Ordnung für die Wellenlänge $\lambda + \Delta\lambda$ mit dem ersten Minimum der k-ten Ordnung für die Wellenlänge λ zusammenfallen muss. Für das Maximum k-ter Ordnung gilt nach Gl. 2.68:

$$\sin(\eta_{max}) = \pm\frac{k}{g}(\lambda + \Delta\lambda) \qquad 2.77$$

Für das nächstgelegene Minimum gilt nach Gl. 2.72 $i = km + 1$, woraus mit Gl. 2.71 folgt:

$$\frac{m\Phi}{2} = (km+1)\cdot\pi \quad \text{bzw.} \quad \Phi = 2\pi\left(k + \frac{1}{m}\right) \qquad 2.78$$

Gleichgesetzt mit der Phasenverschiebung nach Gl. 2.59 folgt:

$$\frac{g\sin(\eta_{\min})}{\lambda}2\pi = 2\pi\left(k+\frac{1}{m}\right) \quad \text{bzw.} \quad \sin(\eta_{\min}) = \frac{1}{g}\left(k+\frac{1}{m}\right)\lambda \qquad 2.79$$

Fallen Maximum und Minimum zusammen, gilt $\eta_{\max} = \eta_{\min}$ bzw. $\sin(\eta_{\max}) = \sin(\eta_{\min})$ und damit nach Gl. 2.77 und 2.79, wenn man sich auf positive Ordnungen beschränkt:

$$\frac{k}{g}(\lambda + \Delta\lambda) = \frac{1}{g}\left(k+\frac{1}{m}\right)\lambda \quad \text{bzw.} \quad k\Delta\lambda = \frac{\lambda}{m} \qquad 2.80$$

Für das Auflösungsvermögen nach Gl. 2.76 erhält man also den einfachen Zusammenhang:

$$A = km \qquad 2.81$$

Das **Auflösungsvermögen eines Gitters** wird also durch die Beugungsordnung k sowie durch die Anzahl der **ausgeleuchteten** Spalte bestimmt.

Ein Beispiel soll die Sache verdeutlichen: eine der bekanntesten Spektrallinien ist die **Natrium-D-Linie**, eine Doppellinie bei $588{,}9950\,\text{nm}$ und $589{,}5924\,\text{nm}$ mit Linienabstand $\Delta\lambda = 0{,}5974\,\text{nm}$. Um die beiden Linien mit einem Gitter aufzulösen, bedarf es nach Gl. 2.76 eines Auflösungsvermögens von $A = 589{,}2937\,\text{nm} / 0{,}5974\,\text{nm} \approx 986$. Beobachtet man realistischerweise in der dritten Ordnung, also $k = 3$, würde man somit eine Linienanzahl von $m = A/k = 329$ benötigen, um die Linien trennen zu können. Gute Gitter erreichen heute ein Auflösungsvermögen von bis zu 10^6.

2.1.7 Interferenz

Im vorigen Abschnitt wurde die Beugung besprochen, die in gewisser Weise **Interferenz** bereits einschließt. Es soll hier die Überlagerung zweier elektromagnetischer Wellen gleicher Frequenz ω und **beliebig hoher Kohärenzlänge** an einem bestimmten Punkt P im Raum betrachtet werden. Unendliche Kohärenzlänge bedeutet, dass zwischen den beiden Wellen für beliebig lange Zeit eine feste Phasenbeziehung besteht. Dies ist eine Idealisierung, in der Praxis ist das für keine Lichtquelle erfüllt. Die Überlagerung der Wellen erfolgt derart, dass die beiden Feldstärken im Punkt P in die gleiche Richtung zeigen (Abb. 2.17). Die Wellen seien im Punkt P gegeben durch

$$E_1(x_1,t) = \hat{E}_1 \sin(\omega t - kx_1) \qquad 2.82$$

und

$$E_2(x_2,t) = \hat{E}_2 \sin(\omega t - kx_2 - \varphi) \qquad 2.83$$

Dabei sind x_1 und x_2 die Abstände der Quellen Q_1 und Q_2 vom Punkt P. Die Quelle Q_2 schwingt mit der Phasenverschiebung φ zur ersten Quelle. Im Punkt P kommt es zur additiven Überlagerung der beiden Feldstärken, so dass die resultierende Feldstärke geschrieben werden kann als

$$E(\text{P},t) = \hat{E}_1 \sin(\omega t - kx_1) + \hat{E}_2 \sin(\omega t - kx_2 - \varphi) \qquad 2.84$$

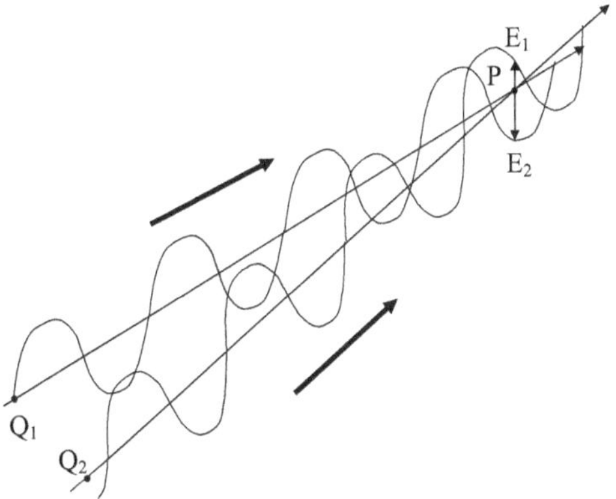

Abb. 2.17: Zwei elektromagnetische Wellen überlagern im Punkt P. Gezeichnet ist lediglich das elektrische Feld.

Die **Strahlungsflussdichte** ist wie folgt gegeben:

$$\psi(\mathrm{P},t)=\sqrt{\frac{\varepsilon_o\varepsilon_r}{\mu_o\mu_r}}\left(\hat{E}_1\sin(\omega t-kx_1)+\hat{E}_2\sin(\omega t-kx_2-\varphi)\right)^2 \quad 2.85$$

Ausmultipliziert erhält man:

$$\begin{aligned}\psi(\mathrm{P},t)=&\sqrt{\frac{\varepsilon_o\varepsilon_r}{\mu_o\mu_r}}\Big(\hat{E}_1^2\sin^2(\omega t-kx_1)\\&+2\hat{E}_1\hat{E}_2\sin(\omega t-kx_1)\sin(\omega t-kx_2-\varphi)+\hat{E}_2^2\sin^2(\omega t-kx_2-\varphi)\Big)\end{aligned} \quad 2.86$$

Die beiden Summanden $\sqrt{\frac{\varepsilon_o\varepsilon_r}{\mu_o\mu_r}}\left(\hat{E}_1^2\sin^2(\omega t-kx_1)\right)$ und $\sqrt{\frac{\varepsilon_o\varepsilon_r}{\mu_o\mu_r}}\left(\hat{E}_2^2\sin^2(\omega t-kx_2-\varphi)\right)$ entsprechen den Strahlungsflussdichten, die die Wellen einzeln hervorrufen würden. Offensichtlich tritt aber noch ein weiterer Summand auf, der beide beteiligten Feldstärken enthält:

$$\begin{aligned}\psi(\mathrm{P},t)=&\psi_1(\mathrm{P},t)+\psi_2(\mathrm{P},t)\\&+2\sqrt{\frac{\varepsilon_o\varepsilon_r}{\mu_o\mu_r}}\hat{E}_1\hat{E}_2\sin(\omega t-kx_1)\sin(\omega t-kx_2-\varphi)\end{aligned} \quad 2.87$$

Unerwarteterweise kann zusätzlich zu der Addition der beiden Intensitäten im Punkt P ein Beitrag zustande kommen, der – wegen der beteiligten Sinusfunktionen – positiv oder negativ sein kann. Klarheit schafft die folgende trigonometrische Umformung des Produktes der Sinusfunktionen in eine Differenz zweier Cosinusfunktionen:

$$\begin{aligned}\psi(\mathrm{P},t)=&\psi_1(\mathrm{P},t)+\psi_2(\mathrm{P},t)\\&+\sqrt{\frac{\varepsilon_o\varepsilon_r}{\mu_o\mu_r}}\hat{E}_1\hat{E}_2\left(\cos(k(x_2-x_1)+\varphi)-\cos(2\omega t-k(x_1+x_2)-\varphi)\right)\end{aligned} \quad 2.88$$

Kein Detektor kann die hohen Frequenzen des Lichtes zeitlich auflösen, man beobachtet immer die **zeitlichen Mittelwerte**. Die Mittelung der Einzelintensitäten $\psi_1(\mathrm{P},t)$ und $\psi_2(\mathrm{P},t)$ erfolgt gemäß:

$$\overline{\psi}_1(\mathrm{P}) = \frac{1}{T}\int_0^T \sqrt{\frac{\varepsilon_o\varepsilon_r}{\mu_o\mu_r}}\left(\hat{E}_1^2 \sin^2(\omega t - kx_1)\right) dt \qquad 2.89$$

Die Integration liefert:

$$\overline{\psi}_1(\mathrm{P}) = \frac{1}{T}\hat{E}_1^2\sqrt{\frac{\varepsilon_o\varepsilon_r}{\mu_o\mu_r}}\left[\frac{t}{2} - \frac{1}{4\omega}\sin\left(2(\omega t - kx_1)\right)\right]_0^T \qquad 2.90$$

Bzw.:

$$\overline{\psi}_1(\mathrm{P}) = \frac{1}{T}\hat{E}_1^2\sqrt{\frac{\varepsilon_o\varepsilon_r}{\mu_o\mu_r}} \times\left[\left(\frac{T}{2} - \frac{1}{4\omega}\sin\left(2(\omega T - kx_1)\right)\right) - \left(\frac{0}{2} - \frac{1}{4\omega}\sin\left(2(0 - kx_1)\right)\right)\right] \qquad 2.91$$

Wegen $\omega T = (2\pi / T)T = 2\pi$ gilt für den ersten Sinus in der Klammer $\sin(2(2\pi - kx_1)) = \sin(-2kx_1)$, so dass Gl. 2.91 die Form

$$\overline{\psi}_1(\mathrm{P}) = \frac{1}{T}\hat{E}_1^2\sqrt{\frac{\varepsilon_o\varepsilon_r}{\mu_o\mu_r}}\left(\frac{T}{2}\right) = \frac{1}{2}\hat{E}_1^2\sqrt{\frac{\varepsilon_o\varepsilon_r}{\mu_o\mu_r}} \qquad 2.92$$

annimmt. Der analoge Ausdruck lässt sich auch für $\psi_2(\mathrm{P},t)$ errechnen. Der dritte Summand in Gl. 2.88 besteht aus den zwei Cosinus-Funktionen. Davon ist nur eine, die zweite, zeitabhängig. Das Integral über eine Periode T ist hier trivial ausführbar und hat den Wert Null. Das ist auch anschaulich leicht einsehbar, denn über eine volle Periode sind die Flächen über und unter der Zeitachse gleich groß und heben sich gegenseitig auf. Damit ist die zeitliche Mittelung von Gl. 2.88:

$$\overline{\psi}(\mathrm{P}) = \frac{1}{2}\hat{E}_1^2\sqrt{\frac{\varepsilon_o\varepsilon_r}{\mu_o\mu_r}} + \frac{1}{2}\hat{E}_2^2\sqrt{\frac{\varepsilon_o\varepsilon_r}{\mu_o\mu_r}} + \sqrt{\frac{\varepsilon_o\varepsilon_r}{\mu_o\mu_r}}\hat{E}_1\hat{E}_2\cos(k(x_2 - x_1) + \varphi) \qquad 2.93$$

Bei einer zeitlich unveränderlichen Phasenbeziehung φ zwischen den zwei Wellen kommt es also zu einer **Abweichung von der reinen Addition der Einzelintensitäten**. Dabei kann der Cosinus positive wie negative Werte annehmen, d.h. es kann im Punkt P eine **höhere oder eine geringere Gesamtintensität** im Vergleich zur reinen Addition der Intensitäten auftreten. Was von beidem auftritt, hängt von der Differenz $x_2 - x_1$, also vom Wegunterschied der beiden Wellen, und von der Größe der Phasenverschiebung φ ab. Sind die beiden Amplituden $\hat{E}_1$ und $\hat{E}_2$ gleich groß, könnte es nach Gl. 2.93 zu einer vollständigen Auslöschung der Wellen im Punkt P kommen. Das ist sehr verstörend, da es – zumindest mit den im Alltag auftretenden natürlichen und künstlichen Lichtquellen – nicht beobachtet wird.

Der Grund hierfür ist die geringe Kohärenzlänge konventioneller Lichtquellen. Die Phasenverschiebung φ zwischen den Quellen ist dabei zeitlich nicht konstant, sondern es kommt durch immer neue, sehr kurze Emissionsakte zu Phasensprüngen, so dass der letzte Summand bei der zeitlichen Mittelung entfällt: beobachtet wird lediglich die **Summe der beiden Einzelintensitäten**. Interferenzexperimente sind mit klassischen Lichtquellen – wenn überhaupt – nur in sehr eingeschränktem Umfang möglich. Selbst mit guten Spektrallampen sind sie schwierig. Erst die Erfindung des Lasers ermöglichte auf einfache Weise in großem Stil die Beobachtung von Interferenzen, da die Kohärenzlänge hier deutlich höher liegt. Doch zurück zu Gl. 2.93. Ist die Phasenverschiebung φ konstant, wird eine über der Summe der Einzelintensitäten liegende Gesamtintensität beobachtet, wenn der Cosinus im letzten Summanden den Wert +1 annimmt. Das ist der Fall für

$$k(x_2 - x_1) + \varphi = \pm i2\pi \quad \text{mit} \quad i = 1;2;3;... \qquad 2.94$$

im Falle **gleichphasiger Quellen** ($\varphi = 0$) wird daraus:

$$\frac{2\pi}{\lambda}(x_2 - x_1) = \pm i2\pi \quad \text{bzw.} \quad \boxed{x_2 - x_1 = \pm i\lambda} \qquad 2.95$$

!

Hohe Intensität wird also beobachtet, **wenn die Wegdifferenz $x_2 - x_1$ ein ganzzahliges Vielfaches der Wellenlänge λ ist**. Man spricht in diesem Falle von **konstruktiver Interferenz**. Bei gleichen Feldstärken kann dabei die Intensität doppelt so hoch sein wie im Falle von inkohärenten Quellen.

Unter der Summenintensität liegende Gesamtintensität wird beobachtet, wenn

$$k(x_2 - x_1) + \varphi = \pi \pm i2\pi \quad \text{mit} \quad i = 1;2;3;... \qquad 2.96$$

gilt. Sind die **Quellen gleichphasig**($\varphi = 0$), so gilt:

$$\frac{2\pi}{\lambda}(x_2 - x_1) = \pi \pm i2\pi \quad \text{bzw.} \quad \boxed{x_2 - x_1 = \frac{\lambda}{2}(1 \pm 2i)} \qquad 2.97$$

!

Minimale Intensität, also **destruktive Interferenz**, tritt auf, **wenn die Wegdifferenz ein ungeradzahliges Vielfaches der halben Wellenlänge ist**. Bei gleichen Feldstärken der einzelnen Wellen wird die Gesamtintensität Null. Das mag den Anschein erwecken, dass hier Energie verschwindet. Das ist jedoch nicht der Fall, sie taucht vielmehr in anderen Raumbereichen als konstruktive Interferenz wieder auf.

2.1.8 Interferenz an dünnen Schichten

Eine wichtige Rolle spielen Interferenzen in der Optik bei dünnen Schichten konstanter Dicke. So können dünne, aufgedampfte Schichten aus geeignetem Material benutzt werden, **Oberflächenreflexionen zu mindern**, wenn sie stören, oder zu erhöhen, wenn es gewünscht wird. Mehr hierzu in Kap. 3.1.6. Hier soll zunächst eine dünne Platte der Dicke d mit Brechzahl n betrachtet werden, die sich an Luft befinde (Abb. 2.18). Ein Lichtstrahl falle unter dem Winkel α auf die Platte. Ein Teil davon wird an der Oberfläche reflektiert (wie viel genau wird in Kap. 2.2 gezeigt), ein anderer Teil dringt in die Platte ein und wird dabei nach dem Snelliusschen Gesetz gebrochen. Der gebrochene Strahl erreicht die untere Oberfläche. Hier tritt ein Teil des Strahles aus, ein gewisser Anteil wird in die Platte zurückreflektiert. An der oberen Oberfläche tritt ein Teil aus, ein anderer wird reflektiert usf. Die zwei reflektierten Strahlen 1 und 2 können über eine Sammellinse gebündelt werden, so dass zwischen ihnen konstruktive oder destruktive Interferenz eintreten kann, wenn der Gangunterschied entsprechende Werte annimmt. Während Strahl 1 den Weg e in Luft zurücklegt, muss Strahl 2 die Strecke $2a$ in der Platte durchlaufen. Die **optische Wegdifferenz** ist

$$\Delta x = 2an - e \qquad 2.98$$

Man beachte, dass hierbei die **optische Weglänge** von Bedeutung ist, das ist die geometrische Entfernung multipliziert mit der Brechzahl. Nach Abb. 2.18 gilt:

$$\frac{f/2}{a} = \sin\beta \quad \text{und} \quad \frac{e}{f} = \sin\alpha \qquad 2.99$$

Ferner gilt der Satz des Pythagoras

$$\left(\frac{f}{2}\right)^2 + d^2 = a^2 \qquad 2.100$$

und das Snelliussche Brechungsgesetz

$$\frac{\sin\alpha}{\sin\beta} = n \quad \text{bzw.} \quad \sin\beta = \frac{\sin\alpha}{n} \qquad 2.101$$

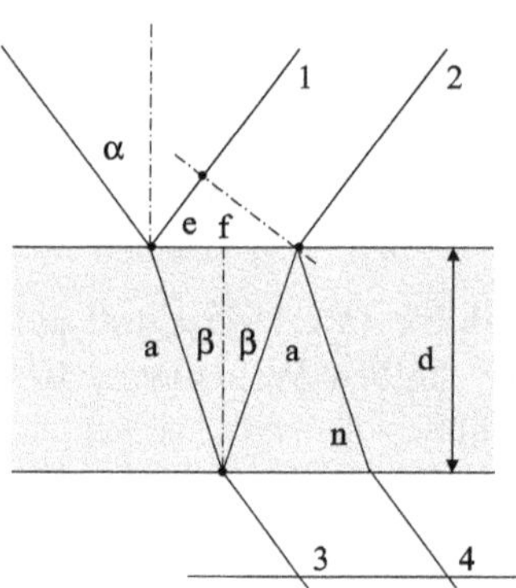

Abb. 2.18: Zur Interferenz an dünnen Schichten.

Die erste der Gln. 2.99 nach $f/2$ aufgelöst und mit dem Snelliusschen Brechungsgesetz Gl. 2.101 in Gl. 2.100 eingesetzt, ergibt:

$$\left(a\frac{\sin\alpha}{n}\right)^2 + d^2 = a^2 \quad \text{bzw.} \quad a^2 = d^2\left(1 - \frac{\sin^2\alpha}{n^2}\right)^{-1} \qquad 2.102$$

Die erste der Gl. 2.99 nach a aufgelöst und mit dem Snelliusschen Brechungsgesetz Gl. 2.101 in Gl. 2.100 eingesetzt, ergibt:

$$\left(\frac{f}{2}\right)^2 + d^2 = \left(\frac{fn}{2\sin\alpha}\right)^2 \quad \text{bzw.} \quad f^2 = 4d^2\left(\frac{n^2}{\sin^2\alpha} - 1\right)^{-1} \qquad 2.103$$

Für die optische Wegdifferenz (Gl. 2.98) erhält man aus Gl. 2.102 und 2.103 unter Benutzung der zweiten der Gl. 2.99:

$$\Delta x = 2dn\sqrt{\frac{n^2}{n^2 - \sin^2\alpha}} - 2d\sin\alpha\sqrt{\frac{\sin^2\alpha}{n^2 - \sin^2\alpha}} \qquad 2.104$$

Durch einige Umformungen wird daraus:

$$\Delta x = 2d\frac{n^2 - \sin^2\alpha}{\sqrt{n^2 - \sin^2\alpha}} = 2d\sqrt{n^2 - \sin^2\alpha} \qquad 2.105$$

Zur Berechnung der Intensität im Beobachtungspunkt wäre jetzt noch zu bedenken, dass bei der Reflexion am optisch dichteren Medium ein **Phasensprung um** $\lambda/2$ auftritt. Dies ist in Analogie zur Reflexion einer Seilwelle am fest eingespannten Ende. Für **konstruktive Überlagerung** muss also analog zur Gl. 2.95 gelten:

$$2d\sqrt{n^2 - \sin^2\alpha} - \frac{\lambda}{2} = i\lambda$$

bzw.

$$\boxed{2d\sqrt{n^2 - \sin^2\alpha} = \left(i + \frac{1}{2}\right)\lambda} \quad i = 0;1;2;... \qquad 2.106$$

!

Destruktive Interferenz tritt ein, wenn die Wegdifferenz ein **ungeradzahliges Vielfaches der halben Wellenlänge** ist. Das kann ausgedrückt werden durch

$$2d\sqrt{n^2 - \sin^2\alpha} - \frac{\lambda}{2} = (2i+1)\frac{\lambda}{2} \quad \text{bzw.} \quad \boxed{2d\sqrt{n^2 - \sin^2\alpha} = (i+1)\lambda} \qquad 2.107$$

!

Es hängt also neben der Plattendicke und der Brechzahl vom Einfallswinkel α ab, ob konstruktive oder destruktive Interferenz eintritt. Verdopplung oder Auslöschung sind hier nicht möglich, da die Feldstärken in den Teilstrahlen nicht exakt gleich sind. Betrachtet man senkrechten Einfall, also $\alpha = 0$, dann erhält man

$$2dn = \left(i + \frac{1}{2}\right)\lambda \quad \text{und} \quad 2dn = (i+1)\lambda \qquad 2.108$$

für die konstruktive bzw. destruktive Interferenz. Man kann auch die Strahlen 3 und 4 in Transmission betrachten. Hier ist der Wegunterschied, wie man aus Abb. 2.18 ablesen kann:

$$\Delta x = 3an - (an + e) = 2an - e \qquad 2.109$$

Das entspricht genau der optischen Wegdifferenz in Gl. 2.98. Das obige Ergebnis lässt sich also mit dem einen Unterschied übertragen, dass hier **keine Phasenverschiebung** auftritt, da kein Strahl am optisch dichteren Material reflektiert wird. Es gilt also analog zu Gl. 2.106 für **konstruktive Interferenz**:

!

$$\boxed{2d\sqrt{n^2-\sin^2\alpha}=i\lambda} \qquad 2.110$$

Destruktive Interferenz tritt analog zu Gl. 2.107 ein, wenn die Wegdifferenz ein ungeradzahliges Vielfaches der halben Wellenlänge ist:

!

$$\boxed{2d\sqrt{n^2-\sin^2\alpha}=(2i+1)\frac{\lambda}{2}} \qquad 2.111$$

Man bekommt also in Reflexion nach Gl. 2.106 Helligkeit, wenn $2d\sqrt{n^2-\sin^2\alpha}$ die Werte $\lambda/2$; $3\lambda/2$; $5\lambda/2$;... annimmt. In Transmission bedeutet das aber nach Gl. 2.111 genau destruktive Interferenz. Dunkelheit tritt in Reflexion nach Gl. 2.107 auf, wenn $2d\sqrt{n^2-\sin^2\alpha}$ gleich λ; 2λ; 3λ;... ist. Für die Transmission gilt in diesem Fall aber nach Gl. 2.110 konstruktive Überlagerung. Transmission und Reflexion verhalten sich also gegensätzlich zueinander, man kann also hinsichtlich des Energiesatzes beruhigt sein. Wenn die Energie oben fehlt, tritt sie unten auf oder umgekehrt.

Die planparallele Platte ist die einfachste Form eines **Fabry–Perot-Interferometers**. Es dient dazu, bei geeigneter Reflektivität der Oberfläche, die durch Beschichtungen erreicht wird, für bestimmte Wellenlängen Transmission, für andere dagegen Reflexion zu erzeugen.

2.1.9 Bragg-Reflexion

Eine weitere Anwendung der Interferenz ist eine vereinfachte Beschreibung **der Beugung an einem Kristallgitter**. Dabei wird davon ausgegangen, dass die Atome in einem Kristall in sogenannten **Netzebenen** angeordnet sind. Fällt Licht unter einem Einfallswinkel α auf diese Netzebenen, wird es zunächst in alle möglichen Richtungen gestreut. Durch **konstruktive oder destruktive Interferenz** kommt es jedoch zur Verstärkung oder zur Auslöschung von Licht in bestimmten Richtungen. In Abb. 2.19 sind zwei Netzebenen und ein einfallender Lichtstrahl gezeichnet, der an den beiden Ebenen reflektiert wird (Strahl 1 und 2). Konstruktive Überlagerung wird auftreten, wenn der Gangunterschied zwischen den beiden Strahlen einem ganzzahligen Vielfachen der Wellenlänge λ entspricht:

$$2a-b=i\lambda \qquad \text{mit } i=1;2;3;... \qquad 2.112$$

Aus der Abbildung liest man ab:

$$d=a\cos\alpha \qquad \frac{c}{2}=a\sin\alpha \qquad \frac{b}{c}=\sin\alpha \qquad 2.113$$

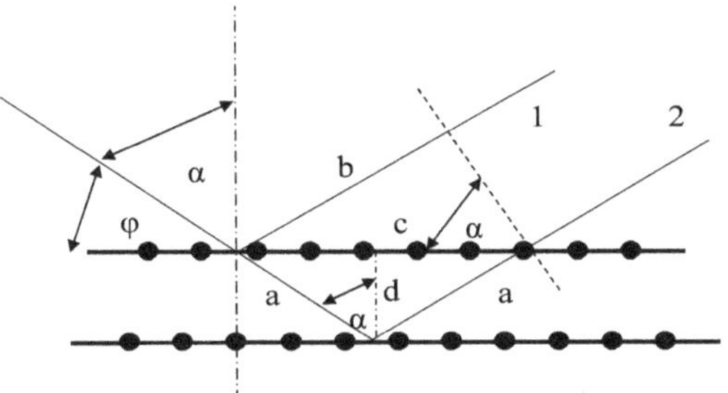

Abb. 2.19: Bragg-Reflexion an Netzebenen im Kristallgitter.

Durch Auflösen der ersten beiden Gleichungen nach a und c und anschließendes Einsetzen in die dritte Gleichung folgt:

$$b = 2\frac{d}{\cos\alpha}\sin^2\alpha \qquad 2.114$$

Aus Gl. 2.112 wird damit:

$$\frac{2d}{\cos\alpha} - \frac{2d\sin^2\alpha}{\cos\alpha} = 2d\left(\frac{1-\sin^2\alpha}{\cos\alpha}\right) = 2d\cos\alpha = i\lambda \qquad 2.115$$

Führt man den bei der Bragg-Reflexion gebräuchlicheren Winkel φ ein, so gilt wegen $\alpha = 90^o - \varphi$:

$$\boxed{2d\sin\varphi = i\lambda} \qquad 2.116$$

Die Bragg-Reflexion spielt bei **akusto-optischen Modulatoren** zur Güteschaltung von Lasern eine wichtige Rolle. Sie wird auch bei **Röntgenstrahlen** verwendet, um aus breitbandiger Röntgenstrahlung bestimmte Wellenlängen herauszufiltern bzw. um die Wellenlänge der Röntgenstrahlung zu bestimmen.

2.1.10 Doppelbrechung

Eine Erscheinung, die mit der Polarisation des Lichtes zu tun hat, ist die **Doppelbrechung**. Untersuchungen hierzu gehen auf Erasmus Bartholinus (1625–1698) zurück, der die Erscheinung 1669 erstmals an **isländischem Kalkspat** beschrieb. Er beobachtete ein durch das Snelliussche Brechungsgesetz nicht erklärbares Auftreten von **Doppelbildern**, wenn man Gegenstände durch einen Kalkspatkristall betrachtete. Doppelbrechung tritt bei Stoffen auf, die anisotrop sind. Bisher wurden nur optisch isotrope Materialien behandelt; das sind Stoffe, deren optische Eigenschaften nicht von der Richtung abhängen, in der das Licht sie passiert. Gas und Flüssigkeiten gehören naheliegender Weise dazu, aber auch amorphe Festkörper wie Gläser. Allerdings können durch Druck, elektrische Felder, Temperaturgradienten etc. auch Flüssigkeiten bzw. amorphe Festkörper doppelbrechend werden. Dies kann sich unter Umständen sehr störend bemerkbar machen, wie z.B. in Laserstäben. An dieser Stelle soll jedoch nur die Doppelbrechung an optisch anistropen Materialien behandelt werden. Die

Ursache der Anisotropie, d.h. der Richtungsabhängigkeit physikalischer Eigenschaften, ist der kristalline und damit periodische Aufbau des Stoffes.

Als Beispiel für die Doppelbrechung soll hier das klassische Material Bartholinus', der Kalkspat ($CaCO_3$), auch **Calcit** genannt, dienen. Abb. 2.20 zeigt einen Kalkspatrhomboeder in seiner üblichen Spaltform. Entscheidend sind hierbei die auftretenden Winkel, nicht die Kantenlängen. Abb. 2.20 lässt sich als längs der Linie AG gestauchter Würfel auffassen, der Winkel DAB, der beim Würfel 90° wäre, ist größer, nämlich 102°. Ebenso die Winkel BAE und DAE, sie sind auch 102°. Dafür werden die Winkel ADC, CBA, etc. entsprechend kleiner, nämlich 78°. Wird ein Calcitkristall gebrochen, müssen die Bruchkanten nicht notwendigerweise so lang sein wie in Abb. 2.20. Hier ist vielmehr der Spezialfall gezeichnet, dass die **kristallographische Hauptachse** Diagonale im Spaltstück ist. Das muss nicht so sein, die Kantenlängen könnten sich auch so ergeben, dass die kristallographische Hauptachse nur durch A oder nur durch G geht. Sie stellt überhaupt nur eine Richtung dar, die durch das Raumgitter der Atome vorgegeben wird. Im Calcit liegt bezüglich der Hauptachse eine dreizählige Symmetrie vor, d.h. man kann den Kristall um die Linie AG um jeweils 120° drehen, ohne die Zusammensetzung des Kristalls oder seine physikalischen Eigenschaften zu verändern. Dreht man gegen den Uhrzeigersinn, käme Punkt D bei B zu liegen, B bei E und E bei D.

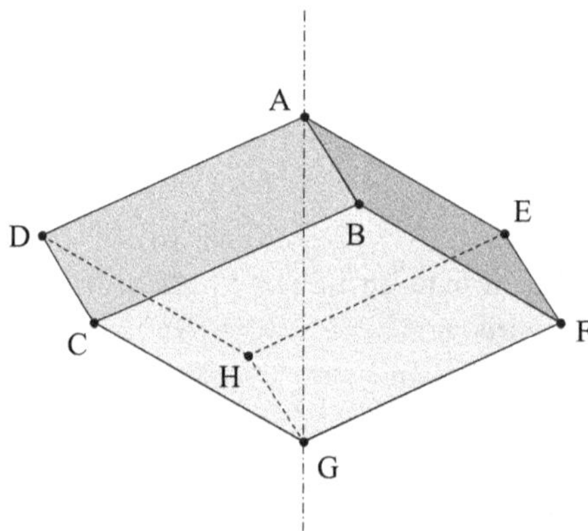

Abb. 2.20: Rhomboeder des Kalkspat.

Die Vorzugsrichtungen im Kristall haben Auswirkungen auf die optischen Eigenschaften des Kristalls. Zunächst breitet sich jegliches Licht, dessen Feldstärkevektor $\vec{E}$ senkrecht zur kristallographischen Hauptachse, auch **optische Achse** genannt, schwingt, ohne bemerkenswerte Besonderheiten im Kristall mit der Geschwindigkeit c_0 aus. Bei Ausbreitung eines Lichtstrahls in Richtung der optischen Achse ist also die Geschwindigkeit unabhängig von der Polarisation. Der Feldstärkevektor $\vec{E}$ schwingt immer senkrecht zur Ausbreitungsrichtung der Welle und damit ist er stets senkrecht zur optischen Achse. Für Licht, das senkrecht zur optischen Achsrichtung durch den Kristall läuft, kommt es auf die Polarisation an: schwingt der Feldstärkevektor $\vec{E}$ **senkrecht zur optischen Achsrichtung**, breitet sich die Welle gleichermaßen mit der **Geschwindigkeit** c_0 aus. Solches Licht wird, weil es sich ordentlich verhält, **ordentliches Licht** genannt. Der Index „o" ist also keine Null, sondern ein „o" wie „ordentlich". Licht, bei dem der Feldstärkevektor $\vec{E}$ parallel zur optischen Achse schwingt, verhält sich „**außerordentlich**", denn es breitet sich mit einer anderen – im Falle des Calcits höheren – Geschwindigkeit c_{ao} aus. Für Licht mit Feldstärkevektoren $\vec{E}$, die einen beliebigen Winkel zur optischen Achse bilden, liegt die Ausbreitungsgeschwindigkeit zwischen c_o und c_{ao}.

Welche Auswirkungen hat dieses außergewöhnliche Verhalten nun auf das Huygens–Fresnelsche Prinzip? Beim ordentlichen Strahl sind keine Veränderungen gegenüber der normalen Lichtausbreitung zu beobachten, die Elementarwellen sind Kugelwellen (Abb. 2.21). Anders verhält es sich beim außerordentlichen Strahl: hier haben die Elementarwellen die Form von Rotationsellipsoiden mit der optischen Achse als Symmetrieachse. Bei einer Ausbreitungsrichtung senkrecht zur optischen Achse schwingt der Vektor der elektrischen Feldstärke in Richtung der optischen Achse. Da die Ausbreitungsgeschwindigkeit beim Calcit hier höher ist als beim ordentlichen Strahl, bauchen sich die Elementarwellen aus.

Doch wie kann man nun die eingangs beschriebenen **Doppelbilder** damit erklären? Nun, die unterschiedlichen Ausbreitungsgeschwindigkeiten bedeuten natürlich auch unterschiedliche Brechzahlen für den ordentlichen und den außerordentlichen Strahl. Beim Kalkspat liegen sie bei $n_o = 1,6584$ und $n_{ao} = 1,4864$ [Hecht 1998]. Daraus ergibt sich, dass sich das außerordentliche Licht um einen Faktor 1,12 schneller ausbreitet als das ordentliche.

Zur Erklärung der Doppelbilder soll nun ein Schnitt durch einen Kalkspatkristall dergestalt geführt werden, dass er die kristallographische Hauptachse enthält. Ein solcher Schnitt wird Hauptschnitt genannt. In Abb. 2.22 ist der Hauptschnitt ABHG des Kristalls aus Abb. 2.20 gezeichnet. Die Werte der auftretenden Winkel sind 109° für BAH und BGH sowie 71° für ABG und AHG. Angenommen, Licht falle senkrecht auf die Fläche AB. Es sollen zwei mögliche Polarisationsrichtungen betrachtet werden: bei der ersten kann der Feldstärkevektor $\vec{E}$ senkrecht zur Zeichenebene schwingen (in Abb. 2.22 durch die drei Punkte angedeutet). Da die optische Achse in der Zeichenebene liegt, schwingt er auch automatisch senkrecht zu ihr. Damit gehört diese Polarisationsrichtung zum **ordentlichen Strahl**; die zugehörigen

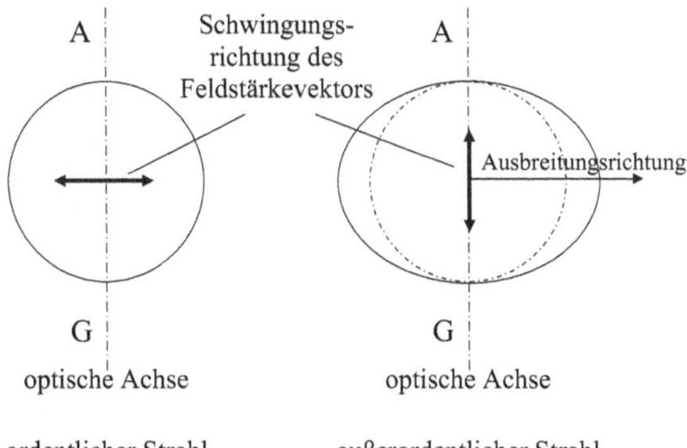

Abb. 2.21: Elementarwellen des ordentlichen und des außerordentlichen Strahls beim Kalkspat.

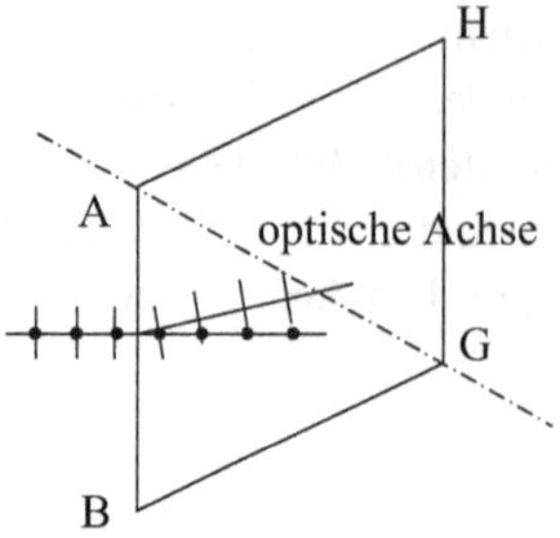

Abb. 2.22: Hauptschnitt durch den Kristall von Abb. 2.20.

Elementarwellen sind Kugelwellen und der Strahl tritt ohne Brechung in den Kristall ein (Abb. 2.23a). Komplizierter sind die Verhältnisse für den Fall, dass der Feldstärkevektor $\vec{E}$ in der Zeichenebene schwingt (Striche in Abb. 2.22). Die Elementarwellen für die Ausbreitung sind die oben eingeführten Rotationsellipsoide (Abb. 2.23b). Die kleinen Halbachsen der Schnitt-Ellipsen zeigen in Richtung der optischen Achse (strich-punktierte Linien). Die Phasenfront der Welle ergibt sich nach dem Huygens–Fresnelschen Prinzip als Überlagerung aller Elementarwellen. Nach Abb. 2.23b ist das räumlich eine Ebene parallel zur Eintrittsfläche des Kristalls. Man beachte aber, dass sich die Welle in Richtung der Pfeile ausbreitet. Obwohl also die entstandenen Phasenfronten zu denen der einfallenden Welle parallel sind, erfolgt eine **Richtungsablenkung des außerordentlichen Strahls**. Es findet erstaunlicherweise eine **Brechung** des Strahls statt, obwohl dieser senkrecht auf die Eintrittsfläche trifft. Dies widerspricht dem Snelliusschen Brechungsgesetz. So kommt es nach Abb. 2.22 zu einer Trennung des ordentlichen vom außerordentlichen Strahl. Die Strahlen sind senkrecht zueinander polarisiert.

Kalkspat ist ein Beispiel für einen **einachsigen Kristall**. Es gibt auch **zweiachsige Kristalle**, sie haben zwei optische Achsen und drei Brechungsindizes. Neben den **einachsig-negativen Kristallen**, zu denen Kalkspat zählt, gibt es noch **einachsig-positive Kristalle**. Bei ihnen ist die Ausbreitungsgeschwindigkeit beim außerordentlichen Strahl geringer als beim ordentlichen. Bei den Elementarwellen äußert sich das dadurch, dass der Rotationsellipsoid (zweite der Abb. 2.21) nicht breiter, sondern schlanker wird. Grundsätzlich zeigen nicht alle Kristalle Doppelbrechung. **Kubische Kristalle** verhalten sich zum Beispiel **optisch isotrop**. Die Doppelbrechung hat eine große Bedeutung bei der Erzeugung von polarisiertem Licht.

Eine wichtige Anwendung ist die **Veränderung** der Polarisation einer Lichtwelle. Schneidet man einen einachsig negativen Kristall so, dass die optische Achse parallel zur Ein- bzw. Austrittsfläche von Licht ist, wie es in Abb. 2.24 dargestellt ist, dann kommt es bei einer Welle, die senkrecht auftrifft, nicht zu einem räumlichen Auseinanderlaufen von ordentlichem und außerordentlichem Strahl. Es ist aber sehr wohl so, dass das außerordentliche Licht den Kristall schneller durchläuft als das ordentliche. Schickt man folglich linear polarisiertes Licht, dessen Feldstärkevektor $\vec{E}$ zur Richtung der optischen Achse einen 45°-Winkel bildet, wie skizziert durch den Kristall, wird die Feldstärke $\vec{E}_o$ gegen die Feldstärke $\vec{E}_{ao}$ verzögert. Es kommt also zu einer **Phasenverschiebung zwischen dem ordentlichen und dem außerordentlichen Strahl**. Wie groß sie ist, hängt von der durchlaufenen Strecke ab. Man hat also die Möglichkeit, durch Wahl der Kristalldicke die Phasenverschiebung einzustellen.

In Abb. 2.24 kommt es zu einer Phasenverschiebung um $\lambda/4$ bzw. 90°, das entstandene Licht ist **linkszirkular polarisiert** (Abb. 2.25). Ein Kristall mit dieser Wirkung wird als $\lambda/4$ **-Platte** bezeichnet und hat somit die Funktion, **linear polarisiertes Licht in zirkular polarisiertes** umzuwandeln.

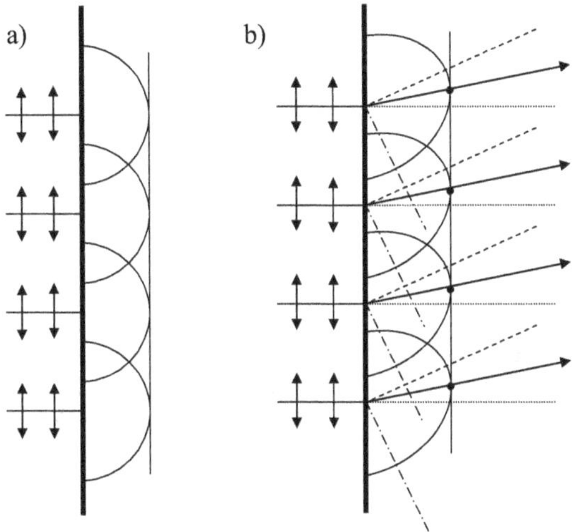

Abb. 2.23: Entstehung der Phasenfronten bei Doppelbrechung im ordentlichen (a) und außerordentlichen Strahl (b).

Würde die Dicke der Platte in Abb. 2.24 so gewählt, dass sich eine Phasenverschiebung von $\lambda/2$ bzw. 180° einstellt, entstünde wieder linear polarisiertes Licht, dessen Feldstärkevektor um 90° gegen seine ursprüngliche Richtung verdreht wurde. Die Wirkung dieser $\lambda/2$ -Platte ist wie die Wirkung von $\lambda/4$ -Platten natürlich nur auf eine definierte Wellenlänge beschränkt. Veränderungen der Wellenlänge führen in der Regel zu elliptisch polarisiertem Licht.

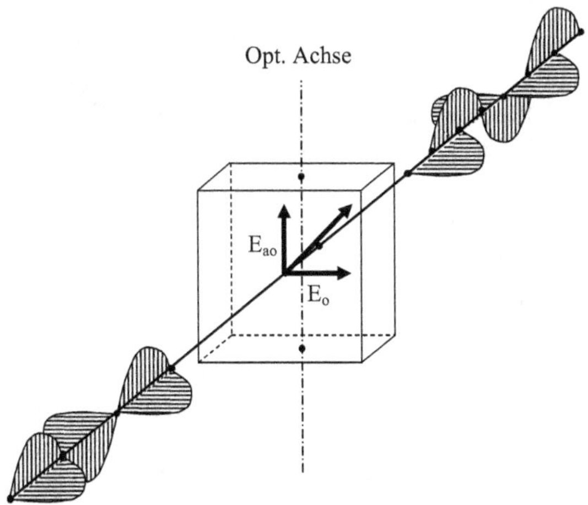

Abb. 2.24: Ein λ/4-Plättchen macht aus linear polarisiertem Licht zirkular polarisiertes. Der Feldstärkevektor des einfallenden Lichtes bildet zur Richtung der optischen Achse des Kristalls einen 45°-Winkel.

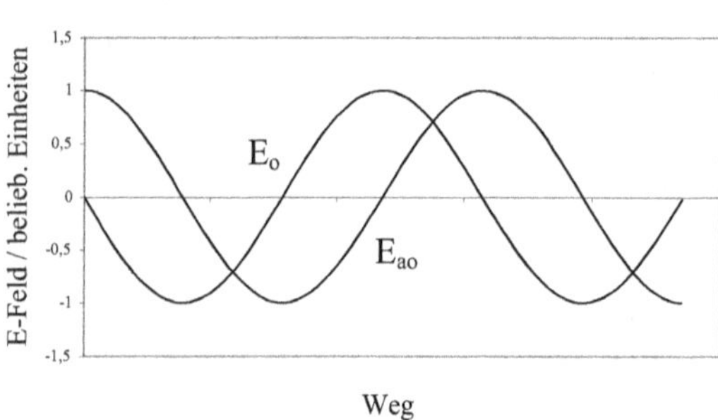

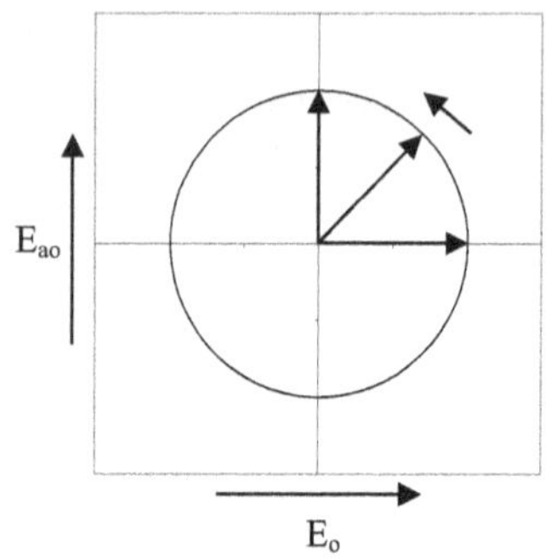

Abb. 2.25: Nach Durchlaufen der $\lambda/4$ -Platte eilt die außerordentliche Welle der ordentlichen um 90° voraus.

2.1.11 Optische Aktivität

Unter **optischer Aktivität** versteht man die Eigenschaft bestimmter Stoffe, die Polarisationsebene linear polarisierten Lichtes zu drehen. Für den **Drehwinkel** α von Lösungen gilt der verhältnismäßig einfache Zusammenhang

!

$$\boxed{\alpha = \gamma c d} \qquad 2.117$$

Es zeigt sich nämlich, dass der Drehwinkel proportional ist zur durchlaufenen Strecke d und zur Konzentration der Substanz, sofern es sich um eine wässrige Lösung handelt. γ ist eine Stoffkonstante und wird **spezifisches Drehvermögen** genannt. Verstehen lässt sich der Effekt, wenn man sich linear polarisiertes Licht als Überlagerung zweier zirkular polarisierter Wellen, einer **linkszirkularen** und einer **rechtszirkularen**, vorstellt. Der Summenvektor $\vec{E}$ der beiden Feldstärken schwingt in einer Ebene, wenn sich die beiden zirkular polarisierten Wellen mit gleicher Frequenz und ohne Phasenverschiebung mit gleicher Phasengeschwindigkeit ausbreiten. Es gibt aber einige Substanzen, für die das nicht gilt: die Phasengeschwindigkeit ist für die linkszirkulare Welle eine andere als für die rechtszirkulare. In Abb. 2.26 ist der Fall dargestellt, bei dem die rechtszirkulare Welle schneller durch das optisch aktive Material läuft als die linkszirkulare und damit eine größere Wellenlänge besitzt. Da die Frequenz der Wellen und damit die Winkelgeschwindigkeit, mit der sich die Feldstärkevektoren $\vec{E}_r$ und $\vec{E}_l$ im bzw. gegen den Uhrzeigersinn drehen, konstant bleiben, hat sich an einem gegebenen Ort der Feldstärkevektor $\vec{E}_l$ der langsameren Welle schon weiter gedreht als der Vektor $\vec{E}_r$ der schnelleren Welle. Das klingt paradox, ist aber so, denn durch die schnellere Ausbreitung ist die Drehung bei der Welle mit Feldstärke $\vec{E}_r$ erst an einem entfernteren Ort „vollendet". Wenn sich die beiden Feldstärkevektoren nach der halben mittleren Wellenlänge begegnen (mittlerer Kreis in Abb. 2.26), hat sich der aus der Überlagerung der beiden zirkularen Wellen ergebende Feldstärkevektor um den Winkel $\alpha/2$ verdreht, nach der vollen mittleren Wellenlänge (hinterster Kreis in Abb. 2.26) um den Winkel α. Die Feldstärke $\vec{E}$ ergibt sich an jedem Ort als Summe aus $\vec{E}_r$ und $\vec{E}_l$. Die Fläche, in der $\vec{E}$ schwingt, ist eine um die Ausbreitungsrichtung verdrillte Ebene. Die Substanz der Abb. 2.26 wird als **rechtsdrehend** bezeichnet, denn sie dreht im Uhrzeigersinn, wenn man in die Richtung blickt, aus der der Strahl kommt.

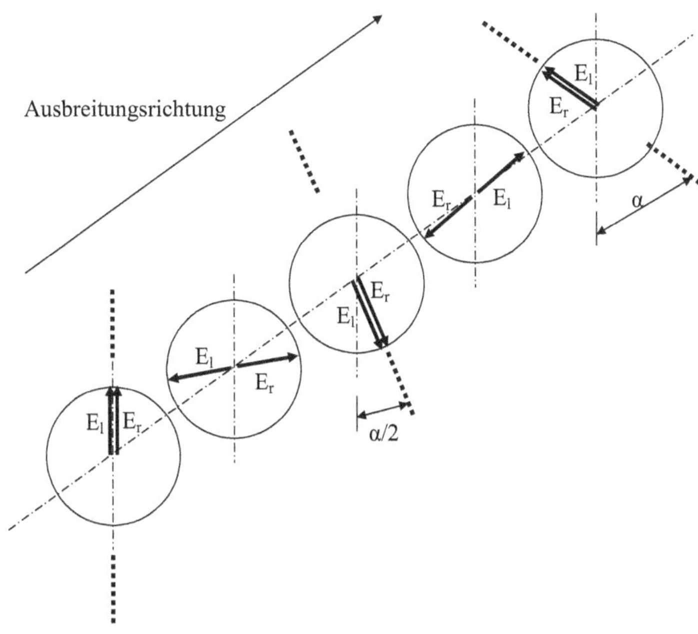

Abb. 2.26: Beispiel einer rechtsdrehenden optisch aktiven Substanz. Die rechtszirkulare Welle breitet sich in diesem Fall schneller aus als die linkszirkulare. Das führt zu einer Drehung der Schwingungsebene des einfallenden Lichtes.

Es gibt sowohl rechts- wie auch linksdrehende Substanzen. So ist zum Beispiel eine wässrige Lösung von **Rohrzucker** mit einem spezifischen Drehvermögen von $\gamma = +66{,}5°\frac{\text{cm}^3}{\text{dm}\cdot\text{g}}$ rechtsdrehend, während eine andere Zuckersorte, nämlich **Fruchtzucker**, mit einem spezifischen Drehvermögen von $\gamma = -91{,}90°\frac{\text{cm}^3}{\text{dm}\cdot\text{g}}$ linksdrehend ist. Beide Werte beziehen sich auf eine Wellenlänge von 589,3 nm [Zinth 2009].

Eine Lösung der Konzentration $10^{-2}\,\text{g/cm}^3$ würde bei einer Schichtdicke von 30 cm im Falle des Rohrzuckers zu einem Drehwinkel von

$$\alpha = +66{,}5°\frac{\text{cm}^3}{\text{dm}\cdot\text{g}}\cdot 10^{-2}\frac{\text{g}}{\text{cm}^3}\cdot 3\text{dm} = +2{,}0° \qquad 2.118$$

und im Falle des Fruchtzuckers zu einem Drehwinkel von

$$\alpha = -91{,}90°\frac{\text{cm}^3}{\text{dm}\cdot\text{g}}\cdot 10^{-2}\frac{\text{g}}{\text{cm}^3}\cdot 3\text{dm} = -2{,}76° \qquad 2.119$$

führen.

Voraussetzung für das Auftreten von optischer Aktivität sind **asymmetrisch gebaute Moleküle ohne Inversionszentrum**. Hierzu gehören insbesondere schraubenförmige Moleküle, die je nach Schraubensinn links- bzw. rechtsdrehend sind. Die optische Aktivität bietet damit auch die Möglichkeit, beim Auftreten verschiedener Drehsinne bei ein und derselben Substanz zwischen den beiden Händigkeiten zu unterscheiden. Hier liegt das Drehvermögen bereits im Aufbau des einzelnen Moleküls begründet. Es gibt aber auch Substanzen, bei denen der Aufbau des Kristallgitters Ursache der optischen Aktivität ist; sie verlieren diese Eigenschaft, wenn sie geschmolzen werden [Bergmann–Schaefer 1978]. Rohrzucker zeigt zum Beispiel beide Arten von optischer Aktivität. Ein ungewöhnlich hohes spezifisches Drehvermögen mit $\gamma = 325°/\text{mm}$ (bei einer Wellenlänge von 670,8 nm) zeigt **Zinnober** (HgS). Man beachte, dass es sich hierbei um einen Kristall, also einen Festkörper, handelt. Hier reduziert sich Gl. 2.117 auf

$$\boxed{\alpha = \gamma d} \qquad 2.120$$

Das spezifische Drehvermögen wird also in °/mm angegeben. Ein besonders interessantes und in der Optik viel verwendetes Material ist **Quarz**. Es kommt sowohl in der links- als auch in der rechtsdrehenden Version vor. Das spezifische Drehvermögen ist sehr stark von der Wellenlänge abhängig. Bei einer Wellenlänge von 275 nm liegt es bei 121,1°/mm, während es bei 1040 nm nur noch 6,69°/mm beträgt [Meschede 2006]. Die Wellenlängenabhängigkeit der optischen Aktivität wird **Rotationsdispersion** genannt.

2.1.12 Dichroismus

Die am häufigsten verwendeten, wenn auch nicht die besten Polarisatoren sind **dichroitische Folien**. Unter **Dichroismus** versteht man die bevorzugte Absorption einer bestimmten Schwingungsrichtung des elektrischen Feldstärkevektors $\vec{E}$ im Vergleich zu der dazu senkrechten Richtung. Im Bereich der Mikrowellen lässt sich dies einfach durch ein Drahtgitter realisieren, das nur diejenige Schwingungsrichtung des Feldstärkevektors passieren lässt, die senkrecht zu den Gitterstäben liegt (Abb. 2.27). Der Grund liegt einfach darin, dass die parallel zur Gitterrichtung schwingende Feldstärke die Elektronen im Metall zu Schwingungen anregt, so dass diese selbst wieder ein elektrisches Feld abstrahlen. Da dieses gegenphasig zur einfallenden Welle ist, wird die Welle gelöscht. Im Falle des senkrecht zur Gitterrichtung schwingenden Feldstärkevektors ist ein Mitschwingen der Elektronen nicht möglich, die Welle kann also das Gitter passieren.

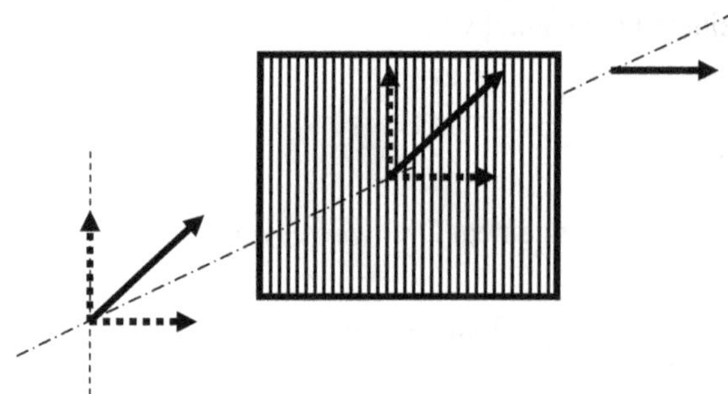

Abb. 2.27: Mikrowellen lassen sich mit Hilfe eines einfachen Metallgitters polarisieren.

Ein Übertragen dieser einfachen polarisierenden Wirkung auf den sichtbaren Spektralbereich ist nicht ohne weiteres möglich, da mit der sinkenden Wellenlänge gleichzeitig der erforderliche Gitterabstand sinkt, so dass bereits im mittleren Infrarot die Grenze der praktischen Realisierbarkeit erreicht wird. Im Sichtbaren ist man darauf angewiesen, das Gitter auf molekularer Ebene sinngemäß zu realisieren. Hier gelang E.H. Land (1909–1991), einem amerikanischen Physiker, die Herstellung der ersten **dichroitischen Folie**, nebenbei bemerkt im Alter von 19 Jahren. Die länglichen Kohlenwasserstoffmoleküle in **Polyvinylalkohol** wurden durch Erhitzung und Dehnung des Materials ausgerichtet und ihre Leitfähigkeit durch eine geeignete Dotierung erhöht. Damit ist ein gitterähnliches Gebilde geschaffen, mit dem sich sichtbares Licht polarisieren lässt.

Die „ausgelöschte“ Polarisation wird bei dichroitischen Folien weitgehend im Material absorbiert, was zur Erwärmung führt. Auch führt die wellenlängenabhängige Absorption dazu, dass bei Verwendung mit weißem Licht das transmittierte, polarisierte Licht einen mehr oder weniger starken **Farbstich** besitzt.

2.1.13 Lichtstreuung

Dass die Strahlenoptik die mit Licht im Zusammenhang stehenden Phänomene nur teilweise zu beschreiben vermag, wurde in diesem Abschnitt schon deutlich. Es gibt nun noch eine weitere Erscheinung, die mit der geometrischen Optik nur unzureichend erklärbar ist. Damit verbunden sind die Fragen, **warum der Himmel bei klarem Wetter blau ist**, warum es **Abend- und Morgenröte** gibt oder warum die Erde aus dem Weltall gesehen als „**blauer Planet**“ erscheint. All diese Phänomene lassen sich mit der Streuung des Lichtes erklären.

Die geometrische Optik geht im materiefreien Raum von einer geradlinigen Ausbreitung des Lichtes aus. Das bedeutet, dass ein Lichtstrahl nur dann sichtbar ist, wenn er direkt ins Auge fällt. Blickt man seitlich auf den Strahl, ist er unsichtbar. Vom energetischen Standpunkt her bleibt also die Energie des Lichtstrahls bis zum Zielort im Wesentlichen erhalten, da kein Energieverlust nach den Seiten hin vorkommt. Das das wohl zutrifft zeigt die Tatsache, dass z.B. Licht vom **Andromedanebel** 2,5 Millionen Lichtjahre zu uns unterwegs ist und trotz dieser unvorstellbar großen Wegstrecke wohl keine allzu großen Verluste erlitten hat. Außerdem ist nachts der Himmel schwarz. Würde man Lichtstrahlen von Himmelskörpern „von der Seite sehen“, wäre der Himmel auch nachts hell, denn die unzähligen die Erde verfehlenden Lichtstrahlen müssten dann durch ihre „seitlich“ abgestrahlte Energie eine Art Hintergrundbeleuchtung liefern.

Man könnte nun meinen, dass diese „verlustfreie“ Lichtausbreitung auch für Luft gilt. Jedenfalls liefern Hörsaalexperimente der Strahlenoptik zunächst keinen Hinweis auf Verluste durch seitliche Abstrahlung. Allerdings kennt man schon Situationen, in denen man einen Lichtstrahl von der Seite sehen kann: den Lichtkegel einer Straßenlampe im Nebel oder einen Laserstrahl, in den Zigarettenrauch geblasen wird. Diese Phänomene werden unter dem Begriff **Lichtstreuung** zusammengefasst. Übrigens findet auch im Hörsaalexperiment der Strahlenoptik Lichtstreuung statt, allerdings ist sie bei den Hörsaalentfernungen so schwach, dass das das Streulicht in aller Regel nicht wahrnehmbar ist und in guter Näherung vernachlässigt werden kann. Bei den Entfernungen innerhalb der Erdatmosphäre allerdings spielen diese Erscheinungen sehr wohl eine Rolle.

Notwendige Voraussetzung für jede Art von Lichtstreuung ist das Vorhandensein von Atomen, Molekülen oder von größeren Partikeln wie Wassertröpfchen im Nebel oder Rauchpartikel etc. Bei der Lichtstreuung wird zwischen **elastischer** und **inelastischer Streuung** unterschieden. Bei der inelastischen Streuung wird die Energie der einzelnen Lichtquanten verändert und das gestreute Licht hat demzufolge **eine andere Frequenz** als das einfallende Licht. Dies ist z.B. bei der **Raman-Streuung** der Fall, die in der Spektroskopie eine wichtige Rolle spielt. Auch die **Compton-Streuung** zählt zu den inelastischen Streuvorgängen, hier tritt bei Röntgenstrahlung eine Frequenzverschiebung bei der Streuung auf.

Die eingangs genannten Phänomene lassen sich durch **elastische Streuvorgänge** erklären. Nach Abb. 2.28 können hierbei je nach Teilchengröße drei Streuvorgänge unterschieden werden. Bei der **nichtselektiven Streuung** haben die Teilchen, an denen das Licht abgelenkt wird, einen Durchmesser d, der wesentlich **größer ist als die Lichtwellenlänge** ($d > 10\lambda$). Die Ablenkung des Lichtes lässt sich in diesem Fall auf mikroskopischer Ebene durch die Gesetze der **Brechung und der Reflexion** erklären. Die Ablenkung ist dabei **weitgehend unabhängig von der Wellenlänge**, die Streuung also **nicht wellenlängenselektiv**. Ein Beispiel hierfür ist die Streuung von Sonnenlicht an den Wassertröpfchen einer Wolke.

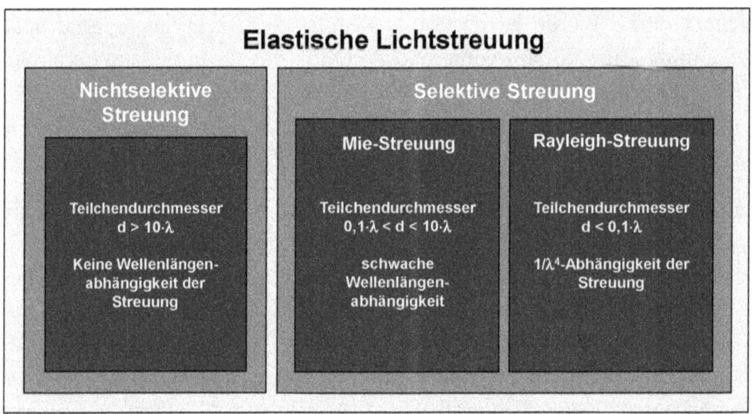

Abb. 2.28: Die elastische Lichtstreuung lässt sich in (wellenlängen)selektive und nicht(wellenlängen)selektive Streuung unterteilen, je nachdem, ob die Streuung von der Wellenlänge des Lichtes abhängt oder nicht.

Völlig anders sieht es dagegen aus, wenn die streuenden Teilchen wesentlich kleiner sind als die Wellenlänge ($d < 0{,}1\lambda$). Hierunter fallen insbesondere auch die Sauerstoff- und Stickstoffmoleküle der Luft. Sie absorbieren nicht im Bereich des sichtbaren Lichtes, sie haben nur im UV-Bereich Absorptionslinien. Sichtbares Licht kann also keine Übergänge anregen, sondern das elektrische Feld der Welle kann nur die **Elektronenhülle verzerren**. Die Moleküle **wirken dabei als Dipole**, die die Energie gleich wieder abstrahlen. Die Frequenz des Streulichts entspricht also der Frequenz der anregenden Welle. Wie bei einem fremdangeregten Oszillator wird die **Amplitude der Schwingung umso höher, je näher die Anregungsfrequenz der Resonanzfrequenz kommt**. Dementsprechend ist auch die Intensität des Streulichtes umso höher. Bei den o.g. Molekülen der Luft liegen die Resonanzfrequenzen (Absorptionslinien) im UV-Bereich, so dass bereits **für das blaue Licht eine deutliche Erhöhung der Streulichtintensität** bemerkt wird. Der Anstieg erfolgt mit der vierten Potenz der Frequenz f und ist somit proportional $1/\lambda^4$. Diese Streuung wird **Rayleigh-Streuung** genannt.

Diese Frequenzabhängigkeit hat zur Folge, dass über den Bereich des menschlichen Sehens von 380 nm bis 780 nm das blaue Licht ca. 18mal stärker gestreut wird als das rote. Das erklärt auch den eingangs erwähnten **blauen Himmel**. Ohne Streuung würde man am Himmel lediglich die Sonne sehen und drum herum wäre es schwarz wie die Nacht. So haben es die Apolloastronauten auf dem Mond erlebt, wo mangels Atmosphäre keinerlei Lichtstreuung stattfindet. Durch das Streulicht der Erdatmosphäre allerdings erscheint der Himmel blau, da blaues Licht weitaus stärker gestreut wird als rotes. Am Morgen und am Abend, wenn die Sonne nahe am Horizont steht, ist der Weg des Sonnenlichts durch die Atmosphäre besonders lang. Auf diesem Weg gehen die Blauanteile des Lichtes durch Streuung ganz verloren und auch die gelb-roten Anteile werden geschwächt, so dass der Betrachter die Sonne nur als gelbe und schließlich rote Scheibe am Horizont sieht. Etwa die Hälfte des gestreuten Lichtes wird ins Weltall zurückgestrahlt. Da es sich hierbei vorwiegend um blaues Licht handelt, erscheint unser Planet aus dem Weltall blau.

Unabhängig von der Wellenlängenabhängigkeit ist die Intensität des Streulichtes bei der Rayleigh-Streuung sehr viel kleiner als bei der nichtselektiven Streuung. Bei der Rayleigh-Streuung sind die Streuzentren relativ weit voneinander entfernt. Finden sich aber die streuenden Teilchen wie die Wassermoleküle zu kleinsten Tröpfchen zusammen, können die einzelnen Dipole **phasengleich schwingen**. Wie bei der konstruktiven Interferenz addieren sich daher die Feldstärken. Die Intensität als Quadrat der Feldstärke steigt damit stark an. Bei wachsenden Wassertröpfchen wird irgendwann der Durchmesser die Größenordnung der Lichtwellenlänge erreichen. Die Elektronenhüllen schwingen dann innerhalb des Tröpfchens nicht mehr phasengleich. Die starke Frequenzabhängigkeit der Rayleigh-Streuung geht verloren und die Abstrahlcharakteristik verändert sich: sie wird keulenförmig in Strahlrichtung. Diese **Mie-Streuung** (Abb. 2.28) zeigt nur noch eine **schwache Wellenlängenabhängigkeit**, die sich bei größer werdenden Teilchen ganz verliert.

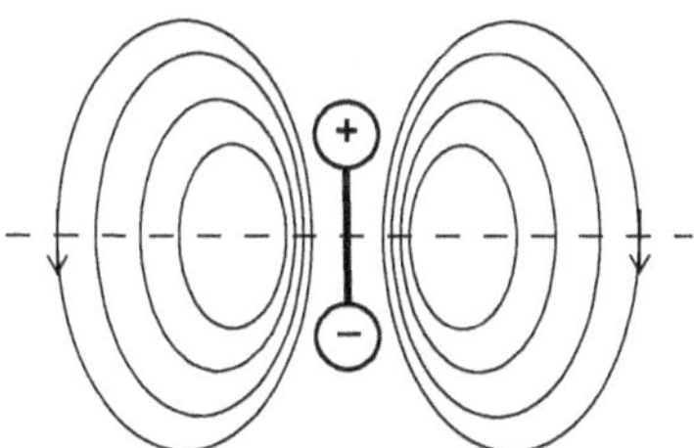

Abb. 2.29: Ein Dipol strahlt in Richtung seiner Dipolachse keine Energie ab. Die Abstrahlung ist in Richtung einer Ebene senkrecht zur Zeichenebene durch die gestrichelte Linie maximal.

Die Abstrahlung der Dipole führt bei der Rayleigh-Streuung je nach Blickrichtung zu einer **teilweisen oder vollständigen Polarisierung des Streulichts**. Bei einem Dipol ist die Abstrahlung in Richtung senkrecht zur Dipolachse maximal (Abb. 2.29), in Richtung der Dipolachse selbst strahlt der Dipol gar nichts ab. Ist das einfallende Licht unpolarisiert wie etwa das Sonnenlicht, dann können Dipole grundsätzlich in alle Richtungen senkrecht zur Ausbreitungsrichtung zeigen. Ein Beobachter, der den Dipol senkrecht zur Strahlrichtung beobachtet, sieht linear polarisiertes Licht (Abb. 2.30a), wenn die Dipolachse und damit der

Feldstärkevektor horizontal liegt. Bei einer vertikal stehenden Dipolachse (Abb. 2.30c) sieht der Beobachter gar kein Licht, denn in dieser Richtung strahlt der Dipol nichts ab. Für alle anderen Schwingungsrichtungen kann der Beobachter nur die horizontalen Komponenten des Feldstärkevektors sehen (Abb. 2.30b).

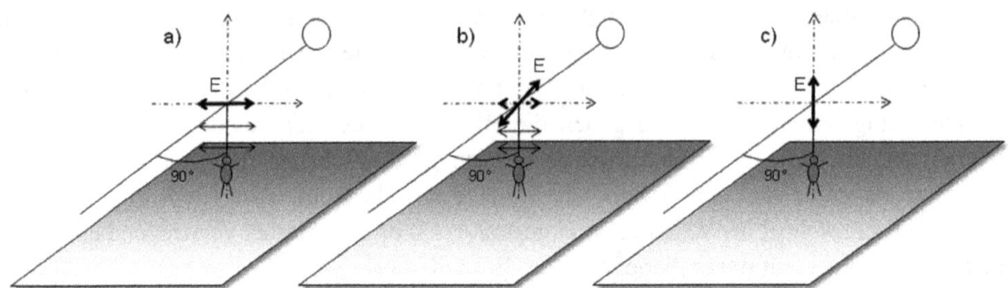

Abb. 2.30: Eine Person, die einen Sonnenstrahl senkrecht zu seiner Ausbreitungsrichtung beobachtet, sieht linear polarisiertes Licht, wenn der Feldstärkevektor des Strahls parallel zur Erdoberfläche schwingt (a). Schwingt er vertikal dazu, sendet der Dipol gar keine Strahlung senkrecht nach unten (c). Für alle anderen möglichen Schwingungsrichtungen sieht der Beobachter jeweils die horizontale Komponente des Feldstärkevektors (b).

Aufgaben

1. Ein Beugungsgitter liefere für monochromatisches Licht der Wellenlänge λ die 1. Ordnung bei $\eta = 36{,}39°$. Wird das Gitter in eine unbekannte Flüssigkeit getaucht, halbiere sich der Winkel. Wie groß ist die Brechzahl der Flüssigkeit?

2. Ein paralleles Lichtbündel bestehend aus den beiden Wellenlängen $\lambda_1 = 655\,\text{nm}$ und $\lambda_2 = 455\,\text{nm}$ fällt unter dem Winkel $\alpha = 8{,}77°$ (Abb. 2.31) auf ein Beugungsgitter mit der Gitterkonstanten $g = 2\,\mu\text{m}$. Welche Winkeldifferenz $\Delta\beta$ besteht zwischen den Beugungsmaxima erster Ordnung?

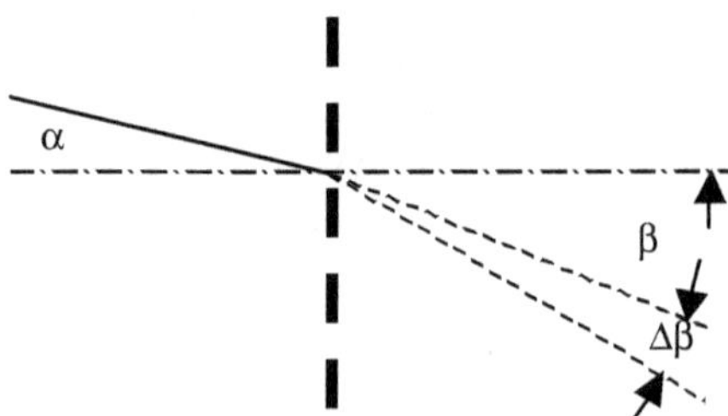

Abb. 2.31: Auch ein Lichtstrahl, der nicht senkrecht auf ein Beugungsgitter fällt, erfährt eine Beugung.

3. Ein paralleles Lichtbündel der Wellenlänge λ falle unter dem Einfallswinkel α_1 auf ein Beugungsgitter mit der Gitterkonstanten g (Abb. 2.32). Die n-te Beugungsordnung verlässt das Gitter unter dem Winkel α_2.

a) Welcher Zusammenhang besteht zwischen α_1, α_2, λ, g und n?

b) Für welche α_1 nimmt die durch $\alpha = \alpha_1 + \alpha_2$ gegebene Gesamtablenkung einen Extremwert an?

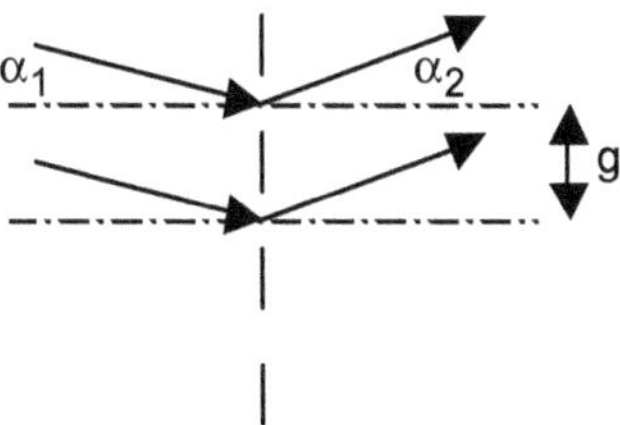

Abb. 2.32: Ein Lichtbündel fällt unter einem Winkel α_1 auf ein Beugungsgitter und verlässt es in n -ter Ordnung wieder unter dem Winkel α_2.

4. Licht der Wellenlänge 546,074 nm (Hg-Linie) falle unter dem Einfallswinkel $\alpha = 21{,}6°$ auf ein Beugungsgitter mit der Gitterkonstanten $g = 5\,\mu\text{m}$.

a) Unter welchem Winkel β (Abb. 2.33) wird das Licht der ersten Beugungsordnung beobachtet?
b) Welchen Wert würde β annehmen, wenn die ganze Anordnung in eine Flüssigkeit mit der Brechzahl $n = 1{,}333$ (Wasser) getaucht würde?

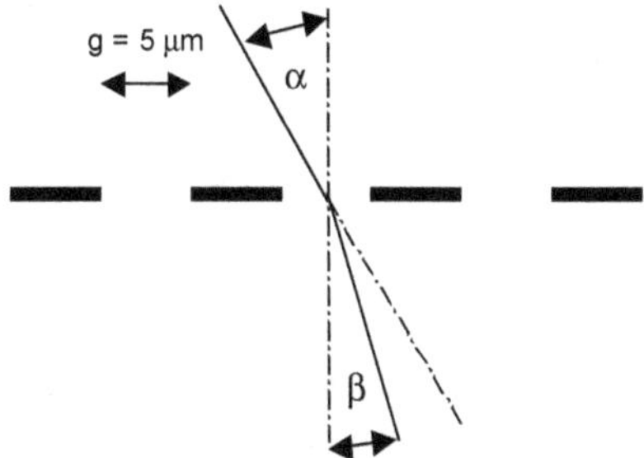

Abb. 2.33: Licht, das unter einem Winkel $\alpha = 21{,}6°$ auf ein Beugungsgitter der Gitterkonstanten $g = 5\,\mu\text{m}$ fällt, tritt unter einem Winkel β wieder aus.

5. Gegeben sei ein Beugungsgitter mit 1000 Spalten, einer Gitterkonstanten von $3\,\mu\text{m}$ und einer Spaltbreite von $1\,\mu\text{m}$, das mit Licht der Wellenlänge ($\lambda = 546{,}1\,\text{nm}$) einer Quecksilberspektrallampe ausgeleuchtet werde.

a) Um welche Ordnung handelt es sich, wenn unter dem Winkel von 21,35° ein Maximum beobachtet wird?
b) Wie groß ist das Verhältnis ψ / ψ_0 für das Maximum 1. Ordnung (das ist nicht die unter a) gesuchte Ordnung!)?
c) Wie groß ist das Verhältnis der Intensität der 1. Ordnung zu der der 0. Ordnung?
d) Wie viele ausgeleuchtete Spalte müsste das Gitter haben, damit man damit in 4. Ordnung die gleiche Auflösung erreicht wie mit dem oben beschriebenen Gitter mit 1000 Spalten in 2. Ordnung?
e) Bei welcher Wellenlänge beträgt im Falle d) der kleinste auflösbare Wellenlängenabstand $\Delta\lambda = 0{,}167\,\text{nm}$?

6. Ein punktförmiger Sender S emittiere eine elektromagnetische Welle (Abb. 2.34). An einem Punkt P trifft sowohl die direkte Welle von S als auch die an einem Spiegel reflektierte Welle ein. Es kommt zur Interferenz.

a) Für welche Abstände x von der Quelle tritt konstruktive Interferenz ein?

b) Welche spezielle Bedingung resultiert aus a) für den Fall $x = 0$?

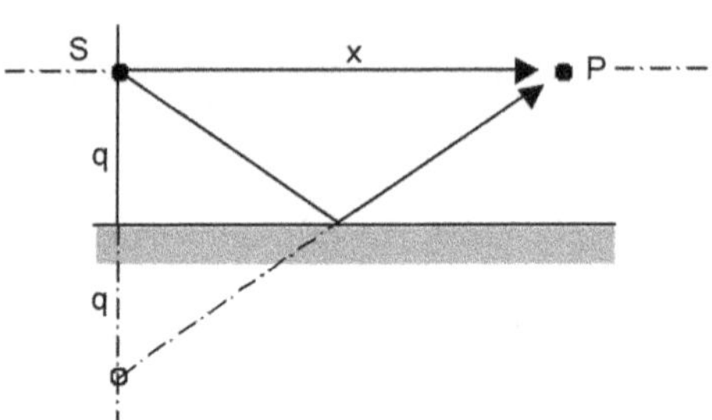

Abb. 2.34: Im Punkt *P* kommt es zur Interferenz des direkten Lichts mit dem gespiegelten Strahl.

7. Eine (einfache) Art der Entspiegelung optischer Oberflächen ist das Aufdampfen dünner, dielektrischer Schichten. Sie sollen durch destruktive Interferenz Reflexionen an der Oberfläche vermeiden. Wie dick muss eine dielektrische Schicht ($n_d = 1{,}33$) sein, um bei senkrechtem Lichteinfall auf einer Glasplatte ($n_G = 1{,}52$) Reflexionen bei einer Wellenlänge von $\lambda = 632{,}8\,\text{nm}$ zu mindern?

8. Mit einem Michelson-Interferometer (Abb. 2.35) soll der Brechungsindex von Luft, der geringfügig über 1 liegt, bestimmt werden. Dazu werde ein Laserstrahl der Wellenlänge $\lambda = 632{,}8\,\text{nm}$ mittels halbdurchlässigem Spiegel R50 in zwei senkrecht zueinander verlaufende Strahlen zerlegt. Der eine Strahl wird an einem Spiegel Sp1 reflektiert. Der andere Strahl durchläuft eine evakuierbare Glasröhre der Länge $L = 0{,}1\,\text{m}$, wird an einem Spiegel Sp2 reflektiert und durchläuft die Röhre abermals. Durch den Spiegel R50 gelangen die beiden Strahlen auf einen Schirm und interferieren miteinander. Im Anfangszustand befindet sich in der Röhre Luft und auf dem Schirm wird Helligkeit beobachtet. Wird die Röhre langsam evakuiert, verkürzt sich die Laufzeit und es kommt auf dem Schirm im Wechsel zu destruktiver und konstruktiver Interferenz. Wie groß ist die Brechzahl von Luft, wenn bis zur vollständigen Evakuierung 93 Hell–Dunkel-Übergänge gezählt werden?

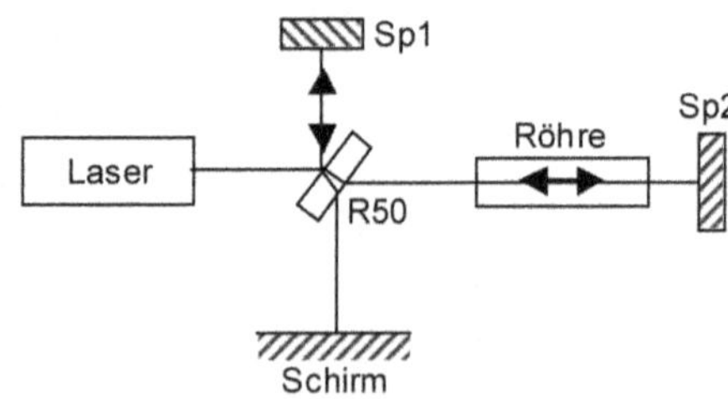

Abb. 2.35: Bestimmung der Brechzahl von Luft mit einem Michelson-Interferometer.

2.2 Lichtreflexion an Grenzschichten

In Kap. 1.1.2. wurde mit dem Snelliusschen Brechungsgesetz die Lichtbrechung an Grenzschichten behandelt. Dabei wurde aber keine Rücksicht darauf genommen, ob alle Strahlungsenergie durch die Grenzschicht dringt oder ob vielleicht ein Anteil im Herkunftsmedium bleibt. In der Tat ist es so, dass je nach Einfallswinkel ein gewisser Anteil von Strahlungsenergie an der Oberfläche reflektiert wird und nicht ins Medium eindringt. Es soll daher das Verhalten von Grenzschichten genauer untersucht werden. Insbesondere lässt sich mit der folgenden Theorie auch die Reflexion an Metalloberflächen beschreiben.

2.2.1 Die Fresnelschen Formeln

Ausgangspunkt der Überlegung ist ein Lichtbündel mit der Querschnittsfläche A und der **Strahlungsleistung** Φ_e, das nach Abb. 2.36 unter einem Einfallswinkel α auf eine Grenzschicht trifft. Diese trennt ein Medium mit der Brechzahl n_1 von einem mit der Brechzahl n_2. Ein Teil der Leistung, nämlich Φ_r, wird an der Oberfläche nach dem Reflexionsgesetz reflektiert, der andere Teil Φ_b wird unter dem Winkel β gebrochen und dringt in das Medium ein. Das reflektierte Bündel hat die gleiche Querschnittsfläche A wie das einfallende Bündel, das gebrochene dagegen hat die vergrößerte Fläche A^*. Die Projektionen der Flächen A und A^* in Strahlrichtung auf die Grenzfläche müssen gleich sein:

$$\frac{A}{\cos\alpha} = \frac{A^*}{\cos\beta} \quad \text{bzw.} \quad \frac{A^*}{A} = \frac{\cos\beta}{\cos\alpha} \qquad 2.121$$

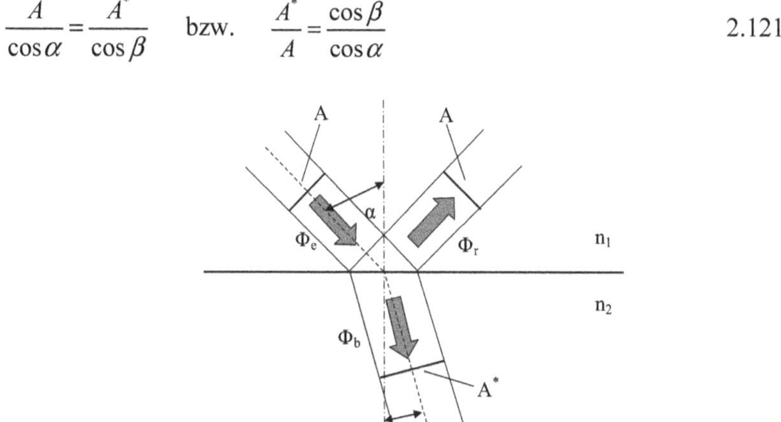

Abb. 2.36: Ein Lichtbündel mit der Leistung Φ_e fällt auf eine Grenzschicht, die zwei Medien mit Brechzahl n_1 und n_2 voneinander trennt.

Nimmt man an, dass keine Energie durch Streuung oder Absorption verlorengeht, muss für alle Lichtbündel zusammen der **Energiesatz** gelten. Die einfallende Strahlungsleistung muss also gleich der reflektierten und gebrochenen sein:

$$\Phi_e = \Phi_r + \Phi_b \qquad 2.122$$

Die Leistung Φ lässt sich ausdrücken durch die Strahlungsflussdichte ψ multipliziert mit der jeweiligen Fläche:

$$\psi_e A = \psi_r A + \psi_b A^* \qquad 2.123$$

Unter Benutzung von 2.121 gewinnt man daraus:

$$\psi_e = \psi_r + \psi_b \frac{\cos\beta}{\cos\alpha} \qquad 2.124$$

Um die Vorgänge an der Grenzschicht untersuchen zu können, muss man mit

$$\psi = \sqrt{\frac{\varepsilon_0 \varepsilon_r}{\mu_0 \mu_r}} E^2 \qquad 2.125$$

die **Feldstärke** E einführen. ε_r ist die Permittivitätszahl, μ_r die Permeabilitätszahl. Für letztere gilt bei den weitaus meisten optischen Substanzen $\mu_r \approx 1$. Gl. 2.124 lässt sich damit wie folgt schreiben:

$$\sqrt{\frac{\varepsilon_0 \varepsilon_{r1}}{\mu_0}} E_e^2 = \sqrt{\frac{\varepsilon_0 \varepsilon_{r1}}{\mu_0}} E_r^2 + \sqrt{\frac{\varepsilon_0 \varepsilon_{r2}}{\mu_0}} E_b^2 \frac{\cos\beta}{\cos\alpha} \qquad 2.126$$

Für die Phasengeschwindigkeiten der elektromagnetischen Wellen in Vakuum bzw. optischen Medien mit der Permittivitätszahl ε_1 und ε_2 gilt:

$$c_o = \frac{1}{\sqrt{\varepsilon_0 \mu_0}} \qquad c_1 = \frac{1}{\sqrt{\varepsilon_0 \mu_0 \varepsilon_{r1} \mu_{r1}}} \qquad c_2 = \frac{1}{\sqrt{\varepsilon_0 \mu_0 \varepsilon_{r2} \mu_{r2}}} \qquad 2.127$$

Damit erhält man für die Brechzahlen n_1 und n_2 in den Medien:

$$n_1 = \frac{c_0}{c_1} = \sqrt{\varepsilon_{r1} \mu_{r1}} \approx \sqrt{\varepsilon_{r1}} \qquad n_2 \approx \sqrt{\varepsilon_{r2}} \qquad 2.128$$

Damit schreibt man Gl. 2.126 in folgender Weise:

$$n_1 E_e^2 = n_1 E_r^2 + n_2 E_b^2 \frac{\cos\beta}{\cos\alpha} \qquad 2.129$$

bzw.

$$(E_e - E_r)(E_e + E_r) = E_b^2 \frac{n_2 \cos\beta}{n_1 \cos\alpha} \qquad 2.130$$

Zur weiteren Behandlung des Problems muss nun zwischen den verschiedenen Polarisationsrichtungen unterschieden werden. Man unterscheidet zwischen **senkrechter** und **paralleler** Polarisation. Ein Strahl ist senkrecht zur Einfallsebene polarisiert, wenn sein Feldstärkevektor $\vec{E}$ senkrecht zur Einfallsebene schwingt. Parallele Polarisation heißt, dass er in der Einfallsebene schwingt. Es sei zunächst die **senkrechte Polarisation** behandelt. Hier trifft der

Feldstärkevektor $\vec{E}$ stets tangential auf die Oberfläche, unabhängig vom Einfallswinkel α. An der Grenzfläche muss die Feldstärke stetig sein, so dass gilt

$$E_{es} + E_{rs} = E_{bs} \tag{2.131}$$

Dividiert man die für senkrechte Polarisation unverändert gültige Gl. 2.130

$$(E_{es} - E_{rs})(E_{es} + E_{rs}) = E_{bs}^2 \frac{n_2 \cos\beta}{n_1 \cos\alpha} \tag{2.132}$$

durch Gl. 2.131, erhält man den einfachen Zusammenhang:

$$E_{es} - E_{rs} = E_{bs} \frac{n_2 \cos\beta}{n_1 \cos\alpha} \tag{2.133}$$

Eliminiert man mit Gl. 2.131 E_{bs}, erhält man eine Gleichung, in der nur noch E_{es} und E_{rs} vorkommen:

$$E_{es} - E_{rs} = (E_{es} + E_{rs}) \frac{n_2 \cos\beta}{n_1 \cos\alpha}$$

bzw.

$$E_{es}\left(1 - \frac{n_2 \cos\beta}{n_1 \cos\alpha}\right) = E_{rs}\left(\frac{n_2 \cos\beta}{n_1 \cos\alpha} + 1\right) \tag{2.134}$$

Damit erhält man für das **Reflexionsverhältnis für senkrechte Polarisation**:

$$\boxed{r_s = \frac{E_{rs}}{E_{es}} = \frac{n_1 \cos\alpha - n_2 \cos\beta}{n_1 \cos\alpha + n_2 \cos\beta}} \tag{2.135}$$

Das **Transmissionsverhältnis für senkrechte Polarisation** gewinnt man, indem man mit Gl. 2.131 nicht E_{bs}, sondern E_{rs} in Gl. 2.133 eliminiert:

$$E_{es} + E_{es} - E_{bs} = E_{bs} \frac{n_2 \cos\beta}{n_1 \cos\alpha} \quad \text{bzw.} \quad 2E_{es} = E_{bs}\left(1 + \frac{n_2 \cos\beta}{n_1 \cos\alpha}\right) \tag{2.136}$$

Damit erhält man:

$$\boxed{t_s = \frac{E_{bs}}{E_{es}} = \frac{2}{1 + \frac{n_2 \cos\beta}{n_1 \cos\alpha}} = \frac{2 n_1 \cos\alpha}{n_1 \cos\alpha + n_2 \cos\beta}} \tag{2.137}$$

Die Brechzahlen lassen sich mit Hilfe des Brechungsgesetzes

$$\frac{\sin\alpha}{\sin\beta} = \frac{n_2}{n_1} \tag{2.138}$$

eliminieren, so dass man für r_s und t_s folgende Ausdrücke gewinnt:

! $$r_s = \frac{\sin\beta\cos\alpha - \sin\alpha\cos\beta}{\sin\beta\cos\alpha + \sin\alpha\cos\beta} \quad \text{bzw.} \quad \boxed{r_s = -\frac{\sin(\alpha-\beta)}{\sin(\alpha+\beta)}} \qquad 2.139$$

! $$t_s = \frac{2\cos\alpha}{\cos\alpha + \frac{\sin\alpha}{\sin\beta}\cos\beta} \quad \text{bzw.} \quad \boxed{t_s = \frac{2\sin\beta\cos\alpha}{\sin(\alpha+\beta)}} \qquad 2.140$$

Man beachte, dass es sich hierbei um ein **Verhältnis von Feldstärken** handelt. Würde zum Beispiel Strahlung von einem optisch dünneren Medium auf ein optisch dichteres Medium treffen, würde der Strahl zum Lot hin gebrochen, so dass $\alpha > \beta$ ist. Da α maximal den Wert 90° annehmen kann, wird also $\alpha - \beta$ stets größer Null sein, gleichzeitig bleibt $\alpha + \beta < 180°$, so dass die beiden Sinusfunktionen in Gl. 2.139 positiv sind. Wegen des Minuszeichens vor dem Bruch ist damit r_s stets negativ. Als Quotient der Feldstärken E_{rs} und E_{es} müssen diese also stets unterschiedliche Vorzeichen haben. Oder anders ausgedrückt: **bei der Reflexion am optisch dichteren Medium wechselt die Feldstärke das Vorzeichen**, was einem Phasensprung um 180° entspricht. Für die Transmission ist t_s für die in Frage kommenden Winkel stets positiv, so dass der Feldstärkevektor beim gebrochenen Strahl seine Richtung beibehält.

Eliminiert man in den Gl. 2.135 und 2.137 mit Gl. 2.138 nicht die Brechzahlen, sondern den Winkel β, erhält man eine andere Form des Reflexions- bzw. Transmissionsverhältnisses für senkrechte Polarisation:

$$r_s = \frac{n_1\cos\alpha - n_2\sqrt{1-\sin^2\beta}}{n_1\cos\alpha + n_2\sqrt{1-\sin^2\beta}} = \frac{n_1\cos\alpha - n_2\sqrt{1-\left(\frac{n_1}{n_2}\sin\alpha\right)^2}}{n_1\cos\alpha + n_2\sqrt{1-\left(\frac{n_1}{n_2}\sin\alpha\right)^2}} \qquad 2.141$$

$$t_s = \frac{2n_1\cos\alpha}{n_1\cos\alpha + n_2\sqrt{1-\sin^2\beta}} = \frac{2n_1\cos\alpha}{n_1\cos\alpha + n_2\sqrt{1-\left(\frac{n_1}{n_2}\sin\alpha\right)^2}} \qquad 2.142$$

Oder anders geschrieben:

! $$\boxed{r_s = \frac{\cos\alpha - \sqrt{(n_2/n_1)^2 - \sin^2\alpha}}{\cos\alpha + \sqrt{(n_2/n_1)^2 - \sin^2\alpha}} \qquad t_s = \frac{2\cos\alpha}{\cos\alpha + \sqrt{(n_2/n_1)^2 - \sin^2\alpha}}} \qquad 2.143$$

Das ist das **Reflexions- bzw. Transmissionsverhältnis für senkrechte Polarisation**. Bei r_s und t_s handelt es sich um das Verhältnis zweier Feldstärken. Bei Messungen werden aber stets energetische Größen gemessen, z.B. die Strahlungsflussdichte ψ, die quadratisch von der Feldstärke abhängt. Es ist daher für die Praxis zweckmäßiger, den sich auf die energetischen Größen beziehenden Reflexionsgrad ρ_s und Transmissiongrad τ_s anzugeben. Nach Gl. 2.129 gilt:

$$\frac{E_r^2}{E_e^2}+\frac{E_b^2}{E_e^2}\frac{n_2\cos\beta}{n_1\cos\alpha}=1 \qquad 2.144$$

Mit

$$\rho_s=r_s^2=\frac{E_{rs}^2}{E_{es}^2} \qquad \text{bzw.} \qquad \tau_s=t_s^2\frac{n_2\cos\beta}{n_1\cos\alpha}=\frac{E_{bs}^2}{E_{es}^2}\frac{n_2\cos\beta}{n_1\cos\alpha} \qquad 2.145$$

nimmt der Energiesatz für die senkrechte Polarisation die folgende Form an:

$$\boxed{\rho_s+\tau_s=1} \qquad 2.146$$

!

ρ_s gewinnt man also einfach durch Quadrieren, bei τ_s geht man von Gl. 2.137 aus:

$$\tau_s=\left(\frac{2n_1\cos\alpha}{n_1\cos\alpha+n_2\cos\beta}\right)^2\frac{n_2\cos\beta}{n_1\cos\alpha}=\frac{4n_1n_2\cos\alpha\cos\beta}{\left(n_1\cos\alpha+n_2\cos\beta\right)^2} \qquad 2.147$$

Eliminieren von n_2 mittels Brechungsgesetz (Gl. 2.138) liefert:

$$\tau_s=\frac{4n_1^2\dfrac{\sin\alpha}{\sin\beta}\cos\alpha\cos\beta}{\left(n_1\cos\alpha+n_1\dfrac{\sin\alpha}{\sin\beta}\cos\beta\right)^2}=\frac{4\sin\alpha\sin\beta\cos\alpha\cos\beta}{\left(\sin\beta\cos\alpha+\sin\alpha\cos\beta\right)^2} \qquad 2.148$$

Anwendung der Beziehung $\sin(2\alpha)=2\sin\alpha\cos\alpha$ sowie oben bereits angewandter Additionstheoreme liefert schließlich:

$$\tau_s=\frac{\sin(2\alpha)\sin(2\beta)}{\sin^2(\alpha+\beta)} \qquad 2.149$$

Natürlich lässt sich auch hier – ausgehend von Gl. 2.147 – statt n_2 der Winkel β eliminieren:

$$\tau_s=\frac{4n_1\cos\alpha\sqrt{n_2^2-\left(n_1\sin\alpha\right)^2}}{\left(n_1\cos\alpha+\sqrt{n_2^2-\left(n_1\sin\alpha\right)^2}\right)^2} \qquad 2.150$$

Zusammenfassend gilt für den **Reflexionsgrad ρ_s und den Transmissionsgrad τ_s für die senkrechte Polarisation**:

!

$$\rho_s = \left(-\frac{\sin(\alpha-\beta)}{\sin(\alpha+\beta)} \right)^2 \qquad \rho_s = \left(\frac{\cos\alpha - \sqrt{(n_2/n_1)^2 - \sin^2\alpha}}{\cos\alpha + \sqrt{(n_2/n_1)^2 - \sin^2\alpha}} \right)^2 \qquad 2.151$$

!

$$\tau_s = \frac{\sin(2\alpha)\sin(2\beta)}{\sin^2(\alpha+\beta)} \qquad \tau_s = \frac{4n_1\cos\alpha\sqrt{n_2^2-(n_1\sin\alpha)^2}}{\left(n_1\cos\alpha+\sqrt{n_2^2-(n_1\sin\alpha)^2}\right)^2} \qquad 2.152$$

Der Leser mag die Gültigkeit von Gl. 2.146 mit den beiden Versionen von ρ_s und τ_s überprüfen.

Etwas schwieriger sind die Verhältnisse bei der Polarisation des Feldstärkevektors **parallel zur Einfallsebene**. Obwohl in der Optik der magnetische Anteil der Welle selten betrachtet wird, ist es hier zweckmäßig, darauf zurückzugreifen. Betrachtet man die elektromagnetische Welle wie sie in Kap. 2.1.1. (Abb. 2.1) eingeführt wurde, so erkennt man, dass elektrisches und magnetisches Feld senkrecht aufeinander stehen und beide wiederum senkrecht zur Ausbreitungsrichtung sind. Überträgt man dies auf die hier betrachtete Situation, so erkennt man mit Hilfe der Abb. 2.37, dass für den Fall paralleler Polarisation stets das magnetische Feld $\vec{H}$ tangential zur Grenzfläche ist. Die bei senkrechter Polarisation benutzte Stetigkeitsbedingung für das elektrische Feld gilt hier analog für das magnetische. Ausgehend von Gl. 2.123 lässt sich die Strahlungsflussdichte unter Benutzung der zu Gl. 2.125 analogen Gleichung für das Magnetfeld

$$\psi = \sqrt{\frac{\mu_0\mu_r}{\varepsilon_0\varepsilon_r}} H^2 \qquad 2.153$$

in der Form

$$\sqrt{\frac{\mu_0\mu_{r1}}{\varepsilon_0\varepsilon_{r1}}} H_e^2 = \sqrt{\frac{\mu_0\mu_{r1}}{\varepsilon_0\varepsilon_{r1}}} H_r^2 + \sqrt{\frac{\mu_0\mu_{r2}}{\varepsilon_0\varepsilon_{r2}}} H_b^2 \frac{\cos\beta}{\cos\alpha} \qquad 2.154$$

schreiben. Diese Gleichung lässt sich mittels der in Gln. 2.127 bis 2.130 gemachten Näherungen und Umformungen in analoger Weise bearbeiten, so dass man schließlich – für die parallele Polarisation – erhält:

$$(H_{ep} - H_{rp})(H_{ep} + H_{rp}) = \frac{n_1}{n_2} H_{bp}^2 \frac{\cos\beta}{\cos\alpha} \qquad 2.155$$

Analog zu Gl. 2.131 lässt sich nun die Stetigkeitsbedingung für das Magnetfeld formulieren:

$$H_{ep} + H_{rp} = H_{bp} \qquad 2.156$$

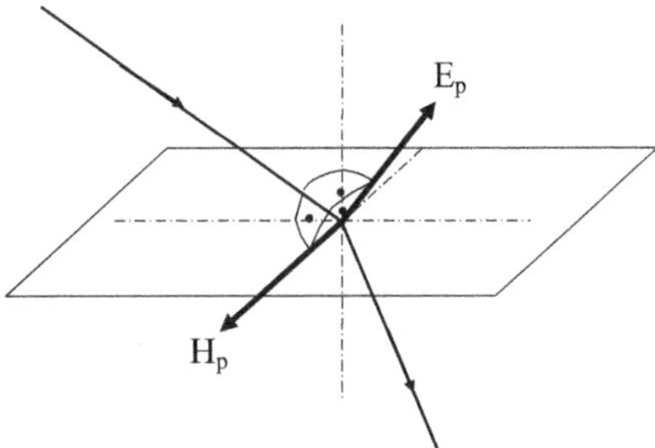

Abb. 2.37: Bei parallel zur Einfallsebene polarisiertem Licht trifft der Vektor der magnetischen Feldstärke tangential auf die Grenzfläche. Man beachte, dass H_P zwar den Index „p“ trägt, aber eigentlich senkrecht zur Einfallsebene gerichtet ist.

Formal stimmen diese beiden Gleichungen mit Gl. 2.132 und Gl. 2.131 überein; tauscht man jeweils E_s gegen H_p sowie n_1 gegen n_2 und n_2 gegen n_1, erhält man analog zu Gl. 2.135 und 2.137 folgende Quotienten:

$$\frac{H_{rp}}{H_{ep}} = \frac{n_2 \cos\alpha - n_1 \cos\beta}{n_2 \cos\alpha + n_1 \cos\beta} \qquad 2.157$$

und

$$\frac{H_{bp}}{H_{ep}} = \frac{2n_2 \cos\alpha}{n_2 \cos\alpha + n_1 \cos\beta} \qquad 2.158$$

Leider stimmen diese Quotienten noch nicht mit den gesuchten Verhältnissen der Feldstärken überein. Um das **Reflexionsverhältnis r_p sowie das Transmissionsverhältnis t_p für parallele Polarisation** zu erhalten, muss man mit dem aus Gl. 2.125 und 2.153 folgenden Zusammenhang

$$\psi = \sqrt{\frac{\varepsilon_0\varepsilon_r}{\mu_0\mu_r}}E^2 = \sqrt{\frac{\mu_0\mu_r}{\varepsilon_0\varepsilon_r}}H^2 \quad \text{bzw.} \quad H = \sqrt{\frac{\varepsilon_0\varepsilon_r}{\mu_0\mu_r}}E \qquad 2.159$$

die entsprechenden Feldstärkequotienten bilden. Für das Reflexionsverhältnis ist dies einfach, denn mit

$$r_p = \frac{E_{rp}}{E_{ep}} = \frac{\sqrt{\frac{\mu_0\mu_{r1}}{\varepsilon_0\varepsilon_{r1}}}H_{rp}}{\sqrt{\frac{\mu_0\mu_{r1}}{\varepsilon_0\varepsilon_{r1}}}H_{ep}} = \frac{H_{rp}}{H_{ep}} \qquad 2.160$$

sind die Verhältnisse der elektrischen und magnetischen Feldstärken gleich. Dies ist deshalb der Fall, weil für den einfallenden und den reflektierten Strahl die Brechzahlen gleich sind.

Die Wurzeln in Gl. 2.160 lassen sich folglich kürzen. Es folgt somit zusammen mit Gl. 2.157:

$$\boxed{r_p = \frac{n_2 \cos\alpha - n_1 \cos\beta}{n_2 \cos\alpha + n_1 \cos\beta}} \qquad 2.161$$

Schwieriger liegen die Verhältnisse für das Transmissionsverhältnis, denn die Brechzahlen für den einfallenden und gebrochenen Strahl sind unterschiedlich:

$$t_p = \frac{E_{bp}}{E_{ep}} = \frac{\sqrt{\frac{\mu_0\mu_{r2}}{\varepsilon_0\varepsilon_{r2}}}H_{bp}}{\sqrt{\frac{\mu_0\mu_{r1}}{\varepsilon_0\varepsilon_{r1}}}H_{ep}} = \frac{\sqrt{\varepsilon_{r1}}}{\sqrt{\varepsilon_{r2}}} \cdot \frac{H_{bp}}{H_{ep}} = \frac{n_1}{n_2} \cdot \frac{H_{bp}}{H_{ep}} \qquad 2.162$$

Mit Gl. 2.158 folgt für t_p:

$$\boxed{t_p = \frac{2n_1 \cos\alpha}{n_2 \cos\alpha + n_1 \cos\beta}} \qquad 2.163$$

Auch hier lässt sich mit dem Brechungsgesetz 2.138 n_2 eliminieren:

$$r_p = \frac{\sin\alpha\cos\alpha - \sin\beta\cos\beta}{\sin\alpha\cos\alpha + \sin\beta\cos\beta} \qquad 2.164$$

Wegen $\sin\alpha\cos\alpha = \frac{1}{2}\sin(2\alpha)$ und $\sin\alpha + \sin\beta = 2\sin\frac{\alpha+\beta}{2}\cos\frac{\alpha-\beta}{2}$ sowie $\sin\alpha - \sin\beta = 2\cos\frac{\alpha+\beta}{2}\sin\frac{\alpha-\beta}{2}$ wird daraus:

$$r_p = \frac{\sin(2\alpha) - \sin(2\beta)}{\sin(2\alpha) + \sin(2\beta)} = \frac{\cos(\alpha+\beta)}{\sin(\alpha+\beta)} \cdot \frac{\sin(\alpha-\beta)}{\cos(\alpha-\beta)} \qquad 2.165$$

Es folgt damit für das **Reflexionsverhältnis für parallele Polarisation**:

$$\boxed{r_p = \frac{\tan(\alpha-\beta)}{\tan(\alpha+\beta)}} \qquad 2.166$$

Für das **Transmissionsverhältnis** t_p **für parallele Polarisation** erhält man entsprechend:

$$\boxed{t_p = \frac{2\sin\beta\cos\alpha}{\sin\alpha\cos\alpha + \sin\beta\cos\beta}} \qquad 2.167$$

Mit den schon verwendeten Additionstheoremen für trigonometrische Funktionen wird daraus:

$$\boxed{t_p = \frac{2\sin\beta\cos\alpha}{\sin(\alpha+\beta)\cos(\alpha-\beta)}} \qquad 2.168$$

Auch bei r_p und t_p lässt sich anstelle der Brechzahlen n_1 und n_2 auch β eliminieren:

$$r_p = \frac{n_2^2 \cos\alpha - n_1\sqrt{n_2^2 - n_1^2 \sin^2\alpha}}{n_2^2 \cos\alpha + n_1\sqrt{n_2^2 - n_1^2 \sin^2\alpha}} \qquad 2.169$$

!

$$t_p = \frac{2n_1 n_2 \cos\alpha}{n_2^2 \cos\alpha + n_1\sqrt{n_2^2 - n_1^2 \sin^2\alpha}} \qquad 2.170$$

!

Auch hier gelten für den Reflexions- und Transmissionsgrad – analog zu Gl. 2.145 – die Zusammenhänge:

$$\rho_p = r_p^2 = \frac{E_{rp}^2}{E_{ep}^2} \quad \text{bzw.} \quad \tau_p = t_p^2 \frac{n_2 \cos\beta}{n_1 \cos\alpha} = \frac{E_{bp}^2}{E_{ep}^2}\frac{n_2 \cos\beta}{n_1 \cos\alpha} \qquad 2.171$$

Unter Benutzung von Gl. 2.163 erhält man:

$$\tau_p = \left(\frac{2n_1 \cos\alpha}{n_2 \cos\alpha + n_1 \cos\beta}\right)^2 \frac{n_2 \cos\beta}{n_1 \cos\alpha} = \frac{4n_1 n_2 \cos\alpha \cos\beta}{(n_2 \cos\alpha + n_1 \cos\beta)^2} \qquad 2.172$$

Eliminiert man wieder n_2, so erhält man:

$$\tau_p = \frac{4\sin\alpha \sin\beta \cos\alpha \cos\beta}{(\sin\alpha\cos\alpha + \sin\beta\cos\beta)^2} = \frac{4\sin(2\alpha)\sin(2\beta)}{(\sin 2\alpha + \sin 2\beta)^2} \qquad 2.173$$

Auch hier lässt sich wieder statt des Brechungsindex n_2 der Winkel β eliminieren:

$$\tau_p = \frac{4n_1 n_2^2 \cos\alpha \sqrt{n_2^2 - n_1^2 \sin^2\alpha}}{\left(n_2^2 \cos\alpha + n_1\sqrt{n_2^2 - n_1^2 \sin^2\alpha}\right)^2} \qquad 2.174$$

Damit gilt für den **Reflexionsgrad** ρ_p **und den Transmissionsgrad** τ_p:

$$\rho_p = \left(\frac{\tan(\alpha-\beta)}{\tan(\alpha+\beta)}\right)^2 \quad \rho_p = \left(\frac{n_2^2 \cos\alpha - n_1\sqrt{n_2^2 - n_1^2 \sin^2\alpha}}{n_2^2 \cos\alpha + n_1\sqrt{n_2^2 - n_1^2 \sin^2\alpha}}\right)^2 \qquad 2.175$$

!

$$\tau_p = \frac{4\sin(2\alpha)\sin(2\beta)}{(\sin 2\alpha + \sin 2\beta)^2} \quad \tau_p = \frac{4n_1 n_2^2 \cos\alpha \sqrt{n_2^2 - n_1^2 \sin^2\alpha}}{\left(n_2^2 \cos\alpha + n_1\sqrt{n_2^2 - n_1^2 \sin^2\alpha}\right)^2} \qquad 2.176$$

!

Die die Reflexions- und Transmissionsverhältnisse beinhaltenden Gleichungen (Gl. 2.139, 2.140, 2.166 und 2.168) werden Fresnelsche Gleichungen genannt, nach dem französischen Ingenieur und Physiker Augustin Jean Fresnel (1788–1827). Sie bedürfen einiger Diskussion.

Ein interessanter Spezialfall ist die **senkrechte Inzidenz**, also $\alpha = 0°$. Da keine Einfallsebene mehr definiert ist, ist zwischen senkrechter und paralleler Polarisation nicht mehr zu unterscheiden. Oder anders ausgedrückt: aus Symmetriegründen müssen die Ergebnisse für senkrechte und parallele Polarisation identisch sein. Aus der Brechungindexversion der Reflexionsgrade (Gl. 2.151 und 2.175) erhält man mit $\alpha = 0°$:

$$\rho_s = \left(\frac{n_1 - n_2}{n_1 + n_2}\right)^2 \qquad \rho_p = \left(\frac{n_2 - n_1}{n_2 + n_1}\right)^2 \qquad 2.177$$

Für den nämlichen Fall liefern die Gl. 2.152 und Gl. 2.176:

$$\tau_s = \frac{4n_1 n_2}{(n_1 + n_2)^2} \qquad \tau_p = \frac{4n_1 n_2}{(n_1 + n_2)^2} \qquad 2.178$$

Wie man sieht, gehen die Gleichungen für senkrechten Einfall tatsächlich ineinander über. Für den Fall senkrechten Einfalls beträgt der Reflexionsgrad bei Verwendung der Glassorte BK7, die bei einer Wellenlänge von 589,3 nm eine Brechzahl von 1,51673 aufweist, 0,0422 bzw. 4,22% beim Übergang von Luft in Glas. Umgekehrt, also beim Übergang von Glas in Luft, beträgt der Reflexionsgrad ebenfalls 4,22%, was durch Vertauschung der Werte von n_1 und n_2 leicht gezeigt werden kann.

2.2.2 Übergang vom optisch dünneren ins dichtere Medium

Die Fresnelschen Gleichungen wurden ohne Einschränkungen bezüglich der Brechungsindizes abgeleitet, d.h. es ist egal, ob n_1 oder n_2 den höheren Wert annimmt. In diesem Kapitel soll die Einschränkung $n_1 < n_2$ gelten, d.h. das Licht soll vom optisch dünneren ins optisch dichtere Medium eindringen. Hier fällt an der ersten der Gl. 2.175 für den Reflexionsgrad ρ_p auf, dass der Nenner $\tan(\alpha + \beta)$ für $\alpha + \beta = 90°$ gegen unendlich geht. Da der Zähler gleichzeitig endlich ist, bedeutet das eine Nullstelle von ρ_p. Es gibt also einen speziellen Winkel, bei dem parallel polarisiertes Licht nicht reflektiert wird. Dieser Winkel kann aus der zweiten Gl. 2.175 bestimmt werden, indem man den Zähler Null setzt:

$$n_2^2 \cos\alpha - n_1\sqrt{n_2^2 - n_1^2 \sin^2\alpha} = 0$$

bzw.

$$n_2^4 \cos^2\alpha = n_1^2\left(n_2^2 - n_1^2 \sin^2\alpha\right) \qquad 2.179$$

Drückt man $\sin\alpha$ und $\sin\beta$ durch Tangensfunktionen aus, erhält man:

$$\frac{n_2^4}{1 + \tan^2\alpha} = n_1^2\left(n_2^2 - \frac{n_1^2 \tan^2\alpha}{1 + \tan^2\alpha}\right)$$

bzw.

$$n_2^4 = n_1^2\left(n_2^2(1 + \tan^2\alpha) - n_1^2 \tan^2\alpha\right) \qquad 2.180$$

Nach $\tan^2\alpha$ aufgelöst, erhält man:

$$\frac{n_2^4}{n_1^2} = n_2^2 + (n_2^2 - n_1^2)\tan^2\alpha \quad \text{bzw.} \quad n_2^2\left(\frac{n_2^2 - n_1^2}{n_1^2}\right) = (n_2^2 - n_1^2)\tan^2\alpha \qquad 2.181$$

Für den Winkel, unter dem kein parallel polarisiertes Licht reflektiert wird, gilt also:

$$\boxed{\tan\alpha_p = \frac{n_2}{n_1}} \qquad 2.182$$

!

Der Winkel wird **Polarisationswinkel oder auch Brewsterwinkel** genannt.

Die Diagramme in den Abb. 2.38 bis 2.41 zeigen den Verlauf von Reflexions- und Transmissionsgrad als Funktion des Einfallswinkels α für den Übergang von Luft in die drei optischen Materialien **BK7** (Brechzahl 1,51673 bei einer Wellenlänge von 589,3 nm), ein optisches Standardglas, **Zinkselenid** (Brechzahl 2,44 bei 2,75 µm), ein bei CO_2-Lasern gebräuchliches Material, sowie **Germanium** (Brechzahl 4,1 bei 2,06 µm). Die Fresnelschen Gleichungen gelten im gesamten Bereich elektromagnetischer Strahlung, also auch im IR.

Man erkennt in Abb. 2.38 die etwa 4%ige Reflexion bei senkrechtem Einfall für ein Glas mit Brechzahl $n \approx 1,5$. Bei wachsendem Brechungsindex steigen die Reflexionsverluste. Beim ungewöhnlich hohen Brechungsindex von Germanium ergeben sich Reflexionsverluste von ca. 37% an der Eintrittsfläche. Für alle drei Materialien steigen die Verluste mit wachsendem Einfallswinkel, bis schließlich der Wert 1 erreicht wird. Das entspricht auch dem Ergebnis, wenn man in die zweite der Gl. 2.151 den Wert $\alpha = 90°$ einsetzt. In Abb. 2.39 erkennt man, dass der Transmissionsgrad für senkrechte Polarisation mit wachsendem Brechungsindex geringer wird. Er sinkt außerdem mit wachsendem Winkel ab. Besonders interessant ist das Verhalten des Reflexionsgrades ρ_p für parallele Polarisation (Abb. 2.40). Wie mit Gl. 2.179 ff. abgeleitet wurde, gilt im Brewsterwinkel $\rho_p = 0$. Für die betrachteten Materialien sind das die Winkel 56,6° (BK7), 67,7° (ZnSe) und 76,3° (Ge). Die Reflexionsgrade bei 0° decken sich gemäß Gl. 2.177 mit den entsprechenden Werten bei senkrechter Polarisation. Bei 90° ist der Reflexionsgrad 1.

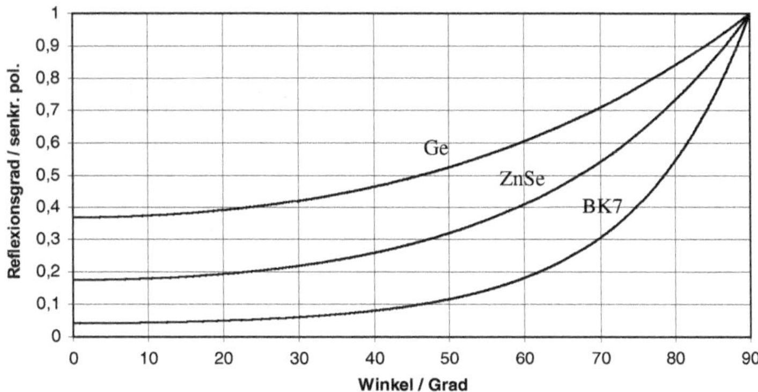

Abb. 2.38: Reflexionsgrad ρ_s als Funktion des Einfallswinkels α für BK7 ($n = 1,51673$ bei $\lambda = 589,3\,\text{nm}$), Zinkselenid ($n = 2,44$ bei $\lambda = 2,75\,\mu\text{m}$) und Germanium ($n = 4,1$ bei $\lambda = 2,06\,\mu\text{m}$) beim Eintritt aus Luft in das Material.

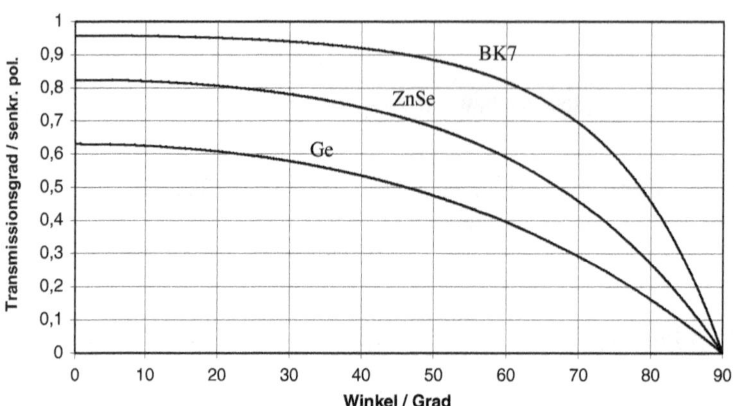

Abb. 2.39: Transmissionsgrad τ_s als Funktion des Einfallswinkels α für BK7 ($n = 1{,}51673$ bei $\lambda = 589{,}3\,\text{nm}$), Zinkselenid ($n = 2{,}44$ bei $\lambda = 2{,}75\,\mu\text{m}$) und Germanium ($n = 4{,}1$ bei $\lambda = 2{,}06\,\mu\text{m}$) beim Eintritt aus Luft in das Material.

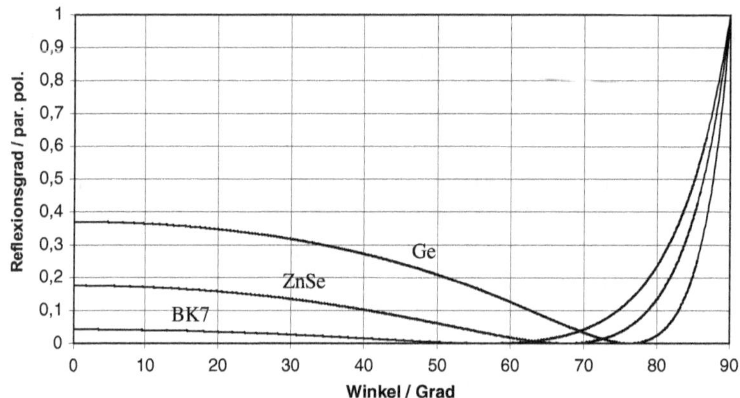

Abb. 2.40: Reflexionsgrad ρ_p als Funktion des Einfallswinkels α für BK7 ($n = 1{,}51673$ bei $\lambda = 589{,}3\,\text{nm}$), Zinkselenid ($n = 2{,}44$ bei $\lambda = 2{,}75\,\mu\text{m}$) und Germanium ($n = 4{,}1$ bei $\lambda = 2{,}06\,\mu\text{m}$) beim Eintritt aus Luft in das Material.

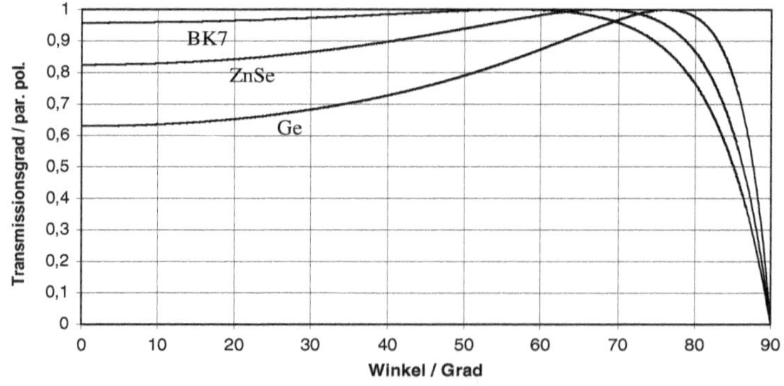

Abb. 2.41: Transmissionsgrad τ_p als Funktion des Einfallswinkels α für BK7 ($n = 1{,}51673$ bei $\lambda = 589{,}3\,\text{nm}$), Zinkselenid ($n = 2{,}44$ bei $\lambda = 2{,}75\,\mu\text{m}$) und Germanium ($n = 4{,}1$ bei $\lambda = 2{,}06\,\mu\text{m}$) beim Eintritt aus Luft in das Material.

2.2.3 Übergang vom optisch dichteren ins dünnere Medium

Grundsätzlich gelten die Fresnelschen Gleichungen uneingeschränkt auch für den Übergang vom optisch dichteren ins optisch dünnere Medium, also etwa beim Austritt eines Strahls aus einem Glas. Bei genauerer Betrachtung der Gleichungen erkennt man, dass das Argument der Wurzel $\sqrt{n_2^2 - n_1^2 \sin^2 \alpha}$ in den Formeln für die Reflexions- und Transmissionsgrade für den Fall $n_1 > n_2$ möglicherweise negativ wird:

$$n_2^2 - n_1^2 \sin^2 \alpha < 0 \quad \text{bzw.} \quad n_2^2 < n_1^2 \sin^2 \alpha \quad \text{bzw.} \quad \frac{n_2^2}{n_1^2} < \sin^2 \alpha \qquad 2.183$$

Der Grenzfall

$$\boxed{\sin \alpha_g = \frac{n_2}{n_1}} \qquad 2.184$$

!

entspricht dem in Kap. 1.1.2. schon betrachteten **Grenzwinkel der Totalreflexion** (Gl. 1.10). Wird der Winkel α größer als α_g, wird die Wurzel negativ und damit der Reflexionsgrad **komplex**. Das ist nicht etwa falsch, sondern nur mathematisch unangenehm. Zur Behandlung des Problems wird r_s aus Gl. 2.143 für den Bereich $\alpha > \alpha_g$ wie folgt komplex geschrieben:

$$r_s = \frac{n_1 \cos\alpha + i\sqrt{n_1^2 \sin^2 \alpha - n_2^2}}{n_1 \cos\alpha - i\sqrt{n_1^2 \sin^2 \alpha - n_2^2}} \qquad 2.185$$

Der aufmerksame Leser mag sich über die Vorzeichen vor der Wurzel in Zähler und Nenner wundern, sie sind anders als erwartet. Bei der Ableitung der Gl. 2.143 wurde stillschweigend das positive Vorzeichen vor der Wurzel verwendet, obwohl natürlich auch ein negatives hätte verwendet werden können. Hier ist es nun so, dass physikalisch sinnvolle Ergebnisse nur für das negative Vorzeichen der Wurzel erhalten werden.

Beim Reflexionsgrad für parallele Polarisation verhält es sich ebenso. Wird r_p aus Gl. 2.169 für den Winkel $\alpha > \alpha_g$ wie folgt komplex geschrieben, erhält man analog:

$$r_p = \frac{n_2^2 \cos\alpha + i n_1 \sqrt{n_1^2 \sin^2 \alpha - n_2^2}}{n_2^2 \cos\alpha - i n_1 \sqrt{n_1^2 \sin^2 \alpha - n_2^2}} \qquad 2.186$$

r_s und r_p sind nun komplexe Größen, die in der komplexen Zahlenebene dargestellt werden können. Allein diese Tatsache zeigt, dass sowohl die parallel als auch die senkrecht zur Einfallsebene polarisierte Welle gegenüber der einfallenden Welle für den Bereich $\alpha > \alpha_g$ phasenverschoben sind. Für $\alpha < \alpha_g$ sind r_s und r_p reell und würden durch Zeiger längs der rellen Achse der komplexen Zahlenebene dargestellt. In Abb. 2.42 erkennt man, dass die Phasenwinkel φ_s und φ_p der beiden Wellen für Winkel **über dem Grenzwinkel der Totalreflexion positiv** sind, sie eilen also der einfallenden Welle voraus. Außerdem sieht man, dass die Phasenverschiebungen nicht gleich sind, sondern die parallel polarisierte Welle eilt der senkrecht polarisierten um den Winkel $\Delta\varphi$ voraus. Eine Betrachtung der Beträge von r_p und r_s zeigt, dass sie beide den Wert 1 annehmen, was man auch leicht rechnerisch zeigen kann:

$$r_s r_s^* = \left(\frac{n_1\cos\alpha + i\sqrt{n_1^2\sin^2\alpha - n_2^2}}{n_1\cos\alpha - i\sqrt{n_1^2\sin^2\alpha - n_2^2}}\right)\cdot\left(\frac{n_1\cos\alpha - i\sqrt{n_1^2\sin^2\alpha - n_2^2}}{n_1\cos\alpha + i\sqrt{n_1^2\sin^2\alpha - n_2^2}}\right) \qquad 2.187$$

$$r_p r_p^* = \left(\frac{n_2^2\cos\alpha + in_1\sqrt{n_1^2\sin^2\alpha - n_2^2}}{n_2^2\cos\alpha - in_1\sqrt{n_1^2\sin^2\alpha - n_2^2}}\right)\left(\frac{n_2^2\cos\alpha - in_1\sqrt{n_1^2\sin^2\alpha - n_2^2}}{n_2^2\cos\alpha + in_1\sqrt{n_1^2\sin^2\alpha - n_2^2}}\right) \qquad 2.188$$

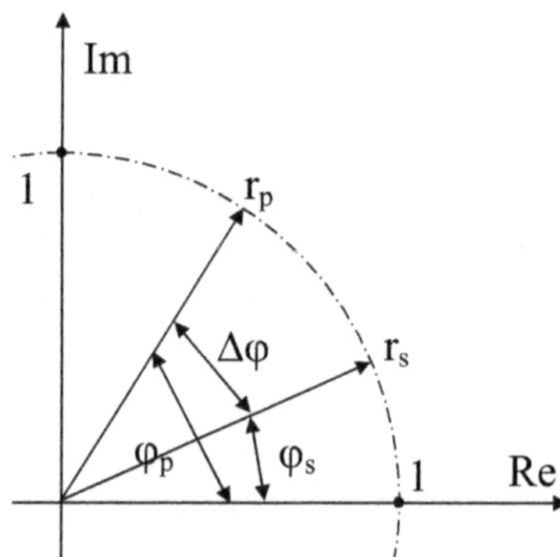

Abb. 2.42: Darstellung der Reflexionsverhältnisse in der komplexen Zahlenebene.

Da Zähler und Nenner der Gesamtausdrücke gleich sind, gilt $|r_s| = |r_p| = 1$ für alle Winkel oberhalb des Grenzwinkels α_g. Daraus lässt sich nun einfach ermitteln, in welcher Weise die Phasenverschiebungen von n_1, n_2 und α abhängen. Da die Zeiger stets die Länge 1 haben, kann man sie in der Form

$$r_s = 1\cdot e^{i\varphi_s} \quad \text{und} \quad r_p = 1\cdot e^{i\varphi_p} \qquad 2.189$$

schreiben, was für r_s unter Anwendung der Eulerschen Formel gleichwertig ist zu

$$r_s = \frac{e^{i\varphi_s/2}}{e^{-i\varphi_s/2}} = \frac{\cos(\varphi_s/2) + i\sin(\varphi_s/2)}{\cos(\varphi_s/2) - i\sin(\varphi_s/2)} \qquad 2.190$$

Gleichsetzen dieser Gleichung mit Gl. 2.185 liefert:

$$\frac{n_1\cos\alpha + i\sqrt{n_1^2\sin^2\alpha - n_2^2}}{n_1\cos\alpha - i\sqrt{n_1^2\sin^2\alpha - n_2^2}} = \frac{\cos(\varphi_s/2) + i\sin(\varphi_s/2)}{\cos(\varphi_s/2) - i\sin(\varphi_s/2)} \qquad 2.191$$

Daraus erkennt man die folgenden Entsprechungen:

$$\cos(\varphi_s/2) = n_1 \cos\alpha \quad \text{und} \quad \sin(\varphi_s/2) = \sqrt{n_1^2 \sin^2\alpha - n_2^2} \qquad 2.192$$

Somit gilt für φ_s:

$$\tan\left(\frac{\varphi_s}{2}\right) = \frac{\sin(\varphi_s/2)}{\cos(\varphi_s/2)} = \frac{\sqrt{n_1^2 \sin^2\alpha - n_2^2}}{n_1 \cos\alpha} \qquad 2.193$$

Aus Gl. 2.186 und 2.189 lässt sich für r_p bzw. φ_p ein ähnlicher Ausdruck ermitteln:

$$\tan\left(\frac{\varphi_p}{2}\right) = \frac{\sin(\varphi_p/2)}{\cos(\varphi_p/2)} = \frac{n_1\sqrt{n_1^2 \sin^2\alpha - n_2^2}}{n_2^2 \cos\alpha} \qquad 2.194$$

Mit dem Additionstheorem

$$\tan\left(\frac{\Delta\varphi}{2}\right) = \tan\left(\frac{\varphi_p - \varphi_s}{2}\right) = \frac{\tan(\varphi_p/2) - \tan(\varphi_s/2)}{1 + \tan(\varphi_p/2)\tan(\varphi_s/2)} \qquad 2.195$$

für die Tangensfunktion lässt sich auch $\Delta\varphi$ darstellen, indem man Gl. 2.193 und 194 einsetzt und vereinfacht:

$$\boxed{\tan\left(\frac{\Delta\varphi}{2}\right) = \frac{\cos\alpha\left(\sqrt{n_1^2 \sin^2\alpha - n_2^2}\right)}{n_1 \sin^2\alpha}} \qquad 2.196$$

In Abb. 2.43 ist die Phasenverschiebung $\Delta\varphi$ für die drei schon oben behandelten Werkstoffe **BK7**, **Zinkselenid** und **Germanium** graphisch dargestellt. Man erkennt, dass im Falle von BK7 die maximale Phasenverschiebung ca. 46,4° beträgt. Das Licht ist also elliptisch polarisiert. Mit Hilfe von Zinkselenid könnte man bei einem Einfallswinkel von $\alpha = 30{,}4°$ oder $\alpha = 34{,}9°$ aus linear polarisiertem Licht **zirkular polarisiertes Licht** erzeugen. Mit dem Glas BK7 lässt sich zirkular polarisiertes Licht nur durch zwei Reflexionen erzeugen. Hierzu sind jeweils die Winkel $\alpha = 48°$ oder $\alpha = 55°$ nötig.

Bei der Totalreflexion wird die im Lichtstrahl transportierte Energie vollständig reflektiert und tritt scheinbar nicht ins optisch dünnere Medium aus. Allerdings erfordert die **Stetigkeit der Tangentialkomponente des elektrischen Feldes**, dass innerhalb des Materials mit der niedrigeren Brechzahl ein elektrisches Feld auftritt. Dieses Feld klingt exponentiell mit dem Abstand zur Grenzschicht ab. Seine Eindringtiefe liegt in der Größenordnung der Wellenlänge der auftreffenden Strahlung. Es stellt eine Oberflächenwelle dar, die sich an der Grenzfläche ausbreitet. Sie wird als **evaneszente Welle** bezeichnet. Solange das optisch dünnere Medium unendlich ausgedehnt und eine störungsfreie Ausbreitung der Oberflächenwelle gewährleistet ist, tritt kein Energieverlust bei der totalreflektierten Welle auf. Ist das optische Medium allerdings sehr dünn und folgt z.B. wieder ein optisch dichtes Material, dann kann die Welle in dieses Material austreten. Dieser Vorgang wird **frustrierte Totalreflexion** genannt. Es tritt umso mehr Strahlung aus, je weiter die Platte in den Bereich der evaneszenten Welle eindringt. Über den Abstand der beiden Grenzflächen lässt sich also der Reflexionsgrad der Anordnung einstellen.

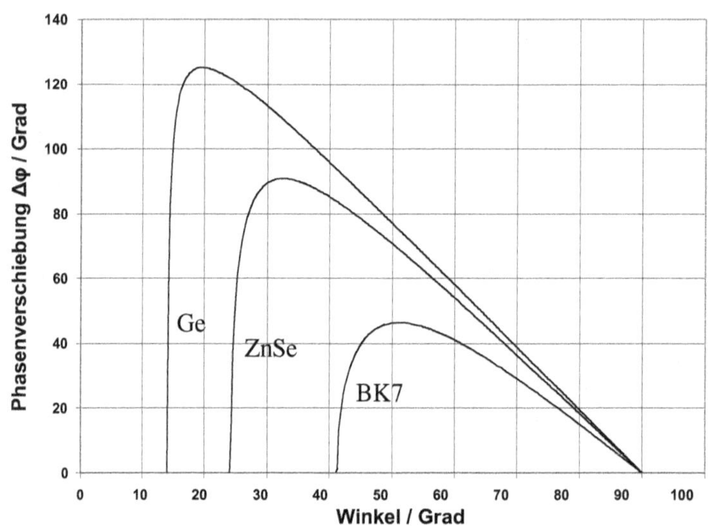

Abb. 2.43: Phasenverschiebung zwischen parallel und senkrecht polarisiertem, totalreflektiertem Licht für BK7, Zinkselenid und Germanium. Man beachte, dass $\Delta\varphi$ nur für Winkel oberhalb des Grenzwinkels der Totalreflexion ungleich Null ist.

Die **Reflexions- und Transmissionsgrade** für den Übergang **vom optisch dichteren zum optisch dünneren Medium** sind in Abb. 2.44 bis 2.47 dargestellt. Die Darstellung der Reflexionsgrade ρ_s und ρ_p zeigt, dass bei senkrechtem Einfall die gleichen Werte erhalten werden, wie in Abb. 2.38 und 2.40 für den Übergang vom optisch dünneren ins optisch dichtere Medium. In den Gl. 2.177 und 2.178 können n_1 und n_2 vertauscht werden, ohne dass sich der Wert ändert. ρ_s steigt für wachsende Einfallswinkel an, bis beim Grenzwinkel der Totalreflexion der Wert Eins erreicht wird (für BK7: 41,25°; für ZnSe: 24,19°; für Ge: 14,12°). Im gleichen Maße sinkt τ_s ab, bis bei α_g der Wert Null erreicht ist (Abb. 2.45). Wie Abb. 2.46 zeigt, existiert auch beim Übergang vom optisch dichteren zum optisch dünneren Material ein Brewsterwinkel. Er ist nach wie vor gemäß Gl. 2.182 durch $\tan\alpha_p = n_2 / n_1$ gegeben. Da aber n_1 nun höher ist als n_2, nimmt α_p einen niedrigeren Wert an: 33,4° für BK7 (56,6°), 22,3° für ZnSe (67,7°) und 13,7° für Germanium (76,3°). Im Brewsterwinkel ist – wie oben schon – $\rho_p = 0$, d.h. unter diesem Winkel wird kein parallel polarisiertes Licht reflektiert. Da im Intervall $]0;\pi/2[$ $\arcsin(x) > \arctan(x)$ ist, folgt $a_g > \alpha_p$. Der Grenzwinkel der Totalreflexion liegt also immer höher als der Brewsterwinkel. In Abb. 2.47 ist schließlich τ_p dargestellt, es ist wegen $\rho_p + \tau_p = 1$ komplementär zu ρ_p, genauso wie τ_s komplementär zu ρ_s ist.

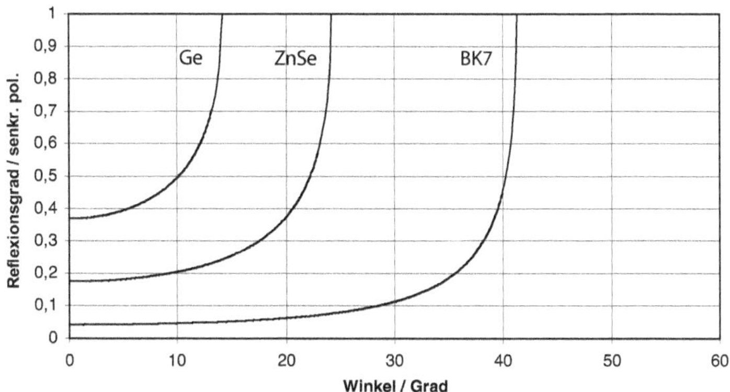

Abb. 2.44: Reflexionsgrad ρ_s als Funktion des Einfallswinkels α für den Übergang von BK7 ($n = 1{,}51673$ bei $\lambda = 589{,}3\,\text{nm}$), Zinkselenid ($n = 2{,}44$ bei $\lambda = 2{,}75\,\mu\text{m}$) und Germanium ($n = 4{,}1$ bei $\lambda = 2{,}06\,\mu\text{m}$) an Luft.

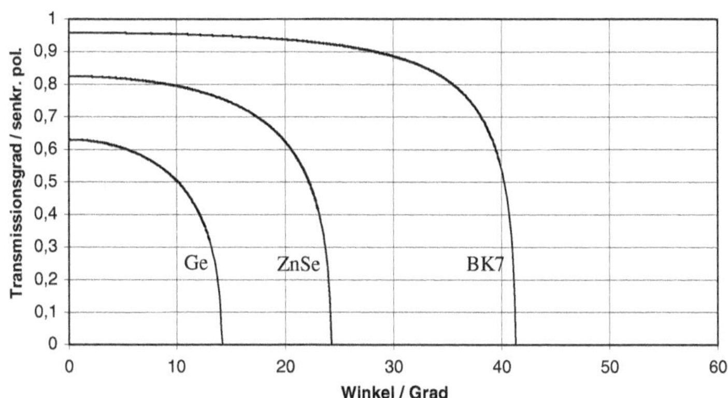

Abb. 2.45: Transmissionsgrad τ_s als Funktion des Einfallswinkels α für den Übergang von BK7 ($n = 1{,}51673$ bei $\lambda = 589{,}3\,\text{nm}$), Zinkselenid ($n = 2{,}44$ bei $\lambda = 2{,}75\,\mu\text{m}$) und Germanium ($n = 4{,}1$ bei $\lambda = 2{,}06\,\mu\text{m}$) an Luft.

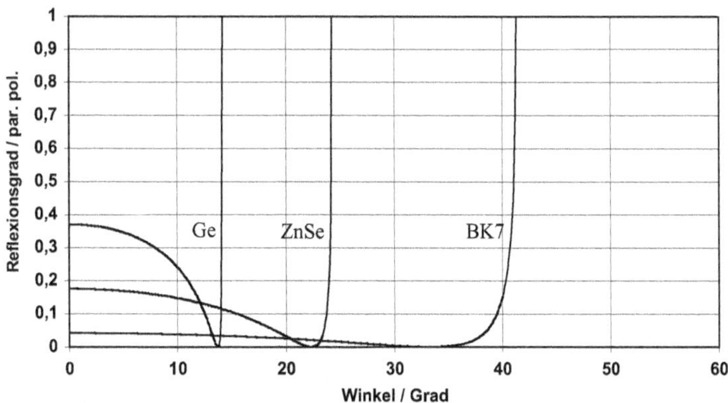

Abb. 2:46: Reflexionsgrad ρ_p als Funktion des Einfallswinkels α für den Übergang von BK7 ($n = 1{,}51673$ bei $\lambda = 589{,}3\,\text{nm}$), Zinkselenid ($n = 2{,}44$ bei $\lambda = 2{,}75\,\mu\text{m}$) und Germanium ($n = 4{,}1$ bei $\lambda = 2{,}06\,\mu\text{m}$) an Luft.

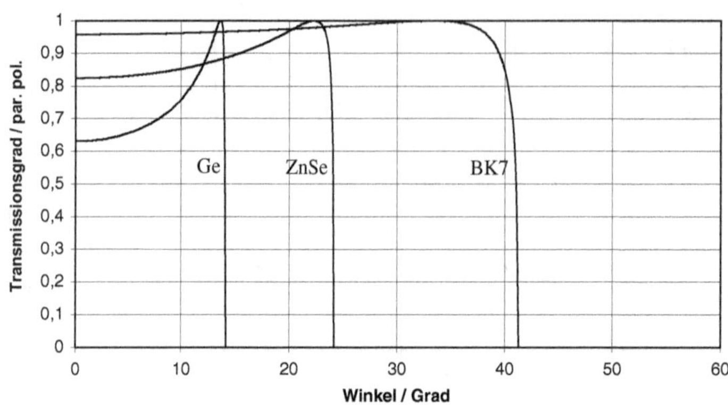

Abb. 2.47: Transmissionsgrad τ_p als Funktion des Einfallswinkels α für den Übergang von BK7 ($n = 1{,}51673$ bei $\lambda = 589{,}3\,\text{nm}$), Zinkselenid ($n = 2{,}44$ bei $\lambda = 2{,}75\,\mu\text{m}$) und Germanium ($n = 4{,}1$ bei $\lambda = 2{,}06\,\mu\text{m}$) an Luft.

2.2.4 Reflexion an Metallen

Die Fresnelschen Formeln behalten selbst dann noch ihre Gültigkeit, wenn das durchlaufene Medium absorbiert. In Kap. 1.3.1. trat im Rahmen der Behandlung der Dispersion bereits Absorption auf. Das Verhalten des Dielektrikums wurde beschrieben durch einen **komplexen Brechungsindex** $n = n_0 - in_0\kappa$ (Gl. 1.206), wobei κ ein Maß für die Absorption des Materials war. Im vorliegenden Fall soll davon ausgegangen werden, dass die Strahlung **von Luft kommend auf ein Metall bzw. ein absorbierendes Medium** trifft. Das bedeutet, dass in den bisher betrachteten Formeln $n_1 = 1$ ist. Bei der Brechzahl des Mediums n_2 soll künftig auf den Index verzichtet werden und einfach $n - in\kappa$ verwendet werden. Damit erhält man nach Gl. 2.135:

$$r_s = \frac{n_1 \cos\alpha - n_2 \cos\beta}{n_1 \cos\alpha + n_2 \cos\beta} = \frac{\cos\alpha - (n - in\kappa)\cos\beta}{\cos\alpha + (n - in\kappa)\cos\beta} \qquad 2.197$$

Für $\cos\beta$ gilt unter Benutzung des Brechungsgesetzes Gl. 2.138:

$$\cos\beta = \sqrt{1 - \sin^2\beta} = \sqrt{1 - \left(\frac{n_1}{n_2}\right)^2 \sin^2\alpha} \qquad 2.198$$

Mit der komplexen Brechzahl wird daraus:

$$(n - in\kappa)\cos\beta = \sqrt{(n - in\kappa)^2 - \sin^2\alpha} \qquad 2.199$$

bzw.

$$(n - in\kappa)\cos\beta = \sqrt{n^2 - 2in^2\kappa - n^2\kappa^2 - \sin^2\alpha} \qquad 2.200$$

Für die meisten Metalle ist $n\kappa$ sehr hoch, da sie stark absorbieren. Daher gilt $n^2\kappa^2 \gg \sin^2\alpha$, denn $\sin\alpha$ kann maximal Eins werden. Damit gilt

$$(n - in\kappa)\cos\beta \approx \sqrt{n^2 - 2in^2\kappa - n^2\kappa^2} = \sqrt{(n - in\kappa)^2} = (n - in\kappa)\,, \qquad 2.201$$

woraus für Gl. 2.197 unschwer $\cos\beta \approx 1$ folgt:

$$r_s = \frac{\cos\alpha - n + in\kappa}{\cos\alpha + n - in\kappa} \tag{2.202}$$

was man durch Multiplikation von Zähler und Nenner mit $\cos\alpha + n + in\kappa$ auch in der folgenden Weise schreiben kann:

$$\boxed{r_s = \frac{\cos^2\alpha - n^2 - n^2\kappa^2 + 2in\kappa\cos\alpha}{(\cos\alpha + n)^2 + n^2\kappa^2}} \tag{2.203}$$

Der **Reflexionsgrad für die senkrechte Polarisation** ist damit

$$\boxed{\rho_s = r_s r_s^* = \left(\frac{\cos\alpha - n + in\kappa}{\cos\alpha + n - in\kappa}\right)\left(\frac{\cos\alpha - n - in\kappa}{\cos\alpha + n + in\kappa}\right)} \tag{2.204}$$

oder

$$\boxed{\rho_s = \frac{(\cos\alpha - n)^2 + n^2\kappa^2}{(\cos\alpha + n)^2 + n^2\kappa^2}} \tag{2.205}$$

Ausgehend von Gl. 2.161 kann man die gleiche Betrachtung auch für Strahlung durchführen, die **parallel zur Einfallsebene polarisiert** ist:

$$r_p = \frac{n_2\cos\alpha - n_1\cos\beta}{n_2\cos\alpha + n_1\cos\beta} = \frac{(n - in\kappa)\cos\alpha - \cos\beta}{(n - in\kappa)\cos\alpha + \cos\beta} \approx \frac{(n - in\kappa)\cos\alpha - 1}{(n - in\kappa)\cos\alpha + 1} \tag{2.206}$$

Multiplikation mit $(n + in\kappa)\cos\alpha + 1$ im Zähler und Nenner ergibt:

$$r_p = \frac{(n^2 + n^2\kappa^2)\cos^2\alpha - (n + in\kappa)\cos\alpha + (n - in\kappa)\cos\alpha - 1}{(n^2 + n^2\kappa^2)\cos^2\alpha + (n + in\kappa)\cos\alpha + (n - in\kappa)\cos\alpha + 1} \tag{2.207}$$

Daraus erhält man das **Reflexionsverhältnis für parallele Polarisation**:

$$\boxed{r_p = \frac{(n^2 + n^2\kappa^2)\cos^2\alpha - 2in\kappa\cos\alpha - 1}{(n^2 + n^2\kappa^2)\cos^2\alpha + 2n\cos\alpha + 1}} \tag{2.208}$$

Der **Reflexionsgrad für parallele Polarisation** lässt sich aus Gl. 2.206 wie folgt berechnen:

$$\rho_p = r_p r_p^* = \left(\frac{n\cos\alpha - 1 - in\kappa\cos\alpha}{n\cos\alpha + 1 - in\kappa\cos\alpha}\right)\cdot\left(\frac{n\cos\alpha - 1 + in\kappa\cos\alpha}{n\cos\alpha + 1 + in\kappa\cos\alpha}\right) \tag{2.209}$$

$$\boxed{\rho_p = \frac{(n\cos\alpha - 1)^2 + n^2\kappa^2\cos^2\alpha}{(n\cos\alpha + 1)^2 + n^2\kappa^2\cos^2\alpha}} \tag{2.210}$$

In Abb. 2.48 und 2.49 ist der Verlauf der Reflexionsgrade ρ_s und ρ_p für senkrechte und parallele Polarisation in Abhängigkeit des Einfallswinkels α für die drei Metalle **Molybdän,**

Silber und **Aluminium** dargestellt. Die zugehörigen Zahlenwerte der komplexen Brechzahl gibt Tab. 2.1 wieder. Es zeigt sich, dass Aluminium und Silber für die senkrechte Polarisation einen Reflexionsgrad von über 90% zeigen, der zudem zu höheren Winkeln hin ansteigt. Molybdän, das übrigens auch als Spiegelsubstrat möglich ist, zeigt einen geringeren Reflexionsgrad. Bei der parallelen Polarisation zeigt sich ein mehr oder weniger ausgeprägtes Minimum des Reflexionsgrades zwischen 75° und 85°. Bei senkrechtem Einfall müssen die beiden Reflexionsgrade ineinander übergehen, da keine Einfallsebene mehr definiert ist. Das ist auch der Fall, wie man mittels Gl. 2.205 und 2.210 durch Einsetzen von $\alpha = 0°$ zeigen kann:

!

$$\rho_s = \rho_p = \frac{(1-n)^2 + n^2\kappa^2}{(1+n)^2 + n^2\kappa^2} \quad \text{für } \alpha = 0° \qquad 2.211$$

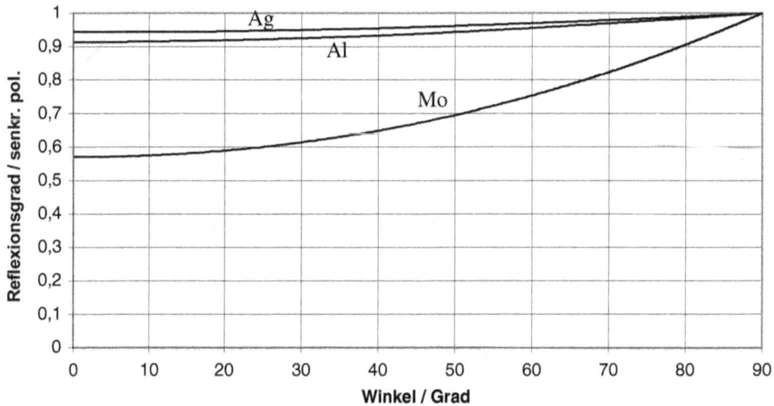

Abb. 2.48: Reflexionsgrad ρ_s für Molybdän, Silber und Aluminium für eine Wellenlänge von 620 nm.

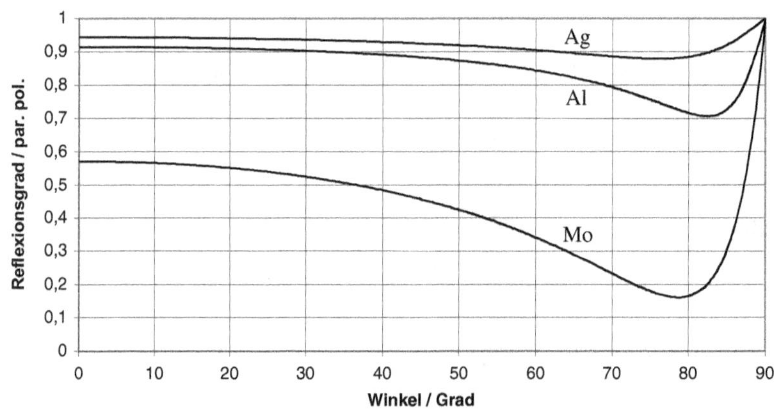

Abb. 2.49: Reflexionsgrad ρ_p für Molybdän, Silber und Aluminium für eine Wellenlänge von 620 nm.

Tab. 2.1: Real- und Imaginärteil der komplexen Brechzahl für einige Metalle [CRC 2006].

Metalle bei 620 nm			**Gold (elektropoliert)**		
Metall	n	$n\kappa$	**Wellenlänge / nm**	n	$n\kappa$
Molybdän	3,68	3,52	310	1,55	1,81
Silber	0,27	4,18	516	0,5	1,86
Aluminium	1,304	7,479	620	0,13	3,16

Ein in der Optik als Reflektormaterial häufig verwendetes Element ist **Gold**. Die Brechzahl ist für drei Wellenlängen in Tab. 2.1 angegeben. Die starke Wellenlängenabhängigkeit im sichtbaren Spektralbereich führt zur gold-gelben Farbe, die daher resultiert, dass blaues und ultra-violettes Licht weniger stark reflektiert werden als rotes Licht. Fällt weißes Licht auf eine goldene Oberfläche, werden die blauen Anteile stärker absorbiert und fehlen daher im reflektierten Licht. Die damit dominanten Gelb- und Rottöne führen zur gold-gelben Farbe. Dementsprechend steigen die Reflexionsgrade für beide Polarisationen (Abb. 2.50 und 2.51) mit der Wellenlänge.

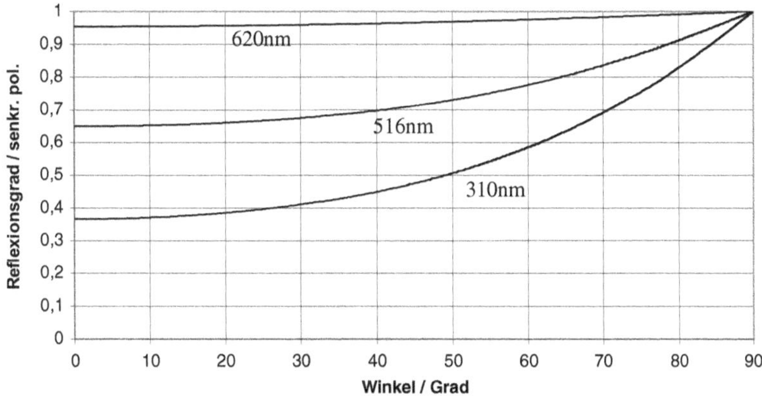

Abb. 2.50: Reflexionsgrad ρ_s für Gold bei den Wellenlängen von 310 nm, 516 nm und 620 nm.

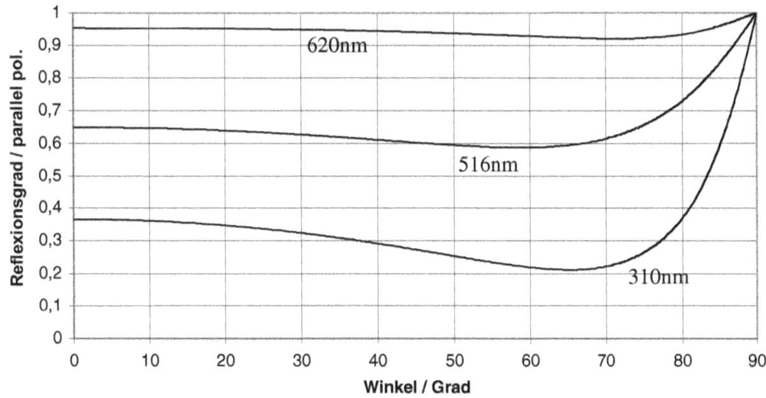

Abb. 2.51: Reflexionsgrad ρ_p für Gold bei den Wellenlängen von 310 nm, 516 nm und 620 nm.

Da die Reflexionsverhältnisse komplex sind, tritt im reflektierten Licht ebenfalls eine **Phasenverschiebung** gegenüber dem einfallenden Licht und auch zwischen senkrecht und parallel polarisierter Welle auf. Bezugnehmend auf Abb. 2.42 kann der Tangens des Phasenwinkels φ_s zwischen einfallender und reflektierter Welle für die **senkrechte Polarisation** als Quotient aus dem Imaginärteil von r_s und dem Realteil von r_s berechnet werden:

$$\tan\varphi_s = \frac{2n\kappa\cos\alpha}{\cos^2\alpha - n^2 - n^2\kappa^2} \qquad 2.212$$

Hier wurde Gl. 2.203 zugrunde gelegt. Entsprechend lässt sich aus Gl. 2.208 der Tangens der Phasenverschiebung für **parallele Polarisation** errechnen:

$$\tan\varphi_p = \frac{-2n\kappa\cos\alpha}{(n^2 + n^2\kappa^2)\cos^2\alpha - 1} \qquad 2.213$$

Die Bestimmung des Polarisationszustandes des reflektierten Lichtes ist äußerst komplex, denn im Gegensatz zur Totalreflexion haben ρ_s und ρ_p einen unterschiedlichen Wert. Damit hängt die Polarisation auch von der Lage der Schwingungsebene des einfallenden Lichtes ab. Im Allgemeinen ist das Licht **elliptisch polarisiert**, im speziellen Fall auch **zirkular**.

Aufgaben

1. Ein Lichtbündel breite sich in Luft aus und falle unter dem Einfallswinkel von $\alpha = 30°$ auf eine Glasoberfläche. Welchen Brechungsindex muss das Glas besitzen, wenn das Reflexionsverhältnis für senkrechte Polarisation $r_s = -1/4$ betragen soll?
Hinweise: $\sin(30°) = 1/2$ $\cos(30°) = \sqrt{3}/2$

2. Unter welchem Einfallswinkel muss ein unpolarisierter Lichtstrahl auf eine Platte aus SF11 ($n = 1{,}78446$) fallen, damit kein *p*-polarisiertes Licht reflektiert wird? Wie teilt sich die Leistung des unpolarisierten Lichtstrahls prozentual zwischen den gebrochenen und reflektierten Strahlen auf?

3. Ein unpolarisierter Lichtstrahl fällt unter dem Winkel von $\alpha = 30°$ auf eine glatte Wasseroberfläche ($n_w = 1{,}33299$). Der gebrochene Anteil tritt durch den planparallelen, gläseren Boden ($n_g = 1{,}51625$) aus (Abb. 2.52). Welcher Anteil der gesamten, auftreffenden Energie tritt unten wieder aus und wie teilt sich die Energie auf die Polarisationen auf?

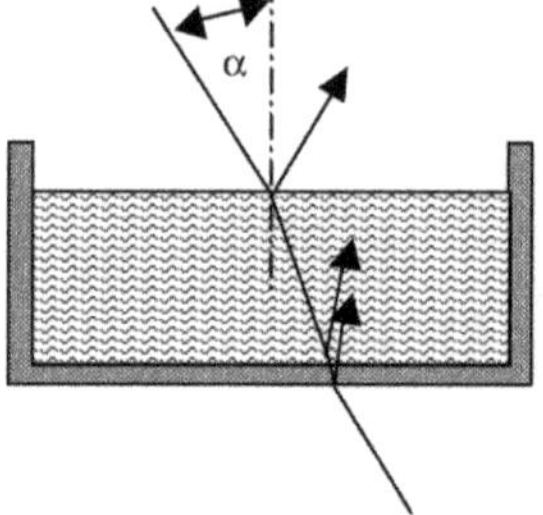

Abb. 2.52: Das einfallende Licht wird an der Wasseroberfläche, am Übergang Wasser-Glas und am Übergang Glas-Luft teilweise reflektiert.

4. Auf die Oberfläche (Krümmungsradius $R = 100\,\text{mm}$) einer dünnen Linse (Brechzahl $n = 1{,}80518$) fallen parallel zur optischen Achse Lichtstrahlen (Abb. 2.53). Der Durchmesser der Linse beträgt $d = 30\,\text{mm}$.

a) Welcher Anteil des auf der optischen Achse einfallenden Strahls wird reflektiert?

b) Wie viel Prozent der Strahlung wird reflektiert, wenn ein parallel polarisierter Lichtstrahl in unmittelbarer Nähe des äußeren Randes einfällt?

c) Wie hoch ist der Reflexionsgrad, wenn ein senkrecht polarisierter Lichtstrahl in unmittelbarer Nähe des äußeren Randes auftrifft?

d) Welchen Radius r_p müsste die Linse haben, damit am äußersten Rand im reflektierten Licht kein parallel polarisiertes Licht mehr auftritt?

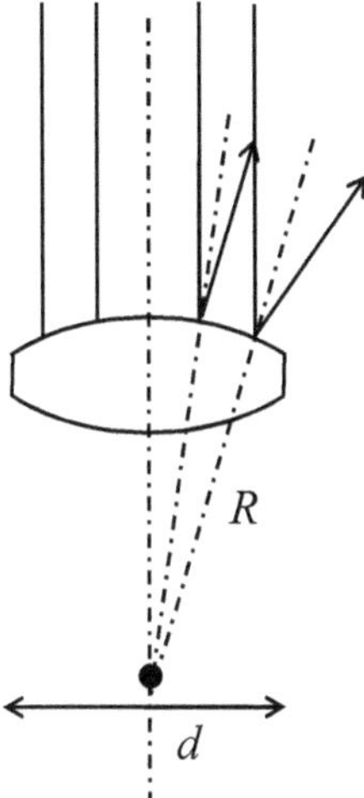

Abb. 2.53: Der Reflexionsgrad der parallel einfallenden Lichtstrahlen hängt nicht nur von der Polarisation ab, sondern auch vom Abstand der Strahlen zur optischen Achse.

5. Ein Lichtstrahl fällt unter einem Winkel α auf eine ebene, polierte Platte, die sich an Luft befindet. Der Strahl wird an der Oberfläche gebrochen und der Brechungswinkel sei β. Für die Winkel gilt $\alpha : \beta = 3:1$ oder $\alpha = 3\eta/2$ und $\beta = \eta/2$, wobei η ein unbekannter Winkel sei. Das Reflexionsverhältnis für parallele Polarisation ist $r_p = 0{,}3$.

a) Wie groß ist η? (Hinweis: $\tan(2\eta) = \dfrac{2\tan(\eta)}{1-\tan^2(\eta)}$)

b) Wie groß ist die Brechzahl des Plattenmaterials?

6. Ein Lichtstrahl werde an einer Glas-Luft-Grenzfläche totalreflektiert. Der Einfallswinkel betrage $\alpha_1 = 60°$, die Brechzahl des Glases ist $n = 1{,}5$.

a) Welche Phasenverschiebung zwischen parallel und senkrecht polarisiertem Licht tritt auf?

b) Bei welchem weiteren Winkel α_2 tritt die gleiche Phasenverschiebung noch auf?

7. Unter welchen Winkeln muss Licht auf ein Glas-Luft-Grenzschicht fallen, damit im Falle der Totalreflexion zwischen p- und s-polarisiertem Licht eine Phasendifferenz von $\Delta\varphi = 60°$ entsteht? (Brechzahl des Glases $n = 2$) Hinweis: $\tan 30° = \sqrt{3}/3$

8. Bei einmaliger Totalreflexion von linear polarisiertem Licht an einer Grenzschicht von Glas SF11($n_D = 1,78446$) zu Luft kann kein zirkular polarisiertes Licht erzeugt werden, da die Phasenverschiebung von 90° nicht erreicht wird. Man kann es mit gleichem Material aber trotzdem erreichen, indem man zwei Totalreflexionen mit jeweils 45° Phasenverschiebung verwendet. Ein Glaskörper, der dies leistet ist das in Abb. 2.54 skizzierte Fresnelsche Parallelepiped. Mit welchen Winkeln müsste dieses geschliffen werden, damit es aus Licht der Wellenlänge 589,3 nm zirkular polarisiertes Licht erzeugt?

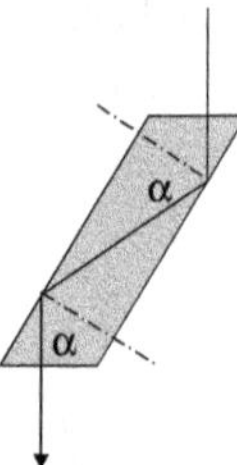

Abb. 2.54: Fresnelsches Parallelepiped

9. Eine metallische Modellsubstanz habe gemäß $n = n_0 + i n_0 \kappa$ den Brechungsindex $n_0 = 1,4142 = 2/\sqrt{2}$ und bei einem Einfallswinkel von 45° den Reflexionsgrad für parallele Polarisation $\rho_p = 90\%$. Berechnen Sie κ!

3 Optische Komponenten und Geräte

3.1 Einzelkomponenten

3.1.1 Werkstoffe für optische Komponenten

Das klassische und bis heute weitaus meistverwendete Material für transmissive optische Komponenten ist **anorganisches Glas**. Gläser sind amorph, d.h. es ist keine kristalline Ordnung im Aufbau und somit auch keine Richtungsabhängigkeit optischer Eigenschaften erkennbar. Der wichtigste Glasbildner ist **Quarzsand** (SiO_2). Für Spezialanwendungen kommen noch **Bortrioxid** (B_2O_3) oder **Phosphorpentoxid** (P_2O_3) zum Einsatz. Neben den **Flußmitteln** und **Stabilisatoren** werden bei optischen Gläsern im Gegensatz zu den Lampengläsern noch Zusätze verwendet, die die optischen Eigenschaften des Glases wesentlich beeinflussen. So „funkeln" Gläser, bei denen **Bleioxid** zugegeben wurde, stärker. Natürlich ist das ein subjektiver Eindruck, der auf die Erhöhung des Brechungsindexes zurückzuführen ist. Die Zusätze von **Titan- und Lanthanoxid** erhöhen gleichermaßen die Brechzahl. Niedrigere Dispersion, d.h. höhere Abbe-Zahlen, erhält man durch Zugabe von **Bariumoxid** und **Fluorid**. Andere Zugaben beeinflussen wiederum die Farbe des Glases, was für die Verwendung als Filterglas nötig sein kann. So färbt einwertiges **Kupfer** das Glas rot, zweiwertiges dagegen blau. Eine gelbe oder grüne Farbe lässt sich durch **Uranoxid** erzielen. **Kobaltoxid** führt zu einem sehr intensiven Blau. Sonnenschutzgläser lassen sich mit Vanadium, Mangan, Kobalt oder Eisen realisieren.

Glas ist eine **unterkühlte Schmelze**. Der Abkühlvorgang der Schmelze geht dabei so schnell, dass sich keine Kristallstruktur ausbilden kann. „Schnell" ist dabei ein relativer Begriff, denn das Abkühlen bestimmt neben der Zusammensetzung maßgeblich die optischen Eigenschaften des Glases. Es erfolgt nach exakt festgelegten Kühlkurven, wobei durch leichte Veränderungen eine Feinkorrektur der Brechzahl bis in die 5. Nachkommastelle möglich ist [Bliedtner 2008]. Gläser besitzen keinen exakt festgelegten Schmelzpunkt, sondern einen breiten **Transformationsbereich**. In diesem Temperaturbereich kommt es zum Erweichen des Glases, zur Schmelze. Das Volumen ändert sich sowohl bei der Schmelze als auch beim Glas linear mit der Temperatur. Allerdings ist die Volumenänderung beim festen Glas deutlich geringer als bei der Schmelze. Verlängert man im Diagramm Volumen als Funktion der Temperatur jeweils die Gerade des festen Glases und der Schmelze bis in den Erweichungsbereich, erhält man als Schnittpunkt den **Transformationspunkt**. Die dadurch festgelegte Temperatur nennt man **Transformationstemperatur**. Sie liegt z.B. beim Glas SF10 bei 454°C und bei N-BK7 bei 557°C [Schott 2014].

Die zwei wichtigsten Eigenschaften der optischen Gläser sind der **Brechungsindex** und die **Abbe-Zahl**. Letztere ist definiert als:

!

$$\nu_e = \frac{n_e - 1}{n_{F'} - n_{C'}} \tag{3.1}$$

n_e, $n_{F'}$ und $n_{C'}$ stellen die Brechzahlen bei den Wellenlängen $546{,}1\,\text{nm}$, $480\,\text{nm}$ und $643{,}8\,\text{nm}$ dar. Weitere häufig benutzte Index-Abkürzungen für Wellenlängen sind in Tab. 3.1 aufgelistet. Die Wellenlängen F' und C' begrenzen den wesentlichen Teil des menschlichen Sehvermögens. n_e wird **Hauptbrechzahl** genannt. Die **Hauptdispersion** $n_{F'} - n_{C'}$ im Nenner beschreibt den Anstieg der Brechzahl vom Roten ($\lambda = 643{,}8\,\text{nm}$) zum Blauen ($\lambda = 480\,\text{nm}$) hin. Je größer die Hauptdispersion, desto kleiner die Abbe-Zahl und desto höher die Dispersion des Glases und die chromatische Aberration einer Linse aus diesem Material.

Eine andere Definition der Abbe-Zahl, die noch oft verwendet wird, ist:

!

$$\nu_d = \frac{n_d - 1}{n_F - n_C} \tag{3.2}$$

Hier werden die Brechzahlen bei den Wellenlängen $587{,}6\,\text{nm}$ (n_d), $486{,}1\,\text{nm}$ (n_F) und $656{,}3\,\text{nm}$ (n_C) benutzt. Die Abbe-Zahlen der Gläser spielen beim Bau von achromatischen Linsensystemen eine wichtige Rolle (siehe Kap. 3.1.4).

Je nach Zusatzstoffen ergeben sich Glasgruppen mit ähnlichen Eigenschaften. In Tab. 3.2. sind die Abkürzungen der wichtigsten Gruppen angegeben. Die Einteilung erfolgt im Wesentlichen in zwei Hauptgruppen: die **Krongläser** und die **Flintgläser**. Die Gläser mit Abbe-Zahlen über 50 werden traditionell als Krongläser bezeichnet, während die Flintgläser darunter liegen.

Einen schnellen Überblick über die optischen Eigenschaften der optischen Gläser gibt das Abbe-Diagramm (Abb. 3.1). Jedes Glas ist als Punkt im Abbe-Diagramm eingezeichnet. Man erkennt, dass innerhalb der in Tab. 3.2 angegebenen Glasgruppen wiederum verschiedene, durchnummerierte Gläser mit leicht variierenden Brechzahlen und Abbe-Zahlen existieren. Im Diagramm wird die Abbe-Zahl ν_e als Abszissenwert (fallende Abbe-Zahl!) aufgetragen, während als Ordinate die Brechzahl n_e dargestellt wird. Wie man dem Diagramm entnehmen kann, zeigen Gläser mit niedriger Brechzahl in der Regel auch niedrige Dispersion, d.h. also hohe Abbe-Zahlen. Umgekehrt haben hochbrechende Gläser meist auch eine hohe Dispersion, also eine niedrige Abbe-Zahl.

Exakte Werte der Brechzahl und der Abbe-Zahl geben die Datenblätter der Hersteller an. In Abb. 3.2 ist das Datenblatt des niedrigbrechenden Glases N-BK7 und in Abb. 3.3 das Datenblatt des hochbrechenden Glases SF6 dargestellt. Die Brechzahlen werden für ausgewählte Wellenlängen angegeben, zu den Bezeichnungen siehe Tab. 3.1. Zusätzlich können Brechzahlen für beliebige Wellenlängen durch Verwendung der Sellmeier-Gleichung 1.214 (Kap. 1.3.2) berechnet werden. Die Interpolation ist innerhalb der spektralen Grenzen zulässig, die

Tab. 3.1: Für die Brechzahlbestimmung verwendete Wellenlängen mit den üblichen Abkürzungen [Schott 2014, Litfin 1997]

	Brechzahl-Index	Wellenlänge/nm	Quelle
IR	2325,4	2325,4	Hg-Linie
	1970,1	1970,1	Hg-Linie
	1529,6	1529,6	Hg-Linie
	1060,0	1060,0	Nd-Glas-Laser
	t	1014,0	Hg-Linie
	s	852,1	Cs-Linie
VIS	r	706,5	He-Linie
	C	656,3	H-Linie
	C'	643,8	Cd-Linie
	632,8	632,8	He-Ne-Laser
	D	589,3	Na-D-Linie
	d	587,6	He-Linie
	e	546,1	Hg-Linie
	F	486,1	H-Linie
	F'	480,0	Cd-Linie
	g	435,8	Hg-Linie
	h	404,7	Hg-Linie
UV	i	365,0	Hg-Linie
	334,1	334,1	Hg-Linie
	312,6	312,6	Hg-Linie
	296,7	296,7	Hg-Linie
	280,4	280,4	Hg-Linie
	248,3	248,3	Hg-Linie

Tab. 3.2: Abkürzungen und Bezeichnungen von Kron- und Flintgläsern

Kronglas		**Flintglas**	
Abk.	Bezeichnung	Abk.	Bezeichnung
BaK	Barytkron	BaF	Barytflint
BaLK	Barytleichtkron	BaLF	Barytleichtflint
BK	Borkron	BaSF	Barytschwerflint
FK	Fluorkron	F	Flint
K	Kron	KF	Kronflint
LK	Lanthankron	KzF	Kurzflint
LaSK	Lanthanschwerkron	LaF	Lanthanflint
PK	Phosphatkron	LaSF	Lanthanschwerflint
PSK	Phosphatschwerkron	LF	Leichtflint
SK	Schwerkron	LLF	Doppelleichtflint
SSK	Schwerstkron	SF	Schwerflint
ZK	Zinkkron	TF	Tiefflint

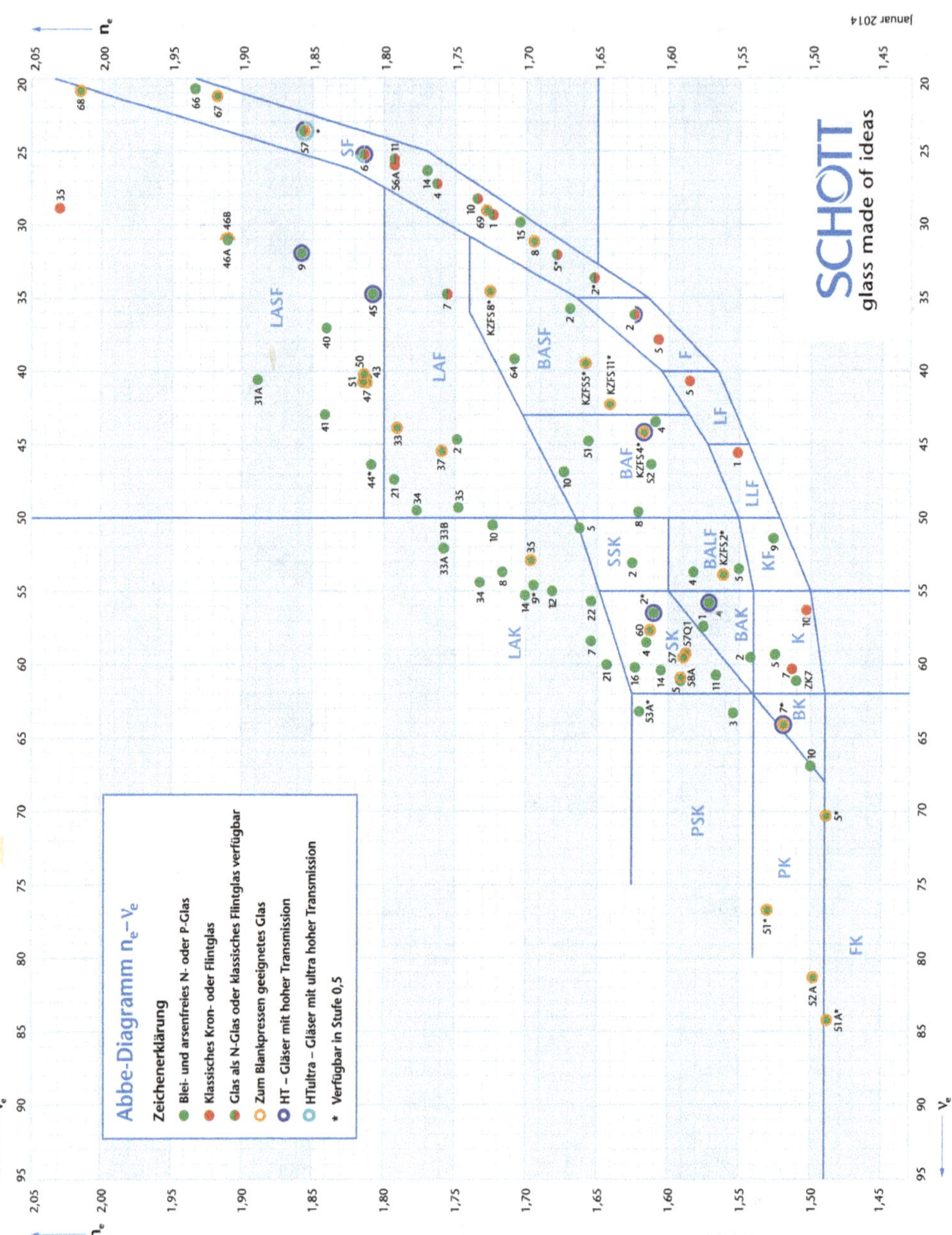

Abb. 3.1: Abbe-Diagramm n_e als Funktion von ν_e.
Quelle: SCHOTT Advanced Optics (www.schott.com/advanced_optics)

Datenblatt

SCHOTT

SCHOTT N-BK 7®
517642.251

n_d = 1,51680	ν_d = 64,17	$n_F - n_C$ = 0,008054
n_e = 1,51872	ν_e = 63,96	$n_{F'} - n_{C'}$ = 0,008110

Brechzahlen

	λ [nm]	
$n_{2325,4}$	2325,4	1,48921
$n_{1970,1}$	1970,1	1,49495
$n_{1529,6}$	1529,6	1,50091
$n_{1060,0}$	1060,0	1,50669
n_t	1014,0	1,50731
n_s	852,1	1,50980
n_r	706,5	1,51289
n_C	656,3	1,51432
$n_{C'}$	643,8	1,51472
$n_{632,8}$	632,8	1,51509
n_D	589,3	1,51673
n_d	587,6	1,51680
n_e	546,1	1,51872
n_F	486,1	1,52238
$n_{F'}$	480,0	1,52283
n_g	435,8	1,52668
n_h	404,7	1,53024
n_i	365,0	1,53627
$n_{334,1}$	334,1	1,54272
$n_{312,6}$	312,6	1,54862
$n_{296,7}$	296,7	
$n_{280,4}$	280,4	
$n_{248,3}$	248,3	

Reintransmissionsgrad τ_i

λ [nm]	τ_i (10mm)	τ_i (25mm)
2500	0,665	0,360
2325	0,793	0,560
1970	0,933	0,840
1530	0,992	0,980
1060	0,999	0,997
700	0,998	0,996
660	0,998	0,994
620	0,998	0,994
580	0,998	0,995
546	0,998	0,996
500	0,998	0,994
460	0,997	0,993
436	0,997	0,992
420	0,997	0,993
405	0,997	0,993
400	0,997	0,992
390	0,996	0,989
380	0,993	0,983
370	0,991	0,977
365	0,988	0,971
350	0,967	0,920
334	0,905	0,780
320	0,770	0,520
310	0,574	0,250
300	0,292	0,050
290	0,063	
280		
270		
260		
250		

Relative Teildispersionen

$P_{s,t}$	0,3098
$P_{C,s}$	0,5612
$P_{d,C}$	0,3076
$P_{e,d}$	0,2386
$P_{g,F}$	0,5349
$P_{i,h}$	0,7483
$P'_{s,t}$	0,3076
$P'_{C',s}$	0,6062
$P'_{d,C'}$	0,2566
$P'_{e,d}$	0,2370
$P'_{g,F'}$	0,4754
$P'_{i,h}$	0,7432

Abweichungen rel. Teil-dispersionen ΔP von der "Normalgeraden"

$\Delta P_{C,t}$	0,0216
$\Delta P_{C,s}$	0,0087
$\Delta P_{F,e}$	-0,0009
$\Delta P_{g,F}$	-0,0009
$\Delta P_{i,g}$	0,0035

Sonstige Eigenschaften

$\alpha_{-30/+70°C}$ [10^{-6}/K]	7,1
$\alpha_{+20/+300°C}$ [10^{-6}/K]	8,3
T_g [°C]	557
$T_{10}^{13,0}$ [°C]	557
$T_{10}^{7,6}$ [°C]	719
c_p [J/(g·K)]	0,858
λ [W/(m·K)]	1,114
ρ [g/cm³]	2,51
E [10^3 N/mm²]	82
μ	0,206
K [10^{-6} mm²/N]	2,77
$HK_{0,1/20}$	610
HG	3
CR	1
FR	0
SR	1
AR	2.3
PR	2.3

Konstanten der Dispersionsformel

B_1	1,03961212
B_2	0,231792344
B_3	1,01046945
C_1	0,00600069867
C_2	0,0200179144
C_3	103,560653

Konstanten der Formel für dn/dT

D_0	$1{,}86 \cdot 10^{-6}$
D_1	$1{,}31 \cdot 10^{-8}$
D_2	$-1{,}37 \cdot 10^{-11}$
E_0	$4{,}34 \cdot 10^{-7}$
E_1	$6{,}27 \cdot 10^{-10}$
λ_{TK} [μm]	0,17

Farbcode

λ_{80}/λ_5	33/29
(*= λ_{70}/λ_5)	

Bemerkungen

in Brechzahlstufe 0,5 verfügbar

Temperaturkoeffizienten der Lichtbrechung

	$\Delta n_{rel}/\Delta T [10^{-6}/K]$			$\Delta n_{abs}/\Delta T [10^{-6}/K]$		
[°C]	**1060,0**	**e**	**g**	**1060,0**	**e**	**g**
-40/ -20	2,4	2,9	3,3	0,3	0,8	1,2
+20/ +40	2,4	3,0	3,5	1,1	1,6	2,1
+60/ +80	2,5	3,1	3,7	1,5	2,1	2,7

Stand 01.02.2014, Änderungen vorbehalten 13 | Übersicht

Abb. 3.2: Datenblatt für Glas N-BK7.
Quelle: SCHOTT Advanced Optics, Optical Glass – Data Sheets (www.schott.com/advanced_optics)

Datenblatt

SF6
805254.518

n_d = 1,80518	ν_d = 25,43	$n_F - n_C$ = 0,031660
n_e = 1,81265	ν_e = 25,24	$n_{F'} - n_{C'}$ = 0,032201

Brechzahlen

	λ [nm]	
$n_{2325,4}$	2325,4	1,75302
$n_{1970,1}$	1970,1	1,75813
$n_{1529,6}$	1529,6	1,76444
$n_{1060,0}$	1060,0	1,77380
n_t	1014,0	1,77517
n_s	852,1	1,78157
n_r	706,5	1,79117
n_C	656,3	1,79609
$n_{C'}$	643,8	1,79750
$n_{632,8}$	632,8	1,79884
n_D	589,3	1,80491
n_d	587,6	1,80518
n_e	546,1	1,81265
n_F	486,1	1,82775
$n_{F'}$	480,0	1,82970
n_g	435,8	1,84707
n_h	404,7	1,86436
n_i	365,0	1,89703
$n_{334,1}$	334,1	
$n_{312,6}$	312,6	
$n_{296,7}$	296,7	
$n_{280,4}$	280,4	
$n_{248,3}$	248,3	

Reintransmissionsgrad τ_i

λ [nm]	τ_i (10mm)	τ_i (25mm)
2500	0,887	0,740
2325	0,910	0,790
1970	0,971	0,930
1530	0,996	0,991
1060	0,999	0,999
700	0,999	0,997
660	0,998	0,996
620	0,998	0,995
580	0,999	0,996
546	0,998	0,996
500	0,996	0,991
460	0,991	0,978
436	0,982	0,955
420	0,967	0,920
405	0,933	0,840
400	0,915	0,800
390	0,847	0,660
380	0,720	0,440
370	0,442	0,130
365	0,246	0,030
350		
334		
320		
310		
300		
290		
280		
270		
260		
250		

Relative Teildispersionen

$P_{s,t}$	0,2020
$P_{C,s}$	0,4588
$P_{d,C}$	0,2871
$P_{e,d}$	0,2359
$P_{g,F}$	0,6102
$P_{i,h}$	1,0316
$P'_{s,t}$	0,1986
$P'_{C',s}$	0,4950
$P'_{d,C'}$	0,2384
$P'_{e,d}$	0,2319
$P'_{g,F'}$	0,5393
$P'_{i,h}$	1,0143

Abweichungen rel. Teildispersionen ΔP von der "Normalgeraden"

$\Delta P_{C,t}$	-0,0048
$\Delta P_{C,s}$	-0,0033
$\Delta P_{F,e}$	0,0020
$\Delta P_{g,F}$	0,0092
$\Delta P_{i,g}$	0,0669

Konstanten der Dispersionsformel

B_1	1,72448482
B_2	0,390104889
B_3	1,04572858
C_1	0,0134871947
C_2	0,0569318095
C_3	118,557185

Konstanten der Formel für dn/dT

D_0	$6{,}69 \cdot 10^{-6}$
D_1	$1{,}78 \cdot 10^{-8}$
D_2	$-3{,}36 \cdot 10^{-11}$
E_0	$1{,}77 \cdot 10^{-6}$
E_1	$1{,}70 \cdot 10^{-9}$
λ_{TK} [µm]	0,269

Farbcode

λ_{80}/λ_5	42/36
(*= λ_{70}/λ_5)	

Bemerkungen

bleihaltig glass type

Sonstige Eigenschaften

$\alpha_{-30/+70°C}$ [10^{-6}/K]	8,1
$\alpha_{+20/+300°C}$ [10^{-6}/K]	9,0
T_g [°C]	423
$T_{10}^{13,0}$ [°C]	410
$T_{10}^{7,6}$ [°C]	538
c_p [J/(g·K)]	0,389
λ [W/(m·K)]	0,673
ρ [g/cm³]	5,18
E [10^3 N/mm²]	55
µ	0,244
K [10^{-6} mm²/N]	0,65
$HK_{0,1/20}$	370
HG	1
CR	2
FR	3
SR	51.3
AR	2.3
PR	3.3

Temperaturkoeffizienten der Lichtbrechung

	$\Delta n_{rel}/\Delta T$ [10^{-6}/K]			$\Delta n_{abs}/\Delta T$ [10^{-6}/K]		
[°C]	**1060,0**	**e**	**g**	**1060,0**	**e**	**g**
-40/ -20	6,1	9,9	14,5	3,7	7,4	11,9
+20/ +40	6,8	11,1	16,2	5,3	9,5	14,6
+60/ +80	7,3	11,8	17,4	6,1	10,6	16,1

Stand 01.02.2014, Änderungen vorbehalten 116 | Übersicht

Abb. 3.3: Datenblatt für Glas SF6.
Quelle: SCHOTT Advanced Optics, Optical Glass – Data Sheets (www.schott.com/advanced_optics)

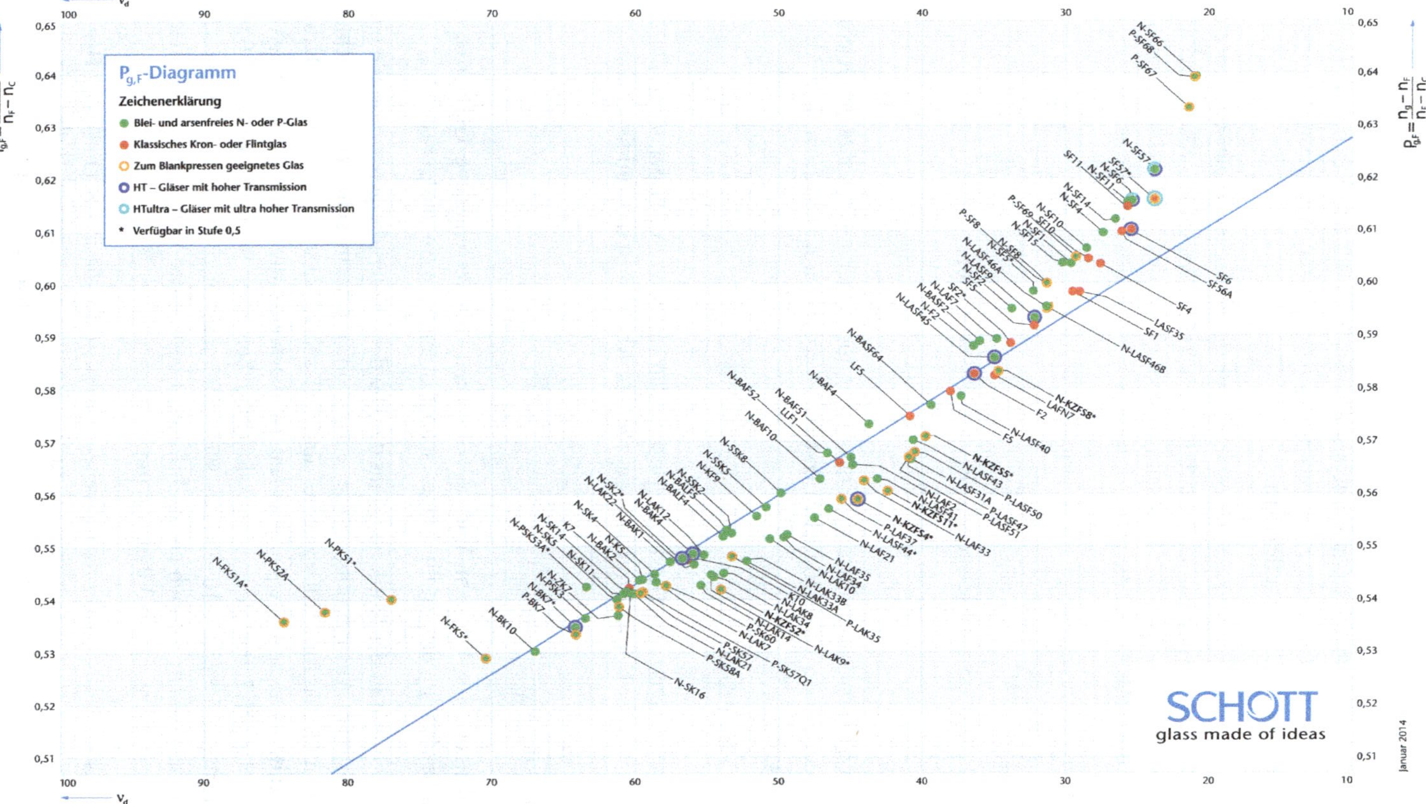

Abb. 3.4: Relative Teildispersion als Funktion von ν_d.
Quelle: SCHOTT Advanced Optics (www.schott.com/advanced_optics)

durch die diskreten Brechzahlwerte festgelegt werden. Die Genauigkeit im sichtbaren Spektralbereich ist i.a. besser als 10^{-5}. Wichtig für den Anwender ist der **Reintransmissionsgrad** τ_i. Hier wird die Transmission des Glaskörpers selbst (in Abb. 3.2 und 3.3 für die Dicken 10 mm und 25 mm) angegeben, ohne die unvermeidlichen, durch die Fresnelschen Gleichungen angegebenen Oberflächenreflexionen.

Neben der Abbe-Zahl ist – zur exakten Beschreibung der optischen Eigenschaften eines Glases – die Angabe einer weiteren, die Dispersion beschreibenden Größe, erforderlich. Die **relative Teildispersion** für zwei Wellenlängen λ_1 und λ_2 mit den Brechzahlen n_1 und n_2 wird, bezogen auf die blaue F- und die rote C-Linie des Wasserstoffs, angegeben als

$$P_{1,2} = \frac{n_1 - n_2}{n_F - n_C} \qquad 3.3$$

In der Regel hängt die relative Teildispersion $P_{1,2}$ linear von ν_d ab:

$$P_{1,2} = a_{12}\nu_d + b_{12} \qquad 3.4$$

a_{12} und b_{12} sind wellenlängenspezifische Konstanten. Glücklicherweise gibt es Abweichungen von dieser Regel, denn sie ermöglichen erst hochwertige Farbkorrekturen. Die Abweichung wird gemäß

$$P_{1,2} = a_{12}\nu_d + b_{12} + \Delta P_{1,2} \qquad 3.5$$

definiert. Demgemäß werden im Glaskatalog neben den relativen Teildispersionen die Abweichungen $\Delta P_{1,2}$ von der Normalgeraden angegeben. In Abb. 3.4 ist die Teildispersion

$$P_{g,F} = \frac{n_g - n_F}{n_F - n_C} \qquad 3.6$$

für die Wellenlängen $\lambda_1 = 435{,}8\,\text{nm}$ und $\lambda_2 = 486{,}1\,\text{nm}$ für verschiedene Glassorten als Funktion der Abbe-Zahl ν_d dargestellt. Eingezeichnet ist auch die **Normalgerade**.

Auch **Quarzglas** kommt in der Optik zum Einsatz. Die dem Material eigenen Vorteile einer **geringen thermischen Ausdehnung** sowie einer hohen **Thermoschockverträglichkeit** treten dabei in den Hintergrund. Interessanter sind hier schon die große **Härte und Kratzunempfindlichkeit**. Aber besonders interessant ist die **weite spektrale Durchlässigkeit**. Während beim Glas BK7 der Reintransmissionsgrad bei einer Schichtdicke von 10 mm schon im Wellenlängenbereich 310–350 nm stark abnimmt, sinkt er bei speziellem UV-Quarzglas erst unter 200 nm deutlich ab. Im Infraroten besteht der Vorteil in einem offenen spektralen Fenster im Bereich von 3,0 bis 3,6 µm.

Neben Glas gibt es noch eine ganze Reihe weiterer Werkstoffe, die in der Optik von Bedeutung sind. Insbesondere die Lasertechnik hat zur Verbreitung einer ganzen Reihe von exotischen Materialien geführt. Die kristallinen Materialien eröffnen große spektrale Bereiche oder schaffen durch spezielle Eigenschaften neue Möglichkeiten. Bei der Behandlung der Doppelbrechung wurde schon **Kalkspat (Calcit, $CaCO_3$)** erwähnt. Neben der für den Bau von Polarisatoren wichtigen Eigenschaft der Doppelbrechung besitzt es einen weiten nutzbaren Spektralbereich von etwa 210 nm bis 2,5 µm.

Ein Kristall mit außerordentlichen Fähigkeiten ist **Saphir**, monokristallines Aluminiumoxid (Al_2O_3). Obwohl der Kristall in vielen optischen und physikalischen Eigenschaften anisotrop ist, zeigt er leichte Doppelbrechung. Der Unterschied in der Brechzahl zwischen n_o und n_{ao} ist 0,008. Der nutzbare Spektralbereich von Saphir liegt zwischen 150 nm bis etwa 6 µm. Wegen seiner **hohen Härte** ist es sehr kratzfest und außerdem **chemisch sehr resistent**.

Zwei Elemente werden in kristalliner Form ebenfalls als optische Materialien verwendet: die Halbleiter Germanium und Silizium. **Silizium** wird sowohl als Kristall als auch in polykristalliner Form besonders in der Lasertechnik verwendet. Polykristallines Silizium hat höhere Streuverluste, was besonders bei Hochleistungslasern von Nachteil ist. Das nutzbare spektrale Fenster von Silizium reicht von etwa 1,1 µm bis 7 µm. Ein weiteres spektrales Fenster eröffnet sich im Bereich von 50 µm bis 300 µm. Der Brechungsindex ist ausgesprochen hoch: 3,49 bei 1,4 µm und 3,42 bei 6 µm. Das bedeutet, dass gemäß den Fresnelschen Formeln sehr hohe Reflexionsverluste an den Oberflächen auftreten, wenn keine Antireflexbeschichtungen aufgebracht werden. Silizium wird meist als Fenstermaterial oder auch als Substratmaterial für Spiegel verwendet. Einen noch höheren Brechungsindex als Silizium besitzt **Germanium**: 4,1 bei 2,06 µm und 4 bei 13,2 µm. Die Verluste durch Reflexion sind im unbeschichteten Fall also noch höher als beim Silizium. Sein nutzbarer Spektralbereich von 2 µm bis 15 µm macht es zum geeigneten Material für CO_2-Laser, wenngleich auch hier Vorsicht geboten ist: der **Absorptionskoeffizient** ist stark **temperaturabhängig**: je wärmer das Material wird, desto höher ist die Absorption. Beginnt das Material sich also erst einmal aufzuheizen, wird es bei leistungsstarken Lasern sehr schnell so heiß, dass es zerstört wird.

Ein Material, das unter dem Einfluss eines elektrischen Feldes doppelbrechend wird, ist **Lithiumniobat**. Es wird daher für den Bau elektrooptischer Güteschalter in der Lasertechnik verwendet. Sein nutzbarer Spektralbereich liegt zwischen 480 nm und 1,8 µm. Andere, ebenfalls für elektrooptische Güteschalter geeignete Materialien sind **Kaliumdihydrogenphosphat** (KDP) und **Ammoniumdihydrogenphosphat** (ADP).

Metalle finden bei optischen Komponenten als **Substratmaterial** für Laserspiegel, also als Basis, auf die die eigentlich reflektierende Schicht aufgedampft wird, oder aber als **Spiegelbeschichtung** Verwendung. Spiegel, die aus massivem, poliertem Metall bestehen, werden in der Regel nicht verwendet. Auch sind reine Metallbeschichtungen selten, denn Metalle haben – wie man mittels Fresnelscher Gleichungen leicht bestätigen kann – eine z.T. deutlich unter 100% liegende Reflektivität. Außerdem oxidieren Metalle mehr oder weniger, so dass sie ohne **Schutzschicht** kaum verwendbar sind. In der Regel werden Schichten aufgebracht, die gleichzeitig das Metall schützen und die Reflektivität erhöhen.

Als metallische Beschichtungen kommen vor allem die Metalle **Aluminium**, **Silber** und **Gold** in Frage. Als Substratmaterial für Hochleistungslaserspiegel dienen Kupfer, Silizium oder Molybdän. Molybdän ist eines der wenigen Materialien, die poliert ohne jede Beschichtung als Spiegel verwendet werden können. Wegen seiner harten, kratzunempfindlichen Oberfläche ist es besonders dann interessant, wenn die Optik häufig gereinigt werden muss und nicht gleichzeitig äußerst hohe Reflektivität gefordert wird. Kupfer dagegen ist ein äußerst weiches Substratmaterial, das auch mit Beschichtungen leicht verkratzt.

Bei Belastung des Spiegels mit mehreren Kilowatt optischer Leistung im Laserstrahl kommt es durch **Restabsorption** zur Erwärmung des Substrates. Da die Krümmungsradien der Spiegel bei Lasern in der Regel im Bereich einiger Meter liegen, führt eine zentrale Erwärmung des Spiegels durch Längenausdehnung zu einer Veränderung der Spiegelkrümmung, die für den Laserbetrieb fatale Folgen hat. Im Falle der beiden Substratmaterialien Silizium und Kupfer ist es so, dass Kupfer zwar die höhere Wärmeleitfähigkeit hat (Tab. 3.3), dafür aber auch die höhere Längenausdehnung. Kupfer erwärmt sich daher weniger stark, da Abwärme besser abfließen kann, reagiert dafür aber stärker auf Temperaturänderungen. Bei Silizium ist es umgekehrt: die Wärmeleitung ist deutlich schlechter, dafür ist die Längenausdehnung deutlich niedriger. Bei gleicher Verformung kann der Spiegel also wesentlich heißer werden.

Tab. 3.3: Physikalische Daten von Silizium und Kupfer. Nach [Herrit 1991]

	Si	**Cu**
Spez. Wärme / J/(gK)	0,716	0,385
Wärmeleitfähigkeit / W/(cmK)	1,48	3,90
Längenausdehnung / 10^{-6}/K	2,56	16,6

Neben den Gläsern und kristallinen Werkstoffen kommen heute verstärkt Kunststoffe für optische Komponenten zum Einsatz. So hat **Polykarbonat** (Abb. 3.5) eine spektrale Nutzbarkeit von 400 nm bis 1,6 µm [Bauch 1988] und eignet sich damit für die Herstellung von Linsen, Fenstern und Prismen im Sichtbaren und nahen Infrarot. Ein weiteres Fenster liegt im Bereich von 1,75 µm bis 2,1 µm. Die Brechzahl im Sichtbaren beträgt ca. 1,58. **Polystyrol** (Abb. 3.6) ist ein weiterer in der Optik verwendeter Kunststoff. Seine spektralen Fenster liegen bei 500 nm bis 1,55 µm und 1,75 µm bis 2,05 µm. Die Vorteile von Kunststoffen sind das geringe Gewicht, die Bruchfestigkeit und die leichte Färbbarkeit. Nachteilig wirken sich die Kratzempfindlichkeit, die eingeschränkte chemische Beständigkeit sowie die hohe Wärmeausdehnung aus.

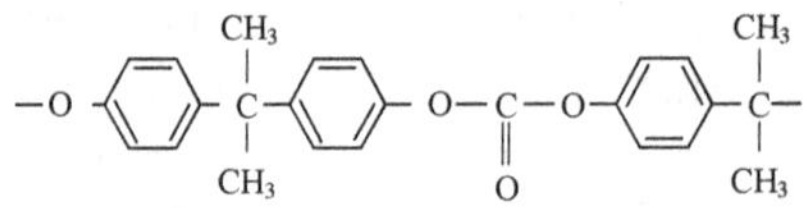

Abb. 3.5: Polykarbonat.

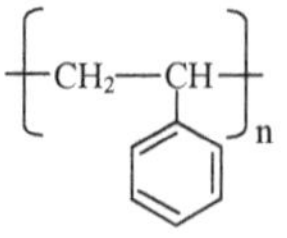

Abb. 3.6: Polystyrol.

3.1.2 Spiegel und Prismen

Spiegel werden einerseits in ebener Ausführung zum **Umlenken von Lichtbündeln**, andererseits in gekrümmter Ausführung als **Teil abbildender Systeme** verwendet. Eine weitere Anwendung sind **End-** bzw. **Auskoppelspiegel** in Lasern. Letztere gehören zu den teildurchlässigen Spiegeln, bei denen nicht die gesamte auftreffende Leistung reflektiert wird, sondern nur ein festgelegter Prozentsatz. Die restliche Strahlung dringt nach dem Brechungsgesetz in das Substrat ein und auf der Rückseite wieder aus. In diesem Fall ist es also wichtig, dass das Substratmaterial bei der gewünschten Wellenlänge nicht absorbiert.

Als **Substratmaterial** hierfür kommen Gläser oder kristalline Stoffe in Frage. Das einfachste Material ist **Kronglas**. Es kommt immer dann zum Einsatz, wenn keine besonders geringe Längenausdehnung und keine Temperaturschockempfindlichkeit gefragt sind. Hitzebeständiges **Borosilikatglas** hat diesbezüglich bessere Eigenschaften, erste Wahl wäre aber **Quarzglas**. Für Anwendungen im Infraroten sind bei teildurchlässigen Spiegeln u.a. Silizium, Germanium oder **Zinkselenid** als Substratmaterial gebräuchlich. Neben den dielektrischen Beschichtungen, die in Kap. 3.1.6 detailliert beschrieben werden sollen, werden bei vollreflektierenden Spiegeln häufig metallische Beschichtungen verwendet.

Besondere Anforderungen an Spiegel werden in der Lasertechnik gestellt. Hier sind Oberflächenebenheiten von einem Zehntel der Wellenlängen („$\lambda/10$ ") üblich. Auch spielt in der Lasertechnik bei vielen Hochleistungsanwendungen die **Schadensschwelle** eine große Rolle. Besonders beim Impulsbetrieb können sehr hohe Spitzenintensitäten auftreten, die zur Zerstörung der Oberfläche führen können. Daher wird bei der Spezifikation des Spiegels eine Schadensschwelle angegeben, z.B. in der Form: „50 J/cm^2 in 20 ns-Impulsen". Das ermöglicht jedoch nur eine grobe Abschätzung, ob die Optik für die jeweilige Anwendung geeignet ist. Die Schadensschwellen hängen vom genauen zeitlichen Verlauf des Laserimpulses ab.

Bei Spiegeln werden die **Reflektionsgrade** für parallele und senkrechte Polarisation getrennt angegeben. Sie sind auch bei vollreflektierenden Spiegeln in der Regel verschieden, wenngleich sehr nahe bei 100%. Natürlich gilt die Spezifikation nur **für eine spezielle Wellenlänge** und **für einen bestimmten Einfallswinkel**.

Auch **Prismen** können zur einfachen Ablenkung von Licht, aber auch mit Hilfe von Mehrfachreflexionen zur Rechts-Links- oder Oben-Unten-Vertauschung verwendet werden. Im einfachsten Fall eines rechtwinkligen Prismas ist eine 90°-Ablenkung des Strahls (Abb. 3.7) oder auch eine komplette Richtungsumkehr (Abb. 3.8) durch **Totalreflexion** möglich. Es ist zu beachten, dass die zwei eingezeichneten Buchstaben nicht als Gegenstand und Bild im optischen Sinne zu verstehen sind, denn das Prisma bildet selbst nicht ab. Ein reelles Bild entsteht nur durch eine abbildende Optik. Da der Lichtweg umkehrbar ist, kann jeder der beiden Buchstaben in den Abbildungen Gegenstand oder Bild sein.

Im Falle der Totalreflexion müssen die Prismen an der totalreflektierenden Fläche äußerst sauber gehalten werden, denn jede Verunreinigung führt zur Störung der Totalreflexion. Man mag sich fragen, warum man zur Richtungsablenkung nicht einfach einen Planspiegel verwendet. Bei vielen Anwendungen kann man das auch tun. Jedoch sind Prismen in der Regel

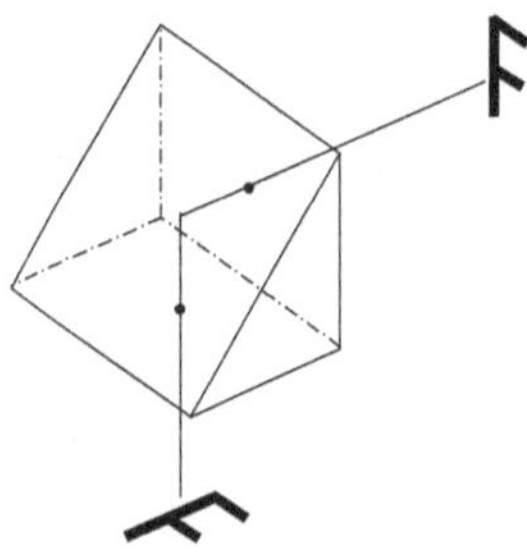
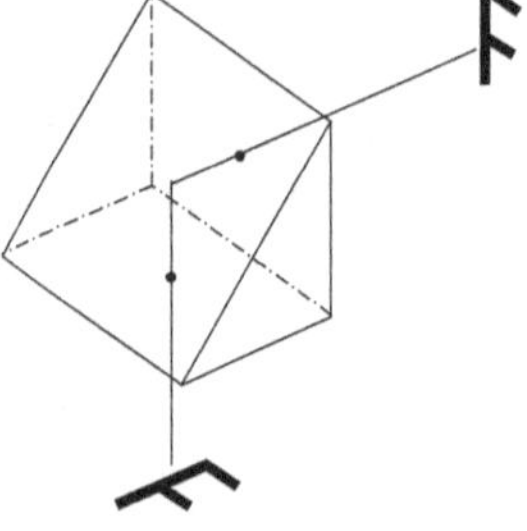

Abb. 3.7: Rechtwinkliges Prisma.

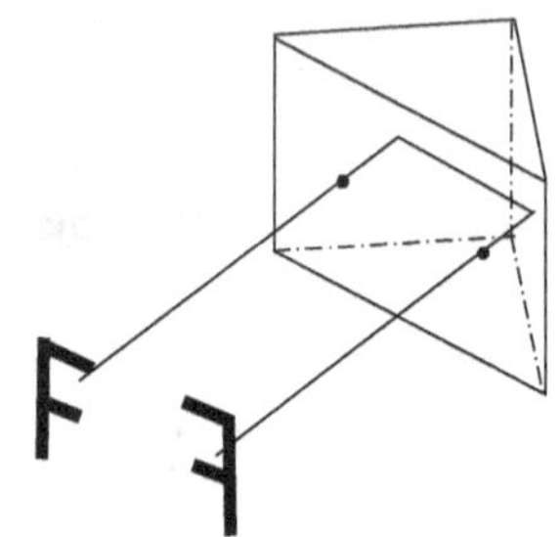

Abb. 3.8: Prisma als Retroreflektor.

leichter zu haltern und sind unempfindlicher gegenüber Verformungen. Der Hauptvorteil liegt aber darin, dass man die reflektierende Oberfläche beim Prisma leicht vor Verunreinigungen schützen kann. Auch können sehr hohe Transmissionen erreicht werden, sofern man die Eintrittsflächen mit einer Antireflexbeschichtung versieht. Sofern die hohen Anforderungen bezüglich der Reinheit der totalreflektierenden Fläche nicht eingehalten werden können, ist es möglich, eine **Aluminiumbeschichtung** oder eine **Silberschicht** aufzubringen, so dass die Reflexion an einem Metallspiegel erfolgt. In der Regel schließt eine schwarze Schutzschicht das Metall nach außen hin ab.

Die **Prismenanordnung nach Porro** (Abb. 3.9) vertauscht rechts und links sowie oben und unten. Dabei wird das Lichtbündel nur parallel versetzt. Angewandt wird diese Anordnung häufig in Ferngläsern. Oft sind die beiden in Abb. 3.9 getrennt gezeichneten Prismen zusammengekittet, so dass das Lichtbündel zwischen den Prismen gar nicht an Luft austritt.

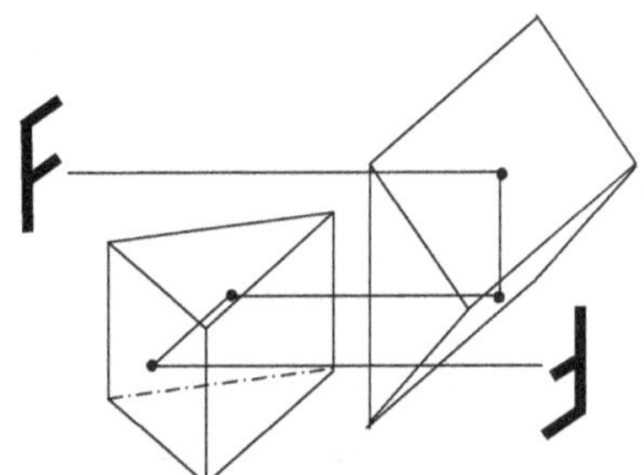

Abb. 3.9: Prismen in Porro-Anordnung.

In Abb. 3.10 ist ein **Dove-Prisma** dargestellt. Das Bild ist in vertikaler Richtung invertiert (Vertauschung von oben und unten). Eine Drehung des Gegenstandes um den Winkel α führt zu einer Drehung des Bildes ebenfalls um den Winkel α, aber **in Gegenrichtung**. Oder anders ausgedrückt: würde man das Prisma um die optische Achse um den Winkel α drehen, würde sich das Bild eines feststehenden Gegenstandes um den Winkel 2α drehen.

Das in Abb. 3.11 gezeigte **Dachkantprisma** bewirkt eine Invertierung sowohl in vertikaler als auch in horizontaler Richtung (Vertauschung von oben und unten sowie von rechts und links). Erreicht wird das dadurch, dass die Hypothenusenfläche eines 90°-Umlenkprismas durch ein 90°-Dach ersetzt wird. Nachteilig wirkt sich hier aus, dass im Gesichtsfeld die Dachkante erkennbar ist.

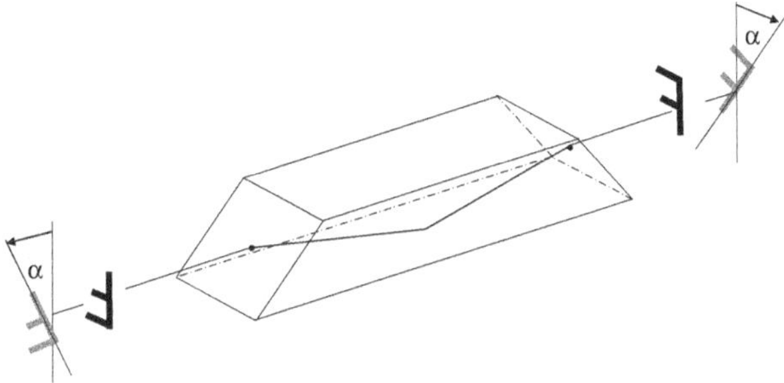

Abb. 3.10: Dove-Prisma.

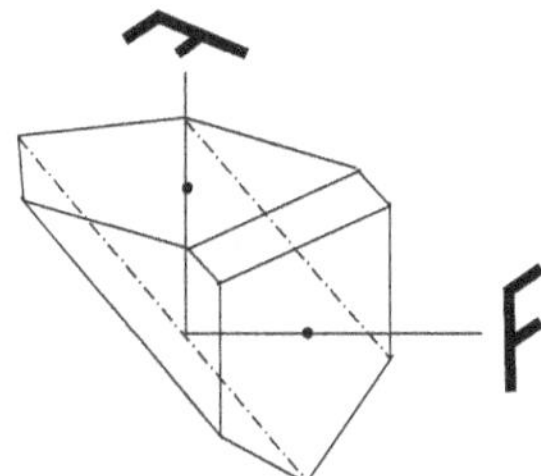

Abb. 3.11: Dachkantprisma.

Ein Prisma, bei dem überhaupt keine Invertierung stattfindet, ist das **Pentaprisma** (Abb. 3.12). Es bewirkt dabei eine 90°-Ablenkung, die **unabhängig vom Einfallwinkel** ist. D.h., das Prisma lenkt von einem Gegenstand ausgehende Lichtstrahlen auch dann um 90° ab, wenn sie nicht senkrecht auf die Eintrittsfläche treffen. Es ist somit bei solchen Anwendungen ideal einsetzbar, wenn seine Position nicht stabil eingehalten werden kann.

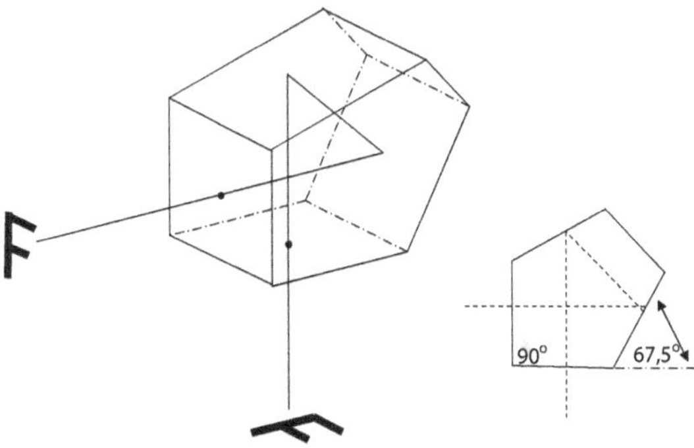

Abb. 3.12: Pentaprisma.

3.1.3 Linsen

Bei hochwertigen abbildenden Systemen werden in der Regel Linsenkombinationen verwendet, um die Linsenfehler besser korrigieren zu können. Trotzdem ist die Verwendung von **Einzellinsen** – insbesondere bei Laboraufbauten – durchaus üblich. Wie in Kap. 1.3.6 schon dargelegt, lässt sich die gleiche Brennweite mit verschiedenen Linsenformen realisieren. Das eröffnet **Freiheitsgrade zur Korrektur von Linsenfehlern**. Es können hier nur einige allgemeine Bemerkungen zur Vermeidung von Linsenfehlern gemacht werden, da eine Optimierung stets von der konkreten Situation abhängt. So wird z.B. die **chromatische Aberration** in der Lasertechnik möglicherweise keine Rolle spielen, wenn der Laser nur monochromatisches Licht liefert. Lediglich bei Lasern mit mehreren Übergängen könnte sie von Bedeutung sein.

Bei den **Sammellinsen** werden zur Erzeugung reeller Bilder symmetrische, bikonvexe Linsen empfohlen, wenn der **Abbildungsmaßstab** β' bei der beabsichtigten Anwendung **zwischen 0,2 und 5,0** liegt. Außerhalb dieses Bereiches sind plankonvexe Linsen vorzuziehen. Standardmäßig sind diese beiden Linsentypen bei vielen Herstellern erhältlich. Spezifiziert wird bei Linsen neben dem Durchmesser natürlich die Brennweite, die auf eine bestimmte Wellenlänge bezogen ist, z.B. auf 546,1 nm (Hg-Linie) oder auch 587,6 nm (He-Linie). Es muss hier auch zwischen der **hauptebenenbezogenen Brennweite** und der **bildseitigen Brennpunkt-Schnittweite** unterschieden werden. Wichtig für die mechanische Halterung der Linse ist die Scheitel- und vor allem die Randdicke.

Neben den Sammellinsen werden auch **Zerstreuungslinsen** in plankonkaver sowie in symmetrischer, bikonkaver Form angeboten. **Meniskuslinsen**, also Linsen mit einer konvexen und einer konkaven Oberfläche, können verwendet werden, um die Brennweite eines optischen Systems zu verlängern oder zu verkürzen (Abb. 3.13). Besondere Bedeutung kommt dabei der in Kap. 1.3.3 schon besprochenen **aplanatischen Form** zu. Eine solche Linse bringt keine zusätzliche sphärische Aberration oder Koma ins System.

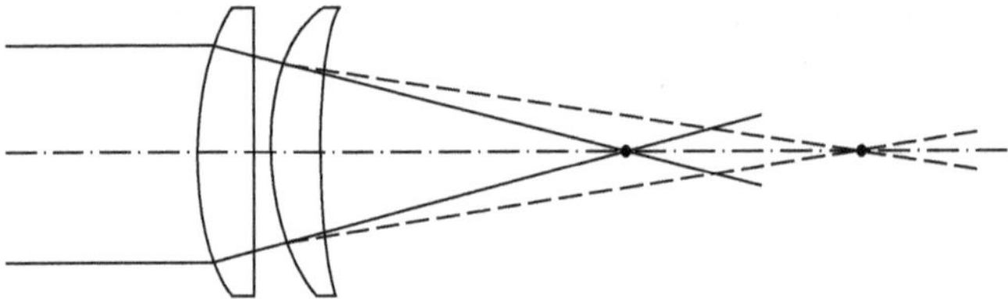

Abb. 3.13. Aplanatische Linse zur Brennweitenverkürzung.

Will man die Ausdehnung eines erzeugten Bildes nur in einer Richtung verändern, ohne die andere zu beeinflussen, kann eine **Zylinderlinse** weiterhelfen (Abb. 3.14). Insbesondere können solche Linsen zur Ausleuchtung von Spalten oder von linearen Detektorarrays verwendet werden. Sie sind mit positiver und negativer Brennweite erhältlich, wobei sich die Brennweite natürlich nur auf eine Schnittebene senkrecht zur Zylinderachse bezieht. Es sei nebenbei erwähnt, dass man Zylinderanteile auch in sphärische Linsen schleifen kann. Dies wird bei Brillengläsern zur Korrektur von Sehfehlern angewandt.

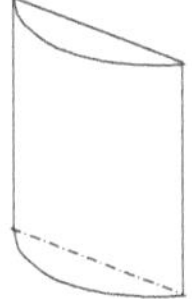

Abb. 3.14: Zylinderlinse.

Eine besonders preisgünstige Art von Linse stellt die **Fresnellinse** (Abb. 3.15) dar. Bei ihr wird die Kugeloberfläche einer Linse ersetzt durch eine Vielzahl konzentrischer, prismatischer Rillen, die in eine dicke Kunststofffolie eingeprägt sind. Die Vorteile sind billige Herstellung, geringes Gewicht und geringe Absorptionsverluste, da sie sehr dünn sind. Entscheidender Nachteil ist die geringe optische Qualität, so dass ihre Anwendung in der Regel auf Lichtführung in Beleuchtungssystemen beschränkt ist. Die optische Qualität der Fresnellinsen wird höher, wenn die Anzahl der Rillen vergrößert wird; die Lichtausbeute erhöht sich dagegen, wenn die Rillenzahl verringert wird. Bei einer Foliendicke von ca. 2 mm sind Linsen in einer Größe von 1 m lieferbar.

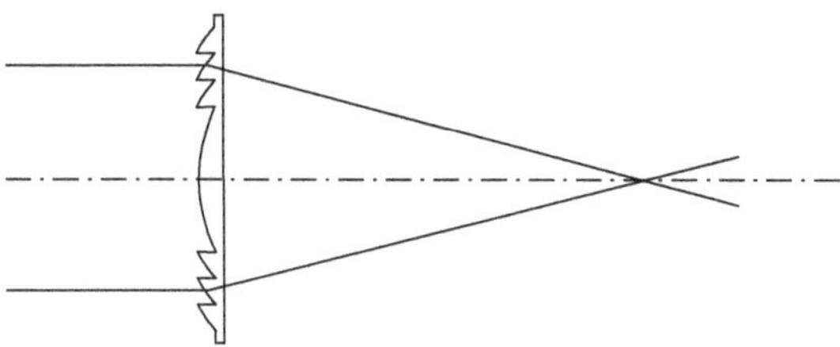

Abb. 3.15: Schematische Darstellung einer Fresnellinse. Eine reale Linse hat eine sehr viel größere Anzahl von Rillen.

Wachsende Bedeutung haben in den letzten Jahren **asphärische Linsen** gewonnen. Das sind Linsen, bei denen eine oder beide Oberflächen von der sphärischen Form abweichen. Die Oberflächengeometrie kann nach Abb. 3.16 durch eine Funktion $z(h)$ beschrieben werden. Die Größe z kann im Falle einer Kugeloberfläche mit

$$x^2 + h^2 = R^2 \qquad 3.7$$

dargestellt werden durch:

$$z = R - x = R - \sqrt{R^2 - h^2} \qquad 3.8$$

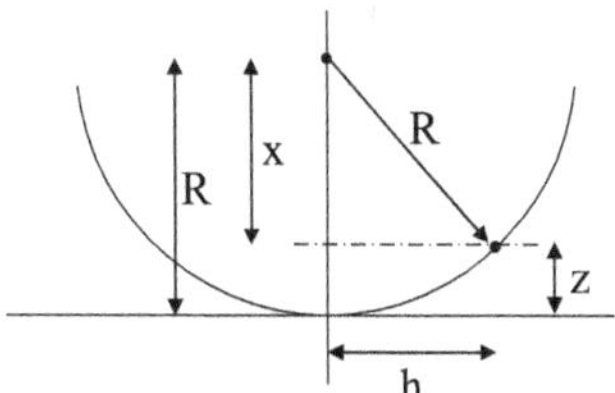

Abb. 3.16: Die Kugeloberfläche lässt sich durch eine Funktion $z(h)$ beschreiben.

Die Funktion $z(h)$ kann damit in die Form

$$z(h)=\frac{\left(R-\sqrt{R^2-h^2}\right)\left(R+\sqrt{R^2-h^2}\right)}{R+\sqrt{R^2-h^2}}=\frac{h^2}{R+\sqrt{R^2-h^2}} \qquad 3.9$$

gebracht werden. Ausgehend von dieser Gleichung lässt sich nun ein Faktor $(1+k)$ vor dem h^2 unter der Wurzel einführen, durch den eine Abweichung von der Kugelform erzeugt wird. Natürlich behält die Oberfläche dabei Rotationssymmetrie:

!

$$\boxed{z(h)=\frac{h^2}{R+\sqrt{R^2-(1+k)h^2}}} \qquad 3.10$$

k wird als **konische Konstante** bezeichnet. Mit $k=0$ erzeugt man die Gl. 3.9, also somit die **Kugelform**. Wählt man $k=-1$, so entfällt die h-Abhängigkeit unter der Wurzel und es entsteht der Ausdruck

$$z(h)=\frac{h^2}{2R}, \qquad 3.11$$

der sich unschwer als **Parabel** identifizieren lässt. Für $-1<k<0$ stellt Gl. 3.10 eine **Ellipse** dar, für $k<-1$ eine **Hyperbel**. Addiert man weitere Summanden höherer Ordnung, erhält man schließlich:

!

$$\boxed{z(h)=\frac{h^2}{R+\sqrt{R^2-(1+k)h^2}}+A_4h^4+A_6h^6+\ldots} \qquad 3.12$$

Mit einer derartigen Rotationsfläche ist es durch die zusätzlich eingeführten Freiheitsgrade möglich, Linsenfehler wie die sphärische Aberration zu korrigieren und damit sehr große relative Öffnungen bzw. sehr kleine Verhältnisse von Brennweite zu Linsendurchmesser (bis zu 0,6) zu realisieren. Die Korrektur ist aber stets nur für eine ganz konkrete Gegenstands- und Bildweite möglich. Eine häufige Anwendung asphärischer Linsen mit extremer Brennweite sind **Beleuchtungssysteme** von Projektionsgeräten. Diese sogenannten **Kondensorlinsen** werden häufig paarweise verwendet, wobei die asphärischen Oberflächen einander zugewandt sind (Abb. 3.17).

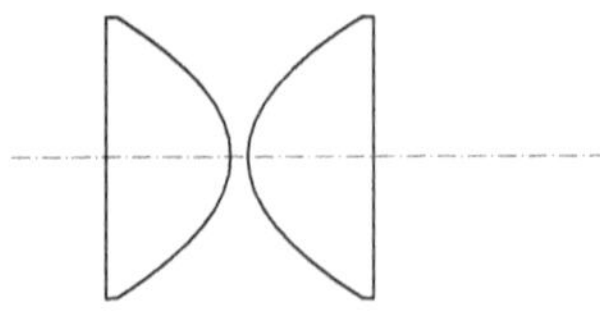

Abb. 3.17: Kondensorlinsen.

3.1.4 Achromate

Wie man den Ausführungen in Kap. 1.3.1 entnehmen kann, hat der **Farbfehler**, die sogenannte **chromatische Aberration**, fundamentale physikalische Ursachen und es ist nicht möglich, im optischen Bereich Gläser zu finden, die frei davon sind. Um den chromatischen Fehler in den Griff zu bekommen, muss man also einen anderen Ansatz wählen, wobei aber völlige Farbfehlerfreiheit nicht zu erreichen ist. Zumindest für zwei Wellenlängen exakt kompensieren lässt sich der Farbfehler mit einem **Achromaten**. Er setzt sich zusammen aus einer **niedrigbrechenden Sammellinse** (häufig aus Kronglas) und einer **hochbrechenden Zerstreuungslinse** (häufig aus Flintglas), die eine gemeinsame Oberfläche haben, an der sie zusammengekittet sind (Abb. 3.18). Es wird gefordert, dass dieser Achromat für Licht zweier spezieller Wellenlängen exakt die gleiche Brennweite f' besitzt. Zur mathematischen Behandlung des Problems soll angenommen werden, dass es sich um dünne Linsen handelt. Die Brechkräfte der Sammel- bzw. der Zerstreuungslinse bei einer Wellenlänge von beispielsweise 486,1 nm (Index *F* nach Tab. 3.1, Brechzahl n_F) sind

$$D_{1,F} = \frac{1}{f'_{1,F}} = (n_{F,1} - 1)\left(\frac{1}{r_1} - \frac{1}{r_2}\right) \qquad 3.13$$

$$D_{2,F} = \frac{1}{f'_{2,F}} = (n_{F,2} - 1)\left(\frac{1}{r_2} - \frac{1}{r_3}\right) \qquad 3.14$$

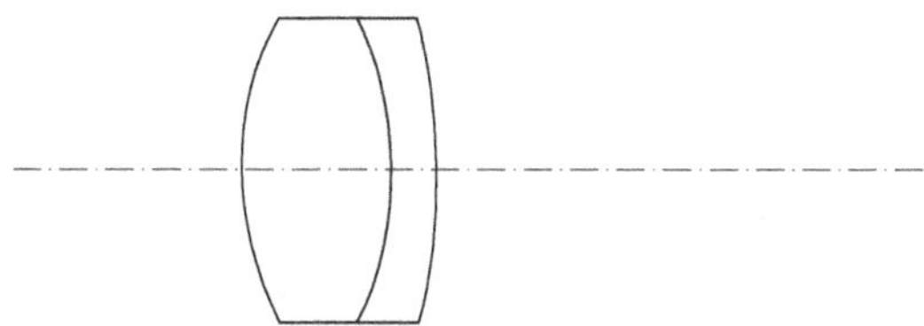

Abb. 3.18: Ein Achromat besteht aus einer niedrigbrechenden Sammel- und einer hochbrechenden Zerstreuungslinse, die eine gemeinsame Grenzfläche haben.

Die Brechkräfte der Linsen bei einer Wellenlänge von 656,3 nm (Index *C* nach Tab. 3.1, Brechzahl n_C) sind:

$$D_{1,C} = \frac{1}{f'_{1,C}} = (n_{C,1} - 1)\left(\frac{1}{r_1} - \frac{1}{r_2}\right) \qquad 3.15$$

$$D_{2,C} = \frac{1}{f'_{2,C}} = (n_{C,2} - 1)\left(\frac{1}{r_2} - \frac{1}{r_3}\right) \qquad 3.16$$

Bildet man die Differenzen $\Delta D_1 = D_{1,F} - D_{1,C}$ bzw. $\Delta D_2 = D_{2,F} - D_{2,C}$ der Brechkräfte für die betrachteten Wellenlängen für jede der beiden Linsen, erhält man:

$$\begin{aligned}\Delta D_1 &= (n_{F,1}-1)\left(\frac{1}{r_1}-\frac{1}{r_2}\right)-(n_{C,1}-1)\left(\frac{1}{r_1}-\frac{1}{r_2}\right)\\ &= (n_{F,1}-n_{C,1})\left(\frac{1}{r_1}-\frac{1}{r_2}\right)\end{aligned} \qquad 3.17$$

$$\begin{aligned}\Delta D_2 &= (n_{F,2}-1)\left(\frac{1}{r_2}-\frac{1}{r_3}\right)-(n_{C,2}-1)\left(\frac{1}{r_2}-\frac{1}{r_3}\right)\\ &= (n_{F,2}-n_{C,2})\left(\frac{1}{r_2}-\frac{1}{r_3}\right)\end{aligned} \qquad 3.18$$

Soll der Achromat für die beiden betrachteten Wellenlängen die gleiche Brennweite, also die gleiche Brechkraft haben, muss die Veränderung ΔD_1 bei der ersten Linse durch die Veränderung ΔD_2 bei der zweiten Linse ausgeglichen werden, d.h. es muss gelten

$$\Delta D_1 + \Delta D_2 = 0 \qquad 3.19$$

Mit Gl. 3.17 und 3.18 wird daraus:

$$(n_{F,1}-n_{C,1})\left(\frac{1}{r_1}-\frac{1}{r_2}\right)+(n_{F,2}-n_{C,2})\left(\frac{1}{r_2}-\frac{1}{r_3}\right)=0 \qquad 3.20$$

Führt man nun – zunächst willkürlich – die Brechzahlen $n_{d,1}$ und $n_{d,2}$ (bei der Wellenlänge 587,6 nm) ein, kann man diese Gleichung wie folgt schreiben:

$$\frac{n_{F,1}-n_{C,1}}{n_{d,1}-1}(n_{d,1}-1)\left(\frac{1}{r_1}-\frac{1}{r_2}\right)+\frac{n_{F,2}-n_{C,2}}{n_{d,2}-1}(n_{d,2}-1)\left(\frac{1}{r_2}-\frac{1}{r_3}\right)=0 \qquad 3.21$$

In den beiden Brüchen

$$\frac{n_{F,1}-n_{C,1}}{n_{d,1}-1} \quad \text{und} \quad \frac{n_{F,2}-n_{C,2}}{n_{d,2}-1} \qquad 3.22$$

erkennt man die Kehrwerte der **Abbesche Zahlen** $\nu_{d,1}$ und $\nu_{d,2}$ der beiden Linsenmaterialien des Achromaten nach Gl. 3.2. Die Ausdrücke

$$D_{1,d} = (n_{d,1}-1)\left(\frac{1}{r_1}-\frac{1}{r_2}\right) \quad \text{und} \quad D_{2,d} = (n_{d,2}-1)\left(\frac{1}{r_2}-\frac{1}{r_3}\right) \qquad 3.23$$

sind die Brechkräfte der beiden Linsen bei der Wellenlänge 587,6 nm. Es lässt sich somit die folgende **Achromasiebedingung** formulieren:

$$\frac{D_{1,d}}{\nu_{d,1}} + \frac{D_{2,d}}{\nu_{d,2}} = 0 \quad 3.24$$

!

Ist diese Bedingung erfüllt, zeigt der Achromat für die beiden oben genannten Wellenlängen die gleiche Brennweite. Bemerkenswert ist, dass in die Gl. 3.24 nur die Brechkräfte eingehen; aus welchen **Radien** diese Brechkräfte gebildet werden, ist **irrelevant**. Damit stehen für die Verbesserung weiterer Linsenfehler noch Freiheitsgrade zur Verfügung, z.B. um die sphärische Aberration zu korrigieren. Auch bei nichtparallel einfallendem Licht lässt sich durch Verwendung von Achromaten eine Verbesserung des Öffnungsfehlers erreichen.

Die Achromasiebedingung von Gl. 3.24 lässt sich für die mit Gl. 3.1 eingeführte, auf die *e*-Linie ($\lambda = 546{,}1$ nm) bezogene Abbesche Zahl ν_e, in gleicher Weise formulieren. Die Korrektur des Farbfehlers kann auch bei drei Wellenlängen erfolgen. Das System, das dieses leistet, wird **Trichromat** genannt und besteht in aller Regel – aber nicht zwingend – aus drei Linsen. Ein aus drei Linsen bestehendes Objektiv ist das **Cooksche Triplett**. Es besteht aus zwei Sammellinsen, zwischen denen sich eine Zerstreuungslinse in nicht vernachlässigbaren Abständen befindet.

3.1.5 Filter

Filter werden in der Optik verwendet, um aus einem Lichtbündel Strahlung bestimmter Wellenlängen herauszufiltern, d.h. zu absorbieren. Hierzu werden **dünne Metallschichten** und vor allem **Farbgläser** verwendet. Die Absorption erfolgt bei homogenen Substanzen nach dem **Beerschen Gesetz** (Gl. 1.209 und 1.210):

$$\psi(x,\lambda) = \psi_0 e^{-\alpha(\lambda)x} \quad \text{bzw.} \quad \tau_i(x,\lambda) = \frac{\psi(x,\lambda)}{\psi_0} = e^{-\alpha(\lambda)x} \quad 3.25$$

!

τ_i ist dabei der **Reintransmissionsgrad** der Substanz. Der **Absorptionskoeffizient** α ist dabei wellenlängenabhängig und ermöglicht bei geeigneter Materialwahl das Herausfiltern bestimmter Wellenlängenbereiche. Stellt man einen Glasfilter in einen Strahlengang, ist zu berücksichtigen, dass die Ein- und Austrittsoberfläche gemäß den Fresnelschen Gleichungen einen Teil der Strahlung reflektiert. Bei einer nicht absorbierenden Glasplatte mit der Brechzahl n, die sich an Luft befindet und auf die das Licht senkrecht trifft, beträgt der Transmissionsgrad unter Berücksichtigung des Ein- und Austritts nach Gl. 2.178:

$$\tau = \left(\frac{4n}{(1+n)^2}\right)^2 = \frac{16n^2}{(1+n)^4} \quad 3.26$$

Hierbei wurde vernachlässigt, dass der an der Austrittsfläche reflektierte Anteil an der gegenüberliegenden Fläche wieder teilweise reflektiert wird und damit ein zweites Mal auf die Austrittsfläche trifft. Bei stark absorbierenden Filtern ist dies eine sehr gute Näherung, denn Mehrfachreflexionen werden aufgrund der Absorption kaum zur Transmission beitragen. Berücksichtigt man die **Mehrfachreflexionen**, erhält man bei kleinem Reflexionsgrad der Oberfläche für den Transmissiongrad

!

$$\tau = \frac{2n}{n^2+1} \qquad 3.27$$

Für ein Glas mit der Brechzahl $n = 1{,}5$ erhält man also ohne Berücksichtigung der Mehrfachreflexionen $\tau = 0{,}9216$ und mit Mehrfachreflexionen $\tau = 0{,}9231$. Die Mehrfachreflexionen führen also zu einer leichten Erhöhung der Transmission. Bei absorbierenden Gläsern ergibt sich also die Gesamttransmission zu

$$\tau_{ges} = \tau\tau_i \qquad 3.28$$

In den Katalogen der Filterhersteller wird in der Regel der **Reintransmissionsgrad** in logarithmischer Darstellung angegeben. Glasfilter können als **Grundgläser** angeboten werden, die farblos sind und vor allem UV-Licht absorbieren. **Farbgläser** werden hergestellt, indem man Ionen von Schwermetallen oder seltenen Erden beimengt. Bei **Anlaufgläsern** entsteht die Absorptionscharakteristik erst durch eine nachträgliche Wärmebehandlung. Im Glas entstehen dabei Mikrokristallite.

Beispiele für den Verlauf des Reintransmissionsgrades als Funktion der Wellenlänge bei optischen Filtergläsern zeigt Abb. 3.19. **Langpassfilter** haben eine geringe Transmission bei niedrigen Wellenlängen und eine hohe bei hohen Wellenlängen. Sie weisen einen relativ scharfen Übergang zwischen dem kurzwelligen Absorptionsbereich und dem langwelligen Transmissionsbereich auf. **Kurzpassfilter** sind mit glockenförmiger Transmissionscharakteristik im Sichtbaren im Wesentlichen transparent und filtern besonders im UV- und IR-Bereich. Sie werden daher auch als **Wärmeschutzfilter** verwendet. **Bandpassfilter** sind nur in einem verhältnismäßig engen Bereich des Spektrums transparent.

Filter mit einem scharfen Übergang zwischen Absorptions- und Transmissionsbereich werden als **Kantenfilter** bezeichnet. Zur Spezifikation wird eine **Kantenwellenlänge** angegeben, bei der der Reintransmissionsgrad auf die Hälfte des Maximalwertes gesunken ist. **Neutralfilter** (Abb. 3.20) haben eine annähernd konstante Transmission in einem eingeschränkten Spektralbereich, z.B. im Bereich von 400 nm bis 700 nm.

Eine grundsätzlich andere Möglichkeit der Filterung besteht in der Zuhilfenahme der **Interferenz**. Hier lassen sich deutlich schmalbandigere Filter realisieren. Das Prinzip hat Ähnlichkeit mit der in Kap. 2.1.8 behandelten **Interferenz an dünnen Schichten**. Ausgehend von Abb. 2.18 kann man Interferenzen dadurch fördern, dass man die Oberflächen reflexionssteigernd beschichtet. Dann können **Mehrfachreflexionen** nicht vernachlässigt werden und müssen für die Berechnung der reflektierten und transmittierten Strahlung berücksichtigt werden. Abb. 3.21 zeigt die nach den mehrfachen Reflexionen auftretenden Feldstärken. Die inneren Oberflächen haben jeweils das Reflexionsverhältnis r und das Transmissionsverhältnis t, die äußeren Oberflächen seien antireflexbeschichtet und sollen damit näherungsweise 100% durchlässig sein. Die in Transmission beobachtete Feldstärke wird beschrieben durch die Summe:

$$\begin{aligned} E(t) = {} & t^2 E_0 e^{i\omega t} + t^2 r^2 E_0 e^{i(\omega t+\varphi)} + t^2 r^4 E_0 e^{i(\omega t+2\varphi)} + \ldots \\ & \ldots + t^2 r^{2(n-1)} E_0 e^{i(\omega t+(n-1)\varphi)} \end{aligned} \qquad 3.29$$

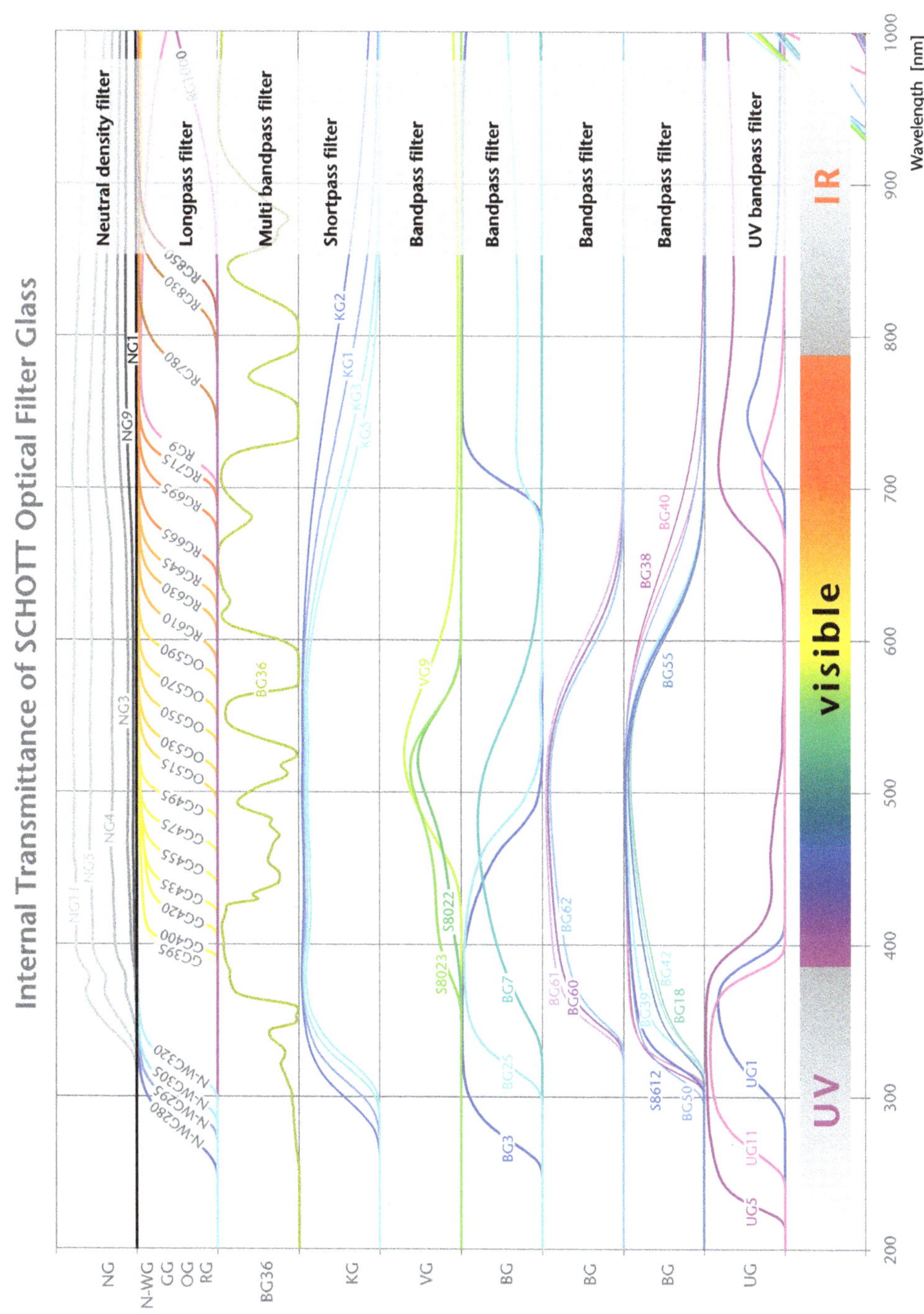

Abb. 3.19: Übersicht über die Reintransmissionsgrade für optische Filtergläser als Funktion der Wellenlänge. Quelle: SCHOTT Advanced Optics, Optische Filter (www.schott.com/advanced_optics)

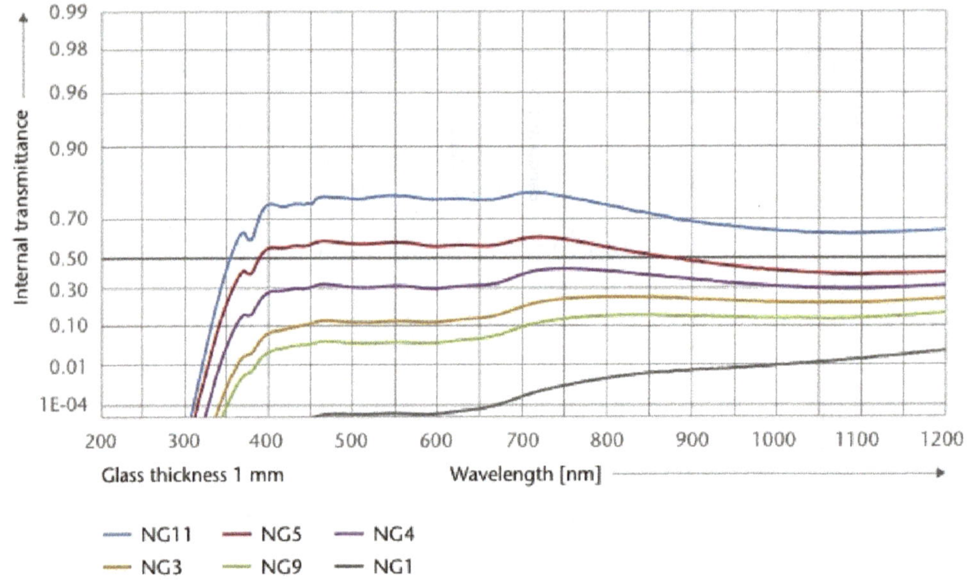

Abb. 3.20: Reintransmissionsgrad für Neutralfilter als Funktion der Wellenlänge.
Quelle: SCHOTT Advanced Optics, Optische Filter (www.schott.com/advanced_optics)

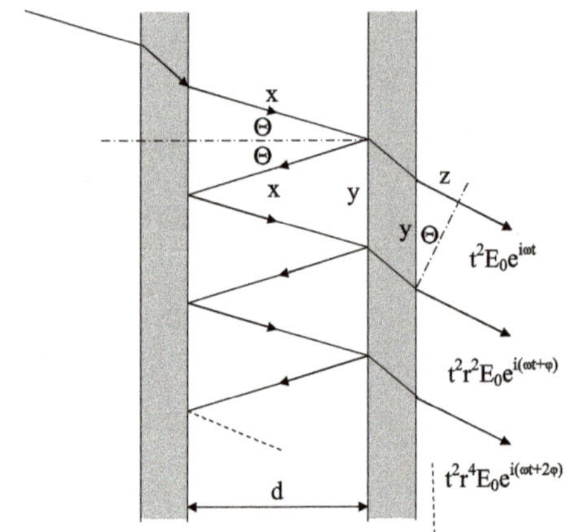

Abb. 3.21: Fabry–Perot-Interferometer

bzw.

$$E(t) = t^2 E_0 e^{i\omega t} \left(1 + r^2 e^{i\varphi} + r^4 e^{2i\varphi} + r^6 e^{3i\varphi} + \ldots + r^{2(n-1)} e^{i(n-1)\varphi}\right) \tag{3.30}$$

Multipliziert man Gl. 3.30 mit $r^2 e^{i\varphi}$

$$E(t) r^2 e^{i\varphi} = t^2 E_0 e^{i\omega t} \left(r^2 e^{i\varphi} + r^4 e^{2i\varphi} + r^6 e^{3i\varphi} + \ldots + r^{2n} e^{ni\varphi}\right) \tag{3.31}$$

und subtrahiert das Ergebnis von Gl. 3.30, so erhält man:

$$E(t)\left(1-r^2e^{i\varphi}\right)=t^2E_0e^{i\omega t}\left(1-r^{2n}e^{ni\varphi}\right) \qquad 3.32$$

Die Feldstärke $E(t)$ ist damit:

$$E(t)=\frac{t^2E_0e^{i\omega t}\left(1-r^{2n}e^{ni\varphi}\right)}{1-r^2e^{i\varphi}}=\frac{t^2E_0e^{i\omega t}\left(1-(r^2e^{i\varphi})^n\right)}{1-r^2e^{i\varphi}} \qquad 3.33$$

Da $\left|r^2e^{i\varphi}\right|<1$ gilt, kann $(r^2e^{i\varphi})^n$ für $n\to\infty$ vernachlässigt werden. Wegen $\psi\propto E^2$ erhält man für die Strahlungsflussdichte:

$$\psi=t^4\psi_0\left(\frac{e^{i\omega t}}{1-r^2e^{i\varphi}}\right)\cdot\left(\frac{e^{-i\omega t}}{1-r^2e^{-i\varphi}}\right)=\frac{t^4\psi_0}{1-r^2e^{-i\varphi}-r^2e^{i\varphi}+r^4} \qquad 3.34$$

Unter Verwendung der Eulerschen Formel wird daraus:

$$\psi=\frac{t^4\psi_0}{1-r^2(\cos\varphi-i\sin\varphi+\cos\varphi+i\sin\varphi)+r^4}=\frac{t^4\psi_0}{1-2r^2\cos\varphi+r^4} \qquad 3.35$$

Berücksichtigt man $\tau=t^2$ und $\rho=r^2$, lässt sich das weiter umwandeln in:

$$\psi=\frac{\tau^2\psi_0}{1-2\rho+\rho^2+2\rho-2\rho\cos\varphi}=\frac{\tau^2\psi_0}{(1-\rho)^2+2\rho(1-\cos\varphi)} \qquad 3.36$$

Unter Verwendung von $1-\cos\varphi=2\sin^2(\varphi/2)$ erhält man:

$$\boxed{\psi=\frac{\tau^2\psi_0}{(1-\rho)^2+4\rho\sin^2(\varphi/2)}} \qquad 3.37$$

!

Diese Funktion wird **Airy-Funktion** genannt. Es stellt sich nun die Frage nach der Phasenverschiebung φ. Sie lässt sich aus der Wegdifferenz δ errechnen:

$$\delta=2x-z \qquad 3.38$$

Mit den in Abb. 3.21 ablesbaren Zusammenhängen $d/x=\cos\Theta$ und $z/y=\sin\Theta$ erhält man:

$$\delta=2\frac{d}{\cos\Theta}-y\sin\Theta \qquad 3.39$$

Mit

$$\frac{y/2}{x}=\sin\Theta \qquad \text{bzw.} \qquad y=2x\sin\Theta \qquad 3.40$$

erhält man daraus:

$$\delta=\frac{2d}{\cos\Theta}-2\frac{d}{\cos\Theta}\sin^2\Theta \qquad 3.41$$

bzw.:

$$\delta = \frac{2d}{\cos\Theta}\left(1-\sin^2\Theta\right) \qquad 3.42$$

Vereinfacht, ergibt das:

$$\boxed{\delta = 2d\cos\Theta} \qquad 3.43$$

Mit dieser Wegdifferenz wird die Phasenverschiebung φ:

$$\boxed{\varphi = 2\pi\frac{\delta}{\lambda} = \frac{4\pi d\cos\Theta}{\lambda}} \qquad 3.44$$

Die Airy-Funktion Gl. 3.37 hat dann ein Maximum, wenn der Sinus im Nenner Null ist. Das ist genau dann der Fall, wenn gilt

$$\frac{\varphi}{2} = k\pi \quad \text{mit} \quad k = 1;2;3;\ldots \quad \text{bzw.} \quad \frac{\varphi}{2} = \frac{2\pi d\cos\Theta}{\lambda} = k\pi \qquad 3.45$$

Maxima treten also auf, wenn $2d\cos\Theta/\lambda = k$ ist. Das zugehörige **Intensitätsmaximum** ist dann:

!

$$\boxed{\psi_{\max} = \psi_0\left(\frac{\tau}{1-\rho}\right)^2} \qquad 3.46$$

Die Airy-Funktion hat ein Minimum, wenn der Sinus im Nenner 1 oder –1 ist, was der Fall ist für

$$\frac{\varphi}{2} = \frac{\pi}{2} \pm k\pi \quad \text{mit} \quad k = 1;2;3;\ldots \quad \text{bzw.} \quad \frac{\varphi}{2} = \frac{2\pi d\cos\Theta}{\lambda} = \frac{\pi}{2} \pm k\pi \qquad 3.47$$

mit den **Intensitätsmimina**:

!

$$\psi_{\min} = \psi_0\frac{\tau^2}{1-2\rho+\rho^2+4\rho} \quad \text{bzw.} \quad \boxed{\psi_{\min} = \psi_0\left(\frac{\tau}{1+\rho}\right)^2} \qquad 3.48$$

Der **Kontrast**, also das Verhältnis $\psi_{\max}/\psi_{\min}$, ist damit gegeben durch:

!

$$\boxed{\frac{\psi_{\max}}{\psi_{\min}} = \left(\frac{1+\rho}{1-\rho}\right)^2} \qquad 3.49$$

Verwendet man Glasplatten mit einem Reflexionsgrad von 0,04 pro (innerer) Oberfläche, wäre der Kontrast mit 1,17 gering (hierbei wird angenommen, dass die äußeren Oberflächen keinen Beitrag durch Reflexion leisten). Erhöht man den Reflexionsgrad auf 0,5, betrüge der Kontrast immerhin schon 9.

Die eigentlichen Variablen, von denen ψ in Gl. 3.37 abhängt, ist der Einfallswinkel Θ und die Wellenlänge λ. Sie bestimmen die Phasenverschiebung φ. Nimmt man ein festes Θ an, kann man die Intensitätsverteilung als Funktion der Wellenlänge angeben. Da in der Spektroskopie in der Regel die reziproke Wellenlänge, also die Wellenzahl $\nu = 1/\lambda$ angegeben wird, soll hier ab jetzt die spektrale Intensitätsverteilung in der Form $\psi(\nu)$ verwendet werden. Der spektrale Abstand zweier Maxima für k und $k+1$ ist nach Gl. 3.45:

$$\nu = \frac{1}{\lambda} = \frac{k}{2d\cos\Theta} \quad \text{bzw.} \quad \Delta\nu = \frac{k+1}{2d\cos\Theta} - \frac{k}{2d\cos\Theta} = \frac{1}{2d\cos\Theta} \qquad 3.50$$

Die Phasenverschiebung φ (Gl. 3.44) lässt sich damit ausdrücken durch:

$$\varphi = 4\pi\nu d\cos\Theta = \frac{2\pi\nu}{\Delta\nu} \qquad 3.51$$

Unter Berücksichtigung von Gl. 3.37 und 3.46 ist dann die **spektrale Intensitätsverteilung** gegeben durch:

$$\psi(\nu) = \frac{\tau^2\psi_0}{(1-\rho)^2} \frac{1}{1 + \frac{4\rho}{(1-\rho)^2}\sin^2\left(\frac{\pi\nu}{\Delta\nu}\right)} = \frac{\psi_{\max}(1-\rho)^2}{(1-\rho)^2 + 4\rho\sin^2\left(\frac{\pi\nu}{\Delta\nu}\right)} \qquad 3.52$$

Abb. 3.22 zeigt den Verlauf von $\psi(\nu)$ für verschiedene Reflexionsgrade ρ bei gleichem $\Delta\nu$. Man erkennt deutlich die Verschlankung der Spitzen bei Erhöhung des Reflexionsgrades. Die Halbwertsbreite der Spitzen lässt sich errechnen, indem man die Halbwertspunkte ν_h bestimmt:

$$\frac{\psi_{\max}}{2} = \frac{\psi_{\max}}{1 + \frac{4\rho}{(1-\rho)^2}\sin^2\left(\frac{\pi\nu_h}{\Delta\nu}\right)} \quad \text{bzw.} \quad \frac{4\rho}{(1-\rho)^2}\sin^2\left(\frac{\pi\nu_h}{\Delta\nu}\right) = 1 \qquad 3.53$$

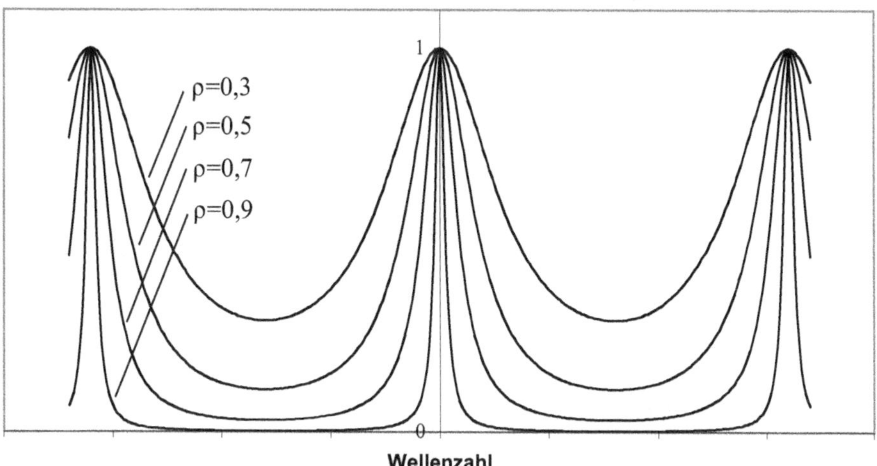

Abb. 3.22: Intensitätsverteilung eines Fabry–Perot-Interferometers bei senkrechtem Lichteinfall für die Reflexionsgrade 0,9; 0,7; 0,5 und 0,3.

Im Falle hoher ρ–Werte und demzufolge scharfer Maxima weichen die Halbwertsstellen nur wenig von den Maximalstellen der Intensitätsverteilung ab. Das kann man auch formulieren als $\frac{\nu_h}{\Delta\nu} \approx 0;1;2;\ldots$, so dass im Bereich der Maxima $\sin\left(\frac{\pi\nu_h}{\Delta\nu}\right) \approx \frac{\pi\nu_h}{\Delta\nu}$ gilt:

$$\frac{4\rho}{(1-\rho)^2}\left(\frac{\pi\nu_h}{\Delta\nu}\right)^2 = 1 \qquad 3.54$$

Für ν_h erhält man somit die beiden Lösungen:

$$\nu_{h,1/2} = \pm\frac{1-\rho}{2\sqrt{\rho}}\frac{\Delta\nu}{\pi} \qquad 3.55$$

und damit die **Halbwertsbreite** $\Delta\nu_h = \nu_{h,1} - \nu_{h,2}$ (volle Breite bei halbem Maximum):

!

$$\boxed{\Delta\nu_h = \frac{1-\rho}{\sqrt{\rho}}\frac{\Delta\nu}{\pi}} \qquad 3.56$$

Eine Größe, die bei Verwendung des Fabry–Perot-Interferometers als Spektrometer von Bedeutung ist, ist die **Finesse** F:

!

$$\boxed{F = \frac{\Delta\nu}{\Delta\nu_h} = \frac{\pi\sqrt{\rho}}{1-\rho}} \qquad 3.57$$

Die Finesse ist also das Verhältnis aus dem Abstand benachbarter Maxima und der Halbwertsbreite. Doch nun zum Auflösungsvermögen des Interferometers. Hier nimmt man an, dass zwei Spektrallinien dann noch zu trennen sind, wenn ihr spektraler Abstand mindestens $\Delta\nu_h$ ist [Thorne 1974]. Die Überlagerung der Intensitäten führt zu einer Überhöhung der Maxima (Abb. 3.23). Die Intensität ψ_{Fl} der Spektrallinie im Abstand $\Delta\nu_h$, also in der Flanke der Linie, ist gemäß Gl. 3.52 gegeben durch:

$$\psi_{Fl} = \frac{\psi_{\max}(1-\rho)^2}{(1-\rho)^2 + 4\rho\sin^2\left(\frac{\pi\Delta\nu_h}{\Delta\nu}\right)} \approx \frac{\psi_{\max}(1-\rho)^2}{(1-\rho)^2 + 4\rho\left(\frac{\pi\Delta\nu_h}{\Delta\nu}\right)^2} \qquad 3.58$$

Hierbei wurde die Näherung $\sin^2\left(\frac{\pi\Delta\nu_h}{\Delta\nu}\right) \approx \left(\frac{\pi\Delta\nu_h}{\Delta\nu}\right)^2$ verwendet, die dadurch gerechtfertigt ist, dass die Halbwertsbreite $\Delta\nu_h$ deutlich kleiner ist als der Abstand benachbarter Maxima $\Delta\nu$. Unter Verwendung von Gl. 3.57 erhält man schließlich das einfache Resultat:

$$\psi_{Fl} = \frac{\psi_{\max}}{1 + \frac{4\rho}{(1-\rho)^2}\left(\frac{\pi(1-\rho)}{\pi\sqrt{\rho}}\right)^2} = \frac{\psi_{\max}}{5} \qquad 3.59$$

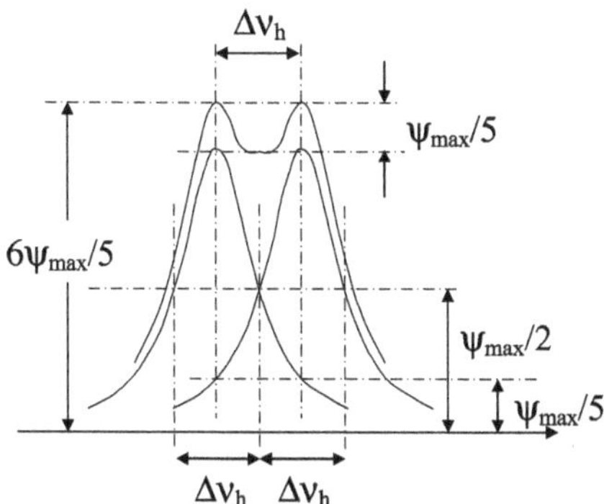

Abb. 3.23: Zum Auflösungsvermögen eines Fabry–Perot-Interferometers.

Das bedeutet, dass, wie in Abb. 3.23 dargestellt, die beiden Spitzen den Wert $6\psi_{\max}/5$ haben. Die Einbuchtung zwischen den Spitzen hat – es addieren sich zweimal die halben Höhen – den Wert $\psi_{\max}$. Die Intensität bricht also in der Einbuchtung auf 83% ein, ein Wert, der etwa auch beim **Rayleigh-Kriterium** auftritt. Das **Auflösungsvermögen des Fabry–Perot-Interferometers** entspricht also der Halbwertsbreite, so dass mit Gl. 3.57 sowie mit ν und $\Delta\nu$ aus Gl. 3.50 gilt:

$$\boxed{\frac{\nu}{\Delta\nu_h} = \frac{\nu F}{\Delta\nu} = kF} \qquad 3.60$$

Hohe Finesse bedeutet also hohe Auflösung. Interferenzfilter sind prinzipiell nichts anderes als Fabry–Perot-Interferometer. Allerdings werden sie in der Regel nicht aus zwei Glasplatten gefertigt, zwischen denen sich ein Luftspalt befindet. Vielmehr kann der Luftspalt durch ein Dielektrikum mit einer bestimmten Brechzahl ersetzt werden. Hinsichtlich des Reflexionsgrades kann man durch dielektrische Beschichtungen (siehe Kap. 3.1.6) die gewünschten Reflexionsgrade einstellen. Hierdurch können auch die **Bandbreite des Filters** sowie die genaue **Kurvenform der Transmissionkurve** eingestellt werden. Da ein Interferenzfilter grundsätzlich mehrere Ordnungen durchlässt, ist es bei Verwendung als Linienfilter nötig, die nicht erwünschten Ordnungen zu unterdrücken. Dies geschieht durch Absorptionsfilter oder durch weitere dielektrische Schichten. Da die Transmission stets vom Einfallswinkel Θ abhängt, ist die **winkelgenaue Positionierung** des Filters von Bedeutung.

3.1.6 Dielektrische Schichten

Unter **dielektrischen Schichten** versteht man auf ein Substratmaterial aufgedampfte Schichten aus einem transparenten, nichtmetallischen Material, deren Dicke in der Größenordnung der Wellenlänge der Nutzstrahlung liegt. Sie funktionieren nach dem in Kap. 2.1.8 dargestellten Prinzip der **Interferenz an dünnen Schichten** und können sowohl zur Beseitigung unerwünschter Reflexionen als auch zum Einstellen einer gewünschten Reflektivität dienen. Das erste, die **Antireflexschicht**, wird auf praktisch alle Linsen in abbildenden Systemen aufgebracht. Die Reflexionsverluste führen zum einen zu einer Verringerung der Lichtintensität, zum anderen zu unerwünschten Geisterbildern und Reflexen bei optischen Komponenten. Insbesondere bei Materialien mit sehr hoher Brechzahl sind die Reflexionsverluste gemäß den Fresnelschen Formeln sehr hoch.

Die einfachste Art einer „**Entspiegelung**" ist die einfache **λ/4-Schicht**. Ein Lichtstrahl falle senkrecht auf eine solche Schicht (Abb. 3.24). Der Brechungsindex n_b der Schicht mit der Dicke $n_b d = \lambda / 4$ sei so gewählt, dass gilt $n_0 < n_b < n_g$. Dann kommt es an den zwei Grenzschichten jeweils zu Reflexionen, die durch die Fresnelschen Formeln beschrieben werden. Da es sich in beiden Fällen um Reflexionen an optisch dichteren Medien handelt, tritt in beiden Fällen ein Phasensprung um π ein. Bei der Interferenz spielt er also keine Rolle. Eine wirksame „Entspiegelung" der Oberfläche wird dann erreicht, wenn die an beiden Oberflächen reflektierten Strahlen 1 und 2 so interferieren, dass sie sich gegenseitig auslöschen. Sie tun dies bei einem optischen Wegunterschied von $\lambda / 2$. Wegen des Hin- und Rückweges muss die Schicht also eine optische Dicke von $\lambda / 4$ haben. Die Strahlen löschen sich nur dann vollständig aus, wenn sie die gleichen Amplituden haben. Bei senkrechtem Einfall gilt für die beiden Grenzschichten nach Gl. 2.177:

$$\rho_1 = \left(\frac{n_b - n_0}{n_b + n_0} \right)^2 \quad \text{und} \quad \rho_2 = \left(\frac{n_g - n_b}{n_g + n_b} \right)^2 \qquad 3.61$$

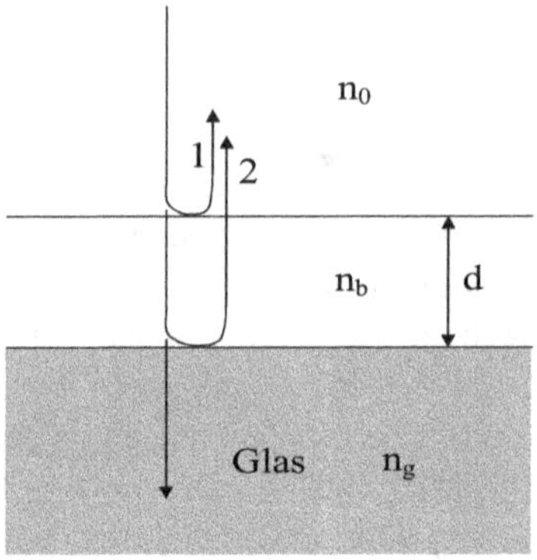

Abb. 3.24: Mit einer $\lambda / 4$ -Schicht lassen sich Reflexionen mindern.

Vernachlässigt man Mehrfachreflexionen, gilt in guter Näherung:

$$\left(\frac{n_b - n_0}{n_b + n_0} \right)^2 \approx \left(\frac{n_g - n_b}{n_g + n_b} \right)^2 \qquad 3.62$$

Durch Ausmultiplizieren folgt

$$(n_b - n_0)(n_g + n_b) = (n_b + n_0)(n_g - n_b) \qquad 3.63$$

und durch Vereinfachen und Auflösen nach n_b:

$$2n_b^2 = 2n_0 n_g \quad \text{bzw.} \quad \boxed{n_b = \sqrt{n_0 n_g}} \qquad 3.64$$

Befindet sich das Substrat an Luft, ist $n_0 = 1$ und es gilt damit $n_b = \sqrt{n_g}$. Da die Bedingung Gl. 3.64 in der Regel mit realen Materialien nicht exakt einzuhalten sein wird, bleibt eine gewisse **Restreflektivität**, die gegeben ist durch

$$\boxed{\rho = \left(\frac{n_0 n_g - n_b^2}{n_0 n_g + n_b^2} \right)^2} \qquad 3.65$$

Wie man leicht nachprüft, führt Einsetzen von n_b nach Gl. 3.64 zu einem Reflexionsgrad $\rho = 0$. Da man für ein Glas mit der Brechzahl von $n_g = 1{,}6$ für eine perfekte Entspiegelung ein Beschichtungsmaterial mit der bei beschichtungsgeeigneten Materialien praktisch nicht vorkommenden Brechzahl $n_b = \sqrt{1{,}6} \approx 1{,}26$ bräuchte, ist eine Antireflexbeschichtung mit einer Einfachschicht nur für höhere Brechzahlen möglich. Die Lösung sind **zwei** $\lambda/4$ **-Schichten**, hier ist der Reflexionsgrad gegeben durch

$$\boxed{\rho = \left(\frac{n_2^2 n_0 - n_g n_1^2}{n_2^2 n_0 + n_g n_1^2} \right)^2} \qquad 3.66$$

Dabei ist n_1 die Brechzahl der vom Glas aus gesehen äußeren (niedrigbrechenden) Schicht, n_2 die Brechzahl der ans Glas angrenzenden (hochbrechenden) Schicht. Die Reflexionen verschwinden ganz, wenn gilt:

$$n_2^2 n_0 - n_g n_1^2 = 0 \quad \text{bzw.} \quad \boxed{\frac{n_2}{n_1} = \sqrt{\frac{n_g}{n_0}}} \qquad 3.67$$

Diese Bedingung ist mit einer Reihe von Beschichtungssubstanzen für viele Substratmaterialien erfüllbar. Tab. 3.4 gibt eine Auswahl von Beschichtungsmaterialien wieder. Neben der **Haltbarkeit** in Form von dünnen Schichten spielt in der Lasertechnik auch die Zerstörschwelle eine große Rolle. Hier kommen weitere Materialkombinationen ins Spiel (Tab. 3.5), wobei die **Leistungsverträglichkeit** nicht durch das einzelne Material bestimmt wird, sondern vielmehr durch die jeweilige Materialkombination.

Tab. 3.4: Brechzahlen verschiedener Aufdampfmaterialien (*) Ge-Wert bei 2 µm).

Material	**n_b bei 550 nm**
Kryolith, Na_3AlF_6	1,35
Magnesiumfluorid MgF_2	1,38
Thoriumfluorid ThF_2	1,45
Siliziumdioxid SiO_2	1,46
Cerfluorid CeF_3	1,63
Thoriumdioxid ThO_2	1,8
Zinksulfid ZnS	2,32
Cerdioxid CeO_2	2,35
Germanium Ge*)	4,12
Bleitellurid PbTe	5,2

Tab. 3.5: Aufdampfmaterialien für spezielle Laseranwendungen nach [Feierabend 1991].

Wellenlängenbereich	Niedrigbrechendes Material	Hochbrechendes Material
250–400 nm	CaF_2, SiO_2, MgF_2, AlF_3	HfO_2, Sc_2O_3, Al_2O
VIS	SiO_2, NdF_3	Ta_2O_5, TiO_2, HfO_2, ZrO_2
700–1200 nm	SiO_2	Ta_2O_5, TiO_2, HfO_2
IR	ThF_4,CaF_2, DyF_3,YF_3, YbF_3	ZnS, ZnSe, Ge

In der Lasertechnik benötigt man, besonders als Auskoppelspiegel in Resonatoren, Optiken mit genau eingestellter, oft hoher Reflektivität. Man kann dielektrische Schichten auch so anordnen, dass die Reflektivität erhöht statt erniedrigt wird. Dazu genügt im Minimum bereits wieder eine $\lambda/4$ -Schicht. Allerdings muss der Brechungsindex n_b des Schichtmaterials größer als der des Glases n_g sein. Mehr Freiheitsgrade bietet ein aus mehreren hoch- und niedrigbrechenden Schichten bestehender **Vielschichtenspiegel**. Die Schichtfolge beginnt von außen gesehen mit einer hochbrechenden Schicht (Abb. 3.25) und endet mit einer niedrigbrechenden Schicht auf der Glasoberfläche. Ist N die Zahl der hoch- und niedrigbrechenden Schichtpaare, dann ist der **Reflexionsgrad** einer solchen Beschichtung gegeben durch:

$$\rho = \left(\frac{n_0 n_{ni}^{2N} - n_g n_{ho}^{2N}}{n_0 n_{ni}^{2N} + n_g n_{ho}^{2N}} \right)^2 \qquad 3.68$$

Ein Vielschichtenspiegel aus Glas mit $n_g = 1{,}5$, der abwechselnd mit Zinksulfid (ZnS, $n_{ho} = 2{,}32$) und Kryolith (Na_3AlF_6, $n_{ni} = 1{,}35$) beschichtet ist, hat bei einer Schichtzahl von $N = 3$ an Luft den Reflexionsgrad $\rho = 0{,}90$.

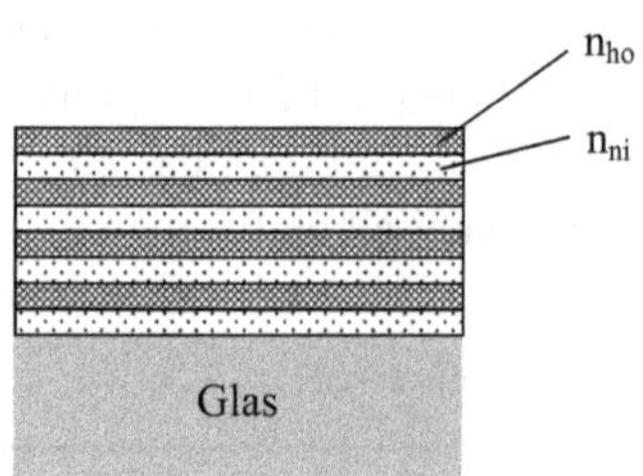

Abb. 3.25: Vielschichtenspiegel.

Optische Komponenten werden praktisch immer beschichtet, sei es, um Reflexe zu mindern, die Geisterbilder und Intensitätsverluste verursachen, sei es, um die Reflektivität gezielt zu steigern. Es sei aber gesagt, dass die Schichten streng genommen stets nur für eine Wellenlänge und einen Einfallswinkel die gewünschten Eigenschaften haben. Da insbesondere bei abbildenden Systemen das Licht aber aus verschiedenen Wellenlängen besteht und die optischen Oberflächen in der Regel gekrümmt sind, stellt eine Beschichtung stets nur einen Kompromiss dar.

3.1.7 Polarisatoren

Grundlage hochwertiger Prismenpolarisatoren ist die in Kap. 2.1.10 behandelte **Doppelbrechung**. Sie wird im Zusammenwirken mit der Totalreflexion zur Erzeugung polarisierten Lichtes genutzt. Die Prismen werden in der Regel aus Calcit gefertigt, das einen nutzbaren Spektralbereich von 215 nm bis 2300 nm bietet. Die verschiedenen, im Handel befindlichen Typen unterscheiden sich durch die Schnittführungen im Kristall und die Lage der optischen Achse. Das **Glan–Taylor-Polarisationsprisma** (Abb. 3.26) ist in rechteckiger Form so geschnitten, dass die optische Achse parallel zur Zeichenebene und parallel zur Eintrittsebene verläuft. Der Quader wird dann diagonal so in zwei Hälften geschnitten, dass die Schnittfläche senkrecht auf der Zeichenebene steht. Die Schnittflächen werden poliert und die beiden Prismen mit einem Luftspalt zwischen den planparallelen Schnittflächen wieder zusammenmontiert. Weder der senkrecht noch der parallel zur Zeichenebene polarisierte Anteil des von links in den Quader eintretenden unpolarisierten Strahls wird an der Eintrittsfläche gebrochen. Anders bei der Schnittfläche mit Luftspalt: ist der Schnittwinkel geeignet gewählt worden, tritt Totalreflexion für eine Polarisationsrichtung ein. Nach dem Brechungsgesetz würde für die Grenzwinkel α_{ao} und α_o der Totalreflexion für den **ordentlichen** bzw. **außerordentlichen Strahl** gelten:

$$\sin(\alpha_{ao}) = \frac{1}{n_{ao}} \quad \text{bzw.} \quad \sin(\alpha_o) = \frac{1}{n_o} \tag{3.69}$$

Da für Kalkspat $n_{ao} = 1{,}4864$ und $n_o = 1{,}6584$ ist, ergibt sich ein Winkelbereich von

$$\frac{1}{n_{ao}} < \sin(\alpha) < \frac{1}{n_o} \quad \text{bzw.} \quad 37{,}08° < \alpha < 42{,}28° \tag{3.70}$$

für den der **ordentliche Strahl** bereits **totalreflektiert** wird, während der **außerordentliche** noch **in Luft austritt**. Damit ist ein Auslöschungsverhältnis realisierbar, das für den transmittierten Strahl unter 10^{-5} liegt. Für den totalreflektierten Strahl liegt es höher, da ein kleiner Anteil des außerordentlichen Strahls gemäß den Fresnelscher Formeln reflektiert wird. Insgesamt ist der Reflexionsverlust für den transmittierten Strahl aber verhältnismäßig gering, denn der Winkel α liegt in der Nähe des Brewsterwinkels.

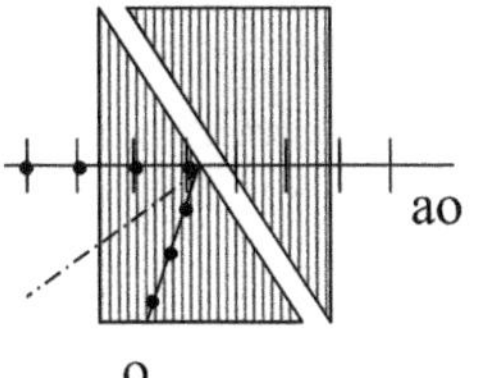

Opt. Achse in Richtung der Schraffur parallel zur Zeichenebene

Abb. 3.26: Glan–Taylor-Polarisationsprisma.

Glan–Tayler-Polarisationsprismen sind in ihrem Eintrittswinkelbereich stark eingeschränkt. Ein größerer Winkelbereich ist beim **Glan–Thompson-Polarisationsprisma** möglich. Bei ihm sind die beiden Prismen nicht durch einen Luftspalt getrennt, sondern werden mit einem optischen Kitt zusammengefügt. Das schränkt allerdings die maximal mögliche optische Leistung ein, da der Kitt **keinen höheren Intensitäten** standhält. Außerdem ist, je nach verwendetem Kitt, der **nutzbare Spektralbereich eingeschränkt**. In der Regel beginnt die Transmission erst bei 350 nm. Glan–Thompson-Polarisationsprismen (Abb. 3.27) sind anders geschnitten als Glan–Taylor-Prismen. Die optische Achse liegt hier senkrecht zur Zeichenebene. Der außerordentliche Strahl ist also jetzt der Strahl, dessen Feldstärkevektor senkrecht zur Zeichenebene schwingt. Er wird an der Kittschicht nicht reflektiert, sondern durchgelassen. Totalreflektiert wird wiederum der ordentliche Strahl. Wegen der durch den Kitt niedrigeren Grenzwinkel der Totalreflexion ist die Baulänge der Glan–Thompson-Prismen größer als die der Glan–Taylor-Prismen.

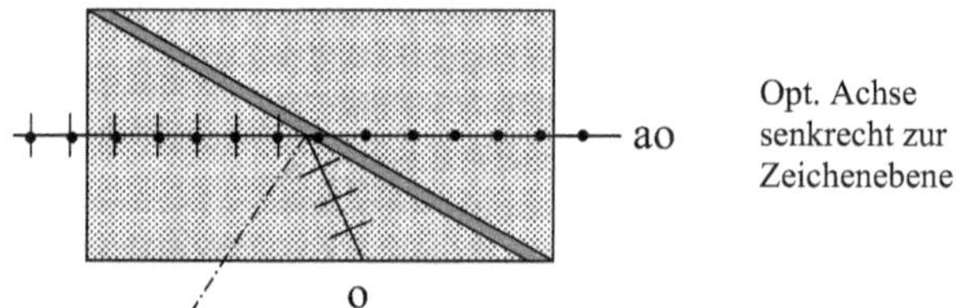

Abb. 3.27: Glan–Thompson-Polarisationsprisma.

Bei den beiden genannten Polarisationsprismen wird die jeweils totalreflektierte Polarisationsrichtung an der Fassung absorbiert. Ein Polarisator, bei dem beide Polarisationen nutzbar sind, ist das **Wollaston-Polarisationsprisma** (Abb. 3.28). Hier wird keine Totalreflexion zur Trennung der beiden Polarisationen verwendet. Vielmehr stehen die optischen Achsen der beiden Prismen senkrecht aufeinander. In Abb. 3.28 liegt die optische Achse in der linken Hälfte parallel zur Zeichenebene, in der rechten Hälfte senkrecht zur Zeichenebene. Licht, dessen Feldstärkevektor parallel zur Zeichenebene orientiert ist, der für die linke Seite außerordentliche Strahl also, erfährt im Falle von **Kalkspat** eine niedrigere Brechzahl. Beim Übergang in die zweite Hälfte wird dieser Strahl dort zum ordentlichen Strahl und erfährt plötzlich eine höhere Brechzahl. Der Strahl wird also zum Lot hin gebrochen, was im Falle der Abb. 3.28 bedeutet, dass der Strahl nach oben abgelenkt wird. Licht, dessen Feldstärkevektor senkrecht zur Zeichenebene orientiert ist und damit den ordentlichen Strahl darstellt, tritt beim Übergang in die zweite Hälfte von einem Medium mit höherer Brechzahl in ein Medium mit niedrigerer Brechzahl ein und wird damit vom Lot weggebrochen. Im Falle der Abb. 3.28 heißt das, dass der Strahl nach unten abgelenkt wird. Die mit Calcit erzielbare Winkeltrennung der beiden Polarisationsrichtungen liegt zwischen 15° und 20° und ist wellenlängenabhängig.

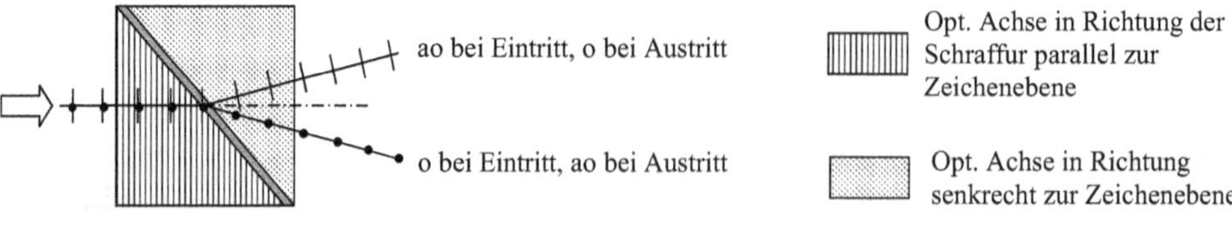

Abb. 3.28: Wollaston-Polarisationsprisma.

Das **Rochon-Polarisationsprisma** (Abb. 3.29) unterscheidet sich vom Wollaston-Prisma durch die Lage der optischen Achse im linken Prisma. Sie ist hier parallel zum einfallenden Strahl. Dadurch bleibt der Teilstrahl, dessen Feldstärkevektor parallel zur Zeichenebene schwingt, in beiden Prismen der ordentliche Strahl und erfährt bis zum Austritt aus der Anordnung keinerlei Ablenkung. Der senkrecht zur Zeichenebene polarisierte Strahlungsanteil wird dagegen beim Übergang zwischen den Prismen vom ordentlichen zum außerordentlichen Strahl und wird damit gebrochen. Da der Strahl damit nicht mehr senkrecht auf die Austrittsfläche trifft, wird er auch hier noch einmal vom Lot weggebrochen und verlässt die Anordnung unter einem Winkel zum ordentlichen Strahl.

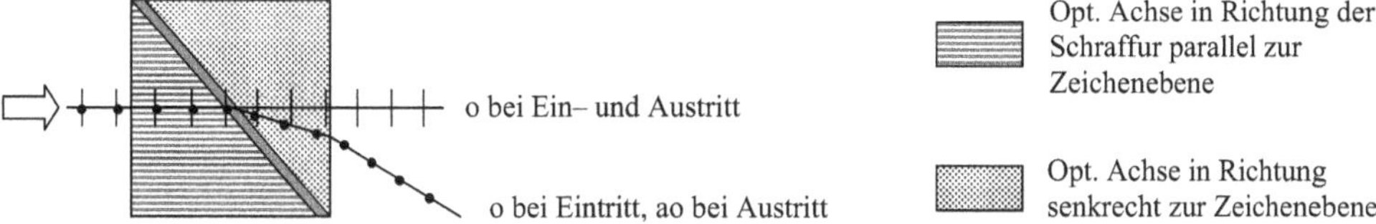

Abb. 3.29: Rochon-Polarisationsprisma.

Eine einfachere, aber nicht ganz so gute Möglichkeit der Polarisation ist die Nutzung des in Kap. 2.1.12 behandelten **Dichroismus**. Hier sind größerflächige Polarisationsfolien realisierbar. Die für die Optik angebotenen Polarisatoren erreichen ein Löschungsverhältnis von 10^{-4} für weißes Licht im Falle „gekreuzter" Polarisatoren. Das bedeutet, dass zwei Polarisatoren, die übereinandergelegt werden und deren Polarisationsrichtungen einen 90°-Winkel zueinander bilden, einfallende Strahlung um den Faktor 10.000 schwächen.

3.1.8 Lichtwellenleiter

Koppelt man Licht in einen dünnen Glasstab an seiner Stirnseite ein, so kann das Licht im Stab durch **Totalreflexion** geführt werden. Einmal total reflektiertes Licht wird auch beim nächsten Auftreffen auf der Wand wieder total reflektiert. Verwendet man keinen Glasstab, sondern eine dünne **Glasfaser**, kann man Licht über sehr lange Strecken bis auf eine geringe Restabsorption fast verlustfrei transportieren. Aus der Forderung der Totalreflexion innerhalb der Faser ergibt sich bei der stirnseitigen Einkopplung nach Abb. 3.30 ein Kreiskegel, innerhalb dessen das Licht auftreffen muss, um nach der Brechung innerhalb der Faser total reflektiert werden zu können. Nimmt man einen exakt in der Fasermitte auftreffenden Lichtstrahl an, dann würde bei einem Einfallswinkel von σ_A das Licht innerhalb der Faser gerade im Grenzwinkel der Totalreflexion auf die Wandung treffen. Nach dem Snelliusschen Brechungsgesetz würde also gelten:

$$\frac{\sin\sigma_A}{\sin(90^o-\varphi_g)}=\frac{n_2}{n_1} \qquad 3.71$$

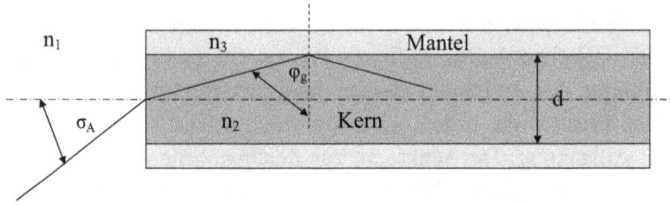

Abb. 3.30: Bei der Einkopplung von Licht in eine Glasfaser gibt es einen maximalen Einfallswinkel, bis zu dem das in die Faser gelangte Licht an der Kern-Mantel-Grenzfläche totalreflektiert wird.

Dabei ist n_1 die Brechzahl des umgebenden Mediums und n_2 die Brechzahl des **Faserkerns**. Für den Grenzwinkel der Totalreflexion φ_g an der Grenzschicht zum **Fasermantel** gilt andererseits die Bedingung:

$$\sin\varphi_g = \frac{n_3}{n_2} \qquad 3.72$$

n_3 ist die Brechzahl des Fasermantels. Wegen $\sin(90^o - \varphi_g) = \cos\varphi_g = \sqrt{1-\sin^2\varphi_g}$ folgt mit Gl. 3.71:

!

$$n_1 \sin\sigma_A = n_2\sqrt{1-\sin^2\varphi_g} = n_2\sqrt{1-\frac{n_3^2}{n_2^2}} \quad \text{bzw.} \quad \boxed{n_1 \sin\sigma_A = \sqrt{n_2^2 - n_3^2}} \qquad 3.73$$

$n_1 \sin\sigma_A$ wird als **numerische Apertur** bezeichnet; es gilt $n_1 = 1$, wenn die Faser an Luft betrieben wird. Da beim Einkoppeln von Licht nicht alle Strahlen in der Fasermitte auftreffen, weist die in der Praxis ermittelte numerische Apertur einen etwas anderen Wert im Vergleich zu Gl. 3.73 auf. Nicht alles Licht, das innerhalb des durch den Winkel σ_A gebildeten Kreiskegels auftrifft, kann sich in der Faser ausbreiten. Es kommt zu **Interferenzen**, die zur Auslöschung unter bestimmten Winkeln führen. Diejenigen Wellen, die sich in der Faser ausbreiten können, werden als Moden bezeichnet. Je größer der Brechzahlunterschied zwischen n_2 und n_3 ist, desto kleiner ist der Grenzwinkel der Totalreflexion und desto mehr Moden können sich in der Faser ausbreiten (Abb. 3.31). Aber auch die Wellenlänge und der Durchmesser der Faser bestimmen die **Zahl** N **der möglichen Moden in einer zylindrischen Stufenindexfaser** [Pedrotti 2002; Saleh 1991]:

!

$$\boxed{N = \frac{4d^2}{\lambda^2}\left(n_2^2 - n_3^2\right)} \qquad 3.74$$

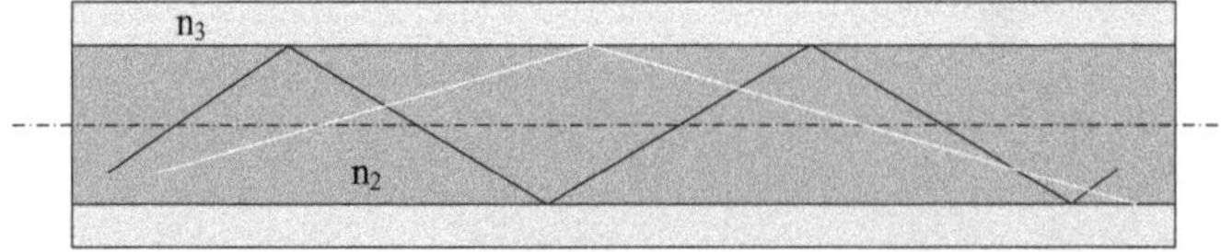

Abb. 3.31: Je kleiner der Grenzwinkel der Totalreflexion ist, desto steiler können Lichtstrahlen in der Faser auf die Grenzschicht treffen und desto länger werden mögliche Wege durch die Faser.

Eine Faser mit der Kernbrechzahl $n_2 = 1{,}52$, der Mantelbrechzahl $n_3 = 1{,}51$ und mit dem Durchmesser $d = 50\,\mu\text{m}$ würde bei einer Wellenlänge von $\lambda = 555nm$ die Modenanzahl 984 aufweisen. An diesem Beispiel wird auch klar, warum man nicht einfach auf den Mantel verzichten kann. Auf den ersten Blick müsste ja die Totalreflexion am besten funktionieren, wenn der Brechzahlunterschied zwischen „innen“ und „außen“ möglichst groß ist. Das tut es auch, allerdings wird damit nach Gl. 3.74 die Modenanzahl sehr groß, nämlich 75.007 für $n_3 = 1$.

Aber was ist schlecht an einer hohen Modenanzahl? Nichts, wenn man mit der Faser nichts anderes bezweckt, als nur einfach Licht für Beleuchtungszwecke darüberzuleiten. Problematisch wird die hohe Modenanzahl allerdings bei der **Nachrichtenübertragung**. Um hohe Datenmengen in kürzester Zeit übermitteln zu können, kommt es darauf an, kürzeste Impulse über die Faser zu leiten. Diese haben zwangsläufig eine kurze Anstiegs- und Abklingzeitkonstante, idealerweise haben sie einen zeitlich rechteckförmigen Verlauf. Koppelt man sie in eine Faser mit einer hohen Modenanzahl ein, so legen Lichtstrahlen, die steil auf die Wandung auftreffen nach Abb. 3.31 bei konstanter Faserlänge einen längeren Weg zurück als Lichtstrahlen, die sehr flach auftreffen und damit eine geringere Anzahl von Reflexionen erleiden. Das bedeutet, dass der ursprünglich rechteckförmige Impuls ausschmiert und zu einer zeitlich langen Verteilung auseinanderläuft. Kurz hintereinander übermittelte Impulse sind also nicht mehr zu unterscheiden, was die Übertragungsrate nachteilig beeinflusst, weil man nur noch weniger Daten pro Zeiteinheit übermitteln kann. Das beschriebene Phänomen wird **Modendispersion** genannt.

Um die Modendispersion gering zu halten, muss die Modenanzahl verringert werden. Aus diesem Grund scheidet eine Faser ohne Mantel aus, denn um eine einwellige Faser, eine **Monomodefaser** herzustellen, also eine Faser, in der sich nur noch eine Mode ausbreiten kann, bräuchte man nach obigem Beispiel bei einer mantellosen Faser einen Kerndurchmesser von 190 nm. Gegen die mantellose Faser spricht auch noch ihre Anfälligkeit gegen **Störungen der Totalreflexion** durch Beschädigung, Verschmutzung und Aufliegen auf anderen Materialien. Wie man an Gl. 3.74 erkennt, wird die Modenanzahl dann besonders gering, wenn die Brechzahlen von Kern und Mantel sehr nahe beieinander liegen.

Selbst bei einer Monomodefaser lassen sich aber nicht beliebig hohe Übertragungsraten realisieren. Der Grund ist die **Materialdispersion** (vgl. Kap. 1.3.1). Sie führt bei Gläsern dazu, dass hochfrequente (also kurzwellige) Lichtanteile langsamer übertragen werden als niederfrequente (also langwellige). Ist das zu übertragende Licht breitbandig, macht sich das sehr stark bemerkbar und führt – ähnlich der Modendispersion – zu einer Verbreiterung von übertragenen Impulsen und letztlich auch zu einer Begrenzung der Übertragungsrate.

Eine dritte Art der Dispersion tritt bei Wellenleitern auf, die sogenannte **Wellenleiterdispersion**. Sie wird hauptsächlich durch die **evaneszente Welle** im Mantel bestimmt und ist eine Folge der Tatsache, dass die sich ausbreitende Welle etwas in den Mantel eindringt. Dieses Eindringen ist wellenlängenabhängig und führt, wie die Materialdispersion, zu einem schnelleren Ausbreiten langwelligen Lichtes. Der Effekt ist allerdings schwach und macht sich nur in Monomodefasern bemerkbar.

Neben den Dispersionen ist die **Dämpfung** eine wichtige Kenngröße für einen Lichtwellenleiter. Leistungsverluste treten bei Fasern infolge von Absorption und Streuung ein. Beschrieben wird dies durch die Dämpfung D :

!

$$\boxed{D = \frac{10dB}{L}\lg\frac{1}{\tau_i}} \tag{3.75}$$

Dabei ist τ_i der **Reintransmissiongrad** der Faser und L ihre Länge. D ist wellenlängenabhängig. Bei Fasern aus Quarzglas wird bei einer Wellenlänge von 1550 nm eine Dämpfung von $0{,}16\,\mathrm{dB/km}$ erreicht. Nach Gl. 3.75 bedeutet das einen Reintransmissionsgrad von

!

$$\boxed{\tau_i = 10^{-DL/10dB}}, \tag{3.76}$$

also 0,964. Das Licht wird also auf einer Länge von 1km um weniger als 4% geschwächt. Ursache dieser Dämpfung ist neben Streuung des Lichts an Bläschen, Inhomogenitäten und Verunreinigungen eine gewisse Restabsorption im Material. Würde man diese Ursachen beseitigen, bliebe dennoch ein Verlustmechanismus übrig: die **Rayleigh-Streuung**. Sie ist proportional zu λ^{-4} und wirkt sich somit im kurzwelligen Spektralbereich deutlich stärker aus als im langwelligen. Bei den Fasern bedeutet das, dass die Streuverluste im Infraroten geringer sind als im Sichtbaren. Bei dem oben beschriebenen Beispiel würde die durch unvermeidbare Rayleigh-Streuung definierte Grenze bei $0{,}11\,\mathrm{dB/km}$ liegen.

Der Versuch, die Modendispersion zu minimieren, hat zur Entwicklung der **Gradientenindexfaser** geführt. Bei ihr erfolgt die Führung des Lichtes nicht durch Totalreflexion an den Wandungen, sondern durch einen **radial nach außen hin fallenden Brechungsindex**, der dazu führt, dass das Licht kontinuierlich vom Lot weggebrochen wird, wenn es sich radial nach außen bewegt, und kontinuierlich zum Lot hingebrochen wird, wenn es sich radial nach innen bewegt. Die Führung der Lichtstrahlen erfolgt also nicht durch Totalreflexion, sondern allein durch Brechung (Abb. 3.32). Moden mit einem längeren, weiter nach außen führenden Weg können sich schneller ausbreiten, da außen die Brechzahl kleiner ist. Dadurch benötigen die einzelnen Moden eine ähnlich lange Zeit. Häufig wird der radiale Verlauf der Brechzahl angegeben durch:

$$n(r) = n_2\sqrt{1-\left(\frac{r}{a}\right)^{\alpha}\left(1-\left(\frac{n_3}{n_2}\right)^2\right)} \tag{3.77}$$

r ist der Abstand von der Faserachse, a der Außenradius des Kerns und α der Profilparameter. n_2 ist die Brechzahl des Kerns bei $r=0$, wie sich durch Nullsetzen von r in Gl. 3.77 zeigen lässt. n_3 ist der Brechungsindex des Mantels, wie man durch Einsetzen von $r=a$ in Gl. 3.77 zeigt.

Günstig für gleiche Laufzeiten der verschiedenen Moden erweist sich ein parabolischer Verlauf des Brechungsindexes, also $\alpha=2$ in Gl. 3.77:

$$n(r) = n_2\sqrt{1-\left(\frac{r}{a}\right)^{2}\left(1-\left(\frac{n_3}{n_2}\right)^2\right)} \approx n_2\left(1-\frac{1}{2}\left(\frac{r}{a}\right)^{2}\left(1-\left(\frac{n_3}{n_2}\right)^2\right)\right) \tag{3.78}$$

Die Potenzreihenentwicklung ist möglich, weil stets $r \leq a$ und $1-(n_3/n_2)^2 << 1$ ist. Gl. 3.78 zeigt die parabolische Abhängigkeit der Brechzahl vom Radius r.

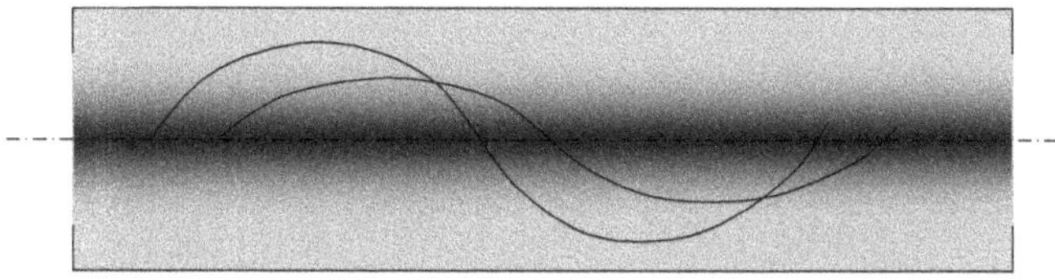

Abb. 3.32: Bei der Gradientenindexfaser wird der Lichtstrahl nicht durch Totalreflexion geführt, sondern durch Brechung.

3.2 Optische Geräte

3.2.1 Lupe

Dem menschlichen Sehvermögen sind im Hinblick auf kleine Objekte dahingehend Grenzen gesetzt, dass ein Objekt nicht näher als ca. 10 cm ans Auge gebracht werden kann. Darunter erscheint es unscharf, da die Brechkraft des Auges nicht mehr ausreicht, um ein reelles Bild auf der Netzhaut entstehen zu lassen. Bei älteren Menschen steigt diese Entfernung deutlich an. Ein Maß, wie groß ein Gegenstand vom Auge wahrgenommen wird, ist der Sehwinkel, unter dem er ihm erscheint. Dieser hängt vom Abstand des Gegenstandes ab. Da man bei der Behandlung von vergrößernden optischen Geräten den Faktor angeben will, um den sich der Sehwinkel erhöht, muss man einen Vergleichswert festlegen. In der Regel wird der Sehwinkel ε_0 bei der sogenannten **Bezugssehweite** $s_0 = 25\,\text{cm}$ nach Abb. 3.33a herangezogen. Letztere ist der typische Arbeitsabstand beim Nahsehen.

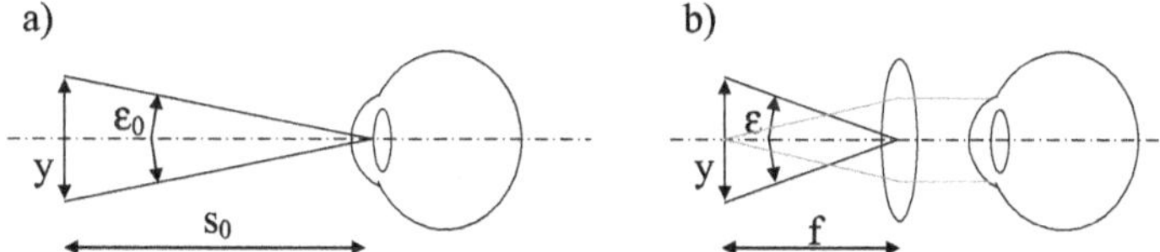

Abb. 3.33: Durch Benutzung einer Lupe wird der mögliche Sehwinkel vergrößert.

Durch Benutzung einer **Lupe**, die nichts anderes als eine Sammellinse ist, wird die Brechkraft des Gesamtsystems Lupe-Auge erhöht. Dadurch kann ein Objekt näher an die Lupe herangerückt werden und der Winkel, unter dem das Objekt erscheint, vergrößert sich (Abb. 3.33b). Der Gegenstand befindet sich in der Brennebene der Lupe, das Bild liegt somit im Unendlichen und wird mit entspanntem, also aufs Unendliche akkommodiertem Auge betrachtet. Für die beiden Winkel gilt

$$\tan\left(\frac{\varepsilon_0}{2}\right) \approx \frac{\varepsilon_0}{2} = \frac{y/2}{s_0} \quad \text{bzw.} \quad \tan\left(\frac{\varepsilon}{2}\right) \approx \frac{\varepsilon}{2} = \frac{y/2}{f} \qquad 3.79$$

Eliminiert man die Ojektgröße y, erhält man für das Verhältnis $\varepsilon / \varepsilon_0$, also die Vergrößerung v_{Lupe}:

! $$\boxed{v_{Lupe} = \frac{\varepsilon}{\varepsilon_0} = \frac{s_0}{f}} \tag{3.80}$$

Übliche Vergrößerungen für einlinsige Lupen sind 2–3. Bei einer Vergrößerung von 5 beträgt die Brennweite bei einem s_0 von 25 cm $f = 5\,\text{cm}$. Eine Linse mit dieser Brennweite hätte schon stark gekrümmte Oberflächen und Linsenfehler treten deutlich in Erscheinung. Deshalb werden Lupen für $v_{Lupe} > 5$ in der Regel **mehrlinsig** ausgeführt. Die obere Grenze der Vergrößerung liegt bei der Lupe bei etwa 20.

3.2.2 Mikroskop

Um weiter in den Mikrokosmos vorzudringen, bedarf es eines komplizierteren Systems. Man erzeugt nach Abb. 3.34 von dem zu betrachtenden kleinen Objekt mit einem Objektiv ein reelles Zwischenbild, das dann mit einer Lupe, hier aufgrund ihres komplizierten Baus **Okular** genannt, betrachtet wird. So kann der Gegenstand in zwei Stufen vergrößert werden. Die Vergrößerung v_{Ob} des **Objektives** ist gegeben als Quotient aus Bildweite und Gegenstandsweite. Die Bildweite b ist beim **Mikroskop** so gewählt, dass sie sehr viel größer als die Gegenstandsweite ist. Genähert entspricht die Gegenstandsweite etwa der Brennweite f_{Ob} des Objektives. Damit gilt:

$$v_{Ob} \approx \frac{b}{f_{Ob}} \tag{3.81}$$

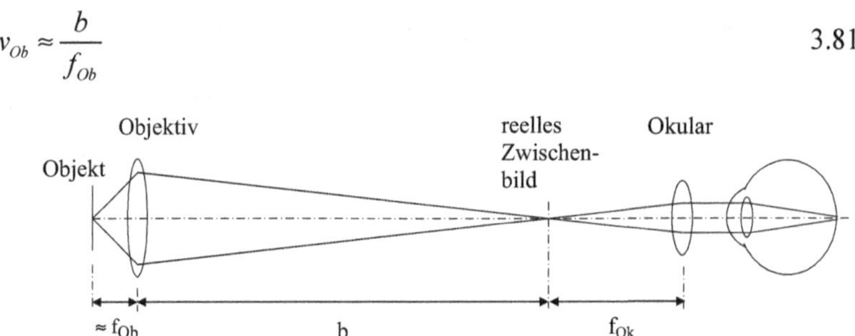

Abb. 3.34: Mikroskop.

Das Okular wirkt grundsätzlich wie eine Lupe, daher kann die Vergrößerung der Lupe verwendet werden:

$$v_{Ok} = \frac{s_0}{f_{Ok}} \tag{3.82}$$

Die **Gesamtvergrößerung des Lichtmikroskops** erhält man aus dem Produkt von Okular- und Objektivvergrößerung:

! $$\boxed{v = v_{Ok} v_{Ob} = \frac{b s_0}{f_{Ob} f_{Ok}}} \tag{3.83}$$

Die Länge b wird, da sie wegen der kurzen Brennweite des Okulars und damit wegen $b >> f_{Ok}$ etwa der Länge des Tubus entspricht, **Tubuslänge** genannt. Am Ort des reellen Zwischenbildes kann – z.B. auf Glas eingraviert – ein Messraster eingeblendet werden, das durch das Okular gleichermaßen scharf erscheint wie der Gegenstand. Die Gesamtvergrößerung des Mikroskops ist umso größer, je kleiner sowohl Objektiv- als auch Okularbrennweite sind.

Diese lassen sich aber nicht so einfach nach Belieben verkleinern, denn es treten dabei starke Krümmungen der Oberflächen und damit große Linsenfehler auf, die aufwendig korrigiert werden müssen. Aber selbst mit beliebig gut korrigierten Optiken ist es nicht möglich, beliebig kleine Strukturen aufzulösen. Der Grund ist die in Kap. 2.1.5 beschriebene Beugung. Dort wurde gezeigt, dass der **kleinste auflösbare Winkelabstand** bei einer kreisförmigen Lochblende mit Durchmesser D

$$\sin\eta_{\min} = 1{,}220\frac{\lambda}{D} \qquad 3.84$$

ist (Gl. 2.58). Beim Mikroskopobjektiv, bei dem die Gegenstandsweite etwa der Brennweite entspricht, bedeutet das nach Abb. 3.35 unter der Annahme eines kleinen Winkels $\eta_{\min}$ einen kleinsten, auflösbaren Abstand $y_{\min}$ von:

$$\tan\left(\frac{\eta_{\min}}{2}\right) \approx \frac{\eta_{\min}}{2} = \frac{y_{\min}/2}{f} \quad \text{bzw.} \quad y_{\min} = f\eta_{\min} \qquad 3.85$$

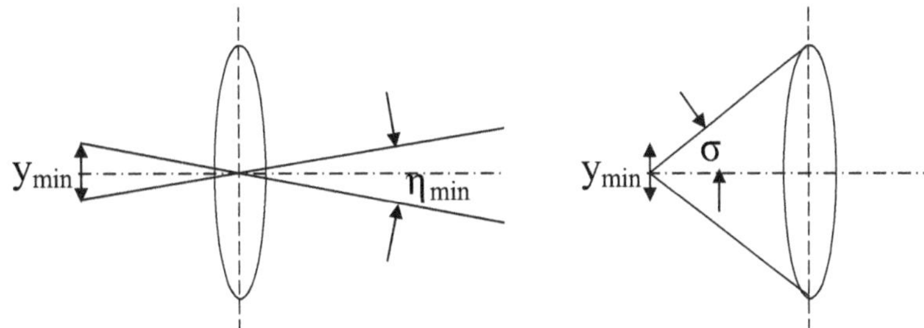

Abb. 3.35: Zum Auflösungsvermögen eines Mikroskops.

Mit Gl. 3.84 erhält man also unter der Annahme von $\sin\eta_{\min} \approx \eta_{\min}$:

$$\boxed{y_{\min} = 1{,}220\frac{f\lambda}{D}} \qquad 3.86$$

!

Führt man die **numerische Apertur** $A_N = n\sin\sigma$ ein, wobei σ nach Abb. 3.35 der halbe Öffnungswinkel des maximal möglichen, vom Objektpunkt ausgehenden Lichtbündels und n die Brechzahl des Mediums zwischen Objekt und Objektiv ist, so folgt mit

$$\sin\sigma = \frac{D/2}{f} \quad \text{bzw.} \quad A_N = \frac{nD}{2f} \qquad 3.87$$

für den **kleinsten auflösbaren Abstand** durch Eliminieren von f / D:

!

$$y_{min} = 1{,}220\frac{n\lambda}{2A_N} = 0{,}610\frac{n\lambda}{A_N} = 0{,}610\frac{\lambda_0}{A_N} \qquad 3.88$$

λ_0 ist dabei die Vakuumwellenlänge, λ die Wellenlänge in dem Medium mit der Brechzahl n zwischen Objekt und Objektiv. Hier zeigt sich, dass man mit einem hochbrechenden Medium die Auflösung um den Faktor der Brechzahl steigern kann. An Luft kann die numerische Apertur wegen $n = 1$ und $A_N = n\sin\sigma$ **maximal den Wert 1** annehmen. Verwendet man ein **Immersionsöl** mit ca. $n = 1{,}5$, verkleinert sich der kleinste auflösbare Abstand y_{min} um den Faktor 2/3. Die zweite Möglichkeit zur Steigerung der Auflösung ist die **Verkleinerung der Wellenlänge** des Lichts, mit dem das Objekt beleuchtet wird.

3.2.3 Fernrohre

Fernrohre dienen der Vergrößerung des Sehwinkels, unter dem ein weit entfernter Gegenstand erscheint. Gebräuchlich sind **Linsenfernrohre**, die meist bei der terrestrischen Beobachtung eingesetzt werden, sowie **Spiegelteleskope**, die meist in der Astronomie Anwendung finden. Da weit entfernte Objekte beobachtet werden sollen, gelangt das Licht quasi parallel ins Fernrohr und soll es auch parallel wieder verlassen. Zu den Linsenfernrohren zählt das **Keplersche** oder **astronomische Fernrohr** (Abb. 3.36). Es besteht aus einem **Objektiv**, das im Abstand seiner Brennweite f_{Obj} ein **reelles Zwischenbild** eines weit entfernten Gegenstandes entwirft. Dieses Bild befindet sich in der bildseitigen Brennebene eines **Okulars**, so dass es wiederum ins Unendliche abgebildet wird. Das Bild wird mit aufs Unendliche akkommodiertem Auge betrachtet. Die Vergrößerung ergibt sich aus dem Quotienten der Winkel σ und σ'. Aus Abb. 3.36 liest man die folgenden Zusammenhänge ab:

$$\tan\sigma \approx \sigma = \frac{y}{f_{Obj}} \quad \text{bzw.} \quad \tan\sigma' \approx \sigma' = \frac{y}{f_{Ok}} \qquad 3.89$$

Eliminiert man y, erhält man für die Vergrößerung:

$$v = \frac{\sigma'}{\sigma} = \frac{f_{Obj}}{f_{Ok}} \qquad 3.90$$

Eine hohe Vergrößerung wird also erzielt, wenn die Objektivbrennweite möglichst groß und die Okularbrennweite möglichst klein ist. Da die Baulänge durch die Summe der beiden Brennweiten bestimmt wird, ist das Fernrohr sehr lang. Außerdem hat es den Nachteil, dass das **Bild invertiert** ist. In der Astronomie ist das ohne Bedeutung, bei terrestrischen Beobachtungen ist das aber sehr störend.

Diese Nachteile lassen sich beheben, indem man als Okular keine Sammellinse, sondern eine Zerstreuungslinse verwendet, wie in Abb. 3.37 dargestellt. Bei diesem **Galileischen** oder auch **terrestrischen Fernrohr** besitzen Objektiv und Okular wiederum einen gemeinsamen Brennpunkt. Auch hier gelten die Gl. 3.89 und 3.90, allerdings mit dem Unterschied, dass f_{Ok} negativ ist, was zu einem negativen v führt. Das Bild des Galileischen Fernrohres ist **nicht invertiert**.

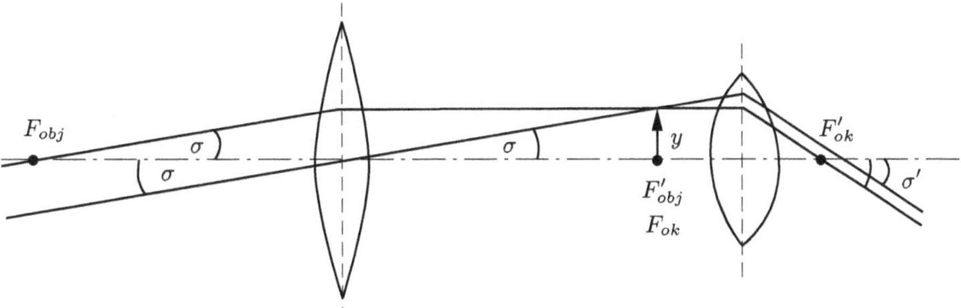

Abb. 3.36: Strahlengang in einem Keplerschen Teleskop. Parallel eintretendes Licht verlässt das Teleskop auch wieder parallel. Die Beobachtung erfolgt – wie ohne Teleskop – mit entspanntem Auge.

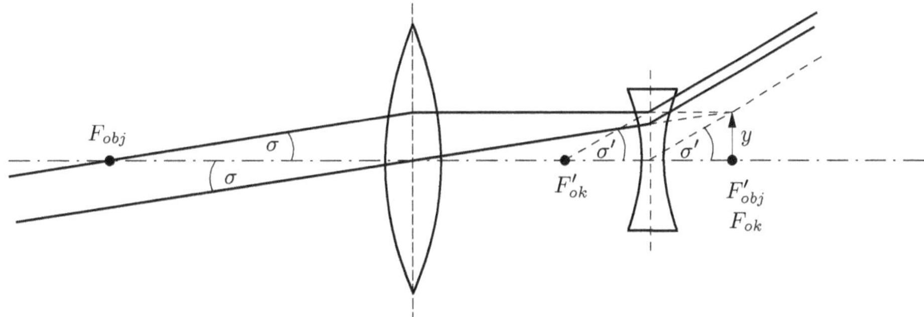

Abb. 3.37: Galileisches oder terrestrisches Fernrohr.

Die Bildinvertierung lässt sich beim Keplerschen Teleskop durch eine zusätzliche Linsenkombination zwischen Objektiv und Okular rückgängig machen. Allerdings vergrößert sich damit die Baulänge weiter, was zum Beispiel bei Zielfernrohren von untergeordneter Bedeutung ist. Abb. 3.38 zeigt den Aufbau eines modernen Fernrohrs mit integrierter Entfernungsmessung.

In der Regel sind Ferngläser für zweiäugige Beobachtung ausgelegt, um einen **räumlichen Eindruck** vom zu beobachtenden Gegenstand zu gewinnen. Die Baulänge des zugrundliegenden Keplerschen Fernrohres wird reduziert, indem man zwei **Prismen in Porro-Anordnung** (siehe Abb. 3.9 in Kap. 3.1.2) zwischen Objektiv und Okular setzt. Es entsteht damit wieder ein seitenrichtiges und aufrechtes Bild des zu beobachtenden Gegenstandes. Außerdem kann durch die Anordnung der Prismen der Abstand der optischen Achsen der Objektive größer gemacht werden als der Abstand der Augen des Beobachters. Das verbessert die Qualität des **räumlichen Sehens.**

In aller Regel ist die Objektivöffnung beim Fernrohr die Aperturblende. Die Bilder der Aperturblende sind die Ein- und Austrittspupille. Die Eintrittspupille fällt hier mit der Aperturblende zusammen, während die Austrittspupille etwas außerhalb des Okulars liegt. Die Lage und Größe wird der Pupille des Auges angepasst. Ferngläser werden meist durch zwei Zahlen spezifiziert, die durch „×“ getrennt sind. 10×50 bedeutet, dass die Vergrößerung zehnfach ist, während die Eintrittspupille den Durchmesser 50 mm besitzt. Damit errechnet man einen Durchmesser der Austrittspupille von 50 mm/10 = 5 mm.

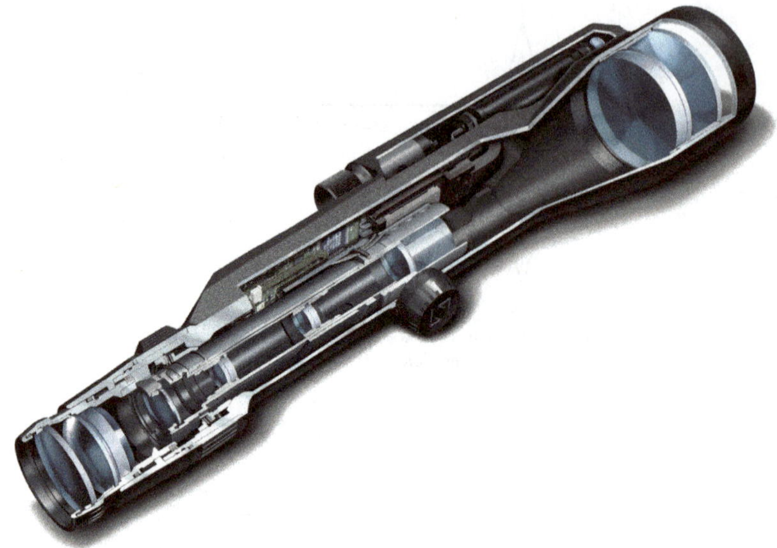

Abb. 3.38: Schnitt durch ein modernes Zielfernrohr mit integrierter Entfernungsmessung. Quelle: Carl Zeiss AG.

Heutige Ferngläser haben häufig noch die Möglichkeit der Entfernungsmessung. Ein solches Fernglas zeigt Abb. 3.39.

Abb. 3.39: Modernes Hochleistungsfernglas mit Laserentfernungsmesser und Ballistik-Informationssystem BIS™ für die Jagd. Quelle: Carl Zeiss AG.

In der Astronomie werden meist sehr lichtschwache Objekte beobachtet. Zudem möchte man natürlich auch eng beieinander liegende Punkte auflösen können. Daher werden sehr lichtstarke Teleskope benötigt, die eine sehr **große Aperturblende** haben. Die Folge sind Objektivlinsen mit sehr großen Durchmessern. Sie aus Glas zu fertigen, ist sehr schwierig, da man homogene optische Eigenschaften über das ganze Linsenvolumen sicherstellen muss. Außerdem erreichen solche Linsen eine beachtliche Masse, so dass sie sich unter ihrem eigenen Gewicht verformen. Die Lösung besteht darin, zumindest die Eintrittslinse durch einen Spiegel zu ersetzen, der in weitaus größerem Durchmesser als eine Linse hergestellt werden kann. Ein weiterer Vorteil besteht darin, dass bei der Reflexion keine chromatische Aberration auftreten kann. Außerdem ist man nicht durch die spektrale Durchlässigkeit des Glases begrenzt. Die einfachste Konstruktion besteht darin, beim **Keplerschen Teleskop** (vgl. Abb. 3.36) die Eintrittslinse durch einen **parabolischen Spiegel** zu ersetzen. Aufgrund der Richtungsänderung durch die Reflexion würde allerdings der Beobachter mitsamt dem Okular das einfallende Licht abschatten. Daher wird das vom Objektivspiegel reflektierte Licht durch einen Planspiegel um 90° in Richtung des Okulars umgelenkt. Ein solches Teleskop wird **Newtonsches Teleskop** genannt (Abb. 3.40).

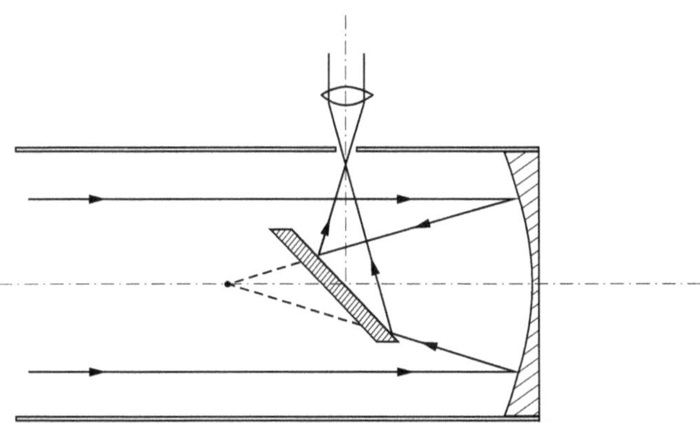

Abb. 3.40: Newtonsches Teleskop.

Bei dem **Teleskop nach Gregory** wird der Planspiegel durch einen **elliptischen Konkavspiegel** ersetzt und das Licht nicht um 90° abgelenkt, sondern durch ein Loch im Primärspiegel beobachtet (Abb. 3.41). Das **Teleskop nach Cassegrain** schließlich benutzt anstelle des elliptischen Konkavspiegels einen **hyperbolischen, konvexen Spiegel** (Abb. 3.42).

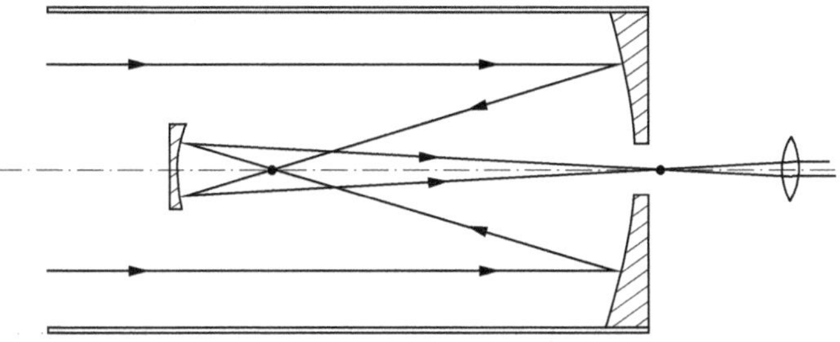

Abb. 3.41: Spiegelteleskop nach Gregory.

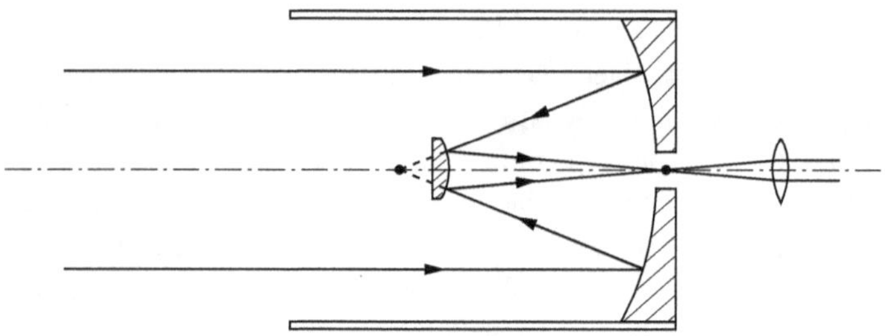

Abb. 3.42: Spiegelteleskop nach Cassegrain.

3.2.4 Kamera, Objektive

Das neben dem Fernglas wohl bekannteste optische Gerät des Alltags ist die **Photokamera**. In Abb. 3.43 ist eine **Spiegelreflexkamera** dargestellt. Bei ihr kann das auf dem Film oder Bildsensor entworfene Bild vor dem Auslösen durch einen **Sucher** beobachtet werden. Ein Spiegel lenkt nämlich das vom auswechselbaren Objektiv kommende Licht nach oben ab. In einer waagrecht liegenden Bildebene entsteht ein reelles Bild des Objektes. In dieser Ebene können auch Hilfsmittel für die Schärfeeinstellung oder **Fadenkreuze** eingeblendet werden. Diese Bildebene wird mit einem Okular, hier Sucher genannt, betrachtet. Vorher wird das Licht mittels eines **Pentaprismas** wieder in die Waagrechte umgelenkt. Es entsteht im Sucher damit ein aufrechtes, seitenrichtiges Bild. Sein Bildausschnitt entspricht exakt dem, der auf dem Film abgebildet wird. Beim Auslösen klappt der Spiegel nach oben und gibt den Lichtweg zur Bildebene frei.

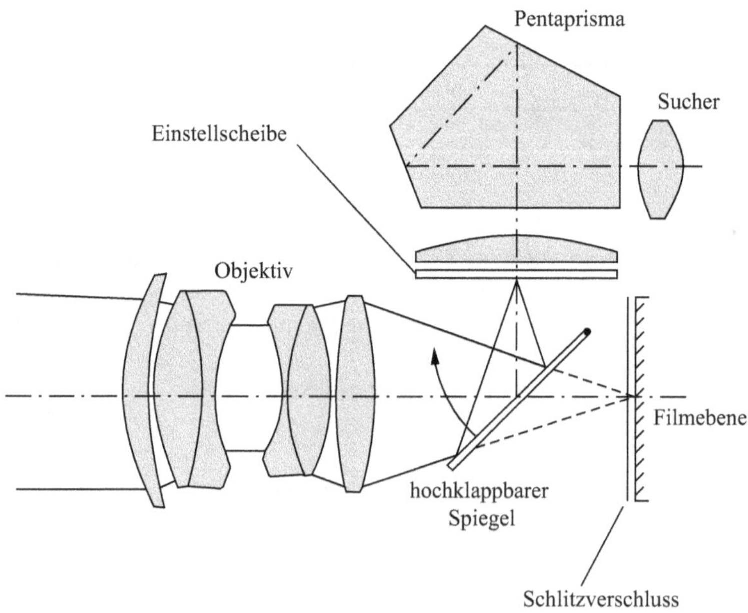

Abb. 3.43: Funktionsprinzip einer Spiegelreflexkamera.

Bei digitalen Kameras, also solchen, bei denen das Bild mittels eines **CMOS-** oder **CCD-Sensors** erfasst wird, geht der Trend dahin, den Bildausschnitt nicht mehr nur optisch über einen Sucher, sondern zusätzlich über ein elektronisches **Display** zu beurteilen. Dies erweist sich konstruktionsbedingt als äußerst schwierig, da der Spiegel im Normalzustand den Weg zum Bildsensor versperrt. Außerdem muss der Bildsensor, soll er das Display mit Bildinformation versorgen, dauernd mit Strom versorgt werden. Dies führt zur Erwärmung und damit zum verstärkten Rauschen.

Oft wird ein zweiter Sensor für das Display verwendet, der eine geringere Auflösung hat als der eigentliche Bildsensor. Den optischen Sucher kann indes noch nichts ersetzen. Allerdings laufen starke Bestrebungen, die Qualität und Leistungsfähigkeit des Displays so zu verbessern, dass man auf den optischen Sucher ganz verzichten kann, denn Pentaprisma und Sucheroptik sind relativ teuer.

In der Analogphotographie, also der Photographie mit chemisch zu entwickelnden Filmen, war die Bildgröße standardisiert. Das klassische **Kleinbildformat** hatte die Größe 24 × 36 mm. Dazu gehörte ein Objektiv mit der Brennweite von 50 mm, das als **Normalobjektiv** bezeichnet wurde und den gebräuchlichsten Bildausschnitt lieferte.

Objektive mit Brennweiten unter 50 mm führten zu einem größeren Bildausschnitt und wurden daher als **Weitwinkelobjektive** bezeichnet, Objektive mit Brennweiten über 50 mm führten zu einem kleinen Bildausschnitt, also zu einem kleinen Öffnungswinkel und wurden daher als **Teleobjektive** bezeichnet. Leider ist mit Einführung der digitalen Spiegelreflexkameras der auswertbare Bildbereich, also die Sensorgröße kleiner geworden. Dadurch ist bei gleichen Brennweiten auch der erfasste Bildwinkel kleiner. Der Faktor, um den man die Brennweite verringern müsste, um den gleichen Bildwinkel zu erreichen, wird mißverständlich **Verlängerungsfaktor** genannt. Besser ist der Begriff **Formatfaktor** (siehe auch Tab. 3.8 in Kap. 3.3.4). Die Formatfaktoren verschiedener Hersteller liegen zwischen 1,7 und 2. Angenommen, ein 50 mm-Objektiv einer klassischen Kleinbildkamera würde – soweit mechanisch überhaupt kompatibel – an einer digitalen Spiegelreflexkamera mit Formatfaktor 1,7 verwendet, so würde man den gleichen Bildausschnitt erhalten, als wenn man an der Kleinbildkamera ein Objektiv mit der Brennweite 85 mm, also ein Teleobjektiv, verwenden würde.

Der Wunsch, eine Ansammlung von Objektiven für neu erworbene Kameras weiterverwenden zu können, wird verständlich, wenn man sich vergegenwärtigt, wie teuer Objektive guter Qualität sind. Der hohe Preis wird durch den immensen rechnerischen und technischen Aufwand gerechtfertigt, der für ihre Herstellung betrieben werden muss. Die Forderungen nach **hoher Lichtstärke** und damit **großer Öffnungen** einerseits und der Wunsch nach **hoher Abbildungsqualität** ohne sphärische und chromatische Fehler andererseits schließen sich gegenseitig aus. Abhilfe können nur mehrlinsige Systeme schaffen, möglicherweise unter Verwendung teurer **asphärischer Linsen**. Um bei mehrlinsigen Systeme die Reflexionen in Grenzen zu halten, muss viel Aufwand bei den Entspiegelungen der Oberflächen betrieben werden.

In Abb. 3.44 ist das optische System eines Superweitwinkelobjektivs mit der Öffnung 1:2,8 der Brennweite 15 mm abgebildet. Es verwendet 15 Einzellinsen in 12 Gruppen, darunter auch asphärische Linsen. Es erreicht einen Bildwinkel von 110° in der Bilddiagonalen bei Verwendung an einer Vollformat-Kamera. Abb. 3.45 zeigt das Objektiv selbst.

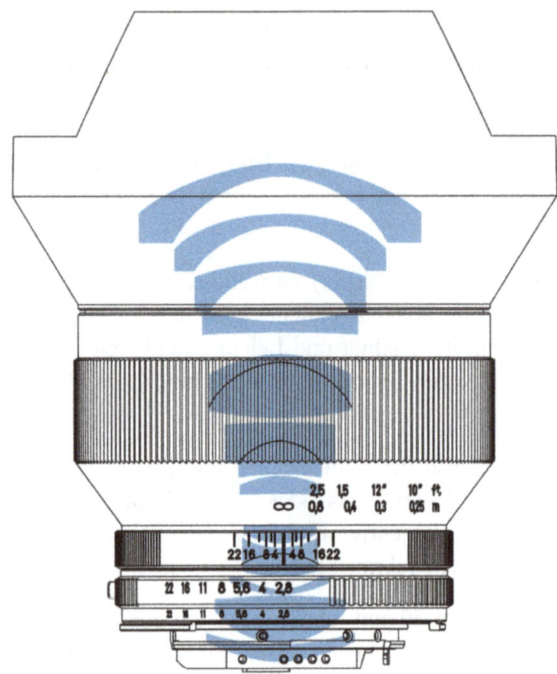

Abb. 3.44: Linsensystem des Objektivs Zeiss Distagon T* 2,8/15. Quelle: Carl Zeiss AG.

Abb. 3.45: Zeiss Distagon T* 2,8/15. Quelle: Carl Zeiss AG.

Ein Beispiel eines 9-linsigen Teleobjektivs für die Mittelformatphotographie zeigen die Abb. 3.46 und 3.47. Das Teleobjektiv hat bei einem Öffnungsverhältnis von 1:2,8 eine Brennweite von 300 mm.

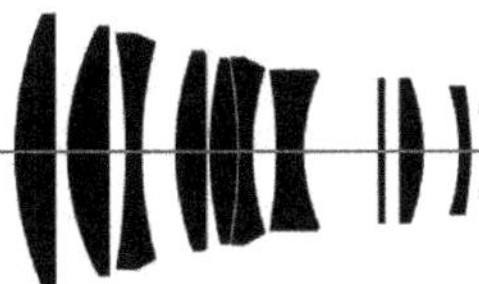

Abb. 3.46: Linsenanordnung des Objektivs Zeiss Tele-Superachromat T* 2,8/300. Quelle: Carl Zeiss AG.

Abb. 3.47: Zeiss Tele-Superachromat T* 2,8/300. Quelle: Carl Zeiss AG.

Objektive werden nicht nur in der Photographie benötigt. Das Wort „**Objektiv**" wird allgemein für jede Linse oder Linsengruppe verwendet, die ein reelles Bild erzeugt. Das ist in Fotoapparaten der Fall, aber auch in den schon behandelten Mikroskopen und Fernrohren. Aber auch in anderen Disziplinen kommen Objektive zum Einsatz, z.T. mit außergewöhnlichen Abbildungsleistungen. Ein Beispiel ist die **optische Lithographie**, bei der z.B. in der Halbleiterindustrie feinste Strukturen eines Schaltungslayouts auf einen sogenannten **Wafer**, eine Halbleiterscheibe, übertragen werden. Durch Bestrahlung wird ein vorher aufgebrachter Fotolack chemisch derart verändert, dass die bestrahlten (oder im Negativverfahren auch die unbestrahlten) Gebiete chemisch entfernt werden können. Im Zeitalter immer komplexer werdender Halbleiter ist die Unterbringung winzigster Strukturen auf engstem Raum wichtig. Das bedeutet, dass die abbildenden Optiken eine immer besser werdende Auflösung haben müssen. In Kap. 2.1.5 wurde gezeigt, dass der kleinste auflösbare Winkelabstand einer Linse **proportional zur Wellenlänge** und **umgekehrt proportional zur Aperturblende** ist. Je kürzer also die Wellenlänge, desto kleinere Strukturen können aufgelöst bzw., auf die Lithographie bezogen, abgebildet werden. Natürlich sind der Verkürzung der Wellenlänge durch die Verfügbarkeit von Lichtquellen und durch die Verfügbarkeit transparenter Linsenmaterialien Grenzen gesetzt.

Um diese Grenzen hinauszuschieben, wurde die **Immersionslithographie** erfunden. Wie schon beim Mikroskop wird hier eine Flüssigkeit, hier allerdings kein Öl, sondern Wasser mit hohem Reinheitsgrad, als **Immersionsflüssigkeit** verwendet. Das erhöht die numerische Apertur und damit das Auflösungsvermögen. Ein Objektiv, das bei einer Beleuchtungswellenlänge von 193 nm arbeitet und Halbleiterstrukturen bis zu einer Größe von 45 nm auflösen kann, zeigt Abb. 5.48. Die numerische Apertur von $A_N = 1,2$ erhöht auch die Tiefenschärfe bei der Abbildung.

Abb. 3.48: Ein Spezialobjektiv für die Immersionslithographie: Starlith® 1700i der Firma Zeiss. Quelle: Carl Zeiss AG.

3.2.5 Projektionsgeräte

Projektionsgeräte dienen dazu, eine Vorlage in eine Bildebene, meist eine Leinwand, in der Regel vergrößert abzubilden. Das Grundprinzip ist dabei stets ähnlich, es soll am Beispiel des Diaprojektors verdeutlicht werden. Beim Diaprojektor wird ein kleines Diapositiv durch ein Objektiv auf eine Projektionswand abgebildet. Das Dia wird in Durchsicht verwendet

(Abb. 3.49). Würde das Dia lediglich von der Lampe ohne Kondensor beleuchtet, würde die Glühwendel der Projektionslampe vom Objektiv in den Raum zwischen Objektiv und Leinwand abgebildet, da sie vom Objektiv weiter entfernt ist als das Dia. Die Anordnung hätte zur Folge, dass nur zentrale Teile der Leinwand ein helles Bild zeigen würden und die Ausleuchtung insgesamt relativ schwach wäre. Abhilfe schafft ein **Kondensorsystem**. Dieses besteht aus zwei asphärischen Kondensorlinsen kurzer Brennweite. Um die Abbildungsfehler zu minimieren, werden zwei Linsen verwendet und so angeordnet, dass keine extrem großen Einfallswinkel auf die Oberflächen entstehen. Das Kondensorsystem bildet die Lampe ins Objektiv ab. Eintrittspupille des Beleuchtungssystems ist die Lampe, Austrittspupille ist ihr Bild.

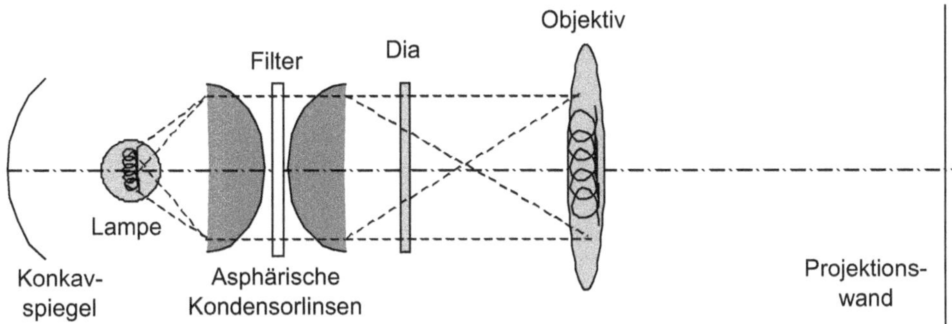

Abb. 3.49: Aufbau eines Diaprojektors.

Damit auch nach hinten abgestrahltes Licht noch genutzt werden kann, wird ein Konkavspiegel verwendet. Er bildet die Lampenwendel theoretisch in sich selbst ab. Praktisch würde allerdings das Licht durch die Wendel selbst wieder abgeschattet. Deshalb wählt man entweder eine leichte Fehljustierung und bildet die Lampenwendel neben die reale Wendel ab oder man verwendet eine Wendel mit äquidistanten Zwischenräumen, so dass das Bild der Wendel mit der tatsächlichen Wendel „verzahnt“.

Das Dia muss kopfstehend und seitenverkehrt positioniert werden, damit es richtig auf der Leinwand zu sehen ist. Zwischen den Kondensorlinsen befindet sich ein **Filter**, das infrarotes Licht absorbiert, damit das Dia nicht zu heiß wird. Es absorbiert ohnehin im Sichtbaren einige Strahlung, da es ja eben die Aufgabe hat, aus weißem Licht bestimmte Wellenlängen herauszunehmen, um ein farbiges Bild zu erzeugen. Nach einem ähnlichen Prinzip funktionieren auch Filmprojektoren und die heute üblichen **Beamer**. Letztere besitzen an der Stelle des Dias ein LCD-Display, mit dessen Hilfe sich auch bewegte Bilder darstellen lassen.

Abb. 3.50 zeigt eine Ausführungsform eines solchen Videoprojektors. Das von einer Lampen-Reflektor-Anordnung erzeugte Licht wird mittels einer Multilinse homogenisiert und gebündelt. Da die LCD-Displays polarisationssensitiv sind, muss das Licht polarisiert werden. Ein Filter blockt das Infrarotlicht ab. Das weiße Licht wird durch dichroitische Spiegel in die Grundfarben Rot, Grün und Blau zerlegt. Damit werden die drei LCD-Panels ausgeleuchtet. Sie werden gemäß den Grundfarben angesteuert. Die drei Bilder werden mittels eines Prismas wieder zusammengeführt und über ein Objektiv projiziert.

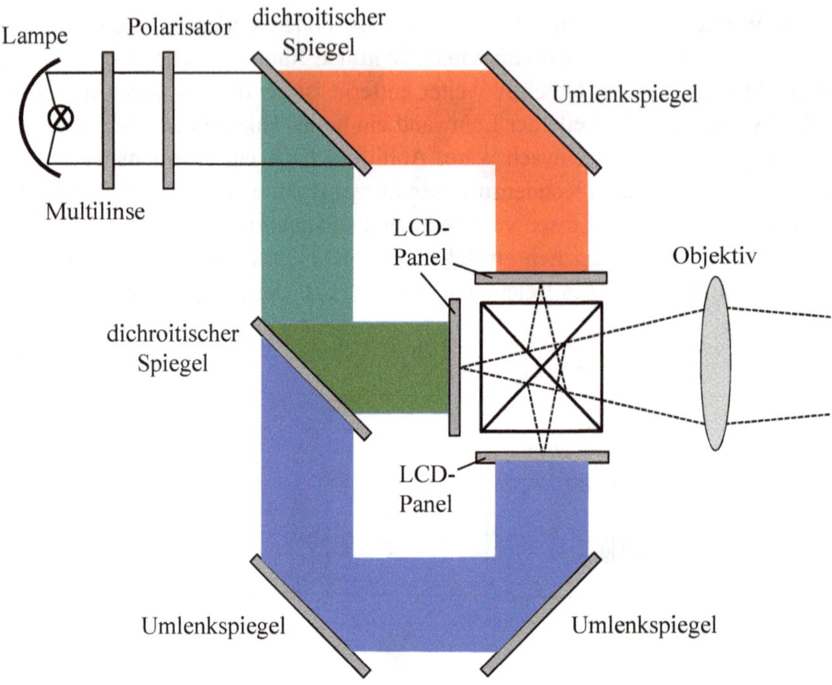

Abb. 3.50: Beim Videoprojektor (Beamer) wird Licht mittels dichroitischer Spiegel in die drei Farben Rot, Grün und Blau zerlegt. Drei LCD-Panels erzeugen die Bilder in der entsprechenden Farbe. Die drei Strahlengänge werden über ein Prisma wieder zusammengeführt und durch ein Objektiv projiziert.

Etwas anders aufgebaut sind **Overheadprojektoren** (Abb. 3.51), wenngleich das Grundprinzip das gleiche ist. Da die Projektoren für gedämpftes Tageslicht ausgelegt sind, muss die Lampe sehr leistungsstark sein. Gebräuchlich sind luftgekühlte Lampen mit ca. 750 W Leistung. Ein System bestehend aus einem **Kaltlichtspiegel** und einem **Kondensor** leuchtet eine relativ große, waagrecht liegende Fläche aus, auf der sich die transparente Vorlage – eine beschriebene oder bedruckte Folie – befindet. Da die Fläche zu groß ist, um in unmittelbarer Nähe des Kondensors voll ausgeleuchtet zu werden, trifft ein sehr divergenter Lichtkegel auf die Vorlagenfläche. Ohne weitere Maßnahme würde also nur ein geringer Teil des Lichtes durch das Objektiv treten. Um das stark divergente Licht wieder zu bündeln, findet eine **Fresnellinse** unter dem Vorlagenglas Anwendung. Sie bündelt das Licht und bildet zusammen mit dem Kondensor die Lampe wiederum ins Objektiv ab. Das Objektiv selbst bildet die Vorlagenebene auf die Leinwand ab, nachdem ein Umlenkspiegel das Bündel in die Waagrechte abgelenkt hat. Die Vorlage kann seitenrichtig aufgelegt werden, durch den Umlenkspiegel entsteht ein nicht invertiertes Bild. Hochwertige Geräte besitzen die Möglichkeit einer **Trapezkorrektur**. Trifft die optische Achse des Projektionssystems nicht senkrecht auf die Leinwandmitte, erscheint ein rechteckiges Bildformat trapezförmig. Am häufigsten tritt der Fall auf, dass der Projektor nicht auf die Höhe der Leinwandmitte gestellt werden kann, sondern tiefer steht. Dann wird die Leinwand gewissermaßen von unten beleuchtet. Die untere Bildkante ist dabei kürzer als die obere. Vermieden werden kann das, indem man das Objektiv nach oben oder unten verschiebt.

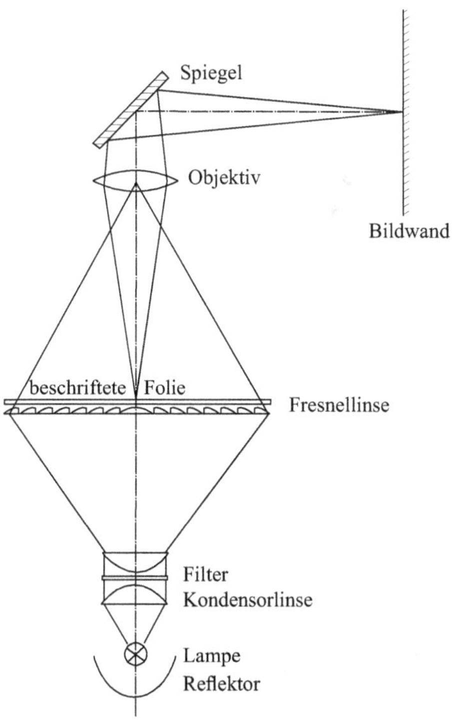

Abb. 3.51: Overheadprojektor in schematischer Darstellung.

3.2.6 Gittermonochromatoren

Gittermonochromatoren benutzen Beugungsgitter, um das Licht in seine spektralen Bestandteile zu zerlegen. Der Monochromator ist so aufgebaut, dass er von einer spektralen Verteilung nur einen sehr schmalen Wellenlängenbereich passieren lässt. Wohl am bekanntesten ist die **Anordnung nach Czerny–Turner**, die in Abb. 3.52 dargestellt ist. Das durch einen Spalt eintretende Licht wird durch einen planen Spiegel um 90° abgelenkt und auf einen Hohlspiegel geworfen. Da sich der Eintrittsspalt in der Brennebene des Spiegels befindet, wird das Lichtbündel durch den Hohlspiegel parallelisiert und fällt auf das Beugungsgitter, das als **Reflexionsgitter** ausgeführt ist. Je nach Wellenlänge verlässt das Licht das Gitter unter verschiedenen Winkeln. Ein weiterer Hohlspiegel bildet die Lichtbündel nach einer weiteren Umlenkung durch einen Planspiegel auf den Austrittsspalt ab, wobei die genaue Lage der Bildpunkte von der Wellenlänge abhängt. Nur für einen kleinen Teil der Strahlung stimmt die Wellenlänge und das Licht kann durch den Austrittsspalt den Monochromator verlassen. Man erhält also innerhalb gewisser Grenzen einfarbiges Licht, daher auch der Name Monochromator. Das Beugungsgitter ist um eine Achse senkrecht zur Zeichenebene drehbar. Aus seiner Winkelstellung und aus den Gitterparametern lässt sich die Wellenlänge bestimmen.

Würde man in einem Monochromator ein Beugungsgitter in Transmission verwenden, würde sich das einfallende Licht auf viele, jeweils paarweise (nach links und rechts) auftretende Beugungsordnungen verteilen. Jede Beugungsordnung wäre für sich also sehr lichtschwach. Das ist in der Spektroskopie, wo häufig nur wenig Licht zur Analyse zur Verfügung steht, sehr nachteilig. Daher verwendet man reflektierende **Echelette-Gitter**. Das sind Stufengitter mit sägezahnförmigem Profil, bei denen das Licht in eine bestimmte Beugungsordnung bevorzugt reflektiert wird. Durch den Neigungswinkel der Stufen kann erreicht werden, dass das Maximum der Intensitätsverteilung nicht bei der 0. Ordnung, sondern bei der ersten oder zweiten Ordnung auftritt (Abb. 3.53). Dies wird **Blaze-Technik** genannt. Die **Blazewellenlänge** ist diejenige Wellenlänge, bei der das Gitter seinen höchsten Wirkungsgrad hat.

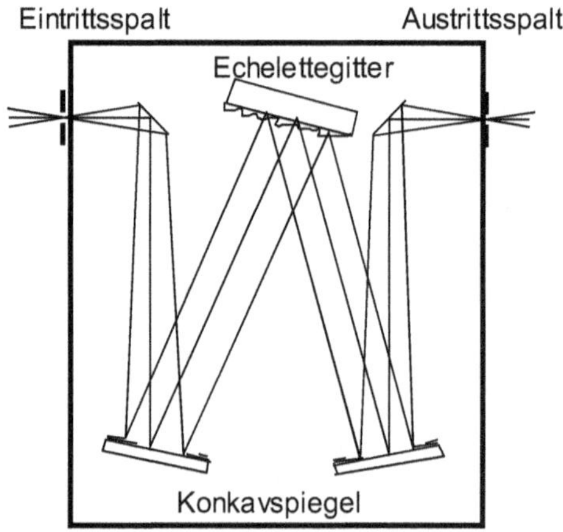

Abb. 3.52: Monochromator nach Czerny–Turner.

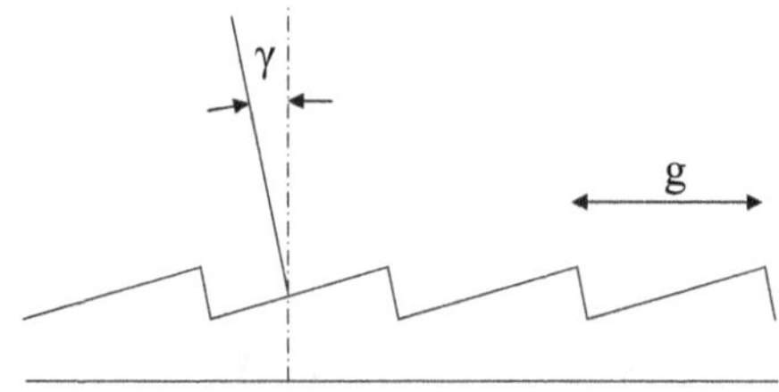

Abb. 3.53: Echelettegitter. Der Winkel zwischen der Normalen des gesamten Gitters und der Normalen zur Rillenoberfläche wird Blazewinkel γ genannt.

Aufgaben

1. Ein Achromat bestehe aus zwei Linsen: die erste habe die Krümmungsradien r_1 und r_2 und bestehe aus Kronglas, die zweite habe die Krümmungsradien r_2 und r_3 und bestehe aus Flintglas. Von einem 1m vom Achromaten entfernten leuchtenden Punkt soll in 1 m Entfernung ein reelles Bild entworfen werden. Dabei soll der Achromat bezüglich der Wellenlängen 546,1 nm und 589,3 nm farbkorrigiert sein, d.h. für diese beiden Wellenlängen exakt gleiche Brennweite haben.

Brechungsindizes:	Kronglas:	n_{e2} = 1,51872 (546,1 nm, Hg-Linie) und
		n_{D2} = 1,51673 (589,3 nm, Na-Linie)
	Flintglas:	n_{e3} = 1,62408 (546,1 nm, Hg-Linie) und
		n_{D3} = 1,61989 (589,3 nm, Na-Linie)
	Radius:	$r_2 = -0{,}1$ m

Wie groß ist die bildseitige Brennweite des Systems? Berechnen Sie die Radien r_1 und r_3 der äußeren Begrenzungsflächen, so dass die o.g. Bedingung erfüllt ist!

2. Aus den Gläsern N-BK7 ($\nu_{d1} = 64{,}17$ und $n_{d1} = 1{,}51680$) und SF6 ($\nu_{d2} = 25{,}43$ und $n_{d2} = 1{,}80518$) soll ein Achromat mit der Brennweite $f' = 30\,\text{cm}$ hergestellt werden. Die gemeinsame sphärische Oberfläche habe einen Radius von $r_2 = -10\,\text{cm}$. Wie groß müssen die Radien r_1 und r_3 gewählt werden?

3. Ein Achromat (korrigiert für die Wellenlängen 656,3 nm (C) und 486,1 nm (F)) besteht aus zwei dünnen Linsen aus den Gläsern N-BK7 ($\nu_{d1} = 64{,}17$ und $n_{d1} = 1{,}51680$) und SF6 ($\nu_{d2} = 25{,}43$ und $n_{d2} = 1{,}80518$). Die Außenradien des Achromaten sind $r_1 = 16{,}595\,\text{cm}$ und $r_3 = -16{,}881\,\text{cm}$. Wie groß ist der gemeinsame Radius r_2 der beiden Linsen und die Brennweite f' des Achromaten?

4. Eine planparallele Glasscheibe der Dicke $d = 5mm$ (siehe Abb. 3.54) habe einen radial veränderlichen Brechungsindex der Form $n(r) = n_0 - n_1 r^2$, wobei $n_0 = 1{,}5$ und $n_1 = 1{,}25 \cdot 10^{-3}\,\text{mm}^{-2}$ ist. Die Scheibe soll durch eine symmetrische, bikonvexe Sammellinse (siehe Skizze b) mit Krümmungsradius $|R_1| = |R_2| = R$, Scheiteldicke $d = 5\,\text{mm}$ und Brechzahl $n_0 = 1{,}5$ ersetzt werden. Wie groß müsste R (Annahme: $R >> r$) gewählt werden, damit Scheibe und Linse an Luft die gleiche optische Wirkung haben?

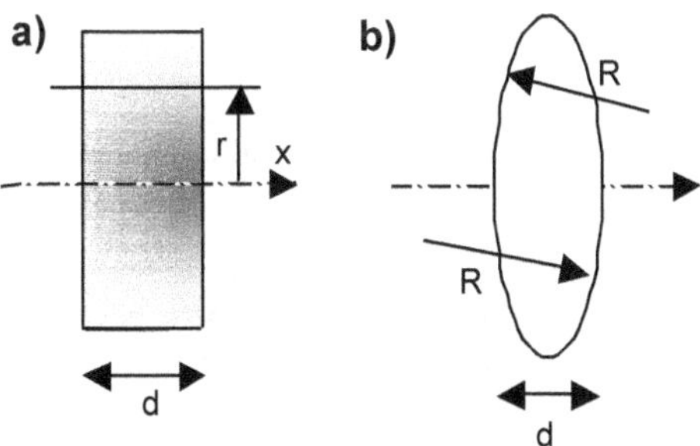

Abb. 3.54: Eine Gradienten-Index-Platte (a) kann die gleiche Wirkung wie eine Sammellinse (b) haben.

5. Das in Abb. 3.55 skizzierte Spiegelteleskop nach Gregory bestehe aus zwei Spiegeln S_1 und S_2 mit gleichem Radius R und einem einlinsigen Okular (dünne Linse) der Brennweite $f = 25\,\text{mm}$. Die Scheitelabstände sind S_1S_2=500 mm und S_2L=525 mm.

a) Berechnen Sie den Radius R! (Hinweis: Das Teleskop bildet einen im Unendlichen gelegenen Gegenstand ins Unendliche ab. Daher gilt für die Brennweite f des Gesamtsystems $\text{f} \to \infty$ bzw. $\frac{1}{\text{f}} = 0$)

b) Die Vergrößerung eines Teleskops ist $v = f_{Objektiv} / f_{Okular}$. Das Objektiv wird hier durch die zwei Spiegel im Abstand S_1S_2 gebildet, die ein Zwischenbild B eines im Unendlichen gelegenen Gegenstandes entwerfen. Berechnen Sie $f_{Objektiv}$ und daraus dann v !

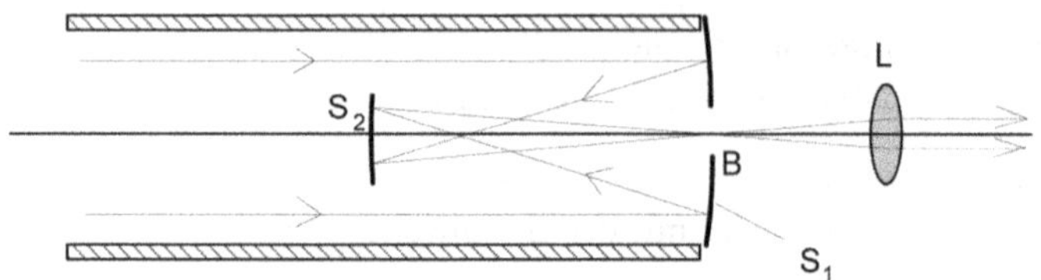

Abb. 3.55: Spiegelteleskop nach Gregory.

3.3 Lichtdetektoren und Bildsensoren

In Kap. 3.2 wurden optische Geräte behandelt, die es zumeist notwendig machen, Licht in elektrische Signale umzuwandeln. Dies ist mittlerweile auch bei Photo- und Filmaufnahmen meistens der Fall, konventionelles Filmmaterial auf Silberhalogenid-Basis kommt immer seltener zum Einsatz. Bei Digitalkameras und Photosensoren werden inzwischen fast ausschließlich Halbleiterdetektoren verwendet. Sie arbeiten auf der Basis des inneren Photoeffektes. Besonders in der Wissenschaft kommen Vakuumphotodioden und Photomultiplier zum Einsatz, die nach dem Prinzip des äußeren Photoeffekts arbeiten. Der grundsätzliche Unterschied zwischen den beiden Effekten soll im folgenden Kapitel erläutert werden.

3.3.1 Äußerer und innerer Photoeffekt

Aus einer Metalloberfläche (Kathode) können im Vakuum durch Licht Elektronen abgelöst und in einem angelegten elektrischen Feld beschleunigt werden (Abb. 3.56). Im äußeren Stromkreis fließt ein kleiner Strom I . Die Ablösung des Elektrons gelingt nur, wenn die Photonenenergie hf mindestens so groß ist wie die **Ablösearbeit** des Elektrons. Diese ist materialspezifisch und liegt bei den Elementen im Bereich von ca. 2 bis 6 eV (z.B. polykristallines Wolfram: 4,55 eV oder polykristallines Barium: 2,52 eV [CRC 2006]). Das entspricht einer Lichtwellenlänge von ca. 210 nm bis 620 nm. Die über die Ablösearbeit hinausgehende Energie bekommt das Elektron in Form von kinetischer Energie mit. Die Quantenausbeute dieses als **äußerer Photoeffekt** bezeichneten Phänomens ist verhältnismäßig gering, sie liegt je nach Material bei 5 bis 100 Photonen für die Ablösung eines einzigen Elektrons. Allerdings ist die Zeitauflösung sehr hoch, spezielle Typen von **Vakuumphotodioden** erreichen Grenzfrequenzen bis in den GHz-Bereich.

Die meisten abbildenden und auch nichtabbildenden Detektoren von Licht arbeiten heute nach dem Prinzip des **inneren Photoeffektes**. Die Atome der klassischen Halbleitermaterialien Germanium und Silizium haben jeweils vier Außenelektronen, die zu einer **kovalenten Bindung** im Material führen. Beim Halbleiter sind die Bindungselektronen im Vergleich zu den Isolatoren relativ schwach gebunden, so dass sie durch Zufuhr einer gewissen Energie ins **Leitungsband** gelangen können. Die zuzuführende Energie entspricht der Breite der **verbotenen Zone**. Innerhalb dieser kann das Elektron keine Energie annehmen. Da die verbotene Zone der Halbleiter im Vergleich zu den Isolatoren relativ schmal ist (z.B. $E_g > 3eV$ für einen Isolator, 0,18eV für InSb), kann die Leitfähigkeit durch Energiezufuhr (Wärme, Licht) spürbar gesteigert werden.

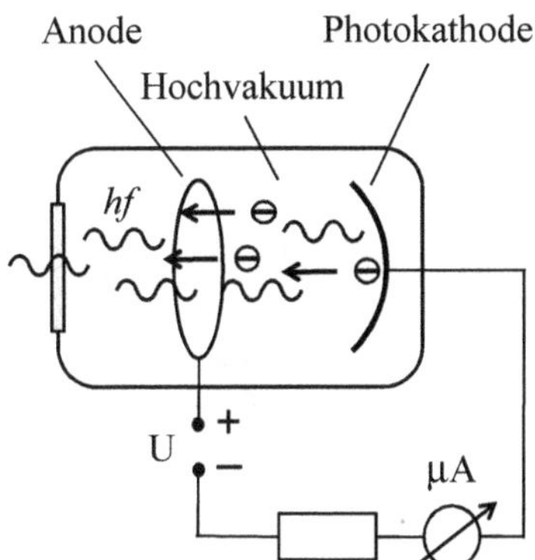

Abb. 3.56: In einem evakuierten Glaskolben fällt Licht durch ein Fenster auf eine Kathode. Je nach Lichtfrequenz f können Elektronen aus der Oberfläche ausgelöst werden oder auch nicht.

Die Leitfähigkeit der Halbleiter kann auch beträchtlich erhöht werden, wenn man Atome der **dritten oder fünften Hauptgruppe** in geringen Mengen in den Halbleiterkristall einbaut. Im ersten Fall hat das Element (z.B. Aluminium, Gallium oder Indium) drei Außenelektronen und kann daher im Gitter nur drei Bindungen eingehen. Der Platz des vierten Bindungselektrons bleibt leer und wird eventuell durch ein freies Elektron eingenommen. Natürlich fehlt dieses Elektron an einer anderen Stelle und erzeugt dort wiederum ein Loch. Das kann wieder durch ein freies Elektron gefüllt werden, wodurch woanders ein neues Loch entsteht. Dies entspricht der Wanderung einer positiven Ladung im Gitter. Das Material wird als ***p*-dotiert** bezeichnet.

Ersetzt man ein Halbleiteratom durch ein fünfwertiges Atom, wird ein Außenelektron für die Bindungen nicht benötigt. Dieses ist nur schwach an den Kern gebunden und kann durch geringe Energieaufnahme abgelöst werden und sich frei im Gitter bewegen. Die Folge ist auch hier eine Zunahme der Leitfähigkeit. Das Material ist ***n*-dotiert**.

Bringt man *p*- und *n*-dotierte Halbleiter auf atomarer Ebene in Kontakt (Abb. 3.57), diffundieren Elektronen in den *p*-Bereich und Löcher in den *n*-Bereich und rekombinieren jeweils. Der Kristall als Ganzes bleibt dabei neutral. Die Rekombination wird solange fortgesetzt, bis die Elektronen bzw. Löcher nicht mehr gegen das sich aufbauende elektrische Feld im Kontaktbereich anlaufen können und ein stationärer Zustand erreicht ist. Der Rekombinationsbereich wird **Verarmungszone** genannt, weil dort nur noch wenige freie Ladungsträger vorhanden sind. Gleichzeitig spricht man auch von einer Raumladungszone, da sich das *n*-Material der Verarmungszone positiv und das *p*-Material negativ auflädt.

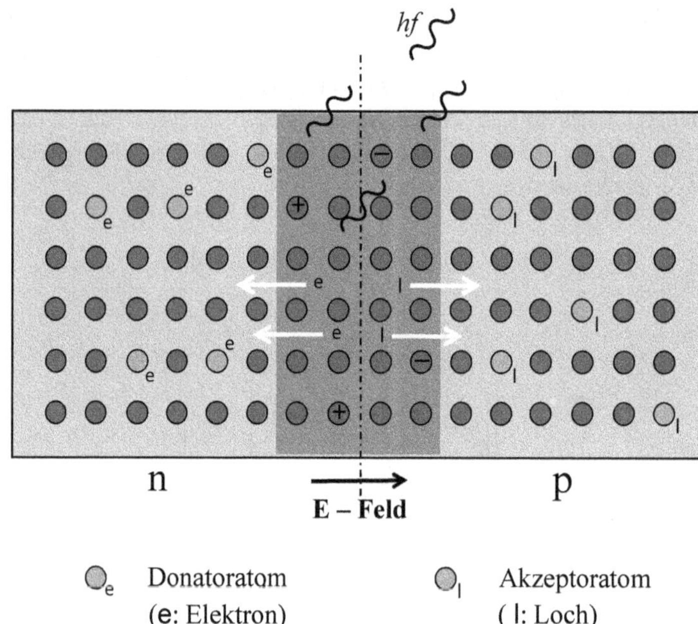

Abb. 3.57: Im Kontaktbereich eines *pn*-Übergangs kommt es zur Rekombination von Elektronen und Löchern. Dadurch entsteht eine Diffusionsspannung bzw. ein elektrisches Feld (dunkelgraue Zone), die eine weitere Diffusion verhindert. Es entsteht eine an Ladungsträgern verarmte Schicht. Durch Einfall von Photonen in diese Verarmungszone werden Elektron-Loch-Paare erzeugt und im elektrischen Feld getrennt. Damit lädt sich der *p*-Bereich positiv und der *n*-Bereich negativ auf. Es entsteht eine elektrische Spannung am *pn*-Übergang bzw. beim Anschluß eines Stromkreises ein elektrischer Strom.

Wird nun Licht in diesen Bereich eingestrahlt, können durch die Photonenenergie Bindungselektronen aus dem Gitter gelöst und durch das Feld beschleunigt werden. Dabei wandern sie in Richtung *n*-dotiertem Gebiet. Das entstandene Loch dagegen bewegt sich zur *p*-dotierten Zone. Der *n*-Bereich lädt sich also negativ auf, der *p*-Bereich positiv. Bei **hochohmiger Messung** kann man bei Lichteinfall **eine Spannung am *pn*-Übergang** messen. Legt man eine äußere Spannung so an den *pn*-Übergang, dass der *p*-Bereich negativ gepolt ist und der *n*-Bereich positiv, dann fließt **bei Lichteinfall auf die Raumladungszone ein Strom im äußeren Stromkreis**. Dieser ist proportional zur einfallenden Lichtmenge.

3.3.2 Photowiderstand

Halbleiter zeigen u.U. auch ohne Dotierung eine mehr oder weniger große Lichtempfindlichkeit ihrer Leitfähigkeit. Dies ist eine Folge der geringen Breite der verbotenen Zone. Daher kann man sie in der einfachsten Form als **Photowiderstand** (photoresistor, light dependent resistor) verwenden. Sie besitzen natürlich eine Grenzfrequenz, unterhalb der die Energie des Photons nicht mehr ausreicht, um Elektronen über die verbotene Zone hinweg ins Leitungsband zu heben. Tab. 3.6 zeigt einige Bandabstände und Grenzwellenlängen von Halbleitermaterialien.

Bedingt durch den inneren Photoeffekt kommt es zu einer **Veränderung der Leitfähigkeit in Abhängigkeit von der Bestrahlungsstärke**. Bei Erhöhung der Bestrahlungsstärke um mehrere Größenordnungen fällt der Widerstand des Photowiderstands ebenfalls um mehrere Größenordnungen. Da sich im Halbleitermaterial bei Raumtemperatur immer auch einige Elektronen im Leitungsband befinden, hat der Photowiderstand auch bei völliger Dunkelheit einen endlichen Widerstand. Der daraus resultierende **Dunkelstrom** ist ein wichtige Kenngröße von Photowiderständen. Auf Veränderungen der Lichtverhältnisse reagieren Photowiderstände **sehr träge**, ihre Ansprechzeit liegt in der Größenordnung der Lebensdauer der Ladungsträger und damit **im Bereich einiger Millisekunden**. Nach längerer Bestrahlung benötigen Photowiderstände mehrere Minuten, bis der Dunkelstrom wieder erreicht wird.

Die Halbleiterschicht eines Photowiderstandes wird in der Regel auf ein Keramikplättchen aufgebracht. Abb. 3.58 zeigt ein Beispiel. Photowiderstände kommen überall dort zum Einsatz, wo es auf Schaltgeschwindigkeit nicht ankommt, z.B. in Lichtschranken, Belichtungsmessern, Dämmerungsschaltern etc.

Tab. 3.6: Bandlücke und Grenzfrequenz einiger Halbleitermaterialien.

Material	**Bandlücke** E_g **in eV**	**Grenzwellenlänge** λ **in µm**
InSb	0,165	7,5
PbS	0,36	3,44
Ge	0,67	1,85
Si	1,11	1,12
GaAs	1,35	0,92
CdTe	1,44	0,86
CdSe	1,7	0,73
GaP	2,25	0,55
CdS	2,4	0,52

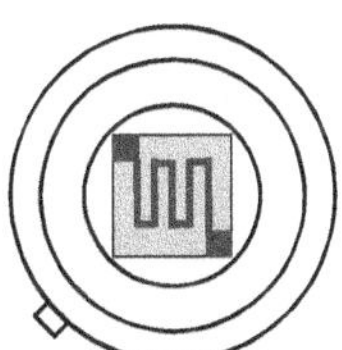

Abb. 3.58: Beim Photowiderstand wird die Halbleiterschicht mäanderförmig auf ein Keramikplättchen aufgebracht.

3.3.3 Photodiode

Legt man an den p-leitenden Bereich des pn-Übergangs von Abb. 3.57 eine negative Spannung und an den n-leitenden eine positive, werden Löcher aus dem p-Bereich und Elektronen aus dem n-Bereich von der Spannungsquelle abgezogen. Dadurch kommt es zu einer **Verbreiterung der Verarmungszone**. Fällt kein Licht auf diese Raumladungszone, fließt nur ein sehr kleiner Strom. Der Dunkelstrom ist gering. Mit einsetzendem Lichteinfall werden mehr und mehr Elektron-Loch-Paare erzeugt und der Photostrom **wächst linear mit der**

Bestrahlungsstärke. Bei Photodioden erfolgt der Lichteinfall über die möglichst dünn gehaltene *p*-Schicht (Abb. 3.59a). Um das Volumen für die Absorption von Licht möglichst groß zu machen, wird die Raumladungszone möglichst breit ausgeführt, was durch eine geringe Dotierung des *n*-leitenden Materials geschieht. Dieses wird dann auf ein ebenfalls *n*-leitendes, aber höher dotiertes Material aufgebracht.

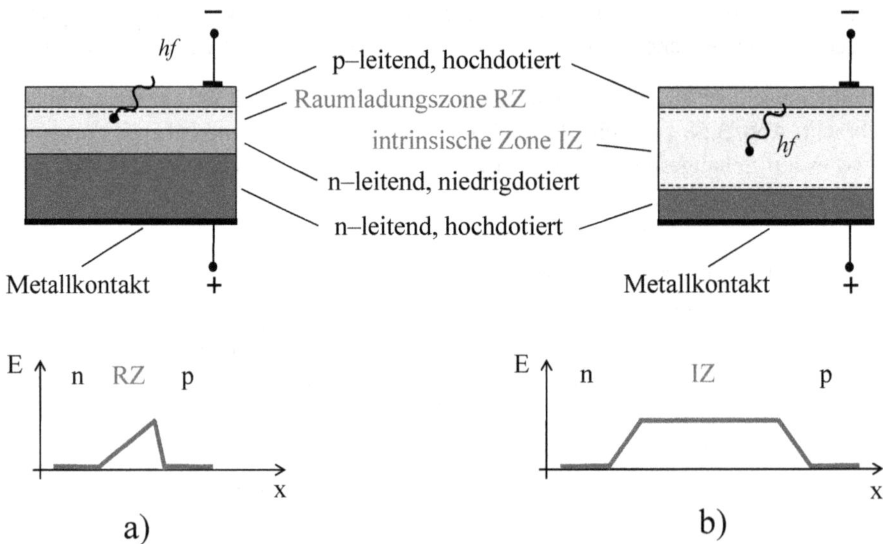

Abb. 3.59: Bei der normalen Photodiode (a) versucht man, die Raumladungszone durch einen niedrig dotierten *n*-Bereich zu verbreitern. Dadurch entsteht ein asymmetrischer Feldstärkeverlauf. Effizienter ist es, die Zone der Erzeugung von Elektron-Loch-Paaren durch eine niedrig oder gar nicht dotierte Zone (intrinsische Zone) zu verbreitern (b).

Eine weitere Verbreiterung der lichtempfindlichen Schicht kann durch eine weitere Halbleiterschicht erreicht werden, die nur gering oder gar nicht dotiert ist. Eine solche Zone wird **intrinsisches Gebiet**, eine entsprechende Diode **PIN-Diode** genannt (Abb. 3.60). Raumladungen entstehen dabei nur im Kontaktbereich zwischen *p*- und *i*-Schicht sowie zwischen *n*- und *i*-Schicht. Das intrinsische Gebiet ist ansonsten neutral. Es kann viel breiter ausgeführt werden, als dies durch Verbreiterung einer Raumladungszone möglich ist (Abb. 3.59b). Während der Feldstärkeverlauf in einer normalen Photodiode **dreieckig verläuft** (Abb. 3.59a, unten), hat er in der PIN-Diode **trapezförmigen Verlauf** (Abb. 3.59b). Das elektrische Feld im intrinsischen Gebiet sorgt für den schnellen Abtransport der Elektronen und Löcher, so dass sie nicht rekombinieren können.

Tab. 3.7 zeigt den nutzbaren Wellenlängenbereich einiger Photodioden-Materialien. Wegen der großen Breite der verbotenen Zone weisen Siliziumphotodioden ein geringes Rauschen auf. Einen sehr breiten Wellenlängenbereich decken PIN-Dioden auf der Basis der Halbleiterkombination InGaAs ab. Sie haben die Germanium-Dioden fast vollständig verdrängt. Diese kommen nur noch wegen ihrer großen aktiven Fläche zum Einsatz. Im UV-Bereich werden Photodioden aus SiC verwendet. Im mittleren Infrarotbereich kommt Cadmiumtellurid zur Anwendung. Wegen der geringen Breite seiner verbotenen Zone gelangen bereits bei Raumtemperatur Elektronen ins Leitungsband und verursachen einen hohen Dunkelstrom. Außerdem liefert die Infrarotstrahlung des Gehäuses einen zusätzlichen Strom. Der Detektor muss daher gekühlt werden.

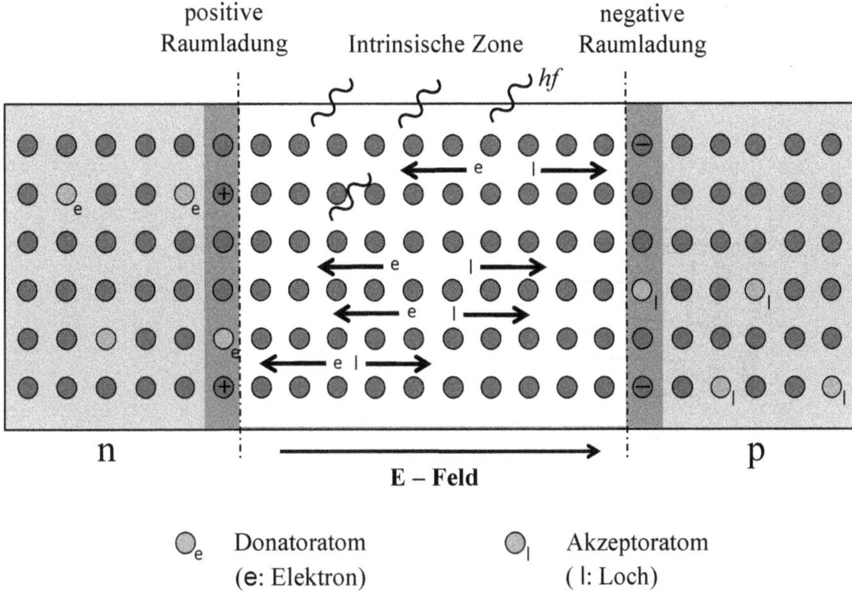

Abb. 3.60: Bei der PIN-Diode werden Elektron-Loch-Paare in einem Gebiet niedriger oder fehlender Dotierung erzeugt. Das dortige elektrische Feld wird durch Raumladungen im Kontaktbereich zwischen *p*- und *i*-Gebiet sowie zwischen *n*- und *i*-Gebiet erzeugt. In diesem Feld werden Elektronen und Löcher getrennt und beschleunigt, so dass es nicht zu einer Rekombination kommen kann.

Tab. 3.7: Nutzbarer Wellenlängenbereich einiger gängiger Photodiodenmaterialien

Material	Wellenlängenbereich in µm
Silizium	0,2 – 1,1
InGaAs	0,5 – 2,6
Ge	0,8 – 1,7
GaAs	0,4 – 0,85
CaTe	5 – 20
SiC	0,2 – 0,4

Photodioden können in drei Betriebsarten verwendet werden. Zur Beschreibung des elektrischen Verhaltens geht man von der **Schockleyschen Diodengleichung**

$$I = I_{Sp}\left(e^{eU/kT} - 1\right) \qquad 3.91$$

aus. Sie beschreibt die Strom-Spannungskennlinie der Diode. I_{Sp} ist der **Sperrstrom**, es gilt $I = -I_{Sp}$ für $U \to -\infty$. k ist der Boltzmannfaktor und T die absolute Temperatur. Die Kennlinie einer Photodiode erhält man durch Subtraktion des **Photostroms** I_F:

$$I = I_{Sp}\left(e^{eU/kT} - 1\right) - I_F \qquad 3.92$$

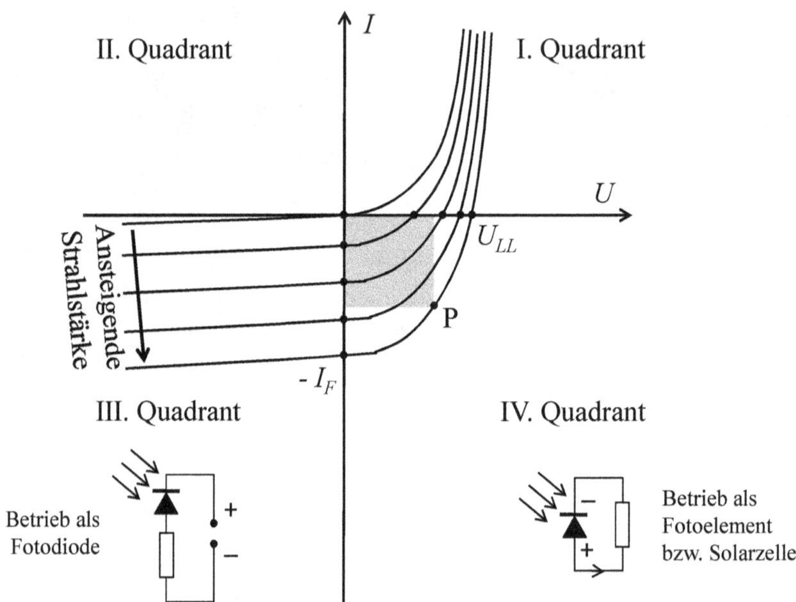

Abb. 3.61: Kennlinien einer Photodiode. Im dritten Quadranten arbeitet die Photodiode in Sperrrichtung, die am Widerstand abfallende Spannung steigt linear mit der Beleuchtungsstärke an. Im vierten Quadranten wird die Diode ohne Spannungsquelle an einem Widerstand betrieben. Die dort verbrauchte Leistung wird im Diagramm durch ein Rechteck repräsentiert. Ist seine Fläche maximal, liegt Leistungsanpassung vor.

Der Photostrom I_F hängt natürlich von der Bestrahlungsstärke E_e ab. Abb. 3.61 zeigt das **Kennlinienfeld einer Photodiode.** Im IV. Quadranten wird die Diode ohne äußere Spannungsquelle betrieben und einfach an einen Lastwiderstand angeschlossen. Die Diode wirkt dabei als **Photoelement** oder **Solarzelle.** Vom Lastwiderstand R hängt nun ab, welcher Strom- bzw. Spannungswert sich einstellt. Die im Kurzschlussfall (also für $R = 0$ bzw. $U = 0$) fließenden Ströme ergeben sich als Schnittpunkte der Kennlinien mit der negativen I-Achse. Gl. 3.92 zeigt, dass für diese Kurzschlussströme $I = -I_F$ gilt. Diese Betriebsart kann gut zur Messung der Helligkeit verwendet werden, denn die **Stromstärke ist über viele Größenordnungen proportional zur Beleuchtungsstärke.** In dieser Betriebsart reagiert die Diode sehr schnell. Im Leerlauffall (also für $R \to \infty$ bzw. $I = 0$) stellen sich Leerlaufspannungen U_{LL} ein, die nur wenig von der Beleuchtungsstärke abhängen. Gl. 3.92 liefert für $I = 0$:

$$U_{LL} = \frac{kT}{e} \ln\left(\frac{I_F}{I_{Sp}} + 1\right) \qquad 3.93$$

Für endliche Widerstandswerte R arbeitet die Diode als Photoelement. Die im Lastwiderstand verbrauchte Leistung entspricht dem Produkt aus Spannung und Strom:

$$P = UI \qquad 3.94$$

In Abb. 3.61 entspricht das dem grau unterlegten Rechteck. Die Lage des Eckpunktes P auf der Kennlinie bestimmt die Fläche des Rechtecks. Hat sie einen Extremwert, liegt **Leistungsanpassung** vor. Die Diode reagiert in dieser Betriebsart sehr träge.

Liegen die Kennlinien im III. Quadranten der Strom-Spannungs-Darstellung, dann wird die Diode in Sperrrichtung betrieben. In dieser Beschaltungsart lassen sich sehr schnell veränderliche Lichtsignale detektieren. Die Reaktionszeit sinkt mit steigender Spannung.

Photodioden finden in ihrer großflächigen Bauform als Solarzellen heute vielfache Verwendung. Sie sind für hohe Leistungen ausgelegt und für das Spektrum der Sonne optimiert. Ihr Innenwiderstand ist gering. Die Wirkungsgrade liegen bei einkristalliner Zellenstruktur bei 20–25%, bei polykristallinen Zellen bei 12–18% und bei Dünnschichtzellen bei 10–13%. IR-Photodioden werden verwendet in der Spektroskopie, bei der berührungslosen Temperaturmessung und der Flammenregulierung.

3.3.4 CCD-Bildsensoren

Um Bildinformationen zu erfassen, benutzt man eine periodische Anordnung von Photodioden. Die älteste Anordnung ist der **Bildsensor** auf der Basis der **CCD**, also der **Charged Coupled Device** (ladungsgekoppeltes Bauelement). Er wurde in den Siebziger Jahren des vorigen Jahrhunderts entwickelt und war ein Abfallprodukt der Entwicklung von Datenspeichern. Abb. 3.62a zeigt ein **Pixel** (Bildelement), das aus einer Basis aus *p*-Silizium besteht, auf das eine dünne Schicht aus *n*-Silizium aufgebracht ist. Über einer isoliertenden **SiO_2-Schicht** ist eine lichtdurchlässige Elektrode aufgedampft. Fällt Licht auf das Element, werden in der Raumladungszone des *pn*-Übergangs Elektron-Lochpaare erzeugt, die durch eine externe Spannung getrennt werden, um Rekombination zu vermeiden. Die Löcher werden durch das *p*-Silizium abgeführt, während sich die Elektronen im *n*-Bereich ansammeln.

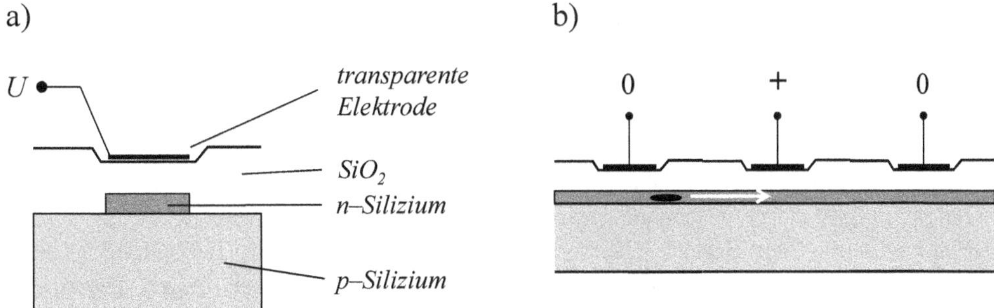

Abb. 3.62: Bildelement einer CCD (a), Ladungstransfer durch eine Eimerkettenschaltung (b).

Die Bildinformation entsteht durch eine große Anzahl solcher Bildelemente, üblich sind heute 20.000.000 Pixel und mehr. Das Auslesen der Bildinformation bzw. der Ladungsmenge erfolgt bei CCD-Bildsensoren über **Eimerkettenschaltungen** (Abb. 3.62b). Das Auslesen erfolgt in der Regel über 2 bis 5 Taktleitungen, in der Abbildung sind drei gezeichnet. Durch zeitversetztes Einschalten einer Steuerspannung in den drei Leitungen werden die Ladungen in der Zeile (oder Spalte) der Matrix von Zelle zu Zelle verschoben und am Ende der Zeile jeweils einem DA-Wandler zugeführt.

Bei **Interline-Transfer-Sensoren** werden die Ladungen von den Photodioden erst in lichtundurchlässige Zonen zwischen den einzelnen Zeilen verschoben (Abb. 3.63a), bevor sie längs der Zeile ausgelesen werden. Bei **Frame-Transfer-Sensoren** wird die gesamte Bildinformation in einen lichtunempflindlichen Bereich geschoben (Abb. 3.63b), in dem dann der Auslesevorgang beginnt. Diese Sensoren sind in der Herstellung deutlich teuerer und daher für den Massenmarkt weniger geeignet. Allerdings erlauben sie höhere Füllfaktoren, d.h. die optisch genutzte Fläche im Vergleich zur Sensorfläche ist größer. Für eine gute Bildqualität benötigen Frame-Transfer-Sensoren einen mechanischen Strahlverschluss, damit es während des Verschiebens der Ladungen nicht zu einem Verschmieren der Bildinformation durch weitere Belichtung kommt. Eine andere Möglichkeit ist das sehr schnelle Verschieben der Ladungen im Vergleich zur Belichtungszeit. Diese muss daher relativ lang sein. Im Vergleich dazu kann das Verschieben der Ladungen in die dunkle Nachbarzeile bei Interline-Transfer-Sensoren sehr schnell erfolgen, so dass hier sehr kurze Belichtungszeiten möglich sind.

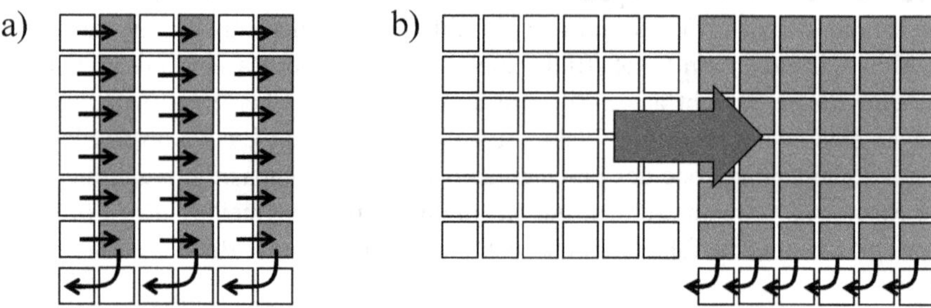

Abb. 3.63: Bei Interline-Transfer-Sensoren werden die Ladungen der Photodioden in lichtundurchlässige Zonen zwischen den einzelnen Zeilen verschoben, bevor sie längs der Zeile ausgelesen werden (a). Bei Frame-Transfer-Sensoren wird die gesamte Bildinformation in einen lichtunempflindlichen Bereich verschoben, in dem dann der Auslesevorgang beginnt (b).

Mit den Bildsensoren in der bisher behandelten Form können **nur Helligkeitswerte erfasst werden**, so dass man ein Schwarz-Weiss-Bild erhalten würde. Die Gewinnung eines Farbbildes ist mit einer von Bryce E. Bayer erfundenen Filterung möglich. Hier werden die Bildelemente einer Sensormatrix mit mikroskopisch kleinen Farbfiltern überzogen. Die Anordnung der Filter erfolgt nach dem Muster einer **Bayer-Matrix** (Abb. 3.64). Als Farben werden **Rot, Grün und Blau** verwendet. Da das menschliche Auge sein Empfindlichkeitsmaximum im Grünen hat, werden doppelt so viel grüne Filter wie rote oder blaue verwendet. Nun ist die Information einzelner Pixel bezüglich der Farbe immer noch sehr eingeschränkt.

Denn ein Signal mittlerer Stärke an einem Bildpunkt mit z.B. blauem Filter kann entweder durch rein blaues Licht mittlerer Beleuchtungsstärke ausgelöst worden sein, oder aber durch Licht hoher Beleuchtungsstärke mit einem gewissen Blauanteil. Eine Auswertung gelingt, indem man jeweils die Signale von vier benachbarten Bildpunkten zusammen auswertet (Abb. 3.64). In diesem Fall kann aus den relativen Anteilen der einzelnen Signale eine Farbinformation gewonnen werden. Natürlich liegt dem die Annahme zugrunde, dass sich die Farbe innerhalb der vier Pixel nicht nennenswert ändert. Verbunden damit ist allerdings ein Verlust an Auflösung um den Faktor vier.

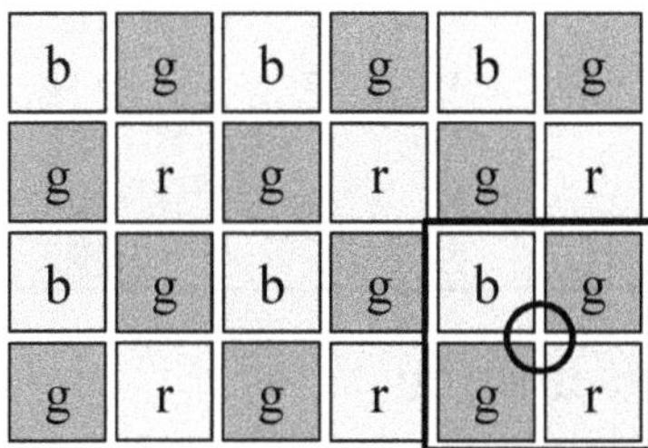

Abb. 3.64: Bayer-Matrix zur Gewinnung eines Farbbildes.

Die einzelnen Bildpunkte müssen nicht wie in der Abb. 3.64 quadratisch sein. Sie können auch rechteckige oder polygonale Form haben. Bei Überbelichtung eines Bildpunktes kann es zum Ladungsübertritt in den Potentialtopf der Nachbarzelle kommen. Die Überbelichtung einzelner Bezirke breitet sich also an den Rändern scheinbar aus. Dieses **Blooming** kann durch spezielle Leitungen verhindert werden, über die überschüssige Ladungen abgeleitet werden (Antiblooming Gate). Allerdings können hier bei langen Belichtungszeiten Nichtlinearitäten auftreten.

Die Pixelgröße liegt bei ca. $10\,\mu\text{m}$, wobei die Lichtempfindlichkeit mit der Pixelfläche ansteigt. In größeren Zellen entstehen mehr Elektronen und ihre Speicherfähigkeit ist größer. Somit steigt auch der Dynamikumfang. Soll die Auflösung erhalten bleiben, muss mit der Pixelgröße auch die Größe des gesamten Sensors erhöht werden.

Tab. 3.8 zeigt die heute üblichen Sensorformate. Die Zoll-Angabe hat keinen direkten Bezug zur tatsächlichen Größe des Sensors. Sie stammt noch aus der Zeit der Röhrenkameras. Das lange Zeit verwendete **Kleinbildformat 36 mm × 24 mm** benutzte eine Objektivbrennweite von **50 mm als Standardobjektiv**. Niedrigere Brennweiten werden als **Weitwinkelobjektive** bezeichnet, höhere Brennweiten als **Teleobjektive**. Verwendet man ein 50 mm-Normalobjektiv für Kleinbildfilm bei einer kleineren Sensorgröße, hat es die Wirkung eines Teleobjektivs. Der entsprechende **Umrechnungsfaktor**, auch Formatfaktor genannt, wird erhalten, indem man die Diagonale des Kleinbildfilms (43,2666 mm) durch die Diagonale des Bildsensors dividiert. Dividiert man die Brennweite des Normalobjektivs für Kleinbild durch diesen Umrechnungsfaktor, erhält man diejenige Objektivbrennweite, die bei der entsprechenden Sensorfläche die Wirkung eines Normalobjektivs hätte.

Tab. 3.8: Übliche Sensorformate mit Angabe der Brennweite, die einem Normalobjektiv beim Kleinbildformat entspricht (alle Längen in mm).

Format	Breite des Bildes	Höhe des Bildes	Umrech.fakt.	50 mm-äquivalentes *f'*
Kleinbild	36,0	24,0	1	50
4/3"	18,0	13,5	1,92	26
1"	13,2	8,8	2	25
2/3"	8,8	6,6	3,93	12,7
1/1,8"	7,2	5,4	4,81	10,4
1/2,5"	5,76	4,3	6,02	8,31
1/2,7"	5,4	4	6,44	7,77
1/3"	4,8	3,6	7,21	6,93
1/3,2"	4,5	3,4	7,67	6,52
1/4"	3,2	2,4	10,82	4,62

3.3.5 CMOS-Bildsensoren

CCD-Bildsensoren werden seit den Achziger Jahren in großer Stückzahl gefertigt und stellen eine ausgereifte Technik dar. Jedoch sind sie durch die Eimerkettenschaltung verhältnismäßig langsam. Es besteht außerdem keine Zugriffsmöglichkeit auf einzelne Pixel. Diese Nachteile bestehen nicht bei den **CMOS-Bildsensoren** (Complementary Metal Oxide Semiconductor), bei denen jedes einzelne Bildelement eine eigene kleine Auswerteschaltung enthält. Mit ihr können Belichtung und Kontrast korrigiert oder auch die DA-Wandlung durchgeführt werden. Diese Sensoren werden **APS-Sensoren** genannt (engl. Active Pixel Sensor).

In Abb. 3.65 ist eine einfache Beschaltung eines Bildelementes gezeigt. Als Transistoren werden ***n*-Kanal-MOSFETs** verwendet. Über ein Rücksetzsignal wird die Diodenspannung auf einen bestimmten Wert gesetzt. Dann erfolgt die Belichtung. Die angehäufte Ladung wird über einen Verstärkertransistor in eine Spannung umgewandelt, die dann durch Ansteuern eines Auslesetransistors auf einen AD-Wandler gegeben wird.

CMOS-Bildsensoren zeigen ein geringeres Blooming, d.h. Ladungen gelangen im Falle der Überbelichtung in weitaus **geringerem Umfang in Nachbarzellen**. Durch die direkte Adressierbarkeit einzelner Pixel ist das Auslesen von Teilbildern möglich. CMOS-Sensoren können **preisgünstiger** hergestellt werden als CCD-Sensoren, denn die Peripherieschaltung ist bereits auf dem Sensorchip integriert. Sie haben bei gleicher Sensorgröße eine **höhere Bildwechselfrequenz** als CCD-Bildsensoren. Die geringere Lichtempfindlichkeit der CMOS-Sensoren infolge des niedrigen Füllfaktors wegen des Flächenverbrauchs der Auswerteelektronik konnte in den letzten Jahren deutlich verbessert werden. Auch wurden große Fortschritte in der Rauschunterdrückung gemacht. Der **Dunkelstrom der einzelnen Pixel** sowie das **Ausleserauschen** des Verstärkers führen zum **Dunkelrauschen**. Es wird also auch bei Dunkelheit ein digitaler Wert ungleich Null angezeigt. CCD-Bildsensoren haben hier ein **geringeres Rauschen**. Generell ist das Rauschen bei größerer Fläche des Bildelementes geringer. CMOS-Bildsensoren neigen stärker zum Rauschen, da hier die fertigungsbedingten Unterschiede bei den Verstärkertransistoren zu schwankenden Auslesewerten führen.

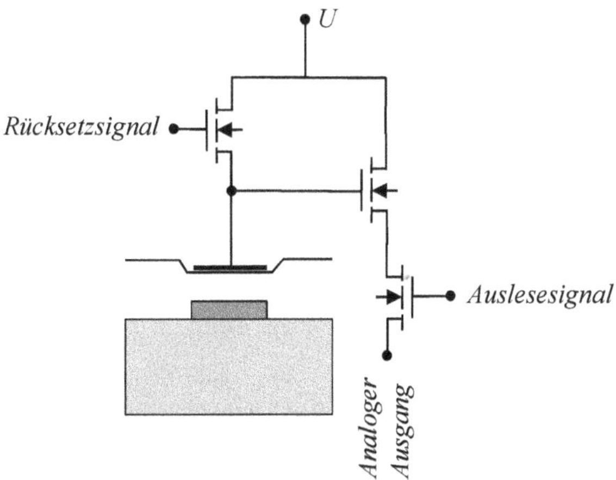

Abb. 3.65: CMOS-Bildelement mit Ausleseschaltung.

Ein weitererVorteil der CMOS-Sensoren ist der geringere Stromverbrauch. Ein Vorteil der CCD-Sensoren ist das homogenere Bild, da hier nur ein AD-Wandler verwendet wird.

3.3.6 Vakuum-Photozellen und Photomultiplier

Im Gegensatz zu den Halbleitersensoren benutzen Vakuum-Photozellen und Photomultiplier den **äußeren Photoeffekt** zum Nachweis von Strahlung. Wie in Kap. 3.3.1 bereits beschrieben, lösen Photonen beim Auftreffen auf eine Photokathode Elektronen ab, die im elektrischen Feld beschleunigt werden und in einem externen Stromkreis einen Stromfluss verursachen. Photokathoden aus **Metall** haben nur eine **geringe Quantenausbeute** in der Größenordnung von 10^{-3}. Sehr gut geeignet sind **Alkalimetalle** wegen ihrer geringen Austrittsarbeit. Die Metalle Lithium, Natrium, Kalium, Rubidium und Cäsium haben in dieser Reihenfolge eine sinkende relative Empfindlichkeit [Engstrom 1980]. Das Maximum der Empfindlichkeit wandert in dieser Reihung von 405 nm (Lithium) auf 543 nm (Cäsium). Wesentlich höhere Empfindlichkeiten sind mit Photokathoden aus Halbleitermaterialien erzielbar. Das liegt u.a. an der im Vergleich zu Metallen viel höheren Absorption des einfallenden Lichtes. Das älteste Material für Photokathoden wurde im Jahr 1929 entwickelt: **Ag-O-Cs** mit der Bezeichnung **S1**. Es hat eine Empfindlichkeit von über 4 mA/W im Blauen und hat auch im Infraroten noch einen breiten Empfindlichkeitsbereich.

Die Materialien **Cs-I** und **Cs-Te** sind „sonnenblinde" Photokathodenmaterialien [Hamamatsu 2007]. Sie besitzen nur im UV eine hohe Empfindlichkeit. Das Multialkalimaterial **Na-K-Sb-Cs** wird für breitbandige spektroskopische Aufgaben verwendet, es ist vom UV bis ins nahe Infrarot empfindlich. Die Empfindlichkeit liegt im blauen Spektralbereich bei über 40 mA/W. Eine ungewöhnlich hohe Quantenausbeute im Sichtbaren hat **GaAs** mit Spuren von Cs (Empfindlichkeit: ca. 100 mA/W).

Bei Vakuum-Photodioden kommt dem **Fenstermaterial** eine besondere Bedeutung zu, es muss für die nachzuweisende Strahlung transparent sein. Neben den Standardmaterialien **Borsilikatglas** und **Quarz** kommen für UV- und IR-Anwendungen speziellere Materialen zum Einsatz. **Magnesiumfluorid MgF_2** zeigt eine Empfindlichkeit bis in den Bereich des UV-C bis 112 nm. **Saphir** ist bis ca. 150 nm durchlässig, also etwas kurzwelliger als Quarzglas.

Vakuum-Photodioden nach dem Prinzip der Abb. 3.56 kommen nur noch selten zum Einsatz, da sie zumeist durch Halbleiterdetektoren ersetzt wurden. In der Wissenschaft unentbehrlich ist jedoch die Anwendung des äußeren Photoeffekts in Form des **Photomultipliers**. Hier werden zunächst an einer Photokathode Elektronen abgelöst und in einem elektrischen Feld beschleunigt. Sie prallen dann auf Elektronen in weiteren Elektroden, so genannten **Dynoden**, und beschleunigen diese (Abb. 3.66). Ist die übertragene Energie hoch genug, können diese das Material verlassen und vergrößern den Elektronenstrom. Die **Sekundärelektronenausbeute** gibt an, wie viele Elektronen durch ein aufprallendes Elektron ausgelöst werden können. Beim häufig verwendeten Material Cs_3Sb beträgt sie 6,7.

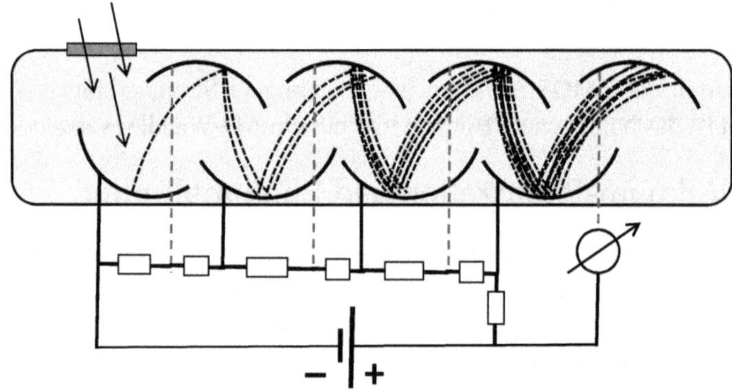

Abb. 3.66: Durch Sekundärelektronenemission können wenige durch Licht an der Kathode abgelöste Elektronen eine Ladungslawine auslösen. Damit ist sogar das Zählen einzelner Photonen möglich.

Neben dem in Abb. 3.66 skizzierten elektronenoptischen Design werden auch noch andere Dynodenanordnungen verwendet. Üblich sind Anordnungen mit bis zu 14 Dynoden. Je nach Spannung und Dynodenanzahl ist eine Elektronenvervielfachung um einen Faktor von bis zu 10^7 möglich. Mit Photomultiplieren können geringste Strahlungsflussdichten nachgewiesen werden. Es ist sogar das Zählen einzelner Photonen möglich. Begrenzt ist dies lediglich durch den **Dunkelstrom**. Je nach Typ ist deshalb eine mehr oder weniger aufwändige Kühlung nötig.

A Anhang

A.1 Lösungen zu den Aufgaben zu Kapitel 1

A.1.1 Zum Kapitel 1.1

Aufgabe 1

$$\frac{\sin\alpha}{\sin\beta} = \frac{1/\sqrt{2}}{\sin\beta} = n \qquad \frac{d}{2t} = \tan\beta = \frac{\sin\beta}{\sqrt{1-\sin^2\beta}}.$$

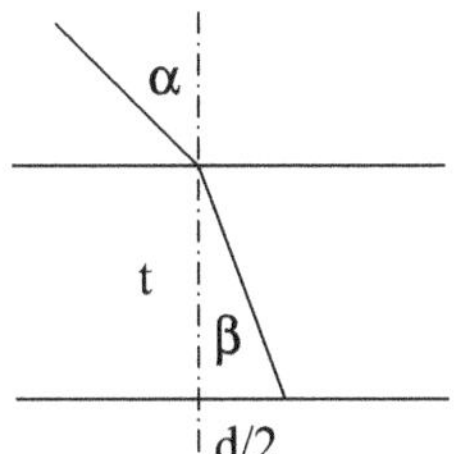

Eliminieren von sinβ ergibt: $\frac{d}{2t} = \frac{1/n\sqrt{2}}{\sqrt{1-1/(2n^2)}}$. Nach n aufgelöst: $\boxed{n = \sqrt{\frac{1}{2}\left(\frac{4t^2}{d^2}+1\right)}}$

Aufgabe 2

Für den Grenzwinkel der Totalreflexion gilt: $\sin\alpha_g = \frac{n_w}{n}$ mit $n_w = 1{,}333$

Ein symmetrischer Umlauf ist für $\alpha_g = 60°$ möglich: $\boxed{n = \frac{n_w}{\sin\alpha_g} = \frac{1{,}333}{\sin 60°} = 1{,}539}$

Die Brechzahl muss also größer als 1,539 sein.

Aufgabe 3

$$\frac{\sin\alpha}{\sin\beta} = n \qquad \frac{h}{\sqrt{h^2+a^2/4}} = \sin(\alpha-\beta)$$

$$\frac{h}{\sqrt{h^2+a^2/4}} = \sin(\alpha-\beta) = \sin\alpha\cos\beta - \cos\alpha\sin\beta = \sin\alpha\sqrt{1-\frac{\sin^2\alpha}{n^2}} - \cos\alpha\frac{\sin\alpha}{n}$$

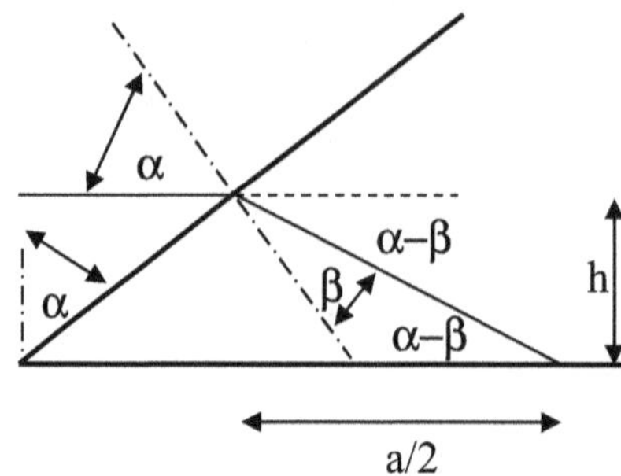

Nach a aufgelöst, erhält man: $\boxed{a = 2h\sqrt{\dfrac{n^2}{\sin^2\alpha\left(\sqrt{n^2-\sin^2\alpha}-\cos\alpha\right)^2}-1} = 5{,}0\,\text{cm}}$

Aufgabe 4

Es gilt: $\dfrac{d}{x} = \cos\beta \qquad \dfrac{y}{x} = \sin(\alpha-\beta)$.

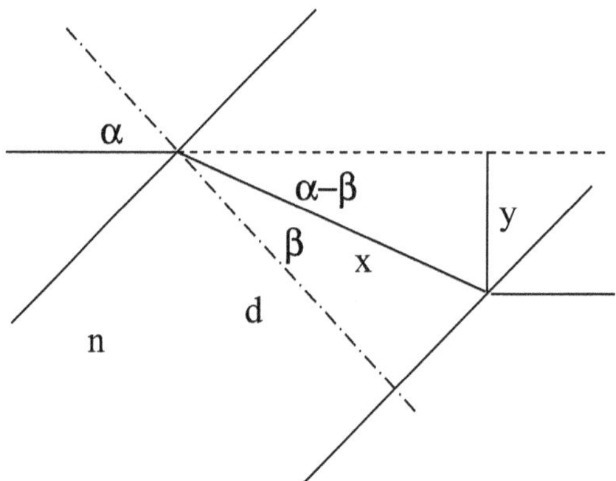

Eliminieren von x liefert: $\dfrac{d}{\cos\beta} = \dfrac{y}{\sin(\alpha-\beta)}$ bzw. $y = \dfrac{d\sin(\alpha-\beta)}{\cos\beta}$

$$y = \frac{d(\sin\alpha\cos\beta - \cos\alpha\sin\beta)}{\cos\beta} = d\sin\alpha - d\cos\alpha\frac{\sin\beta}{\cos\beta}$$

Mit $\dfrac{\sin\alpha}{\sin\beta} = n$ bzw. $\sin\beta = \dfrac{\sin\alpha}{n}$ folgt: $\boxed{y = d\sin\alpha - \dfrac{d\sin\alpha\cos\alpha}{\sqrt{n^2-\sin^2\alpha}}}$

Aufgabe 5

I. $\frac{\sin\alpha}{\sin\beta} = n$ bzw. $\sin\beta = \frac{\sin\alpha}{n} = \frac{1}{\sqrt{2}n}$

II. Winkelsumme im Dreieck: $(90° - \eta_g) + (90° - \beta) + 45° = 180°$ bzw. $\eta_g = 45° - \beta$

III. Grenzwinkel der Totalreflexion: $\sin\eta_g = \frac{1}{n}$

II. in III.: $\sin(45° - \beta) = \frac{1}{n}$ $\quad \sin(45°)\cos\beta - \sin\beta\cos 45° = \frac{1}{n}$

$$\sin(45°)\sqrt{1-\sin^2\beta} - \sin\beta\cos 45° = \frac{1}{n} \qquad \frac{1}{\sqrt{2}}\sqrt{1-\left(\frac{1}{\sqrt{2}n}\right)^2} - \frac{1}{\sqrt{2}n}\frac{1}{\sqrt{2}} = \frac{1}{n}$$

$\sqrt{2}n\sqrt{1-\frac{1}{2n^2}} = 3$ bzw. $n^2 = 5$ bzw. $\boxed{n = 2,2361}$ (nur pos. Lösung sinnvoll)

Aufgabe 6

Für die Glashalbkugel in Luft gilt: $\frac{r_1}{R} = \sin\alpha_1 \qquad \frac{\sin\alpha_1}{\sin 90^o} = \frac{1}{n_{gl}}$.

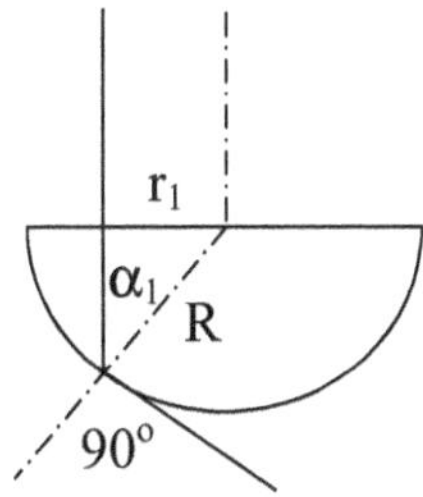

Eliminieren von $\sin\alpha_1$ liefert: $r_1 = \frac{R}{n_{gl}}$.

Analog für Wasser: $\frac{r_2}{R} = \sin\alpha_2 \qquad \frac{\sin\alpha_2}{\sin 90^o} = \frac{n_w}{n_{gl}} \qquad r_2 = \frac{Rn_w}{n_{gl}}$

Damit gilt: $r_2 - r_1 = R\frac{n_w}{n_{gl}} - R\frac{1}{n_{gl}}$ $\qquad \boxed{R = n_{gl}\frac{r_2 - r_1}{n_w - 1} = 5\,\text{cm}}$

Aufgabe 7

Wenn n_{kalt} und $n_{heiß}$ die Brechungsindizes der kalten und der heißen Luft sind, gilt: $\sin\alpha_{tot} = \frac{n_{heiss}}{n_{kalt}}$. Es gilt die Zustandgleichung des idealen Gases: $\frac{p}{\rho} = \frac{RT}{m_A}$, wobei wegen

$p = konst.$ gilt: $\rho T = konst.$ Ist $T_0 = 273\,\mathrm{K}$, $T_1 = 303{,}15\,\mathrm{K}$ und T_2 die Temperatur der heißen Luft, gilt $\frac{n_0 - 1}{n_{kalt} - 1} = \frac{\rho_0}{\rho_1} = \frac{T_1}{T_0}$ bzw. $\frac{n_0 - 1}{n_{heiss} - 1} = \frac{\rho_0}{\rho_2} = \frac{T_2}{T_0}$. Daraus wird: $n_{kalt} = \frac{T_0}{T_1}(n_0 - 1) + 1$ und $n_{heiss} = \frac{T_0}{T_2}(n_0 - 1) + 1$. Eingesetzt: $\sin\alpha_{tot} = \frac{\frac{T_0}{T_2}(n_0 - 1) + 1}{\frac{T_0}{T_1}(n_0 - 1) + 1}$. Nach T_2 aufgelöst erhält man:

$$\boxed{T_2 = \frac{T_0(n_0 - 1)}{\left(\frac{T_0}{T_1}(n_0 - 1) + 1\right)\sin\alpha_{tot} - 1} = 333\,\mathrm{K}} \text{ (ca. 60°C)}$$

Aufgabe 8

Wegen der Winkelsumme im Dreieck gilt: $(90° + \beta) + \varphi + (90° - \gamma) = 180°$ bzw. $\beta + \varphi = \gamma$

Für die Brechungen gilt: $\frac{\sin\alpha}{\sin\beta} = \frac{n_g}{1}$ und $\frac{\sin\gamma}{\sin\delta} = \frac{n_w}{n_g}$ bzw. $\frac{\sin(\beta + \varphi)}{\sin\delta} = \frac{n_w}{n_g}$ oder

$\frac{n_w}{n_g} = \frac{\sin\beta\cos\varphi + \sin\varphi\cos\beta}{\sin\delta} = \frac{\sin\beta\cos\varphi + \sin\varphi\sqrt{1 - \sin^2\beta}}{\sin\delta}$; mit $\sin\beta = \frac{\sin\alpha}{n_g}$ erhält man:

$$\frac{n_w}{n_g} = \frac{\frac{1}{n_g}\sin\alpha\cos\varphi + \sin\varphi\sqrt{1 - \frac{\sin^2\alpha}{n_g^2}}}{\sin\delta}; \quad \boxed{\delta = \arcsin\left[\frac{\sin\alpha\cos\varphi + \sin\varphi\sqrt{n_g^2 - \sin^2\alpha}}{n_w}\right] = 50^o}$$

Aufgabe 9

Es gilt die Abbildungsgleichung $\frac{1}{g} + \frac{1}{b} = \frac{1}{f}$ mit $f = r/2$ und $b = g$. Es folgt: $\boxed{r = g}$

Aufgabe 10

I. $\frac{1}{f} = \frac{1}{b} + \frac{1}{g}$ (Abbildungsgleichung) II. $b + g = d$ III. $\frac{b}{g} = \beta$ (Vergrößerung)

Aus II. und III. folgt: $\beta g + g = d$ $\boxed{g = \frac{d}{\beta + 1}}$ daher auch: $\boxed{b = \frac{\beta d}{\beta + 1}}$ Eingesetzt in I.:

$\frac{1}{f} = \frac{\beta + 1}{\beta d} + \frac{\beta + 1}{d} = \frac{\beta + 1 + \beta^2 + \beta}{\beta d} = \frac{\beta^2 + 2\beta + 1}{\beta d}$ bzw.: $\boxed{f = \frac{\beta d}{\beta^2 + 2\beta + 1}}$

Mit $\beta = 4$ und $d = 50\,\mathrm{cm}$ erhalten wir: $\boxed{g = 10\,\mathrm{cm}}$ $\boxed{b = 40\,\mathrm{cm}}$ $\boxed{f = 8\,\mathrm{cm}}$

Aufgabe 11

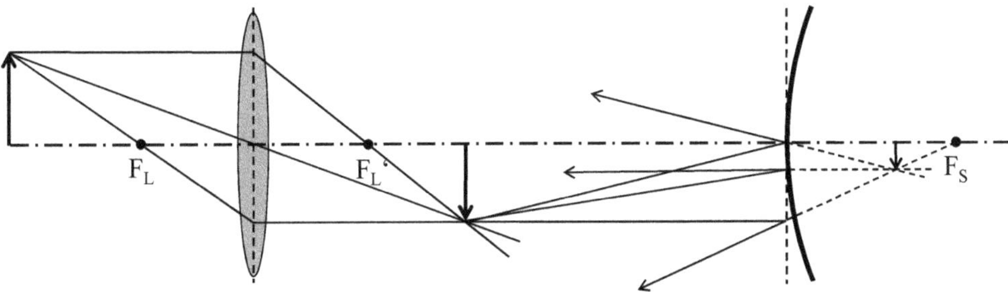

Aufgabe 12

a) Es gilt die Abbildungsgl. $\frac{1}{f}=\frac{1}{b}+\frac{1}{g}$ mit $b+g=l$ bzw. $b=l-g$: $\frac{1}{f}=\frac{1}{l-g}+\frac{1}{g}$

Nach g aufgelöst: $g=\frac{l\pm\sqrt{l^2-4lf}}{2}$. Reelle Lösung nur für $l^2-4lf\geq 0$, also $\boxed{f\leq\frac{l}{4}}$

$\boxed{f\leq 0{,}25\,\mathrm{m}}$

b) $\frac{n_1}{b}+\frac{n_2}{g}=\frac{n_2-n_1}{r_1}+\frac{n_3-n_2}{r_2}$ mit $r_1=-r_2=r$ und $n_1=n_3=1$ wird daraus:

$\frac{1}{\mathrm{b}}+\frac{1}{\mathrm{g}}=2\frac{\mathrm{n}-1}{\mathrm{r}}=\frac{1}{\mathrm{f}}$

Also $\boxed{r=2f(n\text{-}1)=0{,}26\,\mathrm{m}}$ $\boxed{r_1=+0{,}26\,\mathrm{m}}$ $\boxed{r_1=-0{,}26\,\mathrm{m}}$

Aufgabe 13

a) Sonnen-∅: $D_{\mathrm{Sonne}}=1393\cdot 10^6\,\mathrm{m}$, Entfernung: $g=149{,}6\cdot 10^9\,\mathrm{m}$; damit: $\beta=\frac{b}{g}=\frac{D_{\mathrm{Bild}}}{D_{\mathrm{Sonne}}}$.

Wegen $b\approx f$ gilt für die Bildgröße D_{Bild}: $\boxed{D_{\mathrm{Bild}}=D_{\mathrm{Sonne}}\frac{f}{g}=0{,}93\,\mathrm{mm}}$

b) Solarkonstante: $1{,}37\frac{\mathrm{kW}}{\mathrm{m}^2}$ Die durch die Linse tretende Lichtenergie wird im Bild der Sonne gebündelt: Intensität: $\psi=1{,}37\frac{\mathrm{kW}}{\mathrm{m}^2}\frac{\pi r^2}{\left(\frac{D_{\mathrm{Bild}}}{2}\right)^2\pi}$ Mit $r=4\,\mathrm{cm}$ folgt: $\boxed{\psi=10{,}1\frac{\mathrm{MW}}{\mathrm{m}^2}}$

Aufgabe 14

a) $\frac{1}{f}=\frac{1}{b}+\frac{1}{g}$ $\boxed{f=0{,}05\text{m}}$

b) Für dünne Linse an Luft: $\frac{1}{g}+\frac{1}{b}=(n-1)\left(\frac{1}{r_1}-\frac{1}{r_2}\right)$ mit $r_1=-r_2=r$ wird daraus:

$\frac{1}{b}+\frac{1}{g}=2+\frac{n-1}{r}=\frac{1}{f}$ $\boxed{r=2f(n-1)=0{,}05\,\text{m}}$

c) Mit $\frac{n_1}{g}+\frac{n_3}{b}=\frac{n_2-n_1}{r_1}+\frac{n_3-n_2}{r_2}$ gilt wegen $r_1=-r_2$ und $n_3=1$: $\frac{n_1}{g}+\frac{n_3}{b}=\frac{n_2-n_1}{r_1}-\frac{1-n_2}{r_1}$

$n_1=1{,}33299$, $n_2=1{,}5$ und $n_3=1$ gilt: $\boxed{r_1=-r_2=bg\frac{2n_2-n_1-1}{bn_1+gn_3}=0{,}033\,\text{m}}$

$f_b=\frac{-r}{-(n_2-n_1)+(1-n_2)}$ $\boxed{f_b=\frac{r}{2n_2-n_1-1}=0{,}0492\,\text{m}}$

d) Brennweite an Luft nach a): $f=\frac{r}{2(n-1)}=3{,}28\,\text{cm}$; aus $\frac{1}{f}=\frac{1}{b}+\frac{1}{g}$ folgt:

$\boxed{b=\frac{fg}{g-f}=3{,}39\,\text{cm}}$

Aufgabe 15

Bildseitige Brennweite: $\frac{n_3}{f_b}=\frac{n_2-n_1}{r_1}+\frac{n_3-n_2}{r_2}$ Mit $r_1=-r_2=r$, $n_1=1$, $n_2=n$ (Brechzahl des Linsenmaterials), $n_3=1$ bzw. $n_3=n_w=1{,}33299$, $f_b=10\text{cm}$ und $f_{bw}=20\text{cm}$ gilt:

$\frac{1}{f_b}=\frac{n-1}{r}+\frac{1-n}{-r}$ $r=2f_b(n-1)$ bzw. $\frac{n_w}{f_{bw}}=\frac{n-1}{r}+\frac{n_w-n}{-r}$ $r=f_{bw}\frac{2n-n_w-1}{n_w}$

Gleichsetzen liefert: $2f_b(n-1)=f_{bw}\frac{2n-n_w-1}{n_w}$ Daraus:

$\boxed{n=\frac{2f_bn_w-n_wf_{bw}-f_{bw}}{2(f_bn_w-_{bw})}=1{,}50}$ $\boxed{r=2f_b\left(\frac{2f_bn_w-n_wf_{bw}-f_{bw}}{2(f_bn_w-f_{bw})}-1\right)=10{,}0\,\text{cm}}$

Aufgabe 16

Im Falle eines einheitlichen Einbettungsmediums gilt: $\frac{n_0}{g}+\frac{n_0}{b}=(n-n_0)\left(\frac{1}{r_1}-\frac{1}{r_2}\right)$

Im Falle von Luft ($r_2 \to \infty$) und Wasser gelten die beiden Gleichungen:

$$\frac{1}{g}+\frac{1}{b}=(n-1)\frac{1}{r_1} \qquad \frac{n_w}{g}+\frac{n_w}{b}=n_w\left(\frac{1}{g}+\frac{1}{b}\right)=(n-n_w)\left(\frac{1}{r_1}-\frac{1}{r_3}\right)$$

Die erste Gl. eingesetzt: $n_w\left((n-1)\frac{1}{r_1}\right)=(n-n_w)\left(\frac{1}{r_1}-\frac{1}{r_3}\right)$ $\boxed{r_3=\frac{n_w-n}{n(n_w-1)}r_1=-5{,}70\,\text{cm}}$

Aufgabe 17

Betrachte entfalteten Strahlengang für Reflexion: $f_1=-\frac{r_1}{2}$ mit $r_1<0$ $r_1=-2f_1$

Für Brechung: $\frac{n-1}{r_1}+\frac{1-n}{r_2}=\frac{1}{f_2}$

r_1 eingesetzt: $\frac{n-1}{-2f_1}+\frac{1-n}{r_2}=\frac{1}{f_2}$ Nach f_1 aufgelöst:

$$\boxed{f_1=\frac{r_2f_2(1-n)}{2\big(r_2+f_2(n-1)\big)}=10{,}0\,\text{cm}} \qquad \boxed{r_1=\frac{r_2f_2(n-1)}{\big(r_2+f_2(n-1)\big)}=-20{,}0\,\text{cm}}$$

Aufgabe 18

a) $\boxed{f_1=\frac{b_1g_1}{g_1+b_1}=25\,\text{mm}}$

b) Vergrößerung d. 1. Linse: $\beta_1=\frac{b_1}{g_1}=\frac{B_1}{G_1}$ mit $g_1=37{,}5\,\text{mm}$, $b_1=75\,\text{mm}$, $B_1=20\,\text{mm}$

gilt: $\boxed{G_1=\frac{B_1g_1}{b_1}=10\,\text{mm}}$

c) Vergrößerung der 2. Linse: $\beta_2=\frac{b_2}{g_2}=\frac{B_2}{G_2}$ mit $g_2=60\,\text{mm}$, $G_2=20\,\text{mm}$, $B_2=30\,\text{mm}$:

$\boxed{b_2=\frac{g_2B_2}{G_2}=90\,\text{mm}}$

d) $\boxed{f_2=\frac{b_2g_2}{g_2+b_2}=36\,\text{mm}}$

Aufgabe 19

An Luft gilt: $\frac{1}{f} = (n-1)\left(\frac{1}{r_1} - \frac{1}{r_2}\right)$ bzw. $\frac{1}{r_1} - \frac{1}{r_2} = \frac{1}{f(n-1)}$

In Wasser gilt: $\frac{n_w}{g} + \frac{n_w}{b} = (n - n_w)\left(\frac{1}{r_1} - \frac{1}{r_2}\right)$

Daraus: $\frac{n_w}{g} + \frac{n_w}{b} = (n - n_w)\frac{1}{f(n-1)}$

Nach b aufgelöst erhält man: $\boxed{b = \frac{fgn_w(n-1)}{g(n-n_w) - fn_w(n-1)} = 100\,\text{cm}}$

Aufgabe 20

a)

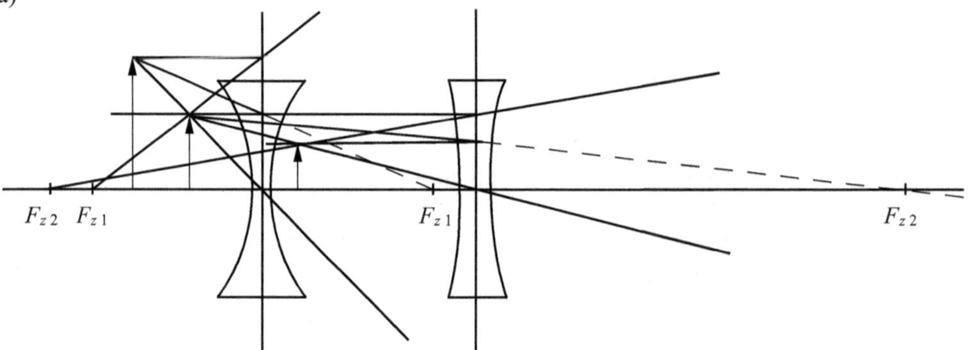

b) I. $\frac{1}{f_1} = \frac{1}{g_1} + \frac{1}{b_1}$ II. $\frac{1}{f_2} = \frac{1}{g_2} + \frac{1}{b_2}$ III. $g_2 = d - b_1$ Aus I.: $b_1 = \frac{g_1 f_1}{g_1 - f_1}$ Damit wird aus III.: $g_2 = d - \frac{g_1 f_1}{g_1 - f_1}$ In II. eingesetzt und nach b_2 aufgelöst:

$$\frac{1}{f_2} = \left(d - \frac{g_1 f_1}{g_1 - f_1}\right)^{-1} + \frac{1}{b_2} \qquad \boxed{b_2 = \frac{f_2 d(g_1 - f_1) - g_1 f_1 f_2}{(g_1 - f_1)(d - f_2) - g_1 f_1} = -4{,}02\,\text{cm}}$$

c) Für die Vergrößerung gilt: $\beta = \frac{b_1}{g_1} \cdot \frac{b_2}{g_2} = \frac{B_2}{G_1}$

Mit $b_1 = \frac{g_1 f_1}{g_1 - f_1} = -1{,}71\,\text{cm}$ und $g_2 = d - b_1 = 6{,}71\,\text{cm}$ folgt: $\boxed{B_2 = G_1 \frac{b_1 b_2}{g_1 g_2} = 1{,}02\,\text{cm}}$

Aufgabe 21

a) Brechkraft: $D = \frac{n_2 - n_1}{r} = 43\frac{1}{\text{m}}$, $\boxed{D = 43\,\text{dpt.}}$

b) $\frac{1}{f} = \frac{n-1}{r_1} + \frac{1-n}{r_2}$, mit $n_G = 1{,}358$, $r_1 = 10\,\text{mm}$ und $r_2 = -6\,\text{mm}$ erhält man:

$$\boxed{f = \left((n-1)\left(\frac{1}{r_1} - \frac{1}{r_2}\right)\right)^{-1} = 1{,}05\,\text{cm}}$$

c) Es gilt: $\frac{n_1}{g} + \frac{n_2}{b} = \frac{n_2 - n_1}{r}$, wobei die Brechkraft $\frac{n_2 - n_1}{r}$ nach Aufgabe a) 43 dpt. beträgt.

Man erhält mit $g = 50\,\text{cm}$: $\boxed{b = \frac{n_2 g}{Dg - n_1} = 3{,}11\,\text{cm}}$

d) Es gilt: I. $\frac{1}{g_1} + \frac{1}{b_1} = D_{Br}$ II. $d - b_1 = g_2$ III. $\frac{1}{g_2} + \frac{n_G}{b_2} = \frac{n_G - 1}{r_H}$

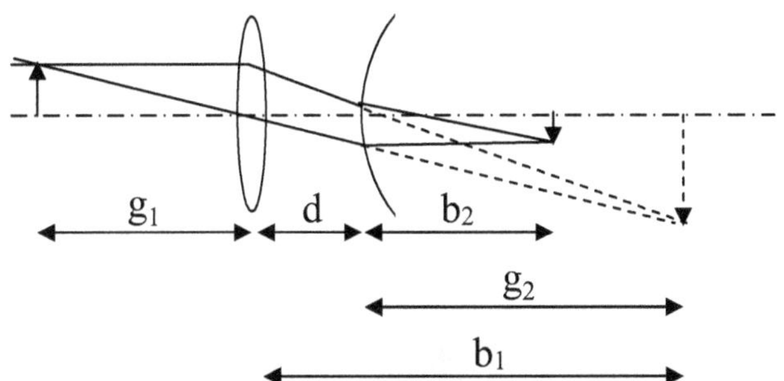

II. in III. eingesetzt: $\frac{1}{d - b_1} + \frac{n_G}{b_2} = \frac{n_G - 1}{r_H}$ Nach b_1 aufgelöst: $b_1 = d - \frac{b_2 r_H}{b_2(n_G - 1) - r_H n_G}$

Eingesetzt in I. mit $g_1 = 50\,\text{cm}$, $b_2 = 2{,}8\,\text{cm}$, $r_H = 0{,}7829\,\text{cm}$, $d = 2\,\text{cm}$, $n_G = 1{,}3365$:

$$\boxed{D_{Br} = \frac{1}{g_1} + \frac{b_2(n_G - 1) - r_H n_G}{b_2 d(n_G - 1) - r_H n_G d - b_2 r_H} = 6{,}34\,\text{dpt.}}$$

e) Es gilt:

I. $\frac{1}{g_1} + \frac{n_G}{b_1} = \frac{n_G - 1}{r_H}$

II. $d - b_1 = g_2$, also $b_1 = d - g_2$

III. $\frac{n_G}{g_2} + \frac{n_G}{b_2} = \frac{n_L - n_G}{r_1} + \frac{n_G - n_L}{r_2}$

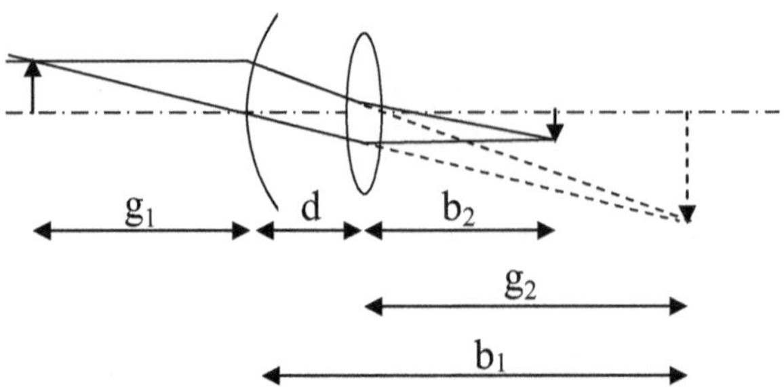

Gl. II. in I. eingesetzt, liefert: $\frac{1}{g_1}+\frac{n_G}{d-g_2}=\frac{n_G-1}{r_H}$ Nach g_2 aufgelöst:

$g_2=d-\frac{n_G r_H g_1}{g_1(n_G-1)-r_H}$ In III. eingesetzt und nach r_1 aufgelöst:

$$\boxed{r_1=(n_L-n_G)\left[-\frac{n_G\left(g_1(n_G-1)-r_H\right)}{n_G r_H g_1-dg_1(n_G-1)+r_H d}+\frac{n_G}{b_2}-\frac{n_G-n_L}{r_2}\right]^{-1}}$$

Mit $r_2=-0{,}6\,\text{cm}$, $g_1=50\,\text{cm}$, r_H=0,7829 cm, $b_2=2\,\text{cm}$, $d=1\,\text{cm}$, $n_G=1{,}3365$, $n_L=1{,}358$ erhält man: $\boxed{r_1=0{,}520\,\text{cm}}$

Aufgabe 22

Es gilt: $f_1=3\,\text{cm}$, $g_1=10\,\text{cm}$, $a=1{,}177914\,\text{cm}$, I. $\frac{1}{f_1}=\frac{1}{b_1}+\frac{1}{g_1}$ II. $g_2=-(b_1-a)$

III. $\frac{1}{f_2}=\frac{1}{b_2}+\frac{1}{g_2}$ IV. $b_2=b-a$ V. $\beta=\frac{b_1}{g_1}\frac{b_2}{g_2}$, unbekannt: b_1, g_2, f_2, b_2, b

Aus I. $\frac{1}{b_1}=\frac{1}{f_1}-\frac{1}{g_1}$ $\frac{1}{b_1}=\frac{g_1-f_1}{f_1 g_1}$ $b_1=\frac{f_1 g_1}{g_1-f_1}$ I., II. und IV. in III. eingesetzt:

III. $\frac{1}{f_2}=\frac{1}{b-a}+\frac{1}{a-\frac{f_1 g_1}{g_1-f_1}}$ I., II. und IV. in V. eingesetzt:

V. $\beta=\frac{\frac{f_1 g_1}{g_1-f_1}}{g_1}\frac{b-a}{a-b_1}$ Letztere Gleichung nach b–a aufgelöst und in III. eingesetzt:

$$\frac{1}{f_2}=\frac{\frac{f_1 g_1}{g_1-f_1}}{\beta g_1\left(a-\frac{f_1 g_1}{g_1-f_1}\right)}+\frac{1}{a-\frac{f_1 g_1}{g_1-f_1}} \qquad \frac{1}{f_2}=\frac{\frac{f_1 g_1}{g_1-f_1}+\beta g_1}{\beta g_1\left(a-\frac{f_1 g_1}{g_1-f_1}\right)}=\frac{f_1 g_1+\beta g_1(g_1-f_1)}{\beta g_1\left(a(g_1-f_1)-f_1 g_1\right)}$$

$$\boxed{f_2 = \frac{\beta g_1\left(a(g_1 - f_1) - f_1 g_1\right)}{f_1 g_1 + \beta g_1 (g_1 - f_1)} = 18{,}9\,\text{cm}}$$

$$b_2 = \left(\frac{1}{f_2} - \frac{1}{a - \frac{f_1 g_1}{g_1 - f_1}} \right)^{-1}$$

$$b_2 = 2{,}67\,\text{cm}$$

$$\boxed{b = 3{,}85\,\text{cm}}$$

Aufgabe 23

Entfaltung des Strahlengangs, mit 2. Linse im Abstand $2e$:

I. $\frac{1}{f} = \frac{1}{g_1} + \frac{1}{b_1}$ II. $\frac{1}{f} = \frac{1}{g_2} + \frac{1}{b_2}$ III. $g_2 = 2e - b_1$ IV. $\beta = \frac{b_1 b_2}{g_1 g_2}$

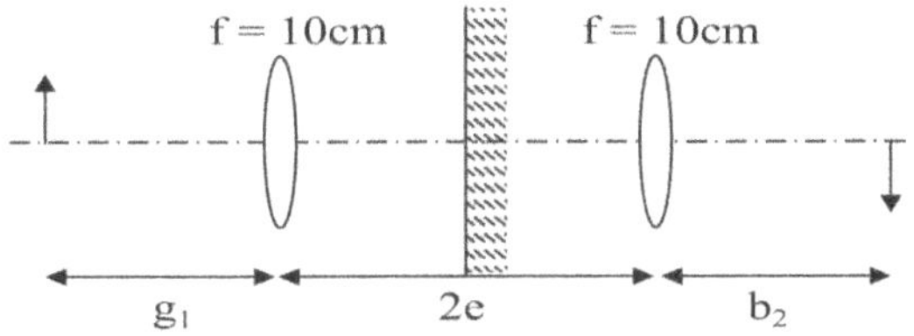

Unbekannt sind e, g_2, b_1 und b_2. Aus I.: $b_1 = \frac{f g_1}{g_1 - f}$ Aus II.: $g_2 = \frac{f b_2}{b_2 - f}$ In IV. eingesetzt:

$\beta = \frac{(b_2 - f)}{(g_1 - f)}$ bzw.: $\boxed{b_2 = \beta(g_1 - f) + f = 40\,\text{cm}}$ mit $\beta = 2$, $f = 10\,\text{cm}$ und $g_1 = 25\,\text{cm}$. b_1,

b_2 und g_2 eingesetzt in III: $\frac{f\beta(g_1 - f) + f^2}{\beta(g_1 - f)} = 2e - \frac{f g_1}{g_1 - f}$ bzw.: $\boxed{e = \frac{2f\beta g_1 - f^2(\beta - 1)}{2\beta(g_1 - f)}}$

Mit $\beta = 2$ gilt: $e = \frac{4 f g_1 - f^2}{4(g_1 - f)}$ $\boxed{e = 15\,\text{cm}}$

Aufgabe 24

Es gilt allgemein: $\frac{n_1}{g} + \frac{n_3}{b} = \frac{n_2 - n_1}{r_1} + \frac{n_3 - n_2}{r_2}$

An Luft gilt: $\frac{1}{g} + \frac{1}{b} = \frac{n - 1}{r} + \frac{1 - n}{r} = 2\frac{n - 1}{r}$

In Wasser gilt: $\frac{n_w}{g} + \frac{n_w}{b} = \frac{n - n_w}{r'} + \frac{n_w - n}{-r'} = 2\frac{n - n_w}{r'}$ bzw. $\frac{1}{g} + \frac{1}{b} = 2\frac{n - n_w}{n_w r'}$

Daraus erhält man: $2\frac{n-1}{r}=2\frac{n-n_w}{n_w r'}$ bzw. $\boxed{\frac{r'}{r}=\frac{n-n_w}{n_w(n-1)}=0,25}$

Es muss also ein viermal geringerer Krümmungsradius der Oberflächen gewählt werden.

A.1.2 Zum Kapitel 1.2

Aufgabe 1

a) Anwendung der Brechungsmatrix mit $r\to\infty$, dazu die Translation um die Strecke d:

$$M=\begin{pmatrix}1 & 0\\ 0 & n\end{pmatrix}\cdot\begin{pmatrix}1 & -d\\ 0 & 1\end{pmatrix}\cdot\begin{pmatrix}1 & 0\\ 0 & 1/n\end{pmatrix}=\begin{pmatrix}1 & -d\\ 0 & n\end{pmatrix}\cdot\begin{pmatrix}1 & 0\\ 0 & 1/n\end{pmatrix}\quad \boxed{M=\begin{pmatrix}1 & -d/n\\ 0 & 1\end{pmatrix}}$$

b) Matrix der dicken Linse mit $r_1\to\infty$ und $r_2\to\infty$:

$$M_{Ld}=\begin{pmatrix}1-\left(1-\frac{1}{n}\right)\frac{d}{r_1} & -\frac{d}{n}\\ (n-1)\left(\frac{1}{r_1}-\frac{1}{r_2}+\frac{d}{nr_1r_2}(n-1)\right) & (n-1)\frac{d}{nr_2}+1\end{pmatrix}\quad \boxed{\to M=\begin{pmatrix}1 & -d/n\\ 0 & 1\end{pmatrix}}$$

Aufgabe 2

a) Brennweite f' der Linsen: $\frac{1}{f'}=(n-1)\left(\frac{1}{r_1}-\frac{1}{r_2}\right)=\frac{1}{2}\left(\frac{1}{R}-\frac{1}{-R}\right)=\frac{1}{R}$, damit: $f'=R$

Systemmatrix: $M=\begin{pmatrix}1 & 0\\ 1/R & 1\end{pmatrix}\cdot\begin{pmatrix}1 & -R/2\\ 0 & 1\end{pmatrix}\cdot\begin{pmatrix}1 & 0\\ 1/R & 1\end{pmatrix}=\begin{pmatrix}1/2 & -R/2\\ 3/2R & 1/2\end{pmatrix}$

$\boxed{f'_{ges}=2R/3}$

b) $\boxed{s_H=\frac{1-D}{C}=R/3}$ und $\boxed{s'_{H'}=\frac{A-1}{C}=-R/3}$

Aufgabe 3

Für die dicke Linse gilt: $M=\begin{pmatrix}1-\frac{d}{r_1}\left(1-\frac{1}{n}\right) & -\frac{d}{n}\\ (1-n)\left(\frac{1}{r_2}-\frac{1}{r_1}-\frac{d}{r_1r_2}\left(1-\frac{1}{n}\right)\right) & \frac{d}{r_2}\left(1-\frac{1}{n}\right)+1\end{pmatrix}$

Mit $d=R/10$, $r_1=R$, $r_2=-R$, $n=3/2$ folgt:

$$M=\begin{pmatrix}29/30 & -2R/30\\ 59/60R & 29/30\end{pmatrix}$$

a) $\boxed{f' = \frac{1}{C} = \frac{60R}{59}}$ b) $\boxed{s_H = \frac{1-D}{C} = \frac{2R}{59}}$ und $\boxed{s'_{H'} = \frac{A-1}{C} = -\frac{2R}{59}}$

Aufgabe 4

Vergleich mit Systemmatrix der dicken Linse liefert:

$$\begin{pmatrix} 1-\left(1-\frac{1}{n}\right)\frac{d}{r_1} & -\frac{d}{n} \\ (n-1)\left(\frac{1}{r_1}-\frac{1}{r_2}+\frac{d}{nr_1r_2}(n-1)\right) & (n-1)\frac{d}{nr_2}+1 \end{pmatrix} = \begin{pmatrix} 0,961866 & -5,909316 \\ C & 0,978209 \end{pmatrix}$$

a) Element B: $n = -\frac{d}{5,909316}$ $\boxed{n = 1,51625}$ (BK7 bei 589,3 nm)

b) $A = 1 - \frac{d}{r_1}\left(1-\frac{1}{n}\right) = 0,961866$ $r_1 = \frac{d}{1-A}\left(1-\frac{1}{n}\right) = \frac{d(n-1)}{n(1-A)}$ $\boxed{r_1 = 80\,\text{mm}}$

c) $D = \frac{d}{r_2}\left(1-\frac{1}{n}\right)+1 = 0,978209$ $r_2 = \frac{d}{D-1}\left(1-\frac{1}{n}\right) = \frac{d(n-1)}{n(D-1)}$ $\boxed{r_2 = -140\,\text{mm}}$

d) $C = \frac{1}{f'} = (1-n)\left(\frac{1}{r_2}-\frac{1}{r_1}-\frac{d}{r_1r_2}\left(1-\frac{1}{n}\right)\right)$ $\boxed{f' = 100\,\text{mm}}$

Aufgabe 5

a) $$M = \begin{pmatrix} 1 & 0 \\ 6,2375\cdot10^{-3}\,\text{mm}^{-1} & 1,0374 \end{pmatrix}\cdot\begin{pmatrix} 1 & -3,6\,\text{mm} \\ 0 & 1 \end{pmatrix}\cdot\begin{pmatrix} 1 & 0 \\ 3,6075\cdot10^{-3}\,\text{mm}^{-1} & 0,9639 \end{pmatrix}\cdot$$

$$\cdot\begin{pmatrix} 1 & -3,6\,\text{mm} \\ 0 & 1 \end{pmatrix}\cdot\begin{pmatrix} 1 & 0 \\ 3,2243\cdot10^{-2}\,\text{mm}^{-1} & 0,7485 \end{pmatrix}$$

$$\boxed{M = \begin{pmatrix} 0,7606 & -5,2569\,\text{mm} \\ 4,0293\cdot10^{-2}\,\text{mm}^{-1} & 0,7056 \end{pmatrix}}$$

b) $s_H = 7,305\,\text{mm}$; $s'_{H'} = -5,942\,\text{mm}$; $f' = 24,82\,\text{mm}$;

Abstand: $\boxed{2\cdot3,6\,\text{mm} - 5,942\,\text{mm} + 24,817\,\text{mm} = 26,075\,\text{mm}}$

Aufgabe 6

a) Mit neuem Krümmungsradius r_{2n} gilt müssen die C-Elemente der Systemmatrizen gleich sein: $(n-1)\left(\frac{1}{r_1}-\frac{1}{r_2}+\frac{d}{nr_1r_2}(n-1)\right)=(n-1)\left(-\frac{1}{r_{2n}}\right)$

$$\boxed{r_{2n}=\frac{-nr_1r_2}{nr_2-nr_1+d(n-1)}=-5{,}034\,\text{cm}}$$

b) $M_{Ld}=\begin{pmatrix}1 & -\frac{d}{n}\\ (n-1)\left(-\frac{1}{r_{2n}}\right) & (n-1)\frac{d}{nr_{2n}}+1\end{pmatrix}$ $\boxed{s_H=\frac{1-D}{C}=\frac{d}{n}=0{,}267\,\text{cm}}$ $\boxed{s'_{H'}=0\,\text{cm}}$

c) $a=-25{,}267\,\text{cm}$; Mit $f'=-\frac{r_{2n}}{n-1}=10{,}0671\,\text{cm}$ gilt: $\boxed{a'=\frac{af'}{f'+a}=16{,}74\,\text{cm}=s'}$ ($s'_{H'}=0$!)

Aufgabe 7

a) Systemmatrix:

$$M=\begin{pmatrix}1 & 0\\ \left(1-\frac{n}{1}\right)\frac{1}{-r} & n\end{pmatrix}\cdot\begin{pmatrix}1 & 0\\ 0 & \frac{n_w}{n}\end{pmatrix}\cdot\begin{pmatrix}1 & -d\\ 0 & 1\end{pmatrix}\cdot\begin{pmatrix}1 & 0\\ 0 & \frac{n}{n_w}\end{pmatrix}\cdot\begin{pmatrix}1 & 0\\ \left(1-\frac{1}{n}\right)\frac{1}{r} & \frac{1}{n}\end{pmatrix}\quad\text{und}$$

$$\boxed{M=\begin{pmatrix}1-\frac{dn}{rn_w}\left(1-\frac{1}{n}\right) & -\frac{d}{n_w}\\ (n-1)\frac{1}{r}+\left(\frac{d}{r}(1-n)+n_w\right)\frac{1}{rn_w}(n-1) & \frac{d}{rn_w}(1-n)+1\end{pmatrix}=\begin{pmatrix}0{,}9250 & -1{,}5004\text{cm}\\ 0{,}09625\frac{1}{\text{cm}} & 0{,}9250\end{pmatrix}}$$

b) $$\boxed{s_H=\frac{1}{\frac{2n_w}{d}+\frac{1}{r}(1-n)}=0{,}7794\text{ cm}\quad\text{und}\quad s'_{H'}=-\frac{1}{\frac{2n_w}{d}+\frac{1}{r}(1-n)}=-0{,}7794\text{ cm}}$$

c) $$\boxed{\frac{1}{f'}=C=(n-1)\frac{1}{r}\left(2+\frac{d}{rn_w}(1-n)\right)\quad f'=10{,}39\,\text{cm}}$$

d) Aus b) mit $n_W=1$: $\boxed{s_H=\frac{1}{\frac{2}{d}+\frac{1}{r}(1-n)}=1{,}053\,\text{cm}\quad s'_{H'}=-\frac{1}{\frac{2}{d}+\frac{1}{r}(1-n)}=-1{,}053\,\text{cm}}$

e) Aus c) folgt mit $n_W=1$: $\boxed{\frac{1}{f'}=C=(n-1)\frac{1}{r}\left(2+\frac{d}{r}(1-n)\right)\quad f'=10{,}53\,\text{cm}}$

Aufgabe 8

$$M=\begin{pmatrix}1 & 0\\ 0 & n_g\end{pmatrix}\cdot\begin{pmatrix}1 & -d\\ 0 & 1\end{pmatrix}\cdot\begin{pmatrix}1 & 0\\ \frac{1}{R}\left(1-\frac{n_f}{n_g}\right) & \frac{n_f}{n_g}\end{pmatrix}\cdot\begin{pmatrix}1 & -t\\ 0 & 1\end{pmatrix}\cdot\begin{pmatrix}1 & 0\\ 0 & \frac{1}{n_f}\end{pmatrix}$$

$$M=\begin{pmatrix}1-\frac{d}{R}\left(1-\frac{n_f}{n_g}\right) & -\frac{t}{n_f}+\frac{dt}{Rn_f}\left(1-\frac{n_f}{n_g}\right)-\frac{d}{n_g}\\ \frac{n_g}{R}\left(1-\frac{n_f}{n_g}\right) & -\frac{tn_g}{Rn_f}\left(1-\frac{n_f}{n_g}\right)+1\end{pmatrix}$$

a) $C=\frac{1}{f'}=\frac{n_g}{R}\left(1-\frac{n_f}{n_g}\right)$ $\boxed{n_f=n_g-\frac{R}{f'}=1{,}333}$

b) $\boxed{s_H=\frac{t}{n_f}=0{,}75\,\text{cm} \quad s'_{H'}=-\frac{d}{n_g}=-0{,}198\,\text{cm}}$

Aufgabe 9

a) $$M=\begin{pmatrix}A & B\\ C & D\end{pmatrix}=\begin{pmatrix}1 & 0\\ 0 & \frac{n}{1}\end{pmatrix}\cdot\begin{pmatrix}1 & -d\\ 0 & 1\end{pmatrix}\cdot\begin{pmatrix}1 & 0\\ \frac{1}{r}\left(1-\frac{1}{n}\right) & \frac{1}{n}\end{pmatrix}\cdot\begin{pmatrix}1 & 0\\ -\frac{1}{r}\left(1-\frac{n}{1}\right) & \frac{n}{1}\end{pmatrix}\cdot\begin{pmatrix}1 & -d\\ 0 & 1\end{pmatrix}\cdot\begin{pmatrix}1 & 0\\ 0 & \frac{1}{n}\end{pmatrix}$$

$$M=\begin{pmatrix}1-\frac{2d}{r}\left(1-\frac{1}{n}\right) & \frac{2d^2}{rn}\left(1-\frac{1}{n}\right)-\frac{2d}{n}\\ \frac{2}{r}(n-1) & 1-\frac{2d}{rn}(n-1)\end{pmatrix}$$ $\boxed{\begin{aligned}s_H&=\frac{1-D}{C}=\frac{d}{n}\\ s'_{H'}&=-\frac{1-A}{C}=-\frac{d}{n}\end{aligned}}$ $\boxed{f'=\frac{1}{C}=\frac{r}{2(n-1)}}$

b) $$M=\begin{pmatrix}0{,}8864 & -6{,}218\,\text{mm}\\ 0{,}03445\,\text{mm}^{-1} & 0{,}8864\end{pmatrix}$$ $\boxed{\begin{aligned}f'&=29{,}02\,\text{mm}\\ s_H&=3{,}296\,\text{mm}\\ s'_{H'}&=-3{,}296\,\text{mm}\end{aligned}}$

$\boxed{\begin{aligned}s&=32\,\text{mm} & a&=35{,}296\,\text{mm}\\ a'&=163{,}21\,\text{mm} & s'&=159{,}91\,\text{mm}\end{aligned}}$

Aufgabe 10

Aus M_{Ld} der dicken Linse folgt mit $C = 1/f'$:

$$s_H = \frac{1-D}{C} = -\frac{f'd}{nr_2}(n-1) \rightarrow r_2 = -\frac{f'd}{ns_H}(n-1)$$

$$s'_{H'} = -\frac{f'd}{nr_1}(n-1) \rightarrow r_1 = -\frac{f'd}{ns'_{H'}}(n-1) \qquad \frac{1}{f'} = (n-1)\left(\frac{1}{r_1} - \frac{1}{r_2} + \frac{d}{nr_1r_2}(n-1)\right)$$

$$\frac{1}{f'} = (n-1)\left(-\frac{ns'_{H'}}{f'd(n-1)} + \frac{ns_H}{f'd(n-1)} + \frac{dn^2 s_H s'_{H'}}{nf'^2 d^2 (n-1)^2}(n-1)\right)$$

Nach d aufgelöst: $\boxed{d = n\left(s_H - s'_{H'} + \frac{s_H s'_{H'}}{f'}\right) = 10\,\text{mm}}$ Eingesetzt in obige Gl.:

$$\boxed{r_1 = f'(1-n)\left(\frac{s_H}{s'_{H'}} - 1 + \frac{s_H}{f'}\right) = 100\,\text{mm}} \qquad \boxed{r_2 = f(1-n)\left(1 - \frac{s'_{H'}}{s_H} + \frac{s'_{H'}}{f}\right) = -80\,\text{mm}}$$

Aufgabe 11

a) Dicke Linse für $r_1 \rightarrow \infty$: $M = \begin{pmatrix} 1 & -\frac{d}{n} \\ (n-1)\left(-\frac{1}{r_2}\right) & 1 + \frac{d}{r_2}\left(1 - \frac{1}{n}\right) \end{pmatrix}$

Und damit gilt: $s_H = \dfrac{1 - 1 - \frac{d}{r_2}\left(1 - \frac{1}{n}\right)}{(n-1)\left(-\frac{1}{r_2}\right)} \quad s'_{H'} = \dfrac{1-1}{(n-1)\left(-\frac{1}{r_2}\right)} = 0 \qquad \boxed{s_H = \frac{d}{n} \quad s'_{H'} = 0}$

b) $k = \dfrac{s_H}{s'_{H'}} = \dfrac{(1-D)}{C} \cdot \dfrac{C}{(A-1)} = \dfrac{1-D}{A-1} = \dfrac{1 - 1 - \frac{d}{r_2}\left(1 - \frac{1}{n}\right)}{1 - \frac{d}{r_1}\left(1 - \frac{1}{n}\right) - 1} = \dfrac{-\frac{d}{r_2}\left(1 - \frac{1}{n}\right)}{-\frac{d}{r_1}\left(1 - \frac{1}{n}\right)} \qquad \boxed{k = \frac{s_H}{s'_{H'}} = \frac{r_1}{r_2}}$

Aufgabe 12

a) $$\boxed{M = \begin{pmatrix} 1 & 0 \\ 0 & \frac{n}{n_w} \end{pmatrix} \cdot \begin{pmatrix} 1 & -d \\ 0 & 1 \end{pmatrix} \cdot \begin{pmatrix} 1 & 0 \\ \left(1 - \frac{n_w}{n}\right) \cdot \frac{1}{R} & \frac{n_w}{n} \end{pmatrix} \cdot \begin{pmatrix} 1 & -d \\ 0 & 1 \end{pmatrix} \cdot \begin{pmatrix} 1 & 0 \\ 0 & \frac{1}{n_w} \end{pmatrix}}$$

b) Systemmatrix für $n = 5/3$, $n_w = 4/3$ und $R = 10d$: $M = \begin{pmatrix} 49/50 & -267d/200 \\ 1/40d & 117/160 \end{pmatrix}$

Daraus: $\boxed{f' = 40d}$, $\boxed{s_H = \frac{430}{40} d}$ und $\boxed{s'_{H'} = -\frac{40}{50} d}$

c) In diesem Fall ist $f' = 40\,\text{cm}$, $s_H = 10{,}75\,\text{cm}$ und $s'_{H'} = -0{,}8\,\text{cm}$, die Bildschnittweite ist $\boxed{s' = t = 39{,}2\,\text{cm}}$

Aufgabe 13

C–Element der Strahlmatrix: $C = \frac{1}{f'} = (n-1)\left(\frac{1}{r_1} - \frac{1}{r_2} + \frac{d}{n r_1 r_2}(n-1)\right)$ Für $f' \to \infty$ ist $C = 0$.

Nach r_2 aufgelöst, folgt: $\boxed{r_2 = r_1 - \frac{d}{n}(n-1)}$

Aufgabe 14

Mit $r_i > 0$, $r_a > 0$ folgt die Systemmatrix:

$$M = \begin{pmatrix} 1 & 0 \\ \frac{1}{-r_a}\left(1 - \frac{n_g}{1}\right) & \frac{n_g}{1} \end{pmatrix} \cdot \begin{pmatrix} 1 & -(r_a - r_i) \\ 0 & 1 \end{pmatrix} \cdot \begin{pmatrix} 1 & 0 \\ \frac{1}{-r_i}\left(1 - \frac{n_w}{n_g}\right) & \frac{n_w}{n_g} \end{pmatrix} \cdot \begin{pmatrix} 1 & -2r_i \\ 0 & 1 \end{pmatrix} \times$$

$$\times \begin{pmatrix} 1 & 0 \\ \frac{1}{r_i}\left(1 - \frac{n_g}{n_w}\right) & \frac{n_g}{n_w} \end{pmatrix} \cdot \begin{pmatrix} 1 & -(r_a - r_i) \\ 0 & 1 \end{pmatrix} \cdot \begin{pmatrix} 1 & 0 \\ \frac{1}{r_a}\left(1 - \frac{1}{n_g}\right) & \frac{1}{n_g} \end{pmatrix}$$

Zahlenwerte eingesetzt (Einheit cm weggelassen) und ausmultipliziert:

$$M = \begin{pmatrix} 1 & 0 \\ 1/20 & 3/2 \end{pmatrix} \cdot \begin{pmatrix} 1 & -5 \\ 0 & 1 \end{pmatrix} \cdot \begin{pmatrix} 1 & 0 \\ -1/45 & 8/9 \end{pmatrix} \cdot \begin{pmatrix} 1 & -10 \\ 0 & 1 \end{pmatrix} \cdot \begin{pmatrix} 1 & 0 \\ -1/40 & 9/8 \end{pmatrix} \cdot \begin{pmatrix} 1 & -5 \\ 0 & 1 \end{pmatrix} \cdot \begin{pmatrix} 1 & 0 \\ 1/30 & 2/3 \end{pmatrix} = \begin{pmatrix} 2/3 & -50/3 \\ 1/30 & 2/3 \end{pmatrix}$$

$\boxed{f' = \frac{1}{C} = 30\,\text{cm}}$ $\boxed{s_H = \frac{1-D}{C} = 10\,\text{cm}}$ $\boxed{s'_{H'} = \frac{A-1}{C} = -10\,\text{cm}}$

Aufgabe 15

a) Für die dicke Linse gilt $\frac{1}{f'} = C = (1-n)\left(\frac{1}{r_2} - \frac{1}{r_1} - \frac{d}{r_1 r_2}\left(1 - \frac{1}{n}\right)\right)$ und somit ist $\boxed{f' = 100{,}840\,\text{mm}}$. Die Lage der Hauptebenen ist:

$$\boxed{s_H = \frac{1-D}{C} = \frac{-\frac{d}{R_2}\left(1 - \frac{1}{n}\right)}{C} = 1{,}68067\,\text{mm}} \text{ und } \boxed{s'_{H'} = \frac{A-1}{C} = \frac{-\frac{d}{R_1}\left(1 - \frac{1}{n}\right)}{C} = -1{,}68067\,\text{mm}}$$

b) $R_2 = \dfrac{1-\dfrac{d}{R_1}\left(1-\dfrac{1}{n}\right)}{\dfrac{1}{R_1}-\dfrac{1}{f'(n-1)}}$ $\quad R_2 = 11{,}7\,\text{m}$

c) Die neuen Positionen der Hauptebenen sind: $s_H = -0{,}0215\,\text{mm}$ und $s'_{H'} = -2{,}521\,\text{mm}$. Die Linse muss um 1,702 mm in Richtung Bildebene verschoben werden, die Bildebene muss um 0,862 mm weg von der Linse bewegt werden.

Aufgabe 16

a) $$M = \begin{pmatrix} 1 & 0 \\ \dfrac{1}{-|R_1|}\left(1-\dfrac{n}{1}\right) & \dfrac{n}{1} \end{pmatrix} \cdot \begin{pmatrix} 1 & -d \\ 0 & 1 \end{pmatrix} \cdot \begin{pmatrix} 1 & 0 \\ \dfrac{2}{|R_2|} & 1 \end{pmatrix} \cdot \begin{pmatrix} 1 & -d \\ 0 & 1 \end{pmatrix} \cdot \begin{pmatrix} 1 & 0 \\ \dfrac{1}{|R_1|}\left(1-\dfrac{1}{n}\right) & \dfrac{1}{n} \end{pmatrix}$$

$$M = \begin{pmatrix} 1 & 0 \\ 0{,}05168 & 1{,}5168 \end{pmatrix} \cdot \begin{pmatrix} 1 & -0{,}4 \\ 0 & 1 \end{pmatrix} \cdot \begin{pmatrix} 1 & 0 \\ 0{,}1 & 1 \end{pmatrix} \cdot \begin{pmatrix} 1 & -0{,}4 \\ 0 & 1 \end{pmatrix} \cdot \begin{pmatrix} 1 & 0 \\ 0{,}034072 & 0{,}6593 \end{pmatrix}$$

$$M = \begin{pmatrix} 0{,}9333 & -0{,}5169\,\text{cm} \\ 0{,}2495\,\text{cm}^{-1} & 0{,}9333 \end{pmatrix}$$ $s_H = 0{,}267\,\text{cm}$ $\quad s'_{H'} = -0{,}267\,\text{cm}$ (entfaltet)

b) $f' = -4{,}01\,\text{cm}$

Aufgabe 17

a) Systemmatrix mit r > 0: $M = \begin{pmatrix} 1 & 0 \\ 0 & \dfrac{n_2}{1} \end{pmatrix} \begin{pmatrix} 1 & -\dfrac{d}{4} \\ 0 & 1 \end{pmatrix} \begin{pmatrix} 1 & 0 \\ \dfrac{1}{-r}\left(1-\dfrac{n_1}{n_2}\right) & \dfrac{n_1}{n_2} \end{pmatrix} \begin{pmatrix} 1 & -\dfrac{3d}{4} \\ 0 & 1 \end{pmatrix} \begin{pmatrix} 1 & 0 \\ 0 & \dfrac{1}{n_1} \end{pmatrix}$

$$M = \begin{pmatrix} 1+\dfrac{d}{4r}\left(1-\dfrac{n_1}{n_2}\right) & -\dfrac{3d}{4n_1}-\dfrac{d}{4}\left(\dfrac{3d}{4r}\left(\dfrac{1}{n_1}-\dfrac{1}{n_2}\right)+\dfrac{1}{n_2}\right) \\ -\dfrac{1}{r}(n_2-n_1) & n_2\left(\dfrac{3d}{4r}\left(\dfrac{1}{n_1}-\dfrac{1}{n_2}\right)+\dfrac{1}{n_2}\right) \end{pmatrix}$$ $f' = \dfrac{1}{C} = \dfrac{r}{n_1-n_2}$ mit $r > 0$!

b) $$s_H = \frac{1-n_2\left(\dfrac{3d}{4r}\left(\dfrac{1}{n_1}-\dfrac{1}{n_2}\right)+\dfrac{1}{n_2}\right)}{-\dfrac{n_2-n_1}{r}}$$ $s_H = \dfrac{3d}{4n_1}$

$$s'_{H'} = \frac{1+\dfrac{d}{4r}\left(1-\dfrac{n_1}{n_2}\right)-1}{-\dfrac{n_2-n_1}{r}}$$ $s'_{H'} = -\dfrac{d}{4n_2}$

Aufgabe 18

Systemmatrix der dicken Linse mit $r_1 = -r_2 = r$ und $n = 3/2$: $M = \begin{pmatrix} 1-\frac{d}{3r} & -d\frac{2}{3} \\ \frac{1}{r}-\frac{d}{6r^2} & 1-\frac{d}{3r} \end{pmatrix}$

Daraus erhält man die folgenden Gleichungen:

I. $1-\frac{d}{3r}=\frac{29}{30}$ II. $-d\frac{2}{3}=-\frac{2}{3}cm$ III. $\frac{1}{r}-\frac{d}{6r^2}=\frac{59}{600}$ IV. (siehe I.)

Aus II.: $\boxed{d = 1\,\text{cm}}$ Aus I.: $\frac{d}{3r}=1-\frac{29}{30}=\frac{1}{30}$ $3r=30d$ $\boxed{r=10d=10\,\text{cm}}$

(Gl. III. ist ebenfalls erfüllt: $\frac{1}{10\,\text{cm}}-\frac{1\,\text{cm}}{600\,\text{cm}^2}=\frac{59}{600\,\text{cm}}$ $\frac{60}{600\,\text{cm}}-\frac{1\,\text{cm}}{600\,\text{cm}^2}=\frac{59}{600\,\text{cm}}$)

Aufgabe 19

$$M=\begin{pmatrix} 1 & 0 \\ \frac{1}{R_3}\left(1-\frac{n_2}{1}\right) & \frac{n_2}{1} \end{pmatrix}\cdot\begin{pmatrix} 1 & -d_2 \\ 0 & 1 \end{pmatrix}\cdot\begin{pmatrix} 1 & 0 \\ \frac{1}{R_2}\left(1-\frac{n_1}{n_2}\right) & \frac{n_1}{n_2} \end{pmatrix}\cdot\begin{pmatrix} 1 & -d_1 \\ 0 & 1 \end{pmatrix}\cdot\begin{pmatrix} 1 & 0 \\ \frac{1}{R_1}\left(1-\frac{1}{n_1}\right) & \frac{1}{n_1} \end{pmatrix}$$

$$M=\begin{pmatrix} 1 & 0 \\ 0{,}254833 & 1{,}6116 \end{pmatrix}\cdot\begin{pmatrix} 1 & -0{,}396 \\ 0 & 1 \end{pmatrix}\cdot\begin{pmatrix} 1 & 0 \\ 0{,}032092 & 0{,}938384 \end{pmatrix}\cdot\begin{pmatrix} 1 & -0{,}217 \\ 0 & 1 \end{pmatrix}\cdot\begin{pmatrix} 1 & 0 \\ 0 & 0{,}661244 \end{pmatrix}$$

$$M=\begin{pmatrix} 0{,}987292 & -0{,}387385\,\text{cm} \\ 0{,}303314\,\text{cm}^{-1} & 0{,}893859 \end{pmatrix}$$

a) Es gilt $f'=1/C$, also $\boxed{f'=3{,}2969\,\text{cm}}$.

b) Für die Hauptebenen gilt: $\boxed{s_H=0{,}3499\,\text{cm}}$ und $\boxed{s_H'=-0{,}04190\,\text{cm}}$

c) Es gilt die Abbildungsgleichung: $\frac{1}{a'}-\frac{1}{a}=\frac{1}{f'}$ bzw.

$$a'=\frac{af'}{a+f}=\frac{-(5+0{,}3499)\cdot 3{,}2969}{-(5+0{,}3499)+3{,}2969}=8{,}5914\,\text{cm}\,. \qquad \boxed{s'=8{,}5495\,\text{cm}}$$

d) Für Wasser verändert sich die Systemmatrix wie folgt:

$$M=\begin{pmatrix} 1 & 0 \\ 0{,}254833 & 1{,}6116 \end{pmatrix}\cdot\begin{pmatrix} 1 & -0{,}396 \\ 0 & 1 \end{pmatrix}\cdot\begin{pmatrix} 1 & 0 \\ 0{,}032092 & 0{,}938384 \end{pmatrix}\cdot\begin{pmatrix} 1 & -0{,}217 \\ 0 & 1 \end{pmatrix}\cdot\begin{pmatrix} 1 & 0 \\ 0 & 0{,}881373 \end{pmatrix}$$

$$M=\begin{pmatrix} 0{,}987292 & -0{,}516345\,\text{cm} \\ 0{,}303314\,\text{cm}^{-1} & 1{,}191426 \end{pmatrix}$$

Es gilt $f'=1/C$, also $\boxed{f'=3{,}2969\,\text{cm}}$. Die Brennweite bleibt unverändert, da die Eintrittsfläche den Radius unendlich hat. Sie hat unabhängig vom umgebenden Medium keine Brechkraft.

e) Für die Hauptebenen gilt: $\boxed{s_H=-0{,}63111\,\text{cm}}$ und $\boxed{s'_{H'}=-0{,}041897\,\text{cm}}$

Es gilt die Abbildungsgleichung: $\dfrac{1}{a'}-\dfrac{1}{a}=\dfrac{1}{f'}$ bzw.

$$a'=\frac{af'}{a+f'}=\frac{-(5-0{,}63111)\cdot 3{,}2969}{-(5-0{,}63111)+3{,}2969}=13{,}43650\,\text{cm}. \qquad \boxed{s'=13{,}3946\,\text{cm}}$$

Aufgabe 20

Mit $r=-R$ für die Reflexionsmatrix erhält man für das Gesamtsystem die Matrix:

$$M=\begin{pmatrix}1 & 0\\ \frac{1}{f} & 1\end{pmatrix}\begin{pmatrix}1 & -d\\ 0 & 1\end{pmatrix}\begin{pmatrix}1 & 0\\ \frac{2}{R} & 1\end{pmatrix}\begin{pmatrix}1 & -d\\ 0 & 1\end{pmatrix}\begin{pmatrix}1 & 0\\ \frac{1}{f} & 1\end{pmatrix}=$$

$$=\begin{pmatrix}\left(1-\frac{2d}{R}\right)\left(1-\frac{d}{f}\right)-\frac{d}{f} & -d\left(1-\frac{2d}{R}\right)-d\\ \left(\frac{1}{f}+\frac{2}{R}\left(1-\frac{d}{f}\right)\right)\left(1-\frac{d}{f}\right)+\left(1-\frac{d}{f}\right)\frac{1}{f} & -d\left(\frac{1}{f}+\frac{2}{R}\left(1-\frac{d}{f}\right)\right)+\left(1-\frac{d}{f}\right)\end{pmatrix}$$

a) Gesamtbrennweite: $f'_{ges}=\dfrac{1}{C}=\left[\left(\dfrac{1}{f'}+\dfrac{2}{R}\left(1-\dfrac{d}{f'}\right)\right)\left(1-\dfrac{d}{f'}\right)+\dfrac{1}{f'}\left(1-\dfrac{d}{f'}\right)\right]^{-1}$

$$\frac{1}{f'_{ges}}=\frac{2}{R}-\frac{2}{f'} \quad \text{bzw.} \quad \boxed{R=\frac{2f'f'_{ges}}{f'+2f'_{ges}}}$$

b) $$s_H=\frac{1-D}{C}=f'_{ges}\left(1+d\left(\frac{1}{f'}+\frac{2}{R}\left(1-\frac{d}{f'}\right)\right)-\left(1-\frac{d}{f'}\right)\right) \qquad \boxed{s_H=\frac{Rf'}{f'-R}}$$

$$s'_{H'}=\frac{A-1}{C}=f'_{ges}\left(\left(1-\frac{2d}{R}\right)\left(1-\frac{d}{f'}\right)-\frac{1}{f'}-1\right) \qquad \boxed{s'_{H'}=-\frac{Rf'}{f'-R}}$$

Aufgabe 21

$$M=\begin{pmatrix}1 & 0\\ \frac{1}{-r}(1-n_2) & n_2\end{pmatrix}\begin{pmatrix}1 & -d\\ 0 & 1\end{pmatrix}\begin{pmatrix}1 & 0\\ 0 & \frac{n_1}{n_2}\end{pmatrix}\begin{pmatrix}1 & -d\\ 0 & 1\end{pmatrix}\begin{pmatrix}1 & 0\\ \frac{1}{r}\left(1-\frac{1}{n_1}\right) & \frac{1}{n_1}\end{pmatrix}$$

$$M=\begin{pmatrix} 1-\frac{d}{r}\left(1-\frac{1}{n_1}\right)-d\frac{n_1}{n_2}\frac{1}{r}\left(1-\frac{1}{n_1}\right) & -\frac{d}{n_1}-\frac{d}{n_2} \\ \frac{1}{-r}(1-n_2)\left(1-\frac{d}{r}\left(1-\frac{1}{n_1}\right)\right)+\left(\frac{dn_1}{rn_2}(1-n_2)+n_1\right)\frac{1}{r}\left(1-\frac{1}{n_1}\right) & \frac{d}{rn_1}(1-n_2)+\left(\frac{d}{rn_2}(1-n_2)+1\right) \end{pmatrix}$$

a) $$\frac{1}{f'}=C=\frac{1}{-r}(1-n_2)\left(1-\frac{d}{r}\left(1-\frac{1}{n_1}\right)\right)+\left(\frac{dn_1}{rn_2}(1-n_2)+n_1\right)\frac{1}{r}\left(1-\frac{1}{n_1}\right)$$

Nach r aufgelöst: $\frac{r^2}{f}-(n_1+n_2-2)r+d\left(\frac{1}{n_1}+\frac{1}{n_2}\right)(n_1-1)(n_2-1)=0$

$$r_{1/2}=\frac{(n_1+n_2-2)\pm\sqrt{(n_1+n_2-2)^2-\frac{4d}{f'}\left(\frac{1}{n_1}+\frac{1}{n_2}\right)(n_1-1)(n_2-1)}}{2/f'}$$

$\boxed{r_1=128{,}22\,\text{mm}}$ $\boxed{[r_2=1{,}1469\,\text{mm}]}$

b) $$s_H=f'(1-D)=f'\left(1-\frac{d}{rn_1}(1-n_2)-\left(\frac{d}{rn_2}(1-n_2)+1\right)\right)=\frac{df'}{r}(n_2-1)\left(\frac{1}{n_1}+\frac{1}{n_2}\right)$$

$\boxed{s_H=2{,}2267\,\text{mm}}$; $\boxed{\left[s_H^*=248{,}9345\,\text{mm}\right]}$

$$s'_{H'}=f'(A-1)=f'\left(1-\frac{d}{r}\left(1-\frac{1}{n_1}\right)-\frac{dn_1}{rn_2}\left(1-\frac{1}{n_1}\right)-1\right)=\frac{df'}{r}(1-n_1)\left(\frac{1}{n_1}+\frac{1}{n_2}\right)$$

$\boxed{s_H=-1{,}473\,\text{mm}}$; $\boxed{\left[s_H^*=-164{,}68\,\text{mm}\right]}$

Aufgabe 22

a) Strahlmatrix der dicken Linse: $M=\begin{pmatrix}0{,}9678 & -0{,}6164cm\\ 0{,}1156cm^{-1} & 0{,}9597\end{pmatrix}$ Damit erhält man:

$\boxed{s_H=0{,}3487\,\text{cm}}$ $\boxed{s'_{H'}=-0{,}2790\,\text{cm}}$

b) $\boxed{f'=8{,}6534\,\text{cm}}$

c) $s=15{,}0705\,\text{cm}$ $a=-15{,}419\,\text{cm}$ $a'=19{,}721\,\text{cm}$ $\boxed{s'=19{,}442\,\text{cm}}$

d) Die Systemmatrix aus a) wird um zwei Brechungen an ebenen Flächen sowie um zwei Translationen erweitert:

$$M_p=\begin{pmatrix}1 & 0\\ 0 & 1{,}51673\end{pmatrix}\cdot\begin{pmatrix}1 & -1\text{cm}\\ 0 & 1\end{pmatrix}\cdot\begin{pmatrix}1 & 0\\ 0 & \frac{1}{1{,}51673}\end{pmatrix}\cdot\begin{pmatrix}1 & -0{,}5\text{cm}\\ 0 & 1\end{pmatrix}\cdot\begin{pmatrix}0{,}9678 & -0{,}6164\text{cm}\\ 0{,}1156\text{cm}^{-1} & 0{,}9597\end{pmatrix}$$

$$M_p=\begin{pmatrix}0{,}8338 & -1{,}7290\text{cm}\\ 0{,}1156\text{cm}^{-1} & 0{,}9597\end{pmatrix}$$

Brennweite unverändert: $f' = 8{,}6534\,\text{cm}$, ebenso $s_H = 0{,}3487\,\text{cm}$. $s'_{H'} = -1{,}43828\,\text{cm}$. Das Bild liegt weiterhin bei $a' = 19{,}721\,\text{cm}$, es ist aber $s' = 18{,}283\,\text{cm}$ bzw. $\boxed{s'' = s' + 1{,}5\,\text{cm} = 19{,}783\,\text{cm}}$.

Aufgabe 23

Der Strahlengang läßt sich wie skizziert entfalten. Da der Strahl unter dem gleichen Winkel und auf gleicher Höhe hinten wieder herauskommen muß, muß die Strahlmatrix des Systems die Einheitsmatrix sein:

$$\begin{pmatrix} 1 & -e \\ 0 & 1 \end{pmatrix} \left[\begin{pmatrix} 1 & 0 \\ -\frac{2}{r} & 1 \end{pmatrix} \cdot \begin{pmatrix} 1 & -2e \\ 0 & 1 \end{pmatrix} \right]^3 \cdot \begin{pmatrix} 1 & 0 \\ -\frac{2}{r} & 1 \end{pmatrix} \cdot \begin{pmatrix} 1 & -e \\ 0 & 1 \end{pmatrix} = \begin{pmatrix} 1 & 0 \\ 0 & 1 \end{pmatrix}$$

e 2e 2e 2e e

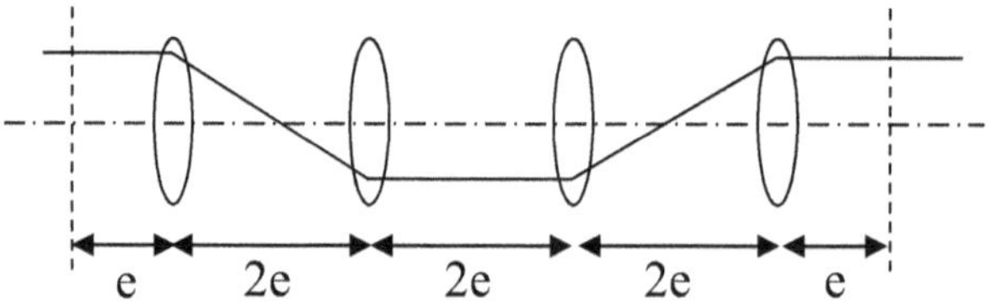

Ausmultipliziert:

$$\begin{pmatrix} \frac{128e^4}{r^4} + \frac{256e^3}{r^3} + \frac{160e^2}{r^2} + \frac{32e}{r} + 1 & -\frac{128e^5}{r^4} - \frac{320e^4}{r^3} - \frac{272e^3}{r^2} - \frac{88e^2}{r} - 8e \\ -\frac{128e^3}{r^4} - \frac{192e^2}{r^3} - \frac{80e}{r^2} - \frac{8}{r} & \frac{128e^4}{r^4} + \frac{256e^3}{r^3} + \frac{160e^2}{r^2} + \frac{32e}{r} + 1 \end{pmatrix} = \begin{pmatrix} 1 & 0 \\ 0 & 1 \end{pmatrix}$$

Da $e \neq 0$ und $r \neq 0$ angenommen werden kann, resultieren mit $x = e/r$ die vier Gleichungen:

I. $4x^4 + 8x^3 + 5x^2 + x = 0$ II. $16x^4 + 40x^3 + 34x^2 + 11x + 1 = 0$

III. $16x^3 + 24x^2 + 10x + 1 = 0$ IV. $128x^4 + 256x^3 + 160x^2 + 32x = 0$

Man löst am einfachsten Gl. III., die Lösungen lauten $x_1 = -0{,}5$; $x_2 = -0{,}146447$; $x_3 = -0{,}853553$. Lediglich die erste Lösung erfüllt alle vier Gleichungen. Daher ist $e/r = -0{,}5$ bzw. $\boxed{e = -\frac{r}{2}}$

Man beachte, daß bei dem skizzierten Konkavspiegel $r < 0$ gilt!

A.2 Lösungen zu den Aufgaben zu Kapitel 2

A.2.1 Zum Kapitel 2.1

Aufgabe 1

Erste Ordnung an Luft: $\sin(\alpha)=\frac{\lambda}{g}$, in der Flüssigkeit wegen Verkürzung der Wellenlänge um Faktor n: $\sin\left(\frac{\alpha}{2}\right)=\frac{\lambda}{ng}$. Mit $\sin\alpha=2\sin\frac{\alpha}{2}\cos\frac{\alpha}{2}$ folgt: $\frac{\lambda}{g}=2\frac{\lambda}{ng}\cos\frac{\alpha}{2}$.

$$\boxed{n=2\cos\frac{\alpha}{2}=1{,}9}$$

Aufgabe 2

Konstruktive Interferenz: $a-b=n\lambda$ Außerdem gilt: $a=g\sin\alpha$ und $b=g\sin\beta$. Also: $g\sin\alpha-g\sin\beta=n\lambda$. Für die beiden Wellenlängen gilt somit: $\sin\alpha-\sin\beta_1=\frac{n\lambda_1}{g}$ und $\sin\alpha-\sin\beta_2=\frac{n\lambda_2}{g}$. Wegen $\beta_1=\arcsin\left[\sin\alpha-\frac{n\lambda_1}{g}\right]$ und $\beta_2=\arcsin\left[\sin\alpha-\frac{n\lambda_2}{g}\right]$ folgt:

$$\boxed{\Delta\beta=\arcsin\left[\sin\alpha-\frac{n\lambda_2}{g}\right]-\arcsin\left[\sin\alpha-\frac{n\lambda_1}{g}\right]}$$

Für $n=+1$: $\boxed{\Delta\beta=5{,}77^\circ}$ Für $n=-1$: $\boxed{\Delta\beta=-6{,}35^\circ}$

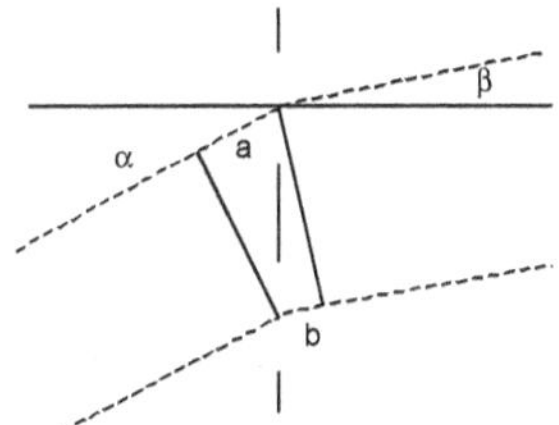

Aufgabe 3

a) Es gilt: $\frac{x_1}{g}=\sin\alpha_1$ und $\frac{x_2}{g}=\sin\alpha_2$ außerdem: $x_1+x_2=n\lambda$. Es folgt:

$$\boxed{\sin\alpha_1+\sin\alpha_2=\frac{n\lambda}{g}}$$

b) Mit $\sin\alpha_2=\frac{n\lambda}{g}-\sin\alpha_1$ gilt: $\alpha_2=\arcsin\left(\frac{n\lambda}{g}-\sin\alpha_1\right)$

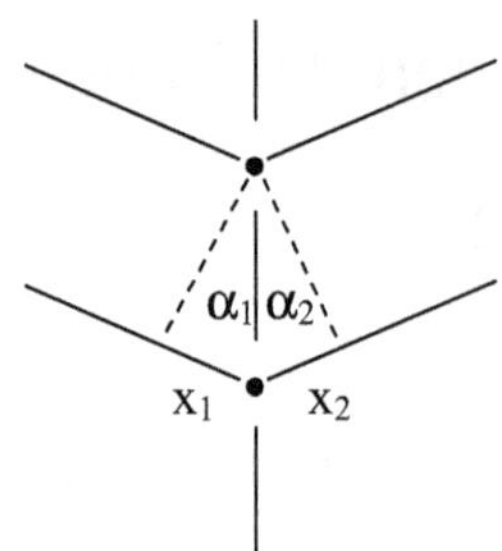

Damit: $\alpha = \alpha_1 + \arcsin\left(\frac{n\lambda}{g} - \sin\alpha_1\right)$. Ableitung $\frac{d\alpha}{d\alpha_1}$ der Funktion $\alpha(\alpha_1)$ Null setzen:

$$\frac{d\alpha}{d\alpha_1} = 1 + \frac{1}{\sqrt{1-\left(\frac{n\lambda}{g} - \sin\alpha_1\right)^2}}(-\cos\alpha_1) = 0 \quad \text{oder} \quad \sqrt{1-\left(\frac{n\lambda}{g} - \sin\alpha_1\right)^2} = \cos\alpha_1$$

$$1-\left(\frac{n\lambda}{g}\right)^2 + \frac{2n\lambda}{g}\sin\alpha_1 - \sin^2\alpha_1 = \cos^2\alpha_1 \qquad \boxed{\sin\alpha_1 = \frac{n\lambda}{2g}}$$

Aufgabe 4

a) Nach Abb. zu Aufg. 2: $\sin\alpha - \sin\beta = \frac{n\lambda}{g}$. Es folgt mit $n = 1$:

$$\boxed{\beta = \arcsin\left(\sin\alpha - \frac{\lambda}{g}\right) = 15{,}00^\circ}$$

b) Die Wellenlänge verkürzt sich im Wasser um den Faktor der Brechzahl n, der neue Winkel ist β': $\boxed{\beta' = \arcsin\left(\sin\alpha - \frac{\lambda}{ng}\right) = 16{,}63^\circ}$

Aufgabe 5

a) Es gilt: $\psi = \psi_0 \operatorname{sinc}^2\left(\frac{\pi d \sin\eta}{\lambda}\right)\left(\frac{\sin\left(\frac{m\Phi}{2}\right)}{\sin\left(\frac{\Phi}{2}\right)}\right)^2$ mit $\Phi = \frac{g\sin(\eta_{\max})}{\lambda} \cdot 2\pi = \pm k \cdot 2\pi$

$$\sin\eta_{\max} = \pm\frac{k\lambda}{g} \qquad \boxed{k = 2}$$

b) $$\frac{\psi}{\psi_0} = \text{sinc}^2\left(\frac{\pi dk\lambda}{\lambda g}\right)\left(\frac{\sin\left(\frac{m\Phi}{2}\right)}{\sin\left(\frac{\Phi}{2}\right)}\right)^2 \quad \text{mit} \quad \lim_{\Phi\to 2\pi}\frac{\sin\left(\frac{m\Phi}{2}\right)}{\sin\left(\frac{\Phi}{2}\right)} = \lim_{\Phi\to 2\pi}\frac{\frac{m}{2}\cos\left(\frac{m\Phi}{2}\right)}{\frac{1}{2}\cos\left(\frac{\Phi}{2}\right)} = m$$

$$\frac{\psi}{\psi_0} = \text{sinc}^2\left(\frac{\pi dk}{g}\right)\cdot m^2 = 0{,}684\cdot m^2 \qquad \boxed{\frac{\psi}{\psi_0} = 683.918}$$

c) $\frac{\psi}{\psi_0} = 1.000.000$ Verhältnis: 0,684 oder 68,4%

d) $km = A = \frac{\lambda}{\Delta\lambda}$ $km = k^* m^*$ $\boxed{m^* = \frac{km}{k^*} = 500}$

e) $\boxed{\lambda = \Delta\lambda\cdot k\cdot m = 334\,\text{nm}}$

Aufgabe 6

a) Konstr. Interferenz tritt ein für: $\frac{\lambda}{2} + 2\sqrt{\left(\frac{x}{2}\right)^2 + q^2} - x = n\lambda$ (Phasensprung $\lambda/2$ wegen Reflexion am optisch dichten Medium). Aufgelöst nach x erhält man:

$$\boxed{x = \frac{4q^2 - \lambda^2\left(n - \frac{1}{2}\right)^2}{2\lambda\left(n - \frac{1}{2}\right)}}$$

b) Mit $x = 0$ folgt der einfache Zusammenhang: $\boxed{q = n\frac{\lambda}{2} - \frac{\lambda}{4}}$

Aufgabe 7

Es gilt: $2dn = \frac{\lambda}{2}$ und damit $\boxed{d = \frac{\lambda}{4n_d} = 119\,\text{nm}}$

(Ein Phasensprung um $\lambda/2$ findet an **beiden** Oberflächen statt!)

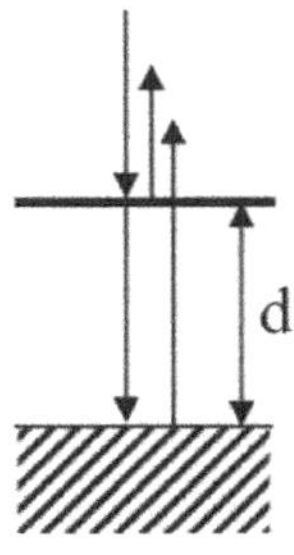

Aufgabe 8

Während des Evakuierens verkürzt sich die optische Weglänge um $2(n_{\text{Luft}}-1)L$ (Faktor 2 wegen Hin- und Rücklauf!). Dieser Weg muß ein k-faches der Wellenlänge λ sein: $2(n_{\text{Luft}}-1)L = k\lambda$

Die Brechzahl ergibt sich also zu: $\boxed{n_{\text{Luft}} = \frac{k\lambda}{2L} + 1 = 1{,}00029}$

A.2.2 Zum Kapitel 2.2

Aufgabe 1

Wegen $r_s = \frac{\cos\alpha - \sqrt{(n_2/n_1)^2 - \sin^2\alpha}}{\cos\alpha + \sqrt{(n_2/n_1)^2 - \sin^2\alpha}}$, $n_1 = 1$, $n_2 = n$, $\sin(30°) = 1/2$ und $\cos(30^o) = \sqrt{3}/2$: $-\frac{1}{4} = \frac{\sqrt{3}/2 - \sqrt{n^2 - 1/4}}{\sqrt{3}/2 + \sqrt{n^2 - 1/4}}$. Daraus: $\sqrt{n^2 - 1/4} = \frac{5}{2\sqrt{3}}$ $\boxed{n = 1{,}5275}$

Aufgabe 2

a) Brewsterwinkel: $\tan\alpha_p = n_2 / n_1$. Damit gilt: $\boxed{\alpha_p = \arctan(1{,}78446) = 60{,}73°}$

b) Strahl wird unter dem Winkel $\beta = 29{,}26°$ gebrochen. Es folgt für den Eintritt ins Glas:

$$\rho_s = \left(-\frac{\sin(\alpha_p - \beta)}{\sin(\alpha_p + \beta)}\right)^2 = 0{,}2724 \quad \tau_s = \frac{\sin 2\alpha_p \sin 2\beta}{\sin^2(\alpha_p + \beta)} = 0{,}7276 \quad \rho_p = 0 \quad \tau_p = 1$$

Für den Austritt gilt (α_p und β sind vertauscht):

$$\rho_s = \left(-\frac{\sin(\beta - \alpha_p)}{\sin(\beta + \alpha_p)}\right)^2 = 0{,}2724 \quad \tau_s = \frac{\sin 2\beta \sin 2\alpha_p}{\sin^2(\beta + \alpha_p)} = 0{,}7276 \quad \rho_p = 0 \quad \tau_p = 1$$

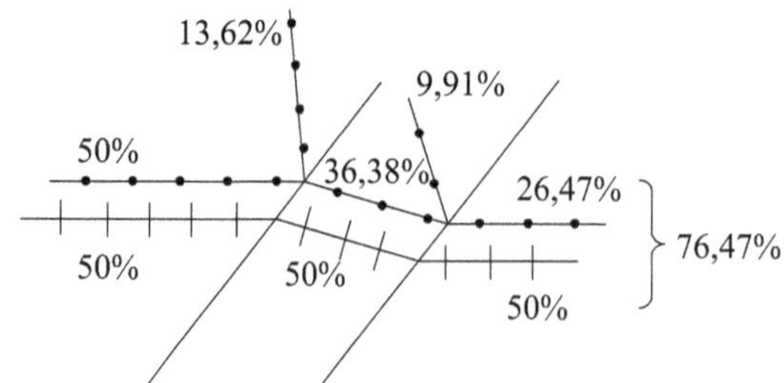

Aufgabe 3

Brechungswinkel: Wasser: 22,03°; Glas: 19,25°; Luft: 30°. Mittels der Formeln

$$\rho_s = \left(-\frac{\sin(\alpha-\beta)}{\sin(\alpha+\beta)}\right)^2 \qquad \tau_s = \frac{\sin 2\alpha \sin 2\beta}{\sin^2(\alpha+\beta)}$$

$$\rho_p = \left(\frac{\tan(\alpha-\beta)}{\tan(\alpha+\beta)}\right)^2 \qquad \tau_p = \frac{4\sin 2\alpha \sin 2\beta}{(\sin 2\alpha + \sin 2\beta)^2}$$

erhält man für die Übergänge folgende Reflexions- und Transmissionsgrade:

	Luft-H_2O	H_2O-Glas	Glas-Luft	
ρ_s	0,03093	0,00539	0,06057	Insgesamt: $\tau_{sges} = 0,96907 \cdot 0,99461 \cdot 0,93943 \cdot 0,5$
τ_s	0,96907	0,99461	0,93943	$\tau_{sges} = 0,4527$
ρ_p	0,01194	0,00305	0,02673	$\tau_{pges} = 0,98806 \cdot 0,99695 \cdot 0,97327 \cdot 0,5$
τ_p	0,98806	0,99695	0,97327	$\tau_{pges} = 0,4794$

Es werden also 93,21% der Strahlung durchgelassen.

Aufgabe 4

a) Senkrechter Einfall längs der optischen Achse: $\boxed{\rho = 0,08239}$

b) Für den Einfallswinkel am Rand gilt: $\sin\alpha = \dfrac{d}{2R}$, somit $\alpha = 8,6269°$ und $\boxed{\rho_p = 0,08032}$

c) $\boxed{\rho_s = 0,08448}$

d) Für den gesuchten Radius r_p gilt $\dfrac{r_p}{R} = \sin\alpha_p = \dfrac{\tan\alpha_p}{\sqrt{1+\tan^2\alpha_p}} = \dfrac{n_2}{\sqrt{1+n_2^2}}$, damit:

$$\boxed{r_p = \frac{Rn_2}{\sqrt{1+n_2^2}} = 87,47\,\text{mm}} \qquad (\alpha_p = 61,02°)$$

Aufgabe 5

a) Es gilt: $r_p = \dfrac{\tan(\alpha-\beta)}{\tan(\alpha+\beta)} = \dfrac{\tan\left(\frac{3\eta}{2}-\frac{\eta}{2}\right)}{\tan\left(\frac{3\eta}{2}+\frac{\eta}{2}\right)} = \dfrac{\tan(\eta)}{\tan(2\eta)} = \dfrac{\tan(\eta)(1-\tan^2(\eta))}{2\tan(\eta)} = \dfrac{1}{2}(1-\tan^2(\eta))$

Nach η aufgelöst: $\boxed{\eta = \arctan\sqrt{1-2\rho_p} = 32,31^o}$

b) Aus a) folgt: $\alpha = 48,47^o$ und $\beta = 16,16^o$. $\boxed{n = \dfrac{\sin\alpha}{\sin\beta} = 2,69}$

Aufgabe 6

a) Mit $\sin(60^\circ) = \sqrt{3}/2$, $n_1 = 3/2$ und $n_2 = 1$ gilt:

$$\tan\left(\frac{\Delta\varphi}{2}\right) = \frac{\sqrt{n_1^2\sin^2\alpha - n_2^2}\sqrt{1-\sin^2\alpha}}{n_1\sin^2\alpha} = \frac{\sqrt{3/4-4/9}\sqrt{1-3/4}}{3/4} = \frac{\sqrt{11}}{9} = 0{,}3685\,;$$

$\boxed{\Delta\varphi = 40{,}46^\circ}$

b) $$\frac{\sqrt{\sin^2\alpha - 4/9}\sqrt{1-\sin^2\alpha}}{\sin^2\alpha} = \frac{\sqrt{11}}{9} \quad \text{Daraus: } \frac{92}{81}\sin^4\alpha - \frac{13}{9}\sin^2\alpha + \frac{4}{9} = 0$$

Zwei Lösungen für $\sin^2\alpha$: $\sin^2\alpha_1 = 3/4$ und $\sin^2\alpha_2 = 0{,}5217$

Daraus sind nur zwei Werte sinnvoll: $\boxed{\alpha_1 = 60^\circ}$ und $\boxed{\alpha_2 = 46{,}25^\circ}$

Aufgabe 7

Es gilt: $\tan\left(\frac{\Delta\varphi}{2}\right) = \frac{\cos\alpha\cdot\sqrt{n_1^2\sin^2\alpha - n_2^2}}{n_1\sin^2\alpha}$; mit $\Delta\varphi = 60^\circ$, $n_1 = 2$, $n_2 = 1$

$$\tan 30^\circ = \frac{\cos\alpha\cdot\sqrt{4\sin^2\alpha - 1}}{2\sin^2\alpha} \qquad 2\sqrt{3}\sin^2\alpha = 3\cos\alpha\cdot\sqrt{4\sin^2\alpha - 1}$$

$$16\sin^4\alpha - 15\sin^2\alpha + 3 = 0 \qquad \sin^2\alpha_1 = 0{,}6483 \qquad \sin^2\alpha_2 = 0{,}2892$$

$\boxed{\alpha_1 = 53{,}63^\circ}$ $\boxed{\alpha_2 = 32{,}53^\circ}$

Aufgabe 8

$$\tan\left(\frac{\Delta\varphi}{2}\right) = \frac{\sqrt{n_1^2\sin^2\alpha - n_2^2}\sqrt{1-\sin^2\alpha}}{n_1\sin^2\alpha} = \tan(22{,}5^o) = \sqrt{2} - 1$$

$$n_1^2(1+(\sqrt{2}-1)^2)\sin^4\alpha - (n_1^2+1)\sin^2\alpha + 1 = 0$$

Mit $n_1 = 1{,}78446$ und $n_2 = 1$ erhält man für $\sin^2\alpha$ die beiden Lösungen $\sin^2\alpha_1 = 0{,}7763$ und $\sin^2\alpha_2 = 0{,}3453$. Beschränkt man sich jeweils auf die positiven Werte, erhält man $\boxed{\alpha_1 = 61{,}77^\circ}$ und $\boxed{\alpha_2 = 35{,}99^\circ}$.

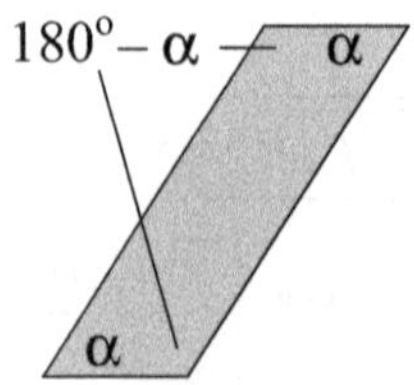

Aufgabe 9

Es gilt: $\rho_p = \frac{(n\cos\alpha - 1)^2 + n^2\kappa^2\cos^2\alpha}{(n\cos\alpha + 1)^2 + n^2\kappa^2\cos^2\alpha}$. Für $\rho_p = 9/10$, $n = 2/\sqrt{2}$ und $\cos(45°) = \sqrt{2}/2$

folgt: $\rho_p = \frac{\left(\frac{2}{\sqrt{2}}\frac{\sqrt{2}}{2} - 1\right)^2 + 2\kappa^2\frac{1}{2}}{\left(\frac{2}{\sqrt{2}}\frac{\sqrt{2}}{2} + 1\right)^2 + 2\kappa^2\frac{1}{2}} = \frac{\kappa^2}{4+\kappa^2}$ $\quad 4\rho_p + (\rho_p - 1)\kappa^2 = 0$ $\quad \boxed{\kappa = \sqrt{\frac{4\rho_p}{1-\rho_p}} = 6}$

A.3 Lösungen zu den Aufgaben zu Kapitel 3

Aufgabe 1

Annahme dünner Linsen, Addition der Brechkräfte, für beide Wellenlängen gilt: $\frac{1}{f'} = \frac{n_{e2} - n_{e1}}{r_1} + \frac{n_{e3} - n_{e2}}{r_2} + \frac{n_{e4} - n_{e3}}{r_3}$ und $\frac{1}{f'} = \frac{n_{D2} - n_{D1}}{r_1} + \frac{n_{D3} - n_{D2}}{r_2} + \frac{n_{D4} - n_{D3}}{r_3}$

Division der Gleichungen durch $(n_{e2} - n_{e1})$ bzw. $(n_{D2} - n_{D1})$, Berücksichtigung von $n_{e1} = n_{e4} \approx n_{D1} = n_{D4} \approx 1$ und Subtraktion der entstandenen Gleichungen eliminiert r_1:

$$\frac{1}{f'(n_{e2}-1)} - \frac{1}{f'(n_{D2}-1)} = \frac{n_{e3}-n_{e2}}{r_2(n_{e2}-1)} + \frac{1-n_{e3}}{r_3(n_{e2}-1)} - \frac{n_{D3}-n_{D2}}{r_2(n_{D2}-1)} - \frac{1-n_{D3}}{r_3(n_{D2}-1)}$$

Nach r_3 aufgelöst und f' gemäß $\frac{1}{f'} = \frac{1}{a'} - \frac{1}{a}$ bzw. $\boxed{f' = \frac{aa'}{a-a'} = 50\,\text{cm}}$ eingesetzt, erhält man:

$$\boxed{r_3 = \frac{\frac{1-n_{D3}}{(n_{D2}-1)} - \frac{1-n_{e3}}{(n_{e2}-1)}}{\frac{n_{e3}-n_{e2}}{r_2(n_{e2}-1)} - \frac{n_{D3}-n_{D2}}{r_2(n_{D2}-1)} - \frac{1}{f'(n_{e2}-1)} + \frac{1}{f'(n_{D2}-1)}} = -17{,}460\,\text{cm}}$$

Division der Gleichungen durch $(n_{e4} - n_{e3})$ bzw. $(n_{D4} - n_{D3})$, Berücksichtigung von $n_{e1} = n_{e4} \approx n_{D1} = n_{D4} \approx 1$ und Subtraktion der entstandenen Gleichungen eliminiert r_3:

$$\frac{1}{f'(1-n_{e3})} - \frac{1}{f'(1-n_{D3})} = \frac{n_{e3}-n_{e2}}{r_2(1-n_{e3})} + \frac{n_{e2}-1}{r_1(1-n_{e3})} - \frac{n_{D3}-n_{D2}}{r_2(1-n_{D3})} - \frac{n_{D2}-1}{r_1(1-n_{D3})}$$

$$\boxed{r_1 = \frac{\frac{n_{e2}-1}{1-n_{e3}} - \frac{n_{D2}-1}{1-n_{D3}}}{\frac{1}{f'(1-n_{e3})} - \frac{1}{f'(1-n_{D3})} - \frac{n_{e3}-n_{e2}}{r_2(1-n_{e3})} + \frac{n_{D3}-n_{D2}}{r_2(1-n_{D3})}} = -99{,}61\,\text{cm}}$$

Aufgabe 2

Aus $D_1 + D_2 = \frac{1}{f}$ und $\frac{D_1}{\nu_{d1}} + \frac{D_2}{\nu_{d2}} = 0$ erhält man $\boxed{D_2 = \frac{-\nu_{d2}}{(\nu_{d1} - \nu_{d2})f} = -0{,}02188\frac{1}{\text{cm}}}$ und $\boxed{D_1 = \frac{1}{f} - D_2 = -0{,}05521\frac{1}{\text{cm}}}$

Mit $D_1 = (n_{d1} - 1)\left(\frac{1}{r_1} - \frac{1}{r_2}\right)$ und $D_2 = (n_{d2} - 1)\left(\frac{1}{r_2} - \frac{1}{r_3}\right)$ erhält man

$\frac{1}{r_1} = \frac{D_1}{n_{d1} - 1} + \frac{1}{r_2}$ $\boxed{r_1 = 146{,}23\,\text{cm}}$ und $\frac{1}{r_3} = -\frac{D_2}{n_{d2} - 1} + \frac{1}{r_2}$ $\boxed{r_3 = -13{,}73\,\text{cm}}$

Aufgabe 3

Es gilt:

I. $D_1 + D_2 = \frac{1}{f'}$ II. $\frac{D_1}{\nu_{d1}} + \frac{D_2}{\nu_{d2}} = 0$

III. $D_1 = (n_{d1} - 1)\left(\frac{1}{r_1} - \frac{1}{r_2}\right)$ IV. $D_2 = (n_{d2} - 1)\left(\frac{1}{r_2} - \frac{1}{r_3}\right)$

Gl. III und IV in I eingesetzt und nach r_2 aufgelöst, erhält man:

$$\boxed{r_2 = r_1 r_3 \frac{(n_{d2} - 1)\nu_{d1} - (n_{d1} - 1)\nu_{d2}}{(n_{d2} - 1)r_1\nu_{d1} - (n_{d1} - 1)r_3\nu_{d2}} = -10\,\text{cm}}$$

Aus Gl. III. und IV. erhält man $\boxed{D_1 = 0{,}08282\,\text{cm}^{-1}}$ und $\boxed{D_2 = -0{,}03282\,\text{cm}^{-1}}$ und daraus die Brennweite $\boxed{f' = 20\,\text{cm}}$.

Aufgabe 4

Die optischen Wege müssen gleich sein: $(d - 2\Delta)n_0 + 2\Delta = (n_0 - n_1 r^2)d$

Außerdem gilt: $x^2 + r^2 = R^2$ und $\Delta = R - x$. Daraus:

$$\left(d - 2(R - \sqrt{R^2 - r^2})\right)n_0 + 2(R - \sqrt{R^2 - r^2}) = (n_0 - n_1 r^2)d$$

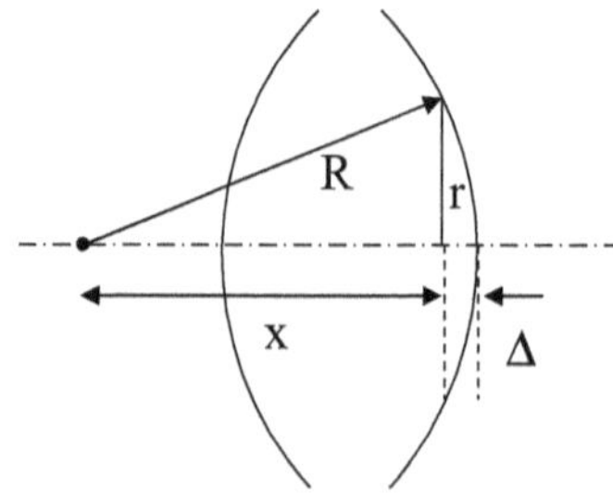

Unter Benutzung der Näherung $\sqrt{1-\frac{r^2}{R^2}} \approx 1-\frac{r^2}{2R^2}$ erhält man: $\boxed{R=\frac{n_0-1}{n_1 d}=80\,\text{mm}}$

Aufgabe 5

a) Die Systemmatrix lautet:

$$M=\begin{pmatrix}1 & 0\\ \frac{1}{f} & 1\end{pmatrix}\begin{pmatrix}1 & -d_2\\ 0 & 1\end{pmatrix}\begin{pmatrix}1 & 0\\ \frac{2}{R} & 1\end{pmatrix}\begin{pmatrix}1 & -d_1\\ 0 & 1\end{pmatrix}\begin{pmatrix}1 & 0\\ \frac{2}{R} & 1\end{pmatrix}=\begin{pmatrix}1 & -d_2\\ \frac{1}{f} & -\frac{d_2}{f}+1\end{pmatrix}\begin{pmatrix}1 & -d_1\\ \frac{2}{R} & -\frac{2d_1}{R}+1\end{pmatrix}\begin{pmatrix}1 & 0\\ \frac{2}{R} & 1\end{pmatrix}$$

$$M=\begin{pmatrix}1-\frac{2d_1}{R}-\frac{2d_2}{R}+\frac{4d_1d_2}{R^2}-\frac{2d_2}{R} & -d_1+\frac{2d_1d_2}{R}-d_2\\ \frac{1}{f}\left(1-\frac{2d_1}{R}\right)+\left(\frac{2}{R}-\frac{4d_1}{R^2}+\frac{2}{R}\right)\left(-\frac{d_2}{f}+1\right) & \frac{1}{f}(-d_1)+\left(-\frac{d_2}{f}+1\right)-\frac{2d_1}{R}+1\end{pmatrix}$$

Für die Gesamtbrennweite gilt:

$$\frac{1}{f_{ges}}=0=\frac{1}{f}-\frac{2d_1}{Rf}-\frac{2d_2}{Rf}+\frac{2}{R}+\frac{4d_1d_2}{R^2 f}-\frac{4d_1}{R^2}-\frac{2d_2}{Rf}+\frac{2}{R}$$ Daraus folgt die quadr. Gl.:

$$\frac{1}{f}R^2+\left(4-\frac{4d_2}{f}-\frac{2d_2}{f}\right)R+\left(\frac{4d_1d_2}{f}-4d_1\right)=0 \quad \boxed{R_1=2618{,}034\,\text{mm}}$$

$$\boxed{R_2=381{,}966\,\text{mm}}$$

b) Die Systemmatrix für das Objektiv lautet:

$$M=\begin{pmatrix}1 & 0\\ \frac{2}{R} & 1\end{pmatrix}\begin{pmatrix}1 & -d_1\\ 0 & 1\end{pmatrix}\begin{pmatrix}1 & 0\\ \frac{2}{R} & 1\end{pmatrix}=\begin{pmatrix}1 & -d_1\\ \frac{2}{R} & -\frac{2d_1}{R}+1\end{pmatrix}\begin{pmatrix}1 & 0\\ \frac{2}{R} & 1\end{pmatrix}=\begin{pmatrix}1-\frac{2d_1}{R} & -d_1\\ \frac{2}{R}-\frac{4d_1}{R^2}+\frac{2}{R} & -\frac{2d_1}{R}+1\end{pmatrix}$$

Damit erhält man für die Brennweite:

$$C=\frac{1}{f_{\text{obj}}}=\frac{2}{R}-\frac{4d_1}{R^2}+\frac{2}{R}$$ oder $\boxed{f_{\text{obj1}}=809{,}020\,\text{cm}}$ $\left[f_{\text{obj2}}=-0{,}19137\,\text{cm}\right]$

Der Vergrößerungsfaktor ist damit: $\boxed{v=\frac{809{,}020}{25}=32{,}36}$

Lexikon

deutsch–englisch

A

Abbesche Zahl	abbe number
Abbildungsgleichung der dünnen Linse	lensmaker's formula
Ablenkung	deviation
Achromasiebedingung	achromatism condition
Achromat	achromatic lens, achromatic system
additive Farbmischung	additive coloration
Airysches Beugungsscheibchen	Airy disk
Akkommodation	accommodation
aktiver Pixelsensor (APS)	active pixel sensor
aktive Schicht	active layer
Akzeptor	acceptor
Amplitude	amplitude
angulare Vergrösserung	angular magnification
Anlaufglas (b. Filtern)	colloidally coloured glass
anomale Dispersion	anomalous dispersion
Anregung	excitation
Antireflexbeschichtung	antireflection coating
Aperturblende	aperture stop
Aplanat	aplanatic lens
Argon-Ionen-Laser	argon ion laser
asphärische Oberfläche	aspherical surface
astigmatische Differenz	astigmatic difference
Astigmatismus	astigmatism
astronomisches Fernrohr	astronomical telescope
Auflösung	resolution
Auflösungsgrenze	limit of resolution
Auflösungsvermögen	resolving power
Auge	eye
außerordentlicher Strahl	extraordinary ray
Austrittsarbeit	work function
Austrittspupille	exit pupil
Auswahlregel	selection rule
Autoscheinwerfer	automotive headlight

B

Bandlücke	energy gap
Bandpassfilter	band pass filter

Barren (b. Laserdioden)	bar
bedingt gleiche Farben	metameric colours
Beersches Gesetz	Lambert–Beer law
Beleuchtungsstärke	illuminance
Besetzungsinversion	population inversion
Bestrahlungsstärke	irradiance
Beugungsgitter	diffraction grating
Bezugslichtart	reference illuminant
Bildelement	Pixel
Bildfeldwölbung	field curvature
Bildpunkt	pixel
Bildraum	image space
bildseitige Brennweite	image focal length, second focal length
bildseitiger Brennpunkt	image focus, second focus
Bildweite	image distance
Bleiglas	lead glass
Blende	aperture
Blendenzahl	f-number
Blitzlampe	flash-lamp
Bogenentladung	arc discharge
Bohrsches Atommodel	Bohr model
Boltzmannverteilung	Boltzmann distribution
Borsilikatglas	borosilicate glass
Brechkraft	refracting power
Brechung	refraction
Brechungsgesetz	law of refraction
Brechungsindex	refractive index
Brechungswinkel	angle of refraction
Brechzahl	refractive index
Brennerrohr	arc tube
Brennpunkt	focal point
brennpunktsbezogene Abbildungsgleichung	Newtonian form of the lens equation
Brennschneiden	reactive fusion cutting
Brennweite	focal length
Brewsterwinkel	Brewster's angle
Brillenglas	lens

C

Chlor	chlorine
Chrom	chromium
chromatische Aberration	chromatic aberration
CIE Normalbeobachter	CIE standard colourimetric observer
Compton-Streuung	Compton scattering
convex	convex

D

Dachkantprisma	roof prism
Dampfdruck	vapour pressure
Defekthalbleiter	*p*-type semiconductor
Dichroismus	dichroism
dicke Linse	thick lens

dielektrische Schichten	dielectric layer
dielektrischer Mehrschichtenspiegel	multilayer dielectric mirror
Dielektrizitätskonstante	dielectric constant
diffusionsgekühlter Laser	diffusion cooled laser
Diodenlaser	diode laser
Dioptrie	diopter
dioptrisch	dioptric
Dipolmoment	dipole moment
Dispersion	dispersion
Dispersionsformel	dispersion formula
Dissoziationsenergie	dissociation energy
Dissoziationsgrad	degree of dissociation
Divergenzwinkel	divergence angle
Donator	donor
Doppelbild	double image
Doppelbrechung	birefringence
Doppelkernfaser	double-clad fibre
Dopplerverbreiterung	Doppler broadening
Dosis	dose
Dove-Prisma	dove prism
Drehimpulsquantenzahl	orbital quantum number
Drehvermögen	rotatory power
Dreifarbenstrahler	three colour radiator
Druckverbreiterung	pressure broadening
dünne Linse	thin lens
Dunkelstrom	dark current
Durchhang des Glühfadens	filament sag
Düse (Laserschneiden)	nozzle

E

Edelgas	rare gas, noble gas
Eigenschwingung (eines Moleküls)	normal mode of vibration
Eimerkettenschaltung	bucket-brigade circuit
Einfallsebene	plane of incidence
Einfallswinkel	angle of incidence
Einfarbigkeit	monochromacity
Einstein-Koeffizient	Einstein coefficient
Eintrittspupille	entrance pupil
Einwirkungsdauer	exposure time
elastische Streuung	elastic scattering
elektrisches Feld	electric field
Elektrodenverlust	electrode loss
elektromagnetische Welle	electromagnetic wave
elektrooptischer Güteschalter	electrooptic Q-switch
elliptische Polarisation	elliptical polarization
elliptischer Spiegel	elliptical mirror
Emissionsgrad	emissivity
Emitter	emitter
Energiesparlampe	energy saving light bulb
Entladung	discharge
Entladungslampe	discharge lamp

Epithel	epithelial layer
Erbium	erbium
Etalon	etalon
evaneszente Welle	evanescent wave
externe Quanteneffizienz	external quantum efficiency

F

Fabry–Perot-Interferometer	Fabry–Perot interferometer
Fadenkreuz	reticule
Farbmetrik	colourimetry
Farbreiz	colour stimulus
Farbstofflaser	dye laser
Farbtafel	chromaticity diagram
Farbtemperatur	colour temperature
Farbvalenz	colour stimulus
Farbwiedergabeindex	colour rendering index
Faserlaser	fibre laser
Feldemission	field emission, auto-electronic emission
Feldstecher	binocular
Fermatsches Prinzip	Fermat's Principle
Fermi–Dirac-Verteilung	Fermi–Dirac distribution
Fermienergie	Fermi energy
Ferminiveau	Fermi level
Fernrohr	telescope
Festkörperlaser	solid-state laser
Finesse	finesse
Fleck	blur
Fluchtkegel	escape cone
Fluor	fluorine
Fluoreszenzlebensdauer	fluorescent lifetime
Frank–Condon Prinzip	Frank–Condon principle
Fraunhofersche Beugung	Fraunhofer diffraction
Fresnel-Linse	Fresnel lens
Fresnelsche Beugung	Fresnel diffraction
Fresnelsche Formeln	Fresnel equations
frustrierte Totalreflexion	frustrated total internal reflection
Füllfaktor	fill factor

G

Galileisches Fernrohr	Galilean telescope
Gasentladungslampe	gas discharge lamp
Gasfüllung	gas filling
Gasgemisch	gas mixture
Gaszusammensetzung	gas composition
Gaußbündel	Gaussian beam
Gauß-Profil (einer Spektrallinie)	Gaussian lineshape
Gegenstandsraum	object space
gegenstandsseitige Brennweite	first focal length, object focal length
gegenstandsseitiger Brennpunkt	object focus, first focus
Gegenstandsweite	object distance
gelber Fleck	macula

Germanium	germanium
Gesetz von Malus	Malus's Law
Gewinnführung	gain guiding
Glan–Taylor Polarisationsprisma	Glan–Taylor polarizing prism
Glan–Thompson Polarisationsprisma	Glan–Thompson polarizing prism
Glas	glass
Glasfaser	glass fibre
Glaskolben	glass bulb
Glaskörper	vitreous humo(u)r
Glaslot	glass solder
Glasröhre	glass tube
Glasversiegelung (bei Lampen)	seal glass
Glimmentladung	glow discharge
Glühbirne	electric bulb, incandescent bulb
Glühemission	thermoionic emission
Glühfaden	filament
Glühlampe	incandescent lamp
Gradientenindexfaser	graded index fibre
Graßmannsche Gesetze	Grassmann's laws
grauer Star	cataract
grauer Strahler	grey body
Grenzwinkel der Totalreflexion	critical angle
Grundglas (b. Filtern)	base glass
Grundmode	fundamental mode
Güteschalter	Q-switch

H

halbe Halbwertsbreite	half width at half maximum HWHM
Halbleiterlaser	semiconductor laser
Halogen	halogen
Halogenid	halide
Halogenlampe	tungsten halogen lamp
Halophosphat	halophosphate
Hauptebene	principal plane
Hauptpunkt	principal point
Hauptquantenzahl	principal quantum number
Hauptstrahl	chief ray
Helium	helium
Helium-Neon-Laser	helium-neon laser
Heterostrukturlaser	heterojunction laser
Hilfselektrode	auxiliary electrode
hintere Brennweite	second focal length, image focal length
Himmelsblau	azure
Hochvolt-Halogenlampe	high volt halogen lamp
Hohlraum	cavity
Hohlspiegel	concave mirror
Holmium	holmium
Holographie	holography
homogene Linienverbreiterung	homogeneous broadening
Homostrukturlaser	homojunction laser
Hornhaut	cornea

Hüllkolben (bei Lampen)	outer envelope
Huygens–Fresnelsches Prinzip	Huygens–Fresnel principle
Huygenssches Prinzip	Huygens's principle

I

Immersionsöl	immersion oil
Induktionslampe	induction lamp
inelastische Streuung	inelastic scattering
inhomogene Linienverbreiterung	inhomogeneous broadening
Interferenz	interference
interne Quanteneffizienz	internal quantum efficiency
Ionen-Laser	ion laser
Ionisierung	ionization
Ionisierungsenergie	ionization energy
Iris	iris

J

Jones Matrix	Jones matrix
Jones Vektor	Jones vector

K

Kalknatronglas	soda-lime glass
Kalkspat	calcite
Kaltkathodenfluoreszenzlampe	cold cathode fluorescent lamp
Kaltkathodenlampe	cold cathode lamp
Kaltlichtspiegel	cold light mirror
Kantenfilter	edge filter
Kathodendunkelraum	cathode dark space
Kathodenfall	cathode fall
Katoptrik	catoptrics
Keplersches Fernrohr	Keplerian astronomical telescope
Keramikbrenner	ceramic arc tube
Kern (b. Glasfasern)	core
Kirchhoffsches Gesetz	Kirchhoff's law
kissenförmige Verzeichung	pincushion distortion
Kohärenzlänge	coherence length
Kohlefaden	carbon filament
Kohlendioxid	carbon dioxide
Kolbenschwärzung	bulb blackening
Koma (Abbildungsfehler)	coma, comatic aberration
Kompaktleuchtstofflampe	compact fluorescent lamp
komplementäre Metalloxid-Halbleiter	complementary metal oxide semiconductor (CMOS)
Komplementärfarbe	complementary colour
Komplementärwellenlänge	complementary wavelength
komplexer Brechungsindex	complex index of refraction
Kondensorlinse	condenser lens
konjugierte Ebenen	conjugate planes
konjugierte Punkte	conjugate points
konkav	concave
kontinuierlicher Betrieb	cw (continuous wave)
konvektionsgekühlter Laser	convection cooled laser
Konvexspiegel	convex mirror

kovalente Bindung	covalent bond
Kreis der kleinsten Konfusion	circle of least confusion
Kronglas	crown glass
Krümmungsradius	radius of curvature
Kurzpassfilter	short pass filter

L

ladungsgekoppeltes Bauelement	CCD, charge coupled device
Lambda-Halbe-Plättchen	half-wave plate
Lambda-Viertel-Plättchen	quarter-wave-plate
Lambda-Viertel-Schicht	quarter-wavelength coating
Lambertsches Gesetz	Lambert's law
Langpassfilter	long pass filter
langsam geströmter (CO_2-)Laser	slow flow (CO_2-)laser
Lanthan	lanthanum
Laserdiode	laser diode
Laser-Doppler-Anemometrie	laser Doppler anemometry
Laserschneiden	laser cutting
Laserschutzbeauftragter	laser safety officer
Laserschweißen	laser welding
Laserschwelle	laser threshold
Laserstab	laser rod
Laserübergang	laser transition
Lateralvergrößerung	lateral magnification, transverse magnification
Lehre von der Lichtbrechung	dioptrics
Lehre von der Spiegelreflexion	catoptrics
Leitungsband	conduction band
Leuchtdichte	luminance
Leuchtdiode (LED)	light emitting diode (LED)
Leuchtstoff	phosphor
Leuchtstofflampe	fluorescent lamp
Lichtausbeute	efficacy
lichtdurchlässig	translucent
Lichtgeschwindigkeit	speed of light, velocity of light
Lichtstärke	luminous intensity
Lichtstrahl	ray
Lichtstreuung	light scattering
Lichtstrom	luminous flux
Lidschlußreflex	blink reflex
linear polarisiert	linearly polarized, plane-polarized
Linienbreite	linewidth
linksdrehend (bei d. opt. Aktivität)	levorotatory
linkszirkular polarisiert	left-circularly polarized
Linse	lens
Lithiumniobat	lithium niobate
Lochblende	diaphragm
Löcherhalbleiter	*p*-type semiconductor
longitudinale sphärische Aberration	longitudinal spherical aberration
Lorentz-Profil (einer Spektrallinie)	Lorentzian lineshape
Luke	field stop
Lupe	magnifier, magnifying glass

M

magnetische Quantenzahl	magnetic quantum number
magnetisches Feld	magnetic field
Mangelhalbleiter	*p*-type semiconductor
Mantel (b. Glasfasern)	cladding
Materialdispersion	material dispersion
Maxwellsche Geschwindigkeitsverteilung	Maxwell velocity distribution
Mehrfachreflexion	multiple reflection
Meniskuslinse	meniscus lens
Meridionalebene	meridional plane
Metallhalogen-Dampflampe	metal halide (vapour) lamp
Metalljodid	metal iodide
metamere Farben	metameric colours
Mie-Streuung	Mie scattering
Mikroskop	microscope
mittlere freie Weglänge	mean free path
Modendispersion	modal dispersion, intermodal dispersion
Modenkopplung	mode locking
Molybdän-Folie	molybdenum foil

N

Natrium(dampf)–Hochdrucklampe	high pressure sodium (vapour) lamp
Natrium(dampf)–Niederdrucklampe	low pressure sodium (vapour) lamp
Natrium-D-Linien	sodium-D-lines
natürliche Linienbreite	natural linewidth, intrinsic linewidth
negatives Glimmlicht	negative glow
Neodym	neodymium
Neon	neon
Neonröhre	neon tube
Netzhaut	retina
Neutralfilter	neutral density filter
neutralweiß	coolwhite
Newtonsche Abbildungsgleichung	Newtonian form of the lens equation
Niedervolt-Halogenlampe	low volt halogen lamp
Niob	niobium
n-leitend	*n*-type
normale Dispersion	normal dispersion
normale Glimmentladung	normal glow discharge
normierter Jones Vektor	normalized Jones vector
numerische Apertur	numerical aperture

O

Öffnungsfehler	spherical aberration
Okular	eyepiece, ocular
optische Achse	optical axis
optische Aktivität	optical activity
optische Weglänge	optical pathlength
ordentlicher Strahl	ordinary ray
organische Leuchtdiode	organic light-emitting device
Oszillatorenstärke	oscillator strength

P

Parabolspiegel	parabolic mirror
paraxialer Strahl	paraxial ray
passive Pixelsensor (PPS)	passive pixel sensor
Pentaprisma	penta-prism
Phasenverschiebung	phase shift
Photoeffekt	photoelectric effect
photopisches Sehen	photopic vision
Photowiderstand	photoresistor, light dependent resistor
Plancksche Konstante	Planck's constant
Plancksches Strahlungsgesetz	Planck radiation law
Plasma	plasma
p-leitend	*p*-type
pn-Übergang	*p*-*n* junction
Polarisation (elektrisch u. optisch)	polarization
Polarisationswinkel	polarization angle
Polarisator	polarizer
Polykarbonat	polycarbonate
polymere organische Leuchtdiode	polimere organic light-emitting device
Polystyrol	polystyrene
porenfrei	pore-free
Primärfarbe	primary colour
Primärvalenz	primary valence
Prisma	prism
Pumpbanden	pump band
Pumpkammer	pump cavity
Pumplichtquelle	pump source
Pumprate	pumping rate
Pumprohr	exhaust tube
Punktquelle	point source
Pupille	pupil
Purpurlinie	purple line

Q

Quantenausbeute	quantum efficiency
Quantenbedingung	quantum condition
Quantenoptik	quantum optics
Quantenzahl	quantum number
Quarz	quartz
Quecksilber	mercury
Quecksilber(dampf)–Hochdrucklampe	high pressure mercury (vapour) lamp
Quecksilberdampf	mercury vapour
Quecksilbertröpfchen	liquid mercury droplet

R

Raman-Streuung	Raman scattering
Raumladung	space charge
Rayleigh-Kriterium	Rayleigh's criterion
Rayleigh-Streuung	Rayleigh scattering
rechtsdrehend (bei d.opt. Aktivität)	dextrorotatory
rechtszirkular polarisiert	right-circularly polarized

rechtwinkliges Prisma	right-angle prism
reelles Bild	real image
Reflektorlampe	reflector lamp
Reflexion	reflection
Reflexionsgesetz	law of reflection
Reflexionsgitter	reflection grating
Reflexionsgrad	reflectance
Reflexionsverhältnis (Fresnelsche Gl.)	amplitude reflection coefficient
Reflexionswinkel	angle of reflection
Regenbogenhaut	iris
Reintransmissionsgrad	internal transmittance
Rekombinationsstrahlung	recombination radiation
Rekristallisation	recrystallization
relative Öffnung	relative aperture
relative Teildispersion	relative partial dispersion
Resonanzverbreiterung	resonance broadening
Resonator	resonator
Richtungsumkehr (opt.)	retroreflection
Riefung	striation
Rotationsdispersion	rotatory dispersion
Rotationsfreiheitsgrad	rotational degree of freedom
Rotationsübergang	rotational transition
Rubinlaser	ruby laser

S

Sagittalebene	sagittal plane
Sammellinse	converging lens
Saphir	sapphire
sättigbarer Absorber	saturable absorber
Sättigung	saturation
Scandium	scandium
Scheelite ($CaWO_4$)	scheelite
Scheibenlaser	disk laser
Scheitelpunkt	vertex
Schmelzschneiden	fusion cutting
Schneidgeschwindigkeit	cutting speed
schnell geströmter (CO_2-)Laser	fast flow (CO_2-)laser
Schrödingergleichung	Schrödinger equation
Schutzbrille	goggles
Schutzschicht	protection layer
schwarzer Strahler	black body
Schweißgeschwindigkeit	welding speed
Schwingungsebene	plane of vibration
Schwingungsfreiheitsgrad	vibrational degree of freedom
Schwingungsübergang	vibrational transition
Sehpurpur	visual purple
Sekundärelektronenemission	secondary emission
selbständige Entladung	self-sustaining discharge
selektiver Strahler	selective emitter
seltene Erden	rare earth metals
Sicherung	fuse

Silizium	silicon
skotopisches Sehen	scotopic vision
Snelliussches (Brechungs-)Gesetz	Snell's law
Sockel (bei der Lampe)	cap
Solarzelle	photovoltaic cell
Spalt	slit
spektrale Tageslichtverteilungen	reconstituted daylight (RD)
spektraler Emissionsgrad	spectral emittance
spektraler Hellempfindlichkeitsgrad ($V(\lambda)$)	luminous efficiency
Spektralwertkurve	colour-matching function
Sperrstrom	backward current, inverse current
spezifische Ausstrahlung	radiant exitance
spezifisches Drehvermögen	specific rotatory power
sphärische Aberration	spherical aberration
sphärische Längsabweichung	longitudinal spherical aberration
sphärische Querabweichung	transverse spherical aberration
sphärischer Hohlspiegel	concave spherical mirror
sphärischer Spiegel	spherical mirror
Spiegel	mirror
Spiegelreflexkamera	single-lens reflex camera
Spiegelteleskop	reflecting telescope
Spinquantenzahl	spin quantum number
spontane Emission	spontaneous emission
Stab	rod
Stäbchenzelle	rod receptor
Stapel (b. Laserdioden)	stack
Stefan–Boltzmann-Gesetz	Stefan–Boltzmann law
Stickstoff	nitrogen
stimulierte Emission	stimulated emission
Stoßverbreiterung	collision broadening
Strahl (Licht-)	ray
Strahldichte	radiance
Strahlquerschnitt	beam cross section
Strahlradius	spot size, beam radius
Strahlstärke	radiant intensity
Strahltaille	beam waist
Strahlung	radiation
Strahlungsfluß	radiant flux
Strahlungsleistung	radiant flux
Streifenbildung	striation
Streustrahlung	scattered radiation
Streuung	scattering
Stroma	stroma
Stufenindexfaser	step index fibre
Sublimationsschneiden	vaporisation cutting
subtraktive Farbmischung	subtractive coloration
Superstrahlung	superradiant emission
symmetrische Streckschwingung	symmetric stretch mode of vibration

T

Tageslicht	daylight
tageslichtweiß	daylight
Tantal	tantalum
Teildispersion	partial dispersion
Teleobjektiv	telephoto lens
Teleskop	telescope
Tiefenmaßstab	longitudinal magnification
Tiefenvergrößerung	longitudinal magnification
Tiefschweißen	“keyhole” welding
tonnenförmige Verzeichnung	barrel distortion
Totalreflexion	total internal reflection
Transmissionsgrad	transmittance
Transmissionsverhältnis (Fresnelsche Gl.)	amplitude transmission coefficient
transversale Mode	transverse mode
transversale sphärische Aberration	transverse spherical aberration

U

Überschußhalbleiter	*n*-type semiconductor

V

Vakuum-Lichtgeschwindigkeit	speed of light in vacuum, velocity of light in vacuum
Valenzband	valence band
Verarmungsgebiet	depletion region
Verbindungshalbleiter	compound semiconductor
Verdampfungsrate	evaporation rate
verteilte Rückkopplung	distributed feedback
verwischte Stelle	blur
Verzeichnung	distortion
Vier-Niveau-System	four-level system
virtuelles Bild	virtual image
volle Halbwertsbreite	full width at half maximum FWHM
vordere Brennweite	first focal length, object focal length
Vorschaltgerät	ballast

W

Wärmeleitfähigkeit	thermal conductivity
Wärmeleitungsschweißen	conduction limited welding
warmweiß	warmwhite
Weglänge	pathlength
Weißpunkt	white point
Weitwinkelobjektiv	wide-angle lens
Wellenfrontkrümmung	curvature of wavefront
Wellenleiter	waveguide
Wellenleiter-Laser	waveguide laser
Wellenvektor	wave vector
Wiensches Verschiebungsgesetz	Wien displacement law
Winkeldispersion	angular dispersion
Winkelvergrößerung	angular magnification
Winkelverhältnis	angular magnification
Wirkungsquerschnitt	cross section

Wolfram	tungsten
Wolfram-Halogen-Kreisprozeß	tungsten halogen cycle
Wollaston-Polarisationsprisma	wollaston polarizing prism
X	
Xenon	xenon
Y	
Ytterbium	ytterbium
Yttrium	yttrium
Z	
Zapfenzelle	cone receptor
Zerstreuungslinse	diverging lens
Ziliarmuskel	ciliary muscle
Zinkselenid	zinc selenide
Zinn	tin
Zirkon	zirconium
zirkulare Polarisation	circular polarization
Zonenplatte	zone plate
Zylinderlinse	cylindrical lens

englisch–deutsch

A

abbe number	Abbesche Zahl
acceptor	Akzeptor
accommodation	Akkommodation
achromatic lens	Achromat
achromatic system	Achromat
achromatism condition	Achromasiebedingung
active layer	aktive Schicht
active pixel sensor (APS)	aktiver Pixelsensor
additive coloration	additive Farbmischung
Airy disk	Airysches Beugungsscheibchen
amplitude	Amplitude
amplitude reflection coefficient	Reflexionsverhältnis (Fresnelsche Gl.)
amplitude transmission coefficient	Transmissionsverhältnis (Fresnelsche Gl.)
angle of incidence	Einfallswinkel
angle of reflection	Reflexionswinkel
angle of refraction	Brechungswinkel
angular dispersion	Winkeldispersion
angular magnification	angulare Vergrößerung, Winkelvergrößerung, Winkelverhältnis
anomalous dispersion	anomale Dispersion
antireflection coating	Antireflexbeschichtung
aperture	Blende
aperture stop	Aperturblende
aplanatic lens	Aplanat
arc discharge	Bogenentladung
arc tube	Brennerrohr
argon ion laser	Argon-Ionen-Laser
aspherical surface	asphärische Oberfläche
astigmatic difference	astigmatische Differenz
astigmatism	Astigmatismus
astronomical telescope	astronomisches Fernrohr
auto-electronic emission	Feldemission
automotive headlight	Autoscheinwerfer
auxiliary electrode	Hilfselektrode
azure	Himmelsblau

B

backward current	Sperrstrom
ballast	Vorschaltgerät
band pass filter	Bandpassfilter
bar (b. Laserdioden)	Barren
barrel distortion	tonnenförmige Verzeichnung
base glass (b. Filtern)	Grundglas
beam cross section	Strahlquerschnitt
beam radius	Strahlradius
beam waist	Strahltaille
binocular	Feldstecher

birefringence	Doppelbrechung
black body	schwarzer Strahler
blaze angle	Blazewinkel
blink reflex	Lidschlußreflex
blur	Fleck, verwischte Stelle
Bohr model	Bohrsches Atommodell
Boltzmann distribution	Boltzmannverteilung
borosilicate glass	Borsilikatglas
Brewster's angle	Brewsterwinkel
bucket-brigade circuit	Eimerkettenschaltung
bulb blackening	Kolbenschwärzung

C

calcite	Kalkspat
cap (bei der Lampe)	Sockel
carbon dioxide	Kohlendioxid
carbon filament	Kohlefaden
cataract	grauer Star
cathode dark space	Kathodendunkelraum
cathode fall	Kathodenfall
catoptrics	Katoptrik, Lehre von der Spiegelreflexion
cavity	Hohlraum
CCD, charge coupled device	ladungsgekoppeltes Bauelement
ceramic arc tube	Keramikbrenner
chief ray	Hauptstrahl
chlorine	Chlor
chromatic aberration	chromatische Aberration
chromaticity diagram	Farbtafel
chromium	Chrom
CIE standard colourimetric observer	CIE Normalbeobachter
ciliary muscle	Ziliarmuskel
circle of least confusion	Kreis der kleinsten Konfusion
circular polarization	zirkulare Polarisation
cladding (b. Glasfasern)	Mantel
CMOS, complementary metal oxide semiconductor	komplementärer Metall-Oxid-Halbleiter
coherence length	Kohärenzlänge
cold cathode fluorescent lamp	Kaltkathodenfluoreszenzlampe
cold cathode lamp	Kaltkathodenlampe
cold light mirror	Kaltlichtspiegel
collision broadening	Stoßverbreiterung
colloidally coloured glass (b. Filtern)	Anlaufglas
colourimetry	Farbmetrik
colour-matching function	Spektralwertkurve
colour rendering index	Farbwiedergabeindex
colour stimulus	Farbreiz, Farbvalenz
colour temperature	Farbtemperatur
coma	Koma
comatic aberration	Koma
compact fluorescent lamp	Kompaktleuchtstofflampe
complementary colour	Komplementärfarbe

complementary metal oxide semiconductor	komplementäre Metalloxid-Halbleiter (CMOS)
complementary wavelength	Komplementärwellenlänge
complex index of refraction	komplexer Brechungsindex
compound semiconductor	Verbindungshalbleiter
Compton scattering	Compton-Streuung
concave	konkav
concave mirror	Hohlspiegel
concave spherical mirror	sphärischer Hohlspiegel
condenser lens	Kondensorlinse
conduction band	Leitungsband
conduction limited welding	Wärmeleitungsschweißen
cone receptor	Zapfenzelle
conjugate planes	konjugierte Ebenen
conjugate points	konjugierte Punkte
convection cooled laser	konvektionsgekühlter Laser
converging lens	Sammellinse
convex	convex
convex mirror	Konvexspiegel
coolwhite	neutralweiß
core (b. Glasfasern)	Kern
cornea	Hornhaut
covalent bond	kovalente Bindung
critical angle	Grenzwinkel der Totalreflexion
cross section	Wirkungsquerschnitt
crown glass	Kronglas
curvature of wavefront	Wellenfrontkrümmung
cutting speed	Schneidgeschwindigkeit
cw (continuous wave)	kontinuierlicher Betrieb
cylindrical lens	Zylinderlinse

D

dark current	Dunkelstrom
daylight	tageslichtweiß, Tageslicht
degree of dissociation	Dissoziationsgrad
depletion region	Verarmungsgebiet
deviation	Ablenkung
dextrorotatory	rechtsdrehend (bei d. opt. Aktivität)
diaphragm	(Loch-)Blende
dichroism	Dichroismus
dielectric constant	Dielektrizitätskonstante
dielectric layer	dielektrische Schichten
diffraction grating	Beugungsgitter
diffusion cooled laser	diffusionsgekühlter Laser
diode laser	Diodenlaser
diopter	Dioptrie
dioptric	dioptrisch
dioptrics	Lehre von der Lichtbrechung
dipole moment	Dipolmoment
discharge	Entladung
discharge lamp	Entladungslampe
disk laser	Scheibenlaser

dispersion	Dispersion
dispersion formula	Dispersionsformel
dissociation energy	Dissoziationsenergie
distortion	Verzeichnung
distributed feedback	verteilte Rückkopplung
divergence angle	Divergenzwinkel
diverging lens	Zerstreuungslinse
donor	Donator
Doppler broadening	Dopplerverbreiterung
dose	Dosis
double image	Doppelbild
double-clad fibre	Doppelkernfaser
dove prism	Dove-Prisma
dye laser	Farbstofflaser

E

edge filter	Kantenfilter
efficacy	Lichtausbeute
Einstein coefficient	Einstein-Koeffizient
elastic scattering	elastische Streuung
electric bulb	Glühbirne
electric field	elektrisches Feld
electrode loss	Elektrodenverlust
electromagnetic wave	elektromagnetische Welle
electrooptic Q-switch	elektrooptischer Güteschalter
elliptical mirror	elliptischer Spiegel
elliptical polarization	elliptische Polarisation
emissivity	Emissionsgrad
emitter	Emitter
energy gap	Bandlücke
energy saving light bulb	Energiesparlampe
entrance pupil	Eintrittspupille
epithelial layer	Epithel
erbium	Erbium
escape cone	Fluchtkegel
etalon	Etalon
evanescent wave	evaneszente Welle
evaporation rate	Verdampfungsrate
excitation	Anregung
exhaust tube	Pumprohr
exit pupil	Austrittspupille
exposure time	Einwirkungsdauer
external quantum efficiency	externe Quanteneffizienz
extraordinary ray	außerordentlicher Strahl
eye	Auge
eyepiece	Okular

F

Fabry–Perot interferometer	Fabry–Perot-Interferometer
fast flow (CO_2-)laser	schnell geströmter (CO_2-)Laser
Fermat's Principle	Fermatsches Prinzip

Fermi energy	Fermienergie
Fermi level	Ferminiveau
Fermi–Dirac distribution	Fermi–Dirac-Verteilung
fibre laser	Faserlaser
field curvature	Bildfeldwölbung
field emission	Feldemission
field stop	Luke
filament	Glühfaden
filament sag	Durchhang des Glühfadens
fill factor	Füllfaktor
finesse	Finesse
first focal length	gegenstandsseitige Brennweite, vordere Brennweite
first focus	gegenstandsseitiger Brennpunkt
flash-lamp	Blitzlampe
Fluor	Fluorine
fluorescent lamp	Leuchtstofflampe
fluorescent lifetime	Fluoreszenzlebensdauer
f-number	Blendenzahl
focal length	Brennweite
focal point	Brennpunkt
four-level system	Vier-Niveau-System
Frank–Condon principle	Frank–Condon Prinzip
Fraunhofer diffraction	Fraunhofersche Beugung
Fresnel diffraction	Fresnelsche Beugung
Fresnel equations	Fresnelsche Formeln
Fresnel lens	Fresnel-Linse
frustrated total internal reflection	frustrierte Totalreflexion
full width at half maximum FWHM	volle Halbwertsbreite
fundamental mode	Grundmode
fuse	Sicherung
fusion cutting	Schmelzschneiden

G

gain guiding	Gewinnführung
Galilean telescope	Galileisches Fernrohr
gas composition	Gaszusammensetzung
gas discharge lamp	Gasentladungslampe
gas filling	Gasfüllung
gas mixture	Gasgemisch
Gaussian beam	Gaußbündel
Gaussian lineshape	Gauß-Profil (einer Spektrallinie)
germanium	Germanium
Glan–Taylor polarizing prism	Glan–Taylor Polarisationsprisma
Glan–Thompson polarizing prism	Glan–Thompson Polarisationsprisma
glass	Glas
glass bulb	Glaskolben
glass fibre	Glasfaser
glass solder	Glaslot
glass tube	Glasröhre
glow discharge	Glimmentladung
goggles	Schutzbrille

graded index fibre	Gradientenindexfaser
Grassmann's laws	Graßmannsche Gesetze
grey body	grauer Strahler

H

half width at half maximum HWHM	halbe Halbwertsbreite
half-wave plate	Lambda-Halbe-Plättchen
halide	Halogenid
halogen	Halogen
halophosphate	Halophosphat
helium	Helium
helium-neon laser	Helium-Neon-Laser
heterojunction laser	Heterostrukturlaser
high pressure mercury (vapour) lamp	Quecksilber(dampf)-Hochdrucklampe
high pressure sodium (vapour) lamp	Natrium(dampf)-Hochdrucklampe
high volt halogen lamp	Hochvolt-Halogenlampe
holmium	Holmium
holography	Holographie
homogeneous broadening	homogene Linienverbreiterung
homojunction laser	Homostrukturlaser
Huygens's principle	Huygenssches Prinzip
Huygens–Fresnel principle	Huygens–Fresnelsches Prinzip

I

illuminance	Beleuchtungsstärke
image distance	Bildweite
image focal length	bildseitige Brennweite, hintere Brennweite
image focus	bildseitiger Brennpunkt
image space	Bildraum
immersion oil	Immersionsöl
incandescent bulb	Glühbirne
incandescent lamp	Glühlampe
induction lamp	Induktionslampe
inelastic scattering	inelastische Streuung
inhomogeneous broadening	inhomogene Linienverbreiterung
interference	Interferenz
intermodal dispersion	Modendispersion
internal quantum efficiency	interne Quanteneffizienz
internal transmittance	Reintransmissionsgrad
intrinsic linewidth	natürliche Linienbreite
inverse current	Sperrstrom
ion laser	Ionen-Laser
ionization	Ionisierung
ionization energy	Ionisierungsenergie
iris	Iris, Regenbogenhaut
irradiance	Bestrahlungsstärke

J

Jones matrix	Jones Matrix
Jones vector	Jones Vektor

K

Keplerian astronomical telescope	Keplersches Fernrohr
“keyhole” welding	Tiefschweißen
Kirchhoff's law	Kirchhoffsches Gesetz

L

Lambert–Beer law	(Lambert)–Beersches Gesetz (Absorptionsgesetz)
Lambert's law	Lambertsches Gesetz
lanthanum	Lanthan
laser cutting	Laserschneiden
laser diode	Laserdiode
laser Doppler anemometry	Laser-Doppler-Anemometrie
laser rod	Laserstab
laser safety officer	Laserschutzbeauftragter
laser threshold	Laserschwelle
laser transition	Laserübergang
laser welding	Laserschweißen
lateral magnification	Lateralvergrößerung
law of reflection	Reflexionsgesetz
law of refraction	Brechungsgesetz
lead glass	Bleiglas
left-circularly polarized	linkszirkular polarisiert
lens	Linse, Brillenglas
lensmaker's formula	Abbildungsgleichung der dünnen Linse
levorotatory	linksdrehend (bei d. opt. Aktivität)
light dependent resistor	Photowiderstand
light emitting diode (LED)	Leuchtdiode (LED)
light scattering	Lichtstreuung
limit of resolution	Auflösungsgrenze
linearly polarized	linear polarisiert
linewidth	Linienbreite
liquid mercury droplet	Quecksilbertröpfchen
lithium niobate	Lithiumniobat
long pass filter	Langpassfilter
longitudinal magnification	Tiefenmaßstab,Tiefenvergrößerung
longitudinal spherical aberration	longitudinale sphärische Aberration, sphärische Längsabweichung
Lorentzian lineshape	Lorentz-Profil (einer Spektrallinie)
low pressure sodium (vapour) lamp	Natrium(dampf)- Niederdrucklampe
low volt halogen lamp	Niedervolt-Halogenlampe
luminance	Leuchtdichte
luminous efficiency	spektraler Hellempfindlichkeitsgrad ($V(\lambda)$)
luminous flux	Lichtstrom
luminous intensity	Lichtstärke

M

macula	gelber Fleck
magnetic field	magnetisches Feld
magnetic quantum number	magnetische Quantenzahl
magnifier	Lupe
magnifying glass	Lupe

Malus's Law	Gesetz von Malus
material dispersion	Materialdispersion
Maxwell velocity distribution	Maxwellsche Geschwindigkeitsverteilung
mean free path	mittlere freie Weglänge
meniscus lens	Meniskuslinse
mercury	Quecksilber
mercury vapour	Quecksilberdampf
meridional plane	Meridionalebene
metal halide (vapour) lamp	Metallhalogen-Dampflampe
metal iodide	Metalljodid
metameric colours	metamere Farben, bedingt gleiche Farben
microscope	Mikroskop
Mie scattering	Mie-Streuung
mirror	Spiegel
modal dispersion	Modendispersion
mode locking	Modenkopplung
molybdenum foil	Molybdän-Folie
monochromacity	Einfarbigkeit
multilayer dielectric mirror	dielektrischer Mehrschichtenspiegel
multiple reflection	Mehrfachreflexion

N

natural linewidth	natürliche Linienbreite
negative glow	negatives Glimmlicht
neodymium	Neodym
neon	Neon
neon tube	Neonröhre
neutral density filter	Neutralfilter
Newtonian form of the lens equation	Newtonsche Abbildungsgleichung, brennpunktsbezogene Abbildungsgleichung
niobium	Niob
nitrogen	Stickstoff
noble gas	Edelgas
normal dispersion	normale Dispersion
normal glow discharge	normale Glimmentladung
normalized Jones vector	normierter Jones Vektor
normal mode of vibration	Eigenschwingung (eines Moleküls)
nozzle (Laserschneiden)	Düse
n-type	*n*-leitend
n-type semiconductor	Überschußhalbleiter
numerical aperture	numerische Apertur

O

object distance	Gegenstandsweite
object focal length	gegenstandsseitige Brennweite, vordere Brennweite
object focus	gegenstandsseitiger Brennpunkt
object space	Gegenstandsraum
ocular	Okular
optical activity	optische Aktivität
optical axis	optische Achse
optical pathlength	optische Weglänge

orbital quantum number	Drehimpulsquantenzahl
ordinary ray	ordentlicher Strahl
organic light-emitting device	organische Leuchtdiode
oscillator strength	Oszillatorenstärke
outer envelope (bei Lampen)	Hüllkolben

P

parabolic mirror	Parabolspiegel
paraxial ray	paraxialer Strahl
partial dispersion	Teildispersion
passive pixel sensor (PPS)	passiver Pixelsensor
pathlength	Weglänge
penta-prism	Pentaprisma
phase shift	Phasenverschiebung
phosphor	Leuchtstoff
photoelectric effect	Photoeffekt
photopic vision	photopisches Sehen
photoresistor	Photowiderstand
photovoltaic cell	Solarzelle
pincushion distortion	kissenförmige Verzeichnung
pixel	Bildpunkt, Bildelement
Planck radiation law	Plancksches Strahlungsgesetz
Planck's constant	Plancksche Konstante
plane of incidence	Einfallsebene
plane of vibration	Schwingungsebene
plane-polarized	linear polarisiert
plasma	Plasma
p-*n* junction	*pn*-Übergang
point source	Punktquelle
polarization (elektrisch u. optisch)	Polarisation
polarization angle	Polarisationswinkel
polarizer	Polarisator
polimere organic light-emitting device	polymere organische Leuchtdiode
polycarbonate	Polykarbonat
polystyrene	Polystyrol
population inversion	Besetzungsinversion
pore-free	porenfrei
pressure broadening	Druckverbreiterung
primary colour	Primärfarbe
primary valence	Primärvalenz
principal plane	Hauptebene
principal point	Hauptpunkt
principal quantum number	Hauptquantenzahl
prism	Prisma
protection layer	Schutzschicht
p-type	*p*-leitend
p-type semiconductor	Löcherhalbleiter, Defekthalbleiter, Mangelhalbleiter
pump band	Pumpbande
pump cavity	Pumpkammer
pumping rate	Pumprate
pump source	Pumplichtquelle

pupil	Pupille
purple line	Purpurlinie

Q

Q-switch	Güteschalter
quantum condition	Quantenbedingung
quantum efficiency	Quantenausbeute
quantum number	Quantenzahl
quantum optics	Quantenoptik
quarter-wavelength coating	Lambda-Viertel-Schicht
quarter-wave plate	Lambda-Viertel-Plättchen
quartz	Quarz

R

radiance	Strahldichte
radiant exitance	spezifische Ausstrahlung
radiant flux	Strahlungsfluß, Strahlungsleistung
radiant intensity	Strahlstärke
radiation	Strahlung
radius of curvature	Krümmungsradius
Raman scattering	Raman-Streuung
rare earth metals	seltene Erden
rare gas	Edelgas
ray	Strahl
Rayleigh scattering	Rayleigh-Streuung
Rayleigh's criterion	Rayleigh-Kriterium
ray tracing	Nachzeichnen des Strahlverlaufs
reactive fusion cutting	Brennschneiden
real image	reelles Bild
recombination radiation	Rekombinationsstrahlung
reconstituted daylight (RD)	spektrale Tageslichtverteilungen
recrystallization	Rekristallisation
reference illuminant	Bezugslichtart
reflectance	Reflexionsgrad
reflecting telescope	Spiegelteleskop
reflection	Reflexion
reflection grating	Reflexionsgitter
reflector lamp	Reflektorlampe
refracting power	Brechkraft
refraction	Brechung
refractive index	Brechungsindex, Brechzahl
relative aperture	relative Öffnung
relative partial dispersion	relative Teildispersion
resolution	Auflösung
resolving power	Auflösungsvermögen
resonance broadening	Resonanzverbreiterung
resonator	Resonator
reticule	Fadenkreuz
retina	Netzhaut
retroreflection (opt.)	Richtungsumkehr
right-angle prism	rechtwinkliges Prisma

right-circularly polarized	rechtszirkular polarisiert
rod	Stab
rod receptor	Stäbchenzelle
roof prism	Dachkantprisma
rotational degree of freedom	Rotationsfreiheitsgrad
rotational transition	Rotationsübergang
rotatory dispersion	Rotationsdispersion
rotatory power	Drehvermögen
ruby laser	Rubinlaser

S

sagittal plane	Sagittalebene
sapphire	Saphir
saturable absorber	sättigbarer Absorber
saturation	Sättigung
scandium	Scandium
scattered radiation	Streustrahlung
scattering	Streuung
scheelite ($CaWO_4$)	Scheelite
Schrödinger equation	Schrödingergleichung
scotopic vision	skotopisches Sehen
seal glass	Glasversiegelung (bei Lampen)
second focal length	bildseitige Brennweite, hintere Brennweite
second focus	bildseitiger Brennpunkt
secondary emission	Sekundärelektronenemission
selection rule	Auswahlregel
selective emitter	selektiver Strahler
self-sustaining discharge	selbständige Enladung
semiconductor laser	Halbleiterlaser
short pass filter	Kurzpassfilter
silicon	Silizium
single-lens reflex camera	Spiegelreflexkamera
slit	Spalt
slow flow (CO_2-)laser	langsam geströmter (CO_2-)Laser
Snell's law	Snelliussches (Brechungs-)Gesetz
soda-lime glass	Kalknatronglas
sodium-D-lines	Natrium-D-Linien
solid-state laser	Festkörperlaser
space charge	Raumladung
specific rotatory power	spezifisches Drehvermögen
spectral emittance	spektraler Emissionsgrad
speed of light	Lichtgeschwindigkeit
speed of light in vacuum	Vakuum-Lichtgeschwindigkeit
spherical aberration	sphärische Aberration, Öffnungsfehler
spherical mirror	sphärischer Spiegel
spin quantum number	Spinquantenzahl
spontaneous emission	spontane Emission
spot size	Strahlradius
stack (b. Laserdioden)	Stapel
Stefan–Boltzmann law	Stefan–Boltzmann-Gesetz
step index fibre	Stufenindexfaser

stimulated emission	stimulierte Emission
striation	Streifenbildung, Riefung
stroma	Stroma
subtractive coloration	subtraktive Farbmischung
superradiant emission	Superstrahlung
symmetric stretch mode of vibration	symmetrische Streckschwingung

T

tantalum	Tantal
telephoto lens	Teleobjektiv
telescope	Teleskop, Fernrohr
thermal conductivity	Wärmeleitfähigkeit
thermoionic emission	Glühemission
thick lens	dicke Linse
thin lens	dünne Linse
three colour radiator	Dreifarbenstrahler
tin	Zinn
total internal reflection	Totalreflexion
translucent	lichtdurchlässig
transmittance	Transmissionsgrad
transverse magnification	Lateralvergrößerung
transverse mode	transversale Mode
transverse spherical aberration	sphärische Querabweichung, transversale sphärische Aberration
tungsten	Wolfram
tungsten halogen cycle	Wolfram-Halogen-Kreisprozess
tungsten halogen lamp	(Wolfram-)Halogenlampe

V

valence band	Valenzband
vaporisation cutting	Sublimationsschneiden
vapour pressure	Dampfdruck
velocity of light	Lichtgeschwindigkeit
velocity of light in vacuum	Vakuumlichtgeschwindigkeit
vertex	Scheitelpunkt
vibrational degree of freedom	Schwingungsfreiheitsgrad
vibrational transition	Schwingungsübergang
virtual image	virtuelles Bild
visual purple	Sehpurpur
vitreous humo(u)r	Glaskörper

W

warmwhite	warmweiß
wave vector	Wellenvektor
waveguide	Wellenleiter
waveguide laser	Wellenleiter-Laser
welding speed	Schweißgeschwindigkeit
white point	Weißpunkt
wide-angle lens	Weitwinkelobjektiv
Wien displacement law	Wiensches Verschiebungsgesetz
wollaston polarizing prism	Wollaston-Polarisationsprisma
work function	Austrittsarbeit

X

xenon	Xenon

Y

ytterbium	Ytterbium
yttrium	Yttrium

Z

zinc selenide	Zinkselenid
zirconium	Zirkon
zone plate	Zonenplatte

Literatur

Zitierte Buchtitel sind **fett** gedruckt.

Bauch, H.H., Auf die Optik kommt es an, Laser, 4, 40–48, 1988

Bergmann–Schaefer, Lehrbuch der Experimentalphysik, Band III, Optik, 7. Auflage, Walter de Gruyter, Berlin 1978

Bliedtner, J., Gräfe, G., Optiktechnologie – Grundlagen – Verfahren – Anwendungen – Beispiele, Fachbuchverlag Leipzig, 2008

CRC Handbook of Chemistry and Physics, 87. ed., 2006

DIN 1335, Geometrische Optik, 2003–12

Engstrom, R., Photomultiplier Handbook – Theory Design Application, RCA Corporation, 1980

Feierabend, S., Neue Materialien für optische dünne Schichten, Magazin für neue Werkstoffe, 4, 2, 1991

Haferkorn, H., Optik – Physikalisch-technische Grundlagen und Anwendungen, VEB Deutscher Verlag der Wissenschaften, Berlin, 1980

Hamamatsu, Photomultiplier Tubes – Basics and Applications, 3. Aufl. (Edition 3a), 2007

Hecht, E., Optics, 3. Auflage, Addison-Wesley, Reading, 1998

Herrit, G.L., Scatena, D.J., Choose the right mirror for industrial CO_2-Lasers, Laser Focus World, S. 107, July 1991

Hurwitz, H., Jones, R.C., A new calculus for the treatment of optical systems II, Journal of the Optical Society of America, 31(7), 493–499, 1941

Jones, R.C., A new calculus for the treatment of optical systems, Journal of the Optical Society of America, 31(7), 488–493, 1941a

Jones, R.C., A new calculus for the treatment of optical systems III, Journal of the Optical Society of America, 31(7), 500–503, 1941b

Litfin, Gerd (Hrsg.), Technische Optik in der Praxis, Springer Verlag, Berlin, 1997

Melles Griot, Optics Guide 5, 1990

Meschede, D., (Hrsg.), Gerthsen Physik, 22. Auflage, Springer Verlag, Berlin, 2006

Ohara, Optische Gläser, Technische Informationen, 10/2008

Pedrotti, F., Pedrotti, L., Bausch, W., Schmidt, H., Optik für Ingenieure – Grundlagen, 2. Auflage, Springer Berlin 2002

Saleh, B.E.A., Teich, M.C., Fundamentals of Photonics, Wiley, New York 1991

Schott, Optisches Glas – Datenblätter, 2014

Smith, W.J., Modern Lens Design – A Resource Manual, Genesee Optics Software, Inc., McGrawHill, Boston, 1992

Thorne, A.P., Spectrophysics, Chapman and Hall & Science Paperbacks, London, 1974

Zinth, W., Zinth, U., Optik: Lichtstrahlen – Wellen – Photonen, 2. Auflage, Oldenbourg Wissenschaftsverlag, München, 2009

Index

A

Abbesche Zahl 156, 172
Abbildungsgleichung 23
Abbildungsgleichung, brennpunktsbezogene 25
Abbildungsgleichung, Newtonsche 25
Abbildungsmaßstab 13
ABCD-Matrix 49
Aberration, chromatische 71, 171
Aberration, longitudinale sphärische 79
Aberration, sphärische 78
Aberration, transversale sphärische 79
Ablösearbeit 208
Absorption 74
Absorptionskoeffizient 74, 173
Achromasiebedingung 172
Achromat 80, 171
ADP 163
Ag-O-Cs 219
Airy-Funktion 177
Airysche Beugungsscheibchen 101
Aktivität, optische 122
Aluminium 150
Ammoniumdihydrogenphosphat 163
Anlaufglas 174
anomale Dispersion 76
Antiblooming Gate 217
Antireflexschicht 181
Aperturblende 60
Aperturwinkel 61
Aplanat 81
aplanatische Linse 81, 168
APS-Sensor 218
asphärische Linse 169
astigmatische Differenz 83
Astigmatismus 82
astronomisches Fernrohr 194
Auflösungsvermögen 109
Ausleserauschen 218
äußerer Fotoeffekt 208
außerordentliches Licht 119
Austrittsluke 62
Austrittspupille 61

B

Bandpassfilter 174
Bariumoxid 155
Bayer-Matrix 216
Beamer 203
Beersches Gesetz 74, 173
Beugung 98
Beugungsgitter 103
Beugungsordnung 105
Beugungsscheibchen 101
Bezugssehweite 191
Bildfeldwölbung 84
Bildschale, meridionale 85
Bildschale, sagittale 85
Bildschnittweite 51, 56
bildseitige Brennweite 21
bildseitiger Brennpunkt 21
Bildsensor 215
BK7 141
blauer Himmel 127
Blaze-Technik 206
Blazewellenlänge 206
Bleioxid 155
Blendenzahl 62, 63
Blooming 217
Borosilikatglas 165
Bortrioxid 155
Bragg-Reflexion 116
Brechkraft 27
Brechungsgesetz, Snelliussches 5, 97

Brechungsindex 3, 156
Brechungsindex, komplexer 74, 148
Brechzahl 3
Brennpunkt 8, 10
Brennpunkt, bildseitiger 21
Brennpunkt, gegenstandsseitiger 22
Brennpunkt, hinterer 21
Brennpunkt, vorderer 22
brennpunktsbezogene Abbildungsgleichung 25
Brennweite 10
Brennweite, bildseitige 21
Brennweite, gegenstandsseitige 22
Brennweite, hintere 21
Brennweite, vordere 22
Brewsterwinkel 141

C

Calcit 118, 162
Cassegrain, Teleskop nach 197
CCD-Sensor 199, 215
Charged Coupled Device 215
chromatische Aberration 71, 171
CMOS-Sensor 199, 218
Coddington-Formfaktor 85
Comptonstreuung 126
Cook lens 58
Cooksches Triplett 173
Cs-I 219
Cs-Te 219
Czerny–Turner-Anordnung 205

D

Dachkantprisma 166
Dämpfung 74, 190
destruktive Interferenz 113
Diaprojektor 202
Dichroismus 124, 187
dichroitische Folie 125
dicke Linse 49
dielektrische Schicht 181
Dielektrizitätszahl, relative 72
Dioptrie 27
dioptrische Fernrohre 16
Dipolmoment 73
Dispersion 71
Dispersion, anomale 76
Dispersion, normale 76
Dispersionsformel nach Sellmeier 76
Dispersionsformeln 76
Display 199
Doppelbrechung 117, 185
Dove-Prisma 166
Drehvermögen, spezifisches 122
Drehwinkel 122
Dunkelrauschen 218
Dunkelstrom 211
Dynode 220

E

Echelette–Gitter 206
Eimerkettenschaltung 216
einachsiger Kristall 120
Einfallsebene 4
Einfallswinkel 4
Eintrittsluke 62
Eintrittspupille 61
elastische Streuung 126
Ellipsoidspiegel 16
elliptische Polarisation 89, 92
Entspiegelung 182
evaneszente Welle 145, 189

F

Fabry–Perot-Interferometer 116, 176
Fabry–Perot-Interferometer, Auflösungsvermögen 181
Farbfehler 71, 171
Farbglas 174
Faserkerns 188
Fasermantel 188
Feldblende 61
Fermatsches Prinzip 3
Fernrohr 194
Fernrohr, astronomisches 194
Fernrohr, dioptrisches 16
Fernrohr, Galileisches 194
Fernrohr, katoptrisches 16
Fernrohr, Keplersches 194
Fernrohr, terrestrisches 194
Filter 173

Finesse 180
Flintglas 156
Fluorid 155
Formatfaktor 199
Fotoeffekt, äußerer 208
Fotoeffekt, innerer 208
Frame-Transfer-Sensor 216
Fraunhofer-Beugung 98
Fresnel-Beugung 98
Fresnellinse 169, 204
Fruchtzucker 123
frustrierte Totalreflexion 145

G
GaAs 219
Galileisches Fernrohr 194
gegenstandsseitige Brennweite 22
gegenstandsseitiger Brennpunkt 22
Germanium 141, 163
Gesetz von Malus 88
Gittermonochromator 205
Glan–Taylor-Polarisationsprisma 185
Glan–Thompson-Polarisationsprisma 185
Glas, anorganisches 155
Glasfaser 187
Gradientenindexfaser 190
Gradientenindex-Linse 43
Gregory, Teleskop nach 197
Grenzwinkel der Totalreflexion 5
GRIN-Linse 43, 47, 56
GRIN-Optik, Transformationsmatrix 47
Grundglas 174

H
Hauptachse, kristallographische 118
Hauptbrechzahl 156
Hauptdispersion 156
Hauptebene 53
Hauptstrahl 61, 82
Helmholtz-Lagrange-Invariante 21
Himmel, blauer 127
hintere Brennweite 21
hinterer Brennpunkt 21
Hohlspiegel, sphärischer 8
Huygensches Prinzip 96
Huygens–Fresnelsches Prinzip 96

I
Immersionsflüssigkeit 202
Immersionslithographie 202
Immersionsöl 194
inelastische Streuung 126
innerer Fotoeffekt 208
Interferenz 110
Interferenz, destruktive 113
Interferenz, konstruktive 113
Interline-Transfer-Sensor 216
intrinsisches Gebiet 212
Irisblende 60

J
Jones-Vektor 91
Jones-Vektor, normierter 91

K
Kaliumdihydrogenphosphat 163
Kalkspat 117, 162, 186
Kaltlichtspiegel 204
Kamera 198
Kantenfilter 174
Kantenwellenlänge 174
Katakaustik 8
katoptrisches Fernrohr 16
KDP 163
Keplersches Fernrohr 194
Kleinbildformat 199, 217
Kobaltoxid 155
Kohärenzlänge 110
Koma 83
komplexer Brechungsindex 74, 148
Kondensor 203, 204
Konfusion, Kreis der kleinsten 83
konische Konstante 170
konjugierte Ebenen 24
konjugierte Größen 14
Konkavspiegel 13
konstruktive Interferenz 113
Konvexspiegel 13
Kristall, einachsiger 120
Kristall, zweiachsiger 120
Kristalle, kubische 120
kristallographische Hauptachse 118
Kronglas 156, 165

Kupfer 155
Kurzpassfilter 174

L
Lambda-Halbe-Platte 95
Lambda-Viertel-Platte 94
Langpassfilter 174
Längsabweichung, sphärische 79
Lanthanoxid 155
Lateralvergrößerung 13, 19
Leitungsband 209
Lichtstrahl 2
Lichtstreuung 125
Lichtwellenleiter 187
linear polarisiert 87
lineare Polarisation 92
linksdrehend 123
linkszirkulare Polarisation 91, 93
Linse, aplanatische 81, 168
Linse, dicke 49
Linsenfernrohr 194
Lithiumniobat 163
Lithographie, optische 201
Lochblende 60
Lochkamera 3
Lorentzprofil 75
Lupe 191

M
Magnesiumfluorid 220
Materialdispersion 189
Meniskuslinse 168
meridionale Bildschale 85
Meridionalebene 82
Meridionalstrahlen 82
Mie-Streuung 127
Mikroskop 192
Modendispersion 189
Molybdän 150
Monochromator 205
Monomodefaser 189

N
Nachrichtenübertragung 189
Näherung, paraxiale 9
Na-K-Sb-Cs 219
n-Dotierung 209
Netzebene 116
Neutralfilter 174
Newtonsche Abbildungsgleichung 25
Newtonsches Teleskop 197
nichtselektive Streuung 126
normale Dispersion 76
Normalgerade 162
Normalobjektiv 199
normierter Jones-Vektor 91
numerische Apertur 188, 193

O
Objektiv 192, 194, 201
Objektschnittweite 51, 56
Öffnungsfehler 78
Öffnungswinkel 61
Okular 192
optische Achse 10, 118
optische Aktivität 122
optische Lithographie 201
optische Weglänge 4
ordentliches Licht 119
Overheadprojektor 204

P
Parabolspiegel 7
paraxiale Näherung 9
p-Dotierung 209
Pentaprisma 167, 198
Phasenverzögerer 94
Phosphorpentoxid 155
Photokamera 198
Photostrom 214
Photowiderstand 210
PIN-Diode 212
Pitch-Länge 46
Pixel 215
Polarisation 71
Polarisation, elliptische 89, 92
Polarisation, lineare 92
Polarisation, linkszirkulare 91, 93
Polarisation, rechtszirkulare 91, 92
Polarisation, zirkulare 89, 91, 92, 145
Polarisationsebene 87
Polarisationswinkel 141

Polarisator 88
Polykarbonat 164
Polystyrol 164
Polyvinylalkohol 125
Porro-Anordnung 166, 195
Prisma 165
Punktquelle 1
Pupille 60

Q
Quarz 124
Quarzglas 162, 165
Quarzsand 155
Querabweichung, sphärische 79

R
Ramanstreuung 126
Rayleigh-Kriterium 103, 109, 181
Rayleigh-Streuung 126, 190
rechtsdrehend 122
rechtszirkulare Polarisation 91, 92
Reflexion, metallische 148
Reflexionsgesetz 6
Reflexionsgrad 136, 139
Reflexionsgrad, Metalle 149
Reflexionsmatrix 41
Reflexionsverhältnis 133, 137, 138
Reintransmissiongrad, Faser 190
Reintransmissionsgrad 162, 173, 174
relative Dielektrizitätszahl 72
relative Öffnung 63
relative Teildispersion 162
Resonanzstelle 75
Restreflektivität 183
Retroreflektor 166
Rochon-Polarisationsprisma 187
Rohrzucker 123
Rotationsdispersion 124

S
S1 219
sagittale Bildschale 85
Sagittalebene 82
Sagittalstrahlen 82
Sammellinse 168
Saphir 163
Schnittweite 51
Schnittweiten der Hauptpunkte 54
Schockleysche Diodengleichung 213
Schutzschicht 163
Schwingungsebene 87, 89
Sekundärelektronenausbeute 220
Sellmeier-Gleichung 76
Silber 150
Silizium 163
Snelliussches Brechungsgesetz 5, 97
Spaltfunktion 101
Sperrstrom 214
spezifisches Drehvermögen 122
sphärische Aberration 78
sphärische Längsabweichung 79
sphärische Querabweichung 79
sphärische Überkorrektion 79
sphärische Unterkorrektion 79
sphärischer Hohlspiegel 8
Spiegelobjektiv 57
Spiegelreflexkamera 198
Spiegelteleskop 194
Streuung des Lichtes 125
Streuung, elastische 126
Streuung, inelastische 126
Streuung, nichtselektive 126
Stufenindexfaser 188
Substratmaterial 163, 165
Sucher 198
Systemmatrix 49

T
Tangentialebene 82
Teildispersion, relative 162
Teleobjektive 199
Teleskop nach Cassegrain 197
Teleskop nach Gregory 197
Teleskop, Newtonsches 197
terrestrisches Fernrohr 194
Tiefenmaßstab 19
Tiefenvergrößerung 19
Titanoxid 155
Totalreflexion 5, 143, 165, 187
Totalreflexion, frustrierte 145
Transformationsbereich 155

Transformationsmatrix 39
Transformationspunkt 155
Transformationstemperatur 155
Translationsmatrix 40
Transmissionsgrad 136, 139
Transmissionsverhältnis 133, 137, 138
transversale sphärische Aberration 79
Trapezkorrektur 204
Trichromat 173
Triplet 58
Tubuslänge 193

U
Überkorrektion, sphärische 79
Unterkorrektion, sphärische 79
Uranoxid 155

V
Vakuumlichtgeschwindigkeit 3
Vakuumphotodiode 208
Verarmungszone 209
verbotene Zone 209
Vergrößerung, Lichtmikroskop 192
Vergrößerung, Lupe 192
Verlängerungsfaktor 199
Verzeichnung 85
Vielschichtenspiegel 184
virtuelles Bild 12
vordere Brennweite 22
vorderer Brennpunkt 22

W
Wafer 201
Wärmeschutzfilter 174
Weglänge, optische 4
Weitwinkelobjektive 199
Welle, elektromagnetische 87
Welle, evaneszente 145
Wellenleiterdispersion 189
Winkeldispersion 108
Winkelverhältnis 20
Wollaston-Polarisationsprisma 186

Z
zentriertes optisches System 39
Zerstreuungslinse 168
Zinkselenid 141, 165
Zinnober 124
zirkulare Polarisation 89, 91, 92, 145
zweiachsiger Kristall 120
Zylinderlinse 168

Λ
$\lambda/4$-Platte 94, 95, 121
$\lambda/4$-Schicht 182

www.ingramcontent.com/pod-product-compliance
Lightning Source LLC
Chambersburg PA
CBHW081054220326
41598CB00038B/7098